工业和信息化部"十二五"规划教材

光电测试技术
（第3版）

范志刚　张　旺　陈守谦　李洪玉　编著

电子工业出版社

Publishing House of Electronics Industry

北京·BEIJING

内 容 简 介

本书以光电测试方法为主线,较全面地介绍了在光电测试技术中所涉及的基本理论和概念、主要测试原理、测试方法、仪器组成和主要技术特点。本书除绪论外共8章,绪论介绍了光电测试技术的发展历史、概况、特点,以及在光电测试技术中的数据处理方法;第1章介绍了光电测试技术中的光辐射体和光辐射探测器的基本性能和特点;第2章介绍了光学系统性能的测试技术;第3章介绍了光学元件特性的测试技术;第4章介绍了色度学的基本原理和色度测试技术;第5~7章介绍了激光测试技术,包括激光准直、测速、测距以及干涉、衍射测试技术;第8章介绍了技术成熟应用广泛的莫尔条纹、图像测试、光纤传感、层析探测、共焦扫描显微技术及纳米技术中的光电测试技术等。上述光电测试技术广泛地应用于工业、农业、文教、卫生、国防、科研和家庭生活等各个领域。

本书可作为光电信息科学与工程等专业本科生以及光学工程、仪器科学与技术、电子科学与技术、信息科学与技术等学科的研究生教材,也可作为相关专业本科生、研究生的参考书,亦可供有关工程技术人员参考。

图书在版编目(CIP)数据

光电测试技术 / 范志刚等编著. —3 版. —北京:电子工业出版社,2015.1
光电信息科学与工程专业规划教材
ISBN 978-7-121-25262-4

Ⅰ. ①光… Ⅱ. ①范… Ⅲ. ①光电检测—测试技术—高等学校—教材 Ⅳ. ①TN206
中国版本图书馆 CIP 数据核字(2014)第 303378 号

策划编辑:凌　毅　　责任编辑:凌　毅
印　　刷:北京虎彩文化传播有限公司
装　　订:北京虎彩文化传播有限公司
出版发行:电子工业出版社
　　　　　北京市海淀区万寿路 173 信箱　邮编 100036
开　　本:787×1 092　1/16　印张:22　字数:592 千字
版　　次:2004 年 1 月第 1 版
　　　　　2015 年 1 月第 3 版
印　　次:2024 年 12 月第 11 次印刷
定　　价:45.00 元

凡所购买电子工业出版社图书有缺损问题,请向购买书店调换。若书店售缺,请与本社发行部联系,联系及邮购电话:(010)88254888,88258888。

质量投诉请发邮件至 zlts@phei.com.cn,盗版侵权举报请发邮件至 dbqq@phei.com.cn。

本书咨询联系方式:(010)88254528,lingyi@phei.com.cn。

第 3 版前言

本书是《光电测试技术(第 2 版)》(2008 年)的修订版。本书自第 1 版和第 2 版出版以来，受到高等院校师生和相关工程技术人员的欢迎，被多所院校的相关专业选为教材或参考书。这对编者来说是极大的鼓舞和鞭策，激励编者在教学、科研实践中不断总结经验，积累素材，以进一步补充和完善原书的内容和体系。

光电信息技术以不曾有过的速度快速发展，以大型宇航望远镜、点火工程等大科学工程为标志，涌现出大量的光学新技术、新产品、新设计手段、新测试设备，拓展了光电测试技术的内涵，因此，编者对《光电测试技术(第 2 版)》再次进行修订，主要修订内容有：

(1) 将光学系统的光度学测试内容整合到第 2 章，第 4 章仅介绍色度测试技术。

(2) 增加了第 3 章，介绍光学元件特性测试技术。增加了主要应用于大口径光学元件测试的子口径拼接测试技术和自由曲面测试技术，并对应用日益广泛的微透镜、自聚焦透镜分节介绍；

(3) 将原光纤测试技术整合为光纤传感技术，作为第 8 章的一节，增加了层析探测、激光共焦扫描显微技术两节，并对图像测试技术一节进行了修订，增加了激光雷达、波前编码成像、光场成像和关联成像(鬼成像)的内容。

(4) 在不同的章节中，补充了部分应用实例，尤其注意补充了关于数据处理的一些新方法，如 2.1.3 节中补充数字调焦技术内容等。

全书除绪论外共 8 章，绪论介绍了光电测试技术的发展历史、概况、特点，以及在光电测试技术中的数据处理方法；第 1 章介绍了光电测试技术中的光辐射体和光辐射探测器的基本性能和特点；第 2 章介绍了光学系统性能的测试技术；第 3 章介绍了光学元件特性的测试技术；第 4 章介绍了色度学的基本原理和色度测试技术；第 5～7 章介绍了激光测试技术，包括激光准直、测速、测距以及干涉、衍射测试技术；第 8 章介绍了技术成熟应用广泛的莫尔条纹、图像测试、光纤传感、层析探测、共焦扫描显微技术及纳米技术中的光电测试技术等。

本书提供如此多内容的主要目的是拓宽学生视野，适应不同专业的需求。在教学过程中，不建议都讲，而是根据学时以及不同专业、学科的需要有所选择。

本书由范志刚、张旺、陈守谦、李洪玉共同修订，范志刚负责统编全稿。

为了方便教师使用和读者学习，**本书提供配套电子课件**，请登录华信教育资源网(http://www.hxedu.com.cn)注册后免费下载。

在本书再版过程中，参阅了大量文献资料，在此向作者们表示感谢。上一版编者左宝君教授级高级工程师和张爱红教授对本书修订给予了全面指导，薛文慧硕士、解放硕士以及其他许多同志为本书的修订付出了辛勤劳动，在此表示感谢。同时感谢责任编辑凌毅和电子工业出版社的热情帮助。

由于水平所限，修订过程中仍然可能存在疏漏和错误，欢迎广大读者批评指正。

编者

2015 年 1 月

目　录

绪　论

1. 光电测试技术概述

人类利用自然界存在的光线进行计量与测试最早用于天文和地理领域。自从望远镜和显微镜出现以后,光学与精密机械结合,使许多传统的光学计量和测试仪器广泛应用于须计量和测试的很多领域。随着激光器的出现和傅里叶光学理论的形成,特别是激光技术、微电子技术和计算机技术的快速发展与结合,出现了光机电算一体化的光电测试技术。

如图 0.1 所示,一般的光电测试系统包括被测目标(某些情况需要照明系统)、光学信息获取系统、光信号探测系统和信息处理系统等几部分。其中,光学信息获取系统采用不同类型的光学系统实现将各种被测量转换为光参量(振幅、频率、相位、偏振态等),光信号探测系统则采用不同的光电探测器实现光信号到电信号的转换,信息处理系统是从携带被测量信息的电信号中提取出被测量信息,可以用于存储、显示或驱动控制系统以实现闭环。需要特别指出的是,随着计算机软硬件技术的发展,信息处理系统变得愈来愈重要,甚至在其他系统性能没有明显提高的情况使测试准确度、系统适用范围等性能获得明显提高。

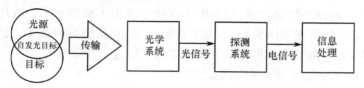

图 0.1　光电测试系统的构成

光电测试技术一直是计量测试技术领域中的主要方法,它具有如下特点。

① 高精度。光电测量的精度是各种测量技术中精度较高的技术。如采用激光干涉法测量长度的精度可达 $0.05\mu m/m$;光栅莫尔条纹法测量角度可达 $0.04''$;激光测距法测量地球与月球之间距离的分辨率可达 1m。

② 非接触。光照到被测物体上可以认为是没有测量力的,也无摩擦,避免对被测物的损伤和测量条件的破坏。

③ 高速度。光电测试技术以光波为测量载体,而光也是各种物质中传播速度最快的,无疑用光学方法获取和传递信息是最快的,在某些瞬态测量中甚至是唯一的测量手段。

④ 可遥测。光波是最便于远距离传输的介质,尤其适用于遥控和遥测,如卫星地面普查和详查、武器制导等。

⑤ 适应性强。光电测试技术以光为信息载体,抗电磁干扰、电绝缘、无腐蚀,特别适合高温高压、有毒等恶劣环境以及人员无法到达的现场测量。

⑥ 可实现三维场及相关性测量。在温度场、速度场、密度场等测量中具有巨大优势,具有很强的复杂信息的并行处理能力,便于信息的获取、存储和传输。

⑦ 应用广。在信息科学、生命科学、工农业生产和制造业、航空航天、国防军事以及科学研究和人们的日常生活等领域得到广泛应用。

由于光电测试方法具有上述特点,使其成为一种无法取代的测试技术,是当代先进技术之一。

光电测试技术的发展是随着其他相关技术的发展而发展的。自上个世纪开始，由于激光技术、光波导技术、光电子技术、光纤技术、计算机技术等的发展，以及傅里叶光学理论、非线性光学理论、现代光学理论、二元光学和微光学理论等的出现和发展，光电测试技术无论从测试方法、原理、准确度、效率，还是适用的领域范围都获得了巨大发展，是上述相关技术发展的综合体现，是现代科学技术和现代工农业生产快速发展的重要技术支撑和高新技术之一。

光电测试技术的发展，从原理上来看具有以下3个特点：

① 从主观光学发展成为客观光学，也就是用光电探测器来取代人眼，提高了测试准确度与测试效率；

② 用激光这个单色性、方向性、相干性和稳定性都远远优于传统光源的新光源，获得方向性和稳定性极好的实际光束，用于各种光电测试；

③ 从光机结合的模式向光机电算一体化的模式转换，充分利用计算机技术发展的优势，实现测量与控制的一体化。

光电测试技术的发展，从功能上来看具有以下3个特点：

① 从静态测量向动态测量发展；

② 从逐点测量向全场测量发展；

③ 从低速测量向高速测量发展。

上述特点决定了光电测试的数据量变得很大，数据处理与分析的速度要求更高。

随着科学技术和经济的快速发展，对光电测试技术提出了新的要求。光电测试技术将会有更快速的发展，就是要发展光学纳米技术、光学层析技术、光学超分辨技术、光学超像元技术等。在可以预见的未来，光电测试技术将在以下几个方面获得进一步发展：

① 亚微米级、纳米级的高精密光电测试方法；

② 微型化、集成化的微光机电（MOEMS）技术；

③ 高速高效的三维场动态测试技术；

④ 高速度、高灵敏度、高稳定性、大面阵凝视器件等新型光电器件的不断涌现；

⑤ 新型光源，如超细激光、太赫兹光源等；

⑥ 新型光学材料，如蓝宝石、陶瓷、SiC等的广泛应用；

⑦ 智能化、数字化光电测试系统；

⑧ 极紫外、紫外、红外、远红外谱段的光电测试技术。

2. 测量数据的处理

本节概述测量误差的基本概念和数据处理的主要步骤，其基本理论可以参照相关书籍。

（1）误差来源和分类

在测量中，人们总是力求得到被测量的真实值（真值），然而，由于测量方法和仪器设备的不完善，以及各种环境因素和人为因素的影响，测量所得数值与真值之间总会存在一定的误差。误差产生的来源可以归结为以下4类。

设备误差　设备误差主要来源于读数或示值装置误差、基准器（或标准件）误差、附件（如光源、调整件等）误差和光电探测电路的误差等。按其表现形式可分为机构误差、调整误差和量值误差。

环境误差　环境误差包括温度、湿度、振动、照明等与要求的标准状态不一致而引起的误差，电磁干扰引起的误差，某些高能粒子对光电探测器干扰引起的误差等。

人为误差　由于人眼分辨能力有限，操作者水平不高和固有习惯、感觉器官的生理变化等引起的误差。

方法误差 由于采用的数学模型不完善，采用近似测量方法或由于对该项测量研究不充分引起的误差。

按照误差的性质，误差可以分为系统误差、偶然（随机）误差和粗大误差 3 类。

系统误差 在同一条件下多次测量同一量时，绝对值和符号保持不变，测量条件改变时，按照确定规律变化的误差称为系统误差。系统误差可按照对误差的掌握程度分为已定系统误差（误差的大小和正负已知）和未定系统误差（误差的大小和正负未知）。例如，在光电测试仪器中仪器制造误差、校准或调整误差、标准件的量值误差等。

偶然误差 在相同的测量条件下，多次测量同一量时，绝对值和符号以不可预测的方式变化的误差称为偶然误差。例如，局部空气紊流、温度小量变化、电源的小量起伏等均引起偶然误差；对准误差和估读误差等也属于偶然误差。

粗大误差 超出在规定条件下预期的误差称为粗大误差。例如，读错、计算错误、仪器调整错误或实验条件突变等引起的误差。含有粗大误差的测量值都应剔除。

（2）测量误差的表述——不确定度（Uncertainty）

测量误差是测量值相对于真值的偏差，但在有些场合，真值或约定真值是不可知的。因此，必须采用某种方法来评定测量结果的质量。习惯上的精度（包括正确度、精密度、准确度三方面）的含义一直是混淆不清的，目前国内外多采用"ISO1993（E）指南"所规定的测量不确定度来表征测量结果的质量。测量不确定度是定量的、可操作的质量指标，测量结果附有不确定度的说明时才是完整和有意义的。

测量不确定度是指对测量结果不能肯定的程度。它反映了对被测量的真值认识的不足。经测量，合理地赋予被测量的值不是唯一的，而是有许多个可能的值。真值的具体数值并不知道，只可能获知一个最佳估计值，而真值是在最佳估计值的一个不确定范围内。不确定度小，误差肯定也小，但误差不可能准确知道；不确定度大，误差或大或小，限于认识水平，误差尚不清楚。下面是"ISO1993（E）指南"所规定的几个术语。

标准不确定度（Standard Uncertainty） 用标准偏差表示的测量结果的不确定度，用符号 u 表示。

合成（标准）不确定度（Combined Standard Uncertainty） 当测量结果由若干其他量（输入量，也包括影响量）得出时，测量结果的合成标准不确定度等于这些量的方差和协方差加权和的正平方根，用符号 u_c 表示。

扩展不确定度（Expanded Uncertainty） 规定了测量结果取值区间的半宽度，该区间包含了合理赋予被测量值的分布的大部分数值，用符号 U 表示。

不确定度包含两类分量：A 类分量是可以用统计方法评定的那些分量，用实验标准偏差表示；B 类分量是用非统计方法评定的那些分量，用其他估计的标准偏差表示。需要指出的是，不可一概而论 A 类评定方法好还是 B 类评定方法好，在小样本的情形下，A 类评定方法不一定比 B 类评定方法好。

在实际工作中，为定量评价测量装置或测量结果的质量，还常用如下 3 个名词。

重复性（Repeatability） 在相同测量条件下（相同的测量方法、操作人员、测量器具、地点和使用条件），在短时期内对同一个量连续进行多次测量所得结果之间的一致程度，可以用测量结果的分散性参数定量表示。

复（再）现性（Reproducibility） 在变化的测量条件下（如不同的测量方法、操作人员、测量器具、地点、使用条件和时间），对同一个量进行多次测量所得结果的一致程度，也可以用测量结果的分散性参数定量表示，不过应注明变化的条件。

稳定性（Stability）　测量器具具有保持其计量特性持续恒定的能力，可以用几种方式量化，如用计量特性在规定时间内所发生的变化来表示等。

（3）条件相同重复测量的数据处理步骤

所得各测量值可能同时包含有系统误差、偶然误差和粗大误差。其中的已定系统误差，可用修正法将其消除，而对未定系统误差，可把它视作偶然误差进行处理。

设消除已定系统误差以后的重复测量数据列为 $x_1, x_2, \cdots, x_n$，其处理步骤如下。

① 计算数据列的算术平均值 $\bar{x}$、残余误差 v_i 和单次测量的标准偏差估计值 s。

算术平均值的计算公式为

$$\bar{x} = \frac{1}{n}\sum_{i=1}^{n} x_i \tag{0.1}$$

测量数据列中测得值 x_i 与该数据列的算术平均值之差 v_i 称为残余误差，计算公式为

$$v_i = x_i - \bar{x} \tag{0.2}$$

在有限次测量中，标准偏差 σ 需要用由残余误差 v_i 求出的标准偏差估计值 s 来表述，s 的计算公式为

$$s = \sqrt{\frac{\sum\limits_{i=1}^{n} v_i^2}{n-1}} \tag{0.3}$$

② 判断粗大误差。若存在粗大误差，应将该数据剔除，然后重新计算 $\bar{x}$，v_i 和 s，再判断，直至不含粗大误差为止。

粗大误差的判断有 5 种规则：拉依达（Райта）准则、肖维勒（Chauvenet）准则、格拉布斯（Grubbs）准则、t 检验准则和狄克逊（Dixon）准则。大量的实验和分析表明，格拉布斯准则的效果最好，其判断粗大误差的步骤如下。

设测量数据列按照由小到大排列为 $x_1, x_2, \cdots, x_n$。

i. 选定风险率 α。α 是指判定是坏值而实际上不是坏值而犯错误的概率，通常取 $\alpha=5.0\%$ 或 $\alpha=1.0\%$。

ii. 计算判定 T 值。如果 x_1 或 x_n 是可以怀疑的，则

$$T = \frac{\bar{x} - x_1}{s} \quad \text{或} \quad T = \frac{x_n - \bar{x}}{s}$$

式中，$\bar{x}$ 和 s 按照式(0.1)、式(0.3)计算。

iii. 由表 0.1 查出 $T(n,\alpha)$。

表 0.1　$T(n,\alpha)$ 值表

α ＼ n	3	4	5	6	7	8	9	10	11	12	13	14	15
5.0%	1.15	1.46	1.67	1.82	1.94	2.03	2.11	2.18	2.23	2.29	2.33	2.37	2.41
1.0%	1.15	1.49	1.75	1.94	2.10	2.22	2.32	2.41	2.48	2.55	2.61	2.66	2.70

iv. 若 $T \geqslant T(n,\alpha)$，则所怀疑值是坏值，应予舍弃；若 $T < T(n,\alpha)$，则此值不能以风险率 α 舍去，而认为是有效的数据。

③ 求算术平均值的标准偏差的估计值。按下式计算

$$s_{\bar{x}} = \frac{s}{\sqrt{n}} \tag{0.4}$$

④ 判断系统误差。根据发现系统误差的各种方法判断,并设法减小和消除。这一步主要是为了检查有无因测量工作中的某些疏忽而引入的显著系统误差。

⑤ 求测量的扩展不确定度。根据测量的次数 n 和置信概率 p,由表 0.2 查出 $t_p(n)$,按下式计算

$$U(\overline{x}) = t_p(n)s_{\overline{x}} \tag{0.5}$$

表 0.2 t_p 分布临界值

n	3	4	5	6	7	8	9	10
$t_{0.682}$	1.32	1.20	1.14	1.11	1.09	1.08	1.07	1.06
$t_{0.95}$	4.30	3.18	2.78	2.57	2.45	2.37	2.31	2.26
$t_{0.99}$	9.93	5.84	4.60	4.03	3.71	3.50	3.36	3.25

⑥ 最后写出测量结果

$$\overline{x} \pm U(\overline{x}) \tag{0.6}$$

式中,$U(\overline{x})$ 应取最多两位有效数字。

(4)条件不同重复测量的数据处理步骤

如果被测量是在不同时期或不同地点或不同实验室或不同仪器获得的,其测量条件不能保证相同,则应采用加权的方法来评定测量的结果。设在不同条件下获得的数据列 $l_1, l_2, \cdots, l_n$ 中不存在系统误差和粗大误差。

① 确定各测量值的权重。根据测量条件(方法、仪器、环境、人员)的不同确定权重。

② 计算数据列的加权算术平均值、残余误差及加权算术平均值的标准偏差估计值。

$$\overline{l} = \frac{\sum_{i=1}^{n} p_i l_i}{\sum_{i=1}^{n} p_i}, \quad v_i = l_i - \overline{l}, \quad s_{\overline{l}} = \sqrt{\frac{\sum_{i=1}^{n} p_i v_i^2}{(n-1)\sum_{i=1}^{n} p_i}}$$

③ 求测量的扩展不确定度。根据测量的次数 n 和置信概率 p,由表 0.2 查出 $t_p(n)$,则

$$U(\overline{l}) = t_p(n)s_{\overline{l}}$$

④ 最后写出测量结果:$\overline{l} \pm U(\overline{l})$。其中,$U(\overline{l})$ 应取最多两位有效数字。

(5)间接测量的数据处理步骤

间接测量值为直接测量值的函数,表达式为

$$\overline{V} = f(x_1, x_2, \cdots, x_n) \tag{0.7}$$

当各个测量值及其误差为已知时,按照下列步骤处理测量数据。

① 计算间接测量值 $\overline{V}$。将各直接测量值的算术平均值代入式(0.7)求 $\overline{V}$。

② 根据各误差传递系数和标准偏差估计值的大小可以判知哪个(几个)直接测量值对测量结果影响较大,则尽量减小或消除该项(几项)量值的系统误差。

③ 计算间接测量结果的合成标准不确定度。

标准偏差的估计值为

$$s_{\overline{V}} = \sqrt{\left(\frac{\partial V}{\partial x_1}\right)^2 s_{\overline{x}_1}^2 + \left(\frac{\partial V}{\partial x_2}\right)^2 s_{\overline{x}_2}^2 + \cdots + \left(\frac{\partial V}{\partial x_n}\right)^2 s_{\overline{x}_n}^2} \tag{0.8}$$

合成标准不确定度为

$$u_c(\overline{V}) = \sqrt{\left(\frac{\partial V}{\partial x_1}\right)^2 u^2(\overline{x}_1) + \left(\frac{\partial V}{\partial x_2}\right)^2 u^2(\overline{x}_2) + \cdots + \left(\frac{\partial V}{\partial x_n}\right)^2 u^2(\overline{x}_n)} \tag{0.9}$$

④ 求测量的扩展不确定度。按下式计算

$$U(\overline{V}) = t_p(n_{\text{eff}})u_c(\overline{V}) \tag{0.10}$$

式中，n_{eff}按下式计算

$$n_{\text{eff}} = \frac{u_c^4(\overline{V})}{\sum \dfrac{u^4(\overline{x_i})}{n_i}} \tag{0.11}$$

根据置信概率 p，由表 0.2 查出 $t_p(n_{\text{eff}})$。若对 $u(\overline{x_i})$ 的信息量知之甚少时，可取 $n_i=1$。

在不少场合，因为不能详细获取与被测量有关的各个量及其合成分布的信息，故难以指明被测量值的估计区间的置信水平，则通常 $t_p(n_{\text{eff}})$ 取 2～3，如美国 NIST 常取 $t_p(n_{\text{eff}})=2$。

⑤ 最后写出测量结果：$\overline{V}\pm U(\overline{V})$。

【例 0.1】 测量一望远镜的焦距。当测得无限远的物体在物镜焦平面上成像的大小为 $2y'$ 及其对应的视场角 2ω 后，参见图 0.2，应用下式可以求出物镜的焦距

$$f' = \frac{y'}{\tan\omega}$$

用刻度尺在物镜像面测得 $2y'=10\text{mm}$，用测角仪测出对应的视场角 $2\omega=3°$。

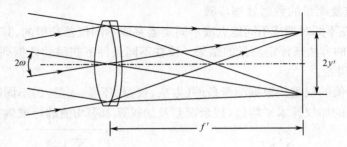

图 0.2 测量物镜焦距原理图

刻度尺经修正后，任意两根刻线间距的不确定度为 $u(y')=0.3\mu\text{m}$。测角仪的刻度值经修正后，任意两刻线对应的角度值的不确定度为 $1.6''$，即 $u(\omega_1)=1.6''$；望远镜单次对准不确定度为 $0.5''$，每测一个角度值要对准 2 次，每次对准都重复 3 次取读数的平均值，则测量一个角度的合成不确定度为 $u(\omega_2)=(\sqrt{0.5^2+0.5^2}/\sqrt{3})('')=0.4''$；同样，显微镜单次读数的不确定度为 $0.5''$，也可得到 $u(\omega_3)=0.4''$。数据处理步骤如下。

① 计算焦距值

$$f' = \frac{y'}{\tan\omega} = \frac{5}{\tan 1°30'} = 190.942\text{mm}$$

② 计算直接测量值的传递系数和各个值的不确定度

$$\frac{\partial f'}{\partial y'} = \frac{1}{\tan\omega} = 38.2$$

$$\frac{\partial f'}{\partial \omega} = -\frac{y'}{\sin^2\omega} = -7296.8\text{mm}$$

$$u(y') = 0.3\mu\text{m} = 3\times 10^{-4}\text{mm}$$

由于角度测量误差的 3 个分量不相关，则

$$u_c(\omega) = \sqrt{u^2(\omega_1)+u^2(\omega_2)+u^2(\omega_3)}$$
$$= \sqrt{1.6^2+0.4^2+0.4^2} = 1.7'' = 8.5\times 10^{-6}\text{rad}$$

③ 计算焦距的合成标准不确定度

$$u_c(f') = \sqrt{\left(\frac{\partial f'}{\partial y'}\right)^2 u^2(y') + \left(\frac{\partial f'}{\partial \omega}\right)^2 u_c^2(\omega)} = 0.063\text{mm}$$

④ 求焦距的扩展不确定度

取 $t_p(n_{\text{eff}}) = 2$，则 $U(f') = 0.13\text{mm}$。

⑤ 物镜焦距的测量结果为：$190.94 \pm 0.13\text{mm}$。

（6）有效数字

① 有效数字：如果测量结果 L 的极限误差是某一位上的半个单位，自该位到 L 的左起第一个非零数字一共有 n 位，那么 L 就有 n 位有效数字。例如，0.618（三位有效数字），350.60（五位），1.20×10^3（三位），1.2×10^3（两位）。

下面几条规则是经常用到的，应予注意。

i. 一切表示误差或准确度的数字，一般保留一位，最多保留两位有效数字。

ii. 测量结果数据的位数，应与结果的误差的位数相对应。例如，算出值为 $(202.025 \pm 0.114)\text{mm}$，结果应写为 $(202.0 \pm 0.1)\text{mm}$；又如，$(2.384626 \pm 0.004534)\text{mm}$ 应写为 $(2.3846 \pm 0.0045)\text{mm}$。

iii. $\sqrt{2}$，$1/3$，π，$\sin 5°$ 等这类数的有效位数可认为是无限个，测量结果中不应出现这类数。

② 数字的舍入规则：有效数字的位数确定后，多余的位数要舍弃。舍入规则是：四舍六入，五看奇偶。若舍弃数字为 5，则前一位数字为奇数时加 1，为偶数时则不加。例如，2.35 取两位有效数字时为 2.4，2.45 取两位有效数字，也是 2.4。

③ 有效数字运算规则：由于目前计算机已经普及，在做运算时，可多取几位运算。算得数据后，再根据误差的要求确定有效位数。舍去多余位数时按舍入规则进行。

第1章　光辐射体与光辐射探测器件

光是电磁波,通常是指电磁波谱中对应于真空中的波长在 $0.38\sim0.78\mu m$ 范围内的电磁辐射,它对人眼能产生目视刺激而形成"光亮"感。人们把此波段的电磁辐射称为光辐射,把发出光辐射的物体叫光源。广义地讲,X 射线、紫外辐射、可见光和红外辐射都可以叫光辐射,相应的辐射系统称为光辐射体(也可以简称为光源),可以简单地划分为自然光源和人造光源两大类。

光辐射探测器是一种将辐射能转换成电信号的器件,是光电系统的核心组成部分,其作用是发现信号、测量信号,并为随后的应用提取必要的信息。光辐射探测器的种类很多,新的器件也不断出现,按探测机理的物理效应可分为利用各种光子效应的光子探测器和利用温度变化效应的热探测器两大类。

1.1　辐射度学与光度学基础

辐射度学是一门研究电磁辐射能测量的科学。辐射度学的基本概念和定律适用整个电磁波段的辐射测量,但对于电磁辐射的不同频段,由于其特殊性,又往往有不同的测量手段和方法。光学谱段一般是指从波长为 0.1nm 左右的 X 射线到约 1mm 的极远红外的范围。波长小于 0.1nm 是 γ 射线,波长大于 1mm 则属于微波和无线电波。在光学谱段内,可按照波长分为 X 射线、远紫外、近紫外、可见光、近红外、短波红外、中波红外、长波红外和远红外。可见光谱段,即辐射对人眼能产生目视刺激而形成光亮感和色感的谱段,一般是指波长为 $0.38\sim0.76\mu m$ 。

使人眼产生总的目视刺激的度量是光度学的研究范畴。光度学除了包括光辐射能的客观度量外,还应考虑人眼视觉的生理和感觉印象等心理因素。就光度量作为物理量度量来说,可认为光度量是用具有"标准人眼"视觉响应的探测器对辐射能的度量。但仅仅把光度测量局限在"物理量的度量"这一点是不够的,人眼的生理、心理因素常常对光度测量有着很大的影响。

1.1.1　辐射度学与光度学的基本物理量

辐射度学量是用能量单位描述辐射能的客观物理量,光度学量是光辐射能为平均人眼接受所引起的视觉刺激大小的度量,即光度学量是具有平均人眼视觉响应特性的人眼所接收到的辐射量的度量。因此,辐射度学量和光度学量都可以定量地描述辐射能强度,但辐射度学量是辐射能本身的客观度量,是纯粹的物理量,光度学量则还包括了生理学和心理学的概念在内。

1. 辐射度学的基本物理量

国际照明委员会(CIE)在 1970 年推荐采用的辐射度学量和光度学量单位基本上和国际单位制(SI)一致,并为越来越多的国家(包括我国)所采纳。表 1.1 列出了基本的辐射度学量的名称、符号、含义、定义方程及单位名称和符号。

辐射能(Q) 描述以辐射的形式发射、传输或接收的能量,单位为焦耳(J)。当描述辐射能量在一段时间内的积累时,用辐射能来表示,例如,地球吸收太阳的辐射能,又向宇宙空间发射辐射能,使地球在宇宙中具有一定的平均温度,则用辐射能来描述地球辐射能量的吸收辐射平衡情况。

表 1.1　基本辐射度学量

名称	符号	含　义	定义方程	单位名称	单位符号
辐(射)能	Q	以电磁波的形式发射、传递或接收的能量		焦(耳)	J
辐(射)能密度	ω	辐射场单位体积中的辐射能	$\omega=\mathrm{d}Q/\mathrm{d}v$	焦(耳)每立方米	J/m³
辐(射)通量 辐(射)功率	Φ	单位时间内发射、传输或接收的辐射能	$\Phi=\mathrm{d}Q/\mathrm{d}t$	瓦(特)	W
辐(射)强度	I	点源向某方向单位立体角发射的辐射功率	$I=\mathrm{d}\Phi/\mathrm{d}\Omega$	瓦(特)每球面度	W/sr
辐(射)亮度	L	扩展源在某方向上单位投影面积和单位立体角内发射的辐射功率	$L=\mathrm{d}\Phi/\mathrm{d}\Omega\mathrm{d}A\cos\theta$ $=\mathrm{d}I/\mathrm{d}A\cos\theta$	瓦(特)每球面度平方米	W/(sr·m²)
辐(射)出射度	M	扩展源单位面积向半球空间发射的辐射功率	$M=\mathrm{d}\Phi/\mathrm{d}A$	瓦(特)每平方米	W/m²
辐(射)照度	E	入射到单位接收面积上的辐射功率	$E=\mathrm{d}\Phi/\mathrm{d}A$	瓦(特)每平方米	W/m²

注：Ω 代表立体角；A 代表面积。

为进一步描述辐射能随时间、空间、方向等的分布特性，分别用以下辐射度学量来表示。

辐射密度(ω)　定义为单位体积元内的辐射能，即

$$\omega=\frac{\mathrm{d}Q}{\mathrm{d}v}$$

辐射通量(Φ)　定义为以辐射的形式发射、传输或接收的功率，用以描述辐射能的时间特性。实际应用中，对于连续辐射体或接收体，以单位时间内的辐射能，即辐射通量表示。因此，辐射通量是十分重要的辐射度量。例如，许多光源的发射特性、辐射接收器的响应值不取决于辐射能的时间积累值，而取决于辐射通量的大小。

$$\Phi=\frac{\mathrm{d}Q}{\mathrm{d}t}$$

辐射强度(I)　定义为在给定传输方向上的单位立体角内光源发出的辐射通量，即

$$I=\frac{\mathrm{d}\Phi}{\mathrm{d}\Omega}$$

辐射强度描述了光源辐射的方向特性，且对点光源的辐射强度描述具有更重要的意义。

所谓点光源，是相对扩展源而言的，即光源发光部分的尺寸比其实际辐射传输距离小得多时，把其近似认为是一个点光源，在辐射传输计算时，测量上不会引起明显的误差。点光源向空间辐射球面波。如果在传输介质内没有损失(反射、散射、吸收)，那么在给定方向上某一立体角内，不论辐射能传输距离有多远，其辐射通量是不变的。

大多数光源向空间各个方向发出的辐射通量往往是不均匀的，因此，辐射强度提供了描述光源在空间某个方向上发射辐射通量大小和分布的可能。图 1.1 所示为一种钨丝白炽灯的辐射强度分布特性。

辐射亮度(L)　定义为光源在垂直其辐射传输方向上单位表面积单位立体角内发出的辐射通量，即

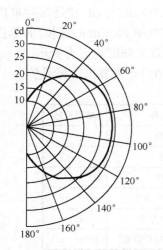

图 1.1　钨丝白炽灯辐射强度的空间分布

$$L = \frac{\mathrm{d}\Phi}{\mathrm{d}\Omega \mathrm{d}A\cos\theta} = \frac{\mathrm{d}I}{\mathrm{d}A\cos\theta}$$

辐射亮度在光辐射的传输和测量中具有重要的作用,是光源微面元在垂直传输方向辐射强度特性的描述。例如,描述螺旋灯丝白炽灯时,由于描述灯丝每一局部表面(灯丝、灯丝之间的空隙)的发射特性常常是没有实用意义的,而应把它作为一个整体,即一个点光源,描述在给定观测方向上的辐射强度。而在描述天空辐射特性时,希望知道其各部分的辐射特性,则用辐射亮度可以描述天空各部分辐射亮度分布的特性。

辐射出射度(M) 定义为离开光源表面单位微面元的辐射通量,即

$$M = \frac{\mathrm{d}\Phi}{\mathrm{d}A}$$

微面元所对应的立体角是辐射的整个半球空间。例如,太阳表面的辐射出射度指太阳表面单位表面积向外部空间发射的辐射通量。

辐照度(E) 定义为单位微面元被照射的辐射通量,即

$$E = \frac{\mathrm{d}\Phi}{\mathrm{d}A}$$

辐照度和辐射出射度有相同的定义方程和单位,却分别用来描述微面元发射和接收辐射通量的特性。如果一个微面元能反射入射到其表面的全部辐射量,那么该微面元可看作一个辐射源表面,即其辐射出射度在数值上等于辐照度。地球表面的辐照度是其各个部分(微面元)接收太阳直射及天空向下散射产生的辐照度之和;而地球表面的辐射出射度则是其单位表面向宇宙空间发射的辐射通量。

由于辐射度学量也是波长的函数,当描述光谱辐射量时,可在相应的名称前加"光谱",并在相应的符号上加波长的符号"λ"作为下标,例如,光谱辐射通量记为 Φ_λ 或 $\Phi(\lambda)$ 等。

2. 光度学的基本物理量

光度学量和辐射度学量的定义、定义方程是一一对应的,只是光度量只在可见光谱范围内才有意义。表 1.2 列出了基本光度学量的名称、符号、定义方程及单位名称、符号。有时为避免混淆,在辐射度符号上加下标"e",而在光度学量符号上加下标"v",例如,辐射度 Q_e,Φ_e,I_e,L_e,M_e,E_e 等,对应的光度学量为 Q_v,Φ_v,I_v,L_v,M_v,E_v 等。

光度学量中最基本的单位是发光强度的单位——坎德拉(Candela),记为 cd,它是国际单位制中 7 个基本单位之一。其定义为发出频率为 540×10^{12} Hz(对应空气中 555nm 的波长)的单色辐射,在给定方向上辐射强度为 1/683(W/sr)时,光源在该方向上的发光强度规定为 1cd。

光通量的单位是流明(lm)。1lm 是光强度为 1cd 的均匀点光源在 1sr 内发出的光通量。

表 1.2 基本光度学量

名称	符号	定义方程	单位名称	单位符号
光(能)量	Q		流明秒	lm·s
光通量	Φ	$\Phi = \mathrm{d}Q/\mathrm{d}t$	流明	lm
发光强度	I	$I = \mathrm{d}\Phi/\mathrm{d}\Omega$	坎德拉	cd
(光)亮度	L	$L = \mathrm{d}\Phi/\mathrm{d}\Omega \mathrm{d}A\cos\theta = \mathrm{d}I/\mathrm{d}A\cos\theta$	坎德拉每平方米	cd/m²
光出射度	M	$M = \mathrm{d}\Phi/\mathrm{d}A$	流明每平方米	lm/m²
(光)照度	E	$E = \mathrm{d}\Phi/\mathrm{d}A$	勒克斯(流明每平方米)	lx(lm/m²)

3. 辐射度学量与光度学量的关系

人的视觉神经对各种不同波长光的感光灵敏度是不一样的。对绿光最敏感,对红、蓝光灵敏

度较低。另外,由于受生理和心理作用,不同的人对各种波长光的感光灵敏度也有差异。国际照明委员会(CIE)根据对许多人的大量观察结果,确定了人眼对各种波长光的平均相对灵敏度,称为"标准光度观察者"光谱光视效率,或称为视见函数。1971年CIE公布的$V(\lambda)$标准值已经被国际计量委员会批准,如图1.2所示,图中实线是亮度大于$3\mathrm{cd/m^2}$时的明视觉光谱光视效率,用$V(\lambda)$表示,此时的视觉主要由人眼视网膜上分布的锥体细胞的刺激所引起,其峰值在555nm处;图中虚线是亮度小于$0.001\mathrm{cd/m^2}$时的暗视觉光谱光视效率,用$V'(\lambda)$表示,此时的视觉主要由人眼视网膜上

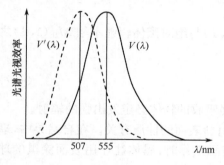

图1.2　光谱光视效率曲线

分布的杆状细胞的刺激所引起,其峰值在507nm处。

由于人眼对等能量的不同波长的可见光辐射能所产生的光感觉是不同的,因而按人眼的视觉特性$V(\lambda)$来评价的辐射通量Φ_e即为光通量Φ_v,二者的关系为

$$\Phi_v = K_m \int_0^\infty V(\lambda)\Phi_e(\lambda)\mathrm{d}\lambda \tag{1.1}$$

式中,K_m是明视觉的最大光谱光视效率函数,也称为光功当量,它表示人眼对于波长为555nm$[V(555)=1]$光辐射产生光感觉的效能。按照国际实用温标IPTS-68的理论计算值为

$$K_m = 683\mathrm{lm/W} \tag{1.2}$$

K_m确定后,根据式(1.1)即可对光度学量和辐射度学量之间进行准确的换算。同理,其他光度学量也有类似的关系。用一般的函数表示光度学量与辐射度学量之间的关系,可以写为

$$X_v = K_m \int_0^\infty V(\lambda)X_e(\lambda)\mathrm{d}\lambda \tag{1.3}$$

4. 热辐射的基本物理量

由于外界热量传递给物体而发生的辐射称为热辐射。热辐射源的特性是它的辐射能量直接与其温度有关。如果物体从周围物体吸收辐射能所得到的热量恰好等于自身辐射而减少的能量,则辐射过程达到平衡状态,这称为热平衡辐射,这时辐射体可以用一个固定的温度T来描述。在研究热平衡辐射所遵从的规律时,假定物体在发射能量和吸收能量的过程中,除了物体的热状态有所改变外,它的成分并不发生其他变化。因此,辐射能量的发出和吸收有特殊的意义。

辐射本领 $M'_\lambda(\lambda,T)$　是辐射体表面在单位波长间隔单位面积内所辐射的辐射通量,即

$$M'_\lambda(\lambda,T) = \frac{\mathrm{d}\Phi_e}{\mathrm{d}\lambda \mathrm{d}A} \quad (\mathrm{W/\mu m \cdot m^2}) \tag{1.4}$$

$M'_\lambda(\lambda,T)$是辐射波长和辐射体温度的函数。

吸收率 $\alpha(\lambda,T)$　是在单位波长间隔内被物体吸收的通量与入射通量之比。它与物体的温度T及波长有关,定义式为

$$\alpha(\lambda,T) = \frac{\mathrm{d}\Phi'_e(\lambda)}{\mathrm{d}\Phi_e(\lambda)} \tag{1.5}$$

由定义式可知,$\alpha(\lambda,T)$是一个无量纲的量。

绝对黑体　任何物体,只要其热力学温度在0K以上,就向外界发出辐射,这称为温度辐射。黑体是一种完全的温度辐射体,定义为吸收率$\alpha(\lambda,T)=1$的物体为绝对黑体,其辐射本领用$M'_{\lambda b}(\lambda,T)$表示,则

$$M'_{\lambda b}(\lambda,T) = \frac{M'_\lambda(\lambda,T)}{\alpha(\lambda,T)} \tag{1.6}$$

因为一般物体的 $\alpha(\lambda,T)<1$，所以 $M'_{\lambda b}(\lambda,T)>M'_{\lambda}(\lambda,T)$。这表明，在同一温度 T 中，对任何波长，物体的辐射本领不会大于黑体的辐射本领。

物体的发射率 $\varepsilon(\lambda,T)$ 定义为物体的辐射本领 $M'_{\lambda}(\lambda,T)$ 与绝对黑体辐射本领 $M'_{\lambda b}(\lambda,T)$ 之比，即

$$\varepsilon(\lambda,T)=\frac{M'_{\lambda}(\lambda,T)}{M'_{\lambda b}(\lambda,T)} \tag{1.7}$$

由上式可以看出，$\varepsilon(\lambda,T)=\alpha(\lambda,T)$，这说明任何具有强吸收的物体必定发出强的辐射。

非黑体 $0<\varepsilon<1$ 的辐射能力不仅与温度有关，而且与材料表面的性质有关。在自然界中，理想的黑体是不存在的，吸收本领最多只有 $0.96\sim0.99$。实际工作时，黑体往往用表面涂黑的球形或柱形空腔来人为地实现。

1.1.2 辐射度学与光度学的基本定律

1. 朗伯辐射体及其辐射特性

（1）朗伯辐射体

人们在生活实践中注意到，对于一个磨得很光或镀得很亮的反射镜，当有一束光入射到其上面时，反射的光具有很好的方向性。也就是说，当恰好逆着反射光线的方向观察时，感到十分耀眼。但是，只要偏离不大的角度观察时，就看不到这个耀眼的反射光了。然而，对于一个表面粗糙的反射体或漫反射体，就观察不到上述现象。除了漫反射体以外，对于某些自身发射辐射的辐射源，它的辐射亮度与方向无关，即该辐射源各方向上的辐射亮度不变，这类辐射源称为朗伯辐射体。例如，绝对黑体和理想漫反射体就是两种典型的朗伯辐射体。

（2）朗伯余弦定律

设某一发射表面 dA 在其法线方向上的辐射强度为 I_N，与法线成 θ 角方向上的辐射强度为 I_θ，如图 1.3 所示。由于朗伯辐射体的辐射亮度在各个方向上均相等，根据辐射亮度的定义，有

$$L=\frac{I_N}{dA}=\frac{I_\theta}{dA\cos\theta} \tag{1.8}$$

于是得

$$I_\theta=I_N\cos\theta \tag{1.9}$$

上式称为朗伯余弦定律。它表明，各个方向上辐射亮度相等的发射表面其辐射强度按余弦规律变化。

（3）朗伯体辐射出射度与辐射亮度的关系

由朗伯余弦定律可以推导出辐射出射度与辐射亮度之间的关系。这个关系可以通过计算某朗伯微面元 dS 在 2π 立体角内的辐射通量得出。

如图 1.4 所示，在极坐标内对应球面上微面元 dA 的立体角 $d\Omega$ 为

$$d\Omega=\frac{dA}{r^2}=\frac{rd\theta\cdot r\sin\theta d\varphi}{r^2}=\sin\theta d\theta d\varphi$$

设朗伯微面元 dS 的亮度为 L，则辐射到 dA 上的通量 $d\Phi$ 为

$$d\Phi=LdS\cos\theta\sin\theta d\theta d\varphi$$

在半球内发射的总通量 Φ 为

$$\Phi=LdS\int_0^{2\pi}d\varphi\int_0^{\pi/2}\cos\theta\sin\theta d\theta=2\pi LdS\int_0^{\pi/2}\cos\theta\sin\theta d\theta=\pi LdS \tag{1.10}$$

按照出射度的定义得

$$\Phi=MdS \tag{1.11}$$

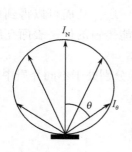
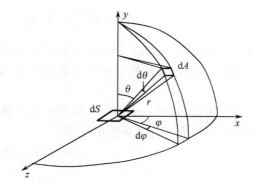

图 1.3　朗伯定律示意图　　　　图 1.4　微立体角关系图

于是有

$$M=\pi L \quad 或 \quad L=\frac{M}{\pi} \tag{1.12}$$

利用这一关系可以使光辐射量的计算大大简化。

对于处在辐射场中的理想漫反射体，不论辐射从何方向入射，它都把入射的全部辐射通量毫无吸收或透射地按朗伯余弦定律反射出去。因此，该反射表面单位面积发射的辐射通量，应该等于入射到单位面积上的辐射通量。即理想漫反射体的辐射出射度等于其表面上的辐照度，即 $M=E$。所以

$$L=\frac{E}{\pi} \tag{1.13}$$

可见，理想漫反射体的辐射亮度等于它的辐照度除以 π。

2. 亮度守恒定律

当光束在同一种介质中传输时，沿其传输路径任意取两个微面元 dA_1 和 dA_2，并使通过微面元 dA_1 的光束也都通过微面元 dA_2，它们之间的距离是 r，微面元法线与光传输方向夹角分别为 θ_1 和 θ_2，如图 1.5 所示。

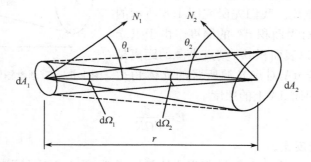

图 1.5　亮度守恒定律示意图

微面元 dA_1 的辐射亮度为

$$L_1=\frac{dI_1}{dA_1\cos\theta_1}=\frac{d\Phi}{dA_1\cos\theta_1 d\Omega_1} \tag{1.14}$$

微面元 dA_2 的辐射亮度为

$$L_2=\frac{d\Phi}{dA_2\cos\theta_2 d\Omega_2} \tag{1.15}$$

而

$$d\Omega_1 = \frac{dA_2 \cos\theta_2}{r^2}, \quad d\Omega_2 = \frac{dA_1 \cos\theta_1}{r^2}$$

将 $d\Omega_1$ 和 $d\Omega_2$ 分别代入式(1.14)和式(1.15),可得 $L_1 = L_2$。从而可以得到如下结论:光辐射在同一种介质中传播时,若传输过程中无能量损失,则光能传输的任一表面亮度相等,即亮度守恒。

若光从一种介质传输到另一种介质,即所取两个微面元分别处于不同介质中,并认为光在介质表面无反射和吸收损失。再考虑折射定律

$$n\sin\theta_1 = n'\sin\theta_2$$

则有

$$\frac{L_1}{n^2} = \frac{L_2}{n'^2} \tag{1.16}$$

式中,n 和 n' 分别是两种介质的折射率。

我们称 L/n^2 为基本辐射亮度。式(1.16)表明在不同介质中传播的光束,在无能量损耗情况下,其基本辐射亮度是守恒的。

若光传输过程中有光学系统时,则光学系统会使光会聚或发散,若光学系统的透射比为 τ,物面亮度为 L_1,像面亮度是 L_2,那么有

$$L_2 = \tau \left(\frac{n_2}{n_1}\right)^2 L_1 \tag{1.17}$$

式中,n_1 和 n_2 分别为物空间和像空间的折射率。一般成像系统的 $n_1 = n_2$,而 $\tau < 1$,因而 $L_2 < L_1$,所以像的辐射亮度不可能大于物的辐射亮度,即光学系统无助于亮度的增加。

3. 照度与距离平方反比定律

当均匀点光源向空间发射球面波时,则点光源在传输方向上某点的照度与该点到点光源距离平方成反比。

设在传输路径上的光束无分束,也无能量损失,那么由点光源向空间任一立体角内辐射通量 Φ 是不变的,而由球心点光源发出的光所张的立体角所截的表面积与球的半径平方成正比。我们先研究图 1.6 所示的点光源 O 所辐射的光对表面积 dA 的照度。由于点光源发出的是球面波,所以表面积 dA 到点光源的距离是该球面波的半径 R,若 dA 对点光源所张的立体角是 $d\Omega$,那么 $dA = d\Omega R^2$,因而 dA 上的照度

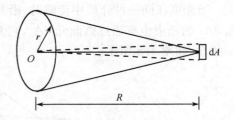

图 1.6　点/圆盘辐射体在微面元上的照度

$$E = \frac{\Phi}{d\Omega R^2} \tag{1.18}$$

即照度 E 与距离 R^2 成反比。

实际的光源总有一定的几何尺寸,根据光能叠加原理,所求表面的照度实际上是该光源上各点贡献照度之和,若光源面积为 πr^2,而 $r \ll R$(参见图 1.6),则照度 E 可写成

$$E \approx \pi L \frac{r^2}{R^2} \tag{1.19}$$

式中,L 为光源的发光亮度。

只有当微面元 dA 距光源表面足够远时,才能用平方反比定律而不产生明显的误差。当光源的尺寸和距离之比 $2r/R$ 为 $1:5$ 时,用平方反比定律所产生的辐照度误差为 1%;而当 $2r/R$ 为 $1:15$ 时,该误差只有 0.1%。一般辐射测量中,待测表面到光源的距离远大于光源的线尺寸,这时用距离平方反比定律所产生的误差可忽略不计。

4. 基尔霍夫定律

通常，一个物体向周围发射辐射能的同时，也吸收周围物体所放出的辐射能。如果某物体吸收的辐射能多于同一时间放出的辐射能，则其总能量增加，温度升高；反之能量减少，温度下降。

当辐射能入射到一个物体表面时，将发生 3 种过程：一部分能量被物体吸收，一部分能量从物体表面反射，一部分透射。对于不透明物体，一部分能量被吸收，另一部分能量从表面反射出去。被吸收的能量与入射总能量之比，称为物体的吸收率 α_λ；被反射的能量与入射总能量之比，称为物体的反射率 ρ_λ。显然，对于不透明物体，物体的吸收率与反射率之和为 1。

实验指出，物体的辐射出射度 M 和吸收率 α 之间有一定的关系。假设把物体 A 和 B 放在恒温 T 的真空密闭容器内，则物体与容器之间及物体与物体之间，只能通过光的辐射和吸收来交换能量。实验证明：经过一定时间后，系统达到热平衡，容器内物体的温度与容器温度相等，均为同一温度 T。由于 A 和 B 的表面状况不一样，它们辐射的能量也不一样，因此，只有当辐射能量多的物体吸收能量也多时，才能和其他物体一样保持温度 T 不变。即物体的辐射本领和吸收本领之间有确定的比例关系。

1859 年基尔霍夫指出，物体的辐射出射度 M 和吸收率 α 的比值 M/α 与物体的性质无关，都等于同一温度下绝对黑体（$\alpha=1$）的辐射出射度 M_0，这就是基尔霍夫定律，可以表示为

$$\frac{M_1}{\alpha_1}=\frac{M_2}{\alpha_2}=\cdots=M_0=f(T) \tag{1.20}$$

基尔霍夫定律不仅适用于对所有波长的全辐射，而且对波长为 λ 的任何单色辐射都是正确的，即

$$\frac{M_{1\lambda}}{\alpha_{1\lambda}}=\frac{M_{2\lambda}}{\alpha_{2\lambda}}=\cdots=M_{0\lambda}=f(\lambda,T) \tag{1.21}$$

基尔霍夫定律是一切物体热辐射的普遍定律。定律表明，吸收本领大的物体，其发射本领也大，如果物体不能发射某波长的辐射能，则也不能吸收该波长的辐射能，反之亦然。绝对黑体对于任何波长在单位时间、单位面积上发出或吸收的辐射能都比同温度下的其他物体要多。

在自然界中，并不存在绝对黑体，但是根据对黑体的要求，可制造出一定波长范围的实际黑体。为了描述非黑体的辐射，引入"辐射发射率"的概念。辐射发射率或比辐射率 ε_λ 的定义为：在相同温度下，辐射体的辐射出射度与黑体的辐射出射度之比，即

$$\varepsilon_\lambda=\frac{M_\lambda}{M_{0\lambda}} \tag{1.22}$$

ε_λ 是波长 λ 和温度 T 的函数，也与辐射体的表面性质有关，数值在 0～1 之间变化。按照 ε_λ 的不同，一般将辐射体分为 3 类：①黑体，$\varepsilon_\lambda=1$；②灰体，$\varepsilon_\lambda=\varepsilon<1$，与波长无关；③选择体，$\varepsilon_\lambda<1$ 且随波长和温度而变化。

一般地，对于任意物体的辐射，可以表示为

$$M_\lambda(T)=\varepsilon_\lambda(T)M_{0\lambda}(T) \tag{1.23}$$

表 1.3 列出了一些常用材料及地面覆盖物的辐射发射率。

5. 普朗克辐射定律

基尔霍夫定律说明了黑体辐射出射度是波长和温度的函数，使寻找黑体辐射出射度的具体表达式成为研究热辐射理论的最基本问题。历史上曾作了很长时间的理论与实验研究，然而，用经典理论得到的公式始终不能完全解释实验事实。直到 1900 年，普朗克提出一种与经典理论完全不同的学说，才建立与实验完全符合的辐射出射度公式。

表 1.3　一些常用材料及地面覆盖物的辐射发射率

材料	温度/℃	ε	材料	温度/℃	ε
毛面铝	26	0.55	平滑的冰	20	0.92
氧化的铁面	125～525	0.78～0.82	黄土	20	0.85
磨光的钢板	940～1100	0.55～0.61	雪	—10	0.85
铁锈	500～1200	0.85～0.95	皮肤·人体	32	0.98
无光泽黄铜板	50～350	0.22	水	0～100	0.95～0.96
非常纯的水银	0～100	0.09～0.12	毛面红砖	20	0.93
混凝土	20	0.92	无光黑漆	40～95	0.96～0.98
干的土壤	20	0.90	白色瓷砖	23	0.90
麦地	20	0.93	光滑玻璃	22	0.94
牧草	20	0.98			

普朗克对黑体作了如下两点假设。

① 黑体是由无穷多个各种固有频率的谐振子构成的发射体,而每个频率的谐振子的能量只能取最小能量 $E=h\nu$ 的整数倍,其中 h 为普朗克常数,ν 是谐振子的频率。

② 谐振子不能连续发射或吸收能量,只能以 $E=h\nu$ 为单位一份份地跳跃式进行。因此,谐振子只能从一个能级跃迁到另一个能级,而不能处于两个能级间的某一能量状态,谐振子跃迁时伴随着辐射的发射或吸收。

根据普朗克量子假说及热平衡时谐振子能量分布满足麦克斯韦-玻耳兹曼统计,可推导出描述黑体辐射出射度随波长和温度的函数关系——普朗克公式的几种表示形式。

普朗克公式最常用的形式是以波长表示的公式为

$$M_0(\lambda, T) = \frac{c_1}{\lambda^5} \frac{1}{\exp(c_2/\lambda T) - 1} \tag{1.24}$$

式中,$c_1=2\pi hc^2=3.7148\times10^{-16}\,\text{W}\cdot\text{m}^2$;$c_2=hc/k=1.4388\times10^{-2}\,\text{m}\cdot\text{K}$,$k$ 为玻耳兹曼常数;c 为光速。

由于黑体是朗伯辐射体,故可得到辐射亮度公式为

$$L_0(\lambda, T) = \frac{c_1}{\pi\lambda^5} \frac{1}{\exp(c_2/\lambda T) - 1} \tag{1.25}$$

如果 $\exp(c_2/\lambda T) \gg 1$,则式(1.24)可改写为维恩近似式为

$$M_0(\lambda, T) \approx \frac{c_1}{\lambda^5} \exp(-c_2/\lambda T) \tag{1.26}$$

普朗克定律描述了黑体辐射的光谱分布规律,揭示了辐射与物质相互作用过程中和辐射波长及黑体温度的依赖关系,是黑体辐射理论的基础。图 1.7 给出了根据式(1.25)得到的绘制于双对数坐标中 200～6000K 黑体的光谱辐射亮度曲线。

6. 斯蒂芬-玻耳兹曼定律

在全波长内对普朗克公式积分,得到黑体辐射出射度与温度之间的关系——斯蒂芬-玻耳兹曼定律

$$M_0(T) = \int_0^\infty M_0(\lambda, T)\mathrm{d}\lambda = \frac{c_1\pi^4}{15c_2^4}T^4 = \sigma T^4\,(\text{W/m}^2) \tag{1.27}$$

式中,$\sigma=c_1\pi^4/15c_2^4=5.6696\times10^{-8}\,(\text{W}\cdot\text{m}^{-2}\cdot\text{K}^{-4})$,称为斯蒂芬-玻耳兹曼常数。

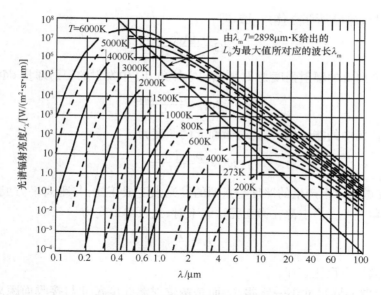

图 1.7　黑体在不同温度下的光谱辐射亮度曲线

斯蒂芬-玻耳兹曼定律表明,黑体在单位面积单位时间内辐射的总能量与黑体温度 T 的 4 次方成正比。

7. 维恩位移定律

黑体光谱辐射是单峰函数,利用极值条件 $\partial M_0(\lambda, T)/\partial \lambda = 0$,求得峰值波长 λ_m 满足维恩位移定律

$$\lambda_m T = 2898(\mu m \cdot K) \tag{1.28}$$

维恩位移定律指出,当黑体的温度升高时,其光谱辐射的峰值波长向短波方向移动。

8. 最大辐射定律

将峰值波长 λ_m 代入普朗克公式,得到最大辐射出射度

$$M_{0m} = M_0(\lambda_m, T) = BT^5 \tag{1.29}$$

式中,$B = c_1 b^{-5}/(e^{c_2/b} - 1) = 1.2862 \times 10^{-11} (W \cdot m^{-2} \cdot \mu m^{-1} \cdot K^{-5})$,$b = \lambda_m T = 2898(\mu m \cdot K)$。

最大辐射定律指出,黑体最大辐射出射度与 T 的 5 次方成正比。表 1.4 列出黑体辐射光谱分布几个特征波长的能量分布。

表 1.4　几个黑体辐射的特征波长

波长	关系式	能量分布
峰值波长	$\lambda_m T = 2898$	$0 \sim \lambda_m : 25\%$
		$\lambda_m \sim \infty : 75\%$
半功率 (3dB)波长	$\lambda_1 T = 1728$ $\lambda_2 T = 5270$	$0 \sim \lambda_1 : 4\%$
		$\lambda_1 \sim \lambda_2 : 67\%$
		$\lambda_2 \sim \infty : 29\%$
中心波长	$\lambda_3 T = 4110$	$0 \sim \lambda_3 : 50\%$
		$\lambda_3 \sim \infty : 50\%$

1.1.3　光辐射量计算举例

1. 点辐射源在微面元上形成的辐照度

如图 1.8 所示,设 O 为点源,受照微面元 dA 距点源的距离为 R,其平面法线 N 与辐射方向

的夹角为 θ，dA 对点源 O 所张立体角 $d\Omega$，即

$$d\Omega = \frac{dA\cos\theta}{R^2}$$

若点源在该方向上的辐射强度为 I，那么向立体角 $d\Omega$ 中发射的辐射通量 $d\Phi$ 为

$$d\Phi = Id\Omega = \frac{IdA\cos\theta}{R^2} \qquad (1.30)$$

如果不考虑传播中的能量损失，此时微面元的照度为

$$E = \frac{d\Phi}{dA} = \frac{I\cos\theta}{R^2} \qquad (1.31)$$

可见，点源在微面元上产生的照度与点源的发光强度成正比，与距离平方成反比，并与面源对辐射方向的倾角有关。当点源在微面元法线上时，式(1.31)变为

$$E = \frac{I}{R^2} \qquad (1.32)$$

称这种关系为距离平方反比定律。

应该指出，点源实际尺寸不一定很小，而是按辐射源线度尺寸与接收面距离的比例来区分的。距地面遥远的一颗星，实际尺寸很大，但观察者看到的确是一个"点"。同一辐射源，在不同场合，既可能是点源，又可能是面源，例如飞机的尾喷管，在 1km 以上的距离测量时是点源，而在 3m 的距离测量时，则表现为一个面源。通常认为，当距离比辐射源线度尺寸大 10 倍以上时，就可以看成点源。

2. 点辐射源向圆盘发射的辐射通量

运用距离平方反比定律，计算点源向圆盘发射的辐射通量，可用于计算距点源一定距离上的光学系统或接收器接收到的辐射通量。如图 1.9 所示，点源 O 发出光辐射，距点源 R_0 处有一与辐射方向垂直的圆盘，圆盘半径为 r。由于圆盘有一定大小，由点源至圆盘上各点的距离不等，也就是说，圆盘上各点的辐照度不等，不能按均匀照明进行简单计算。

取圆盘上某一微面元 dA，该微面元上接收到的辐射通量为

$$d\Phi = EdA = \frac{I\cos\theta}{R^2}dA \qquad (1.33)$$

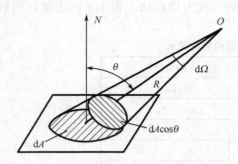

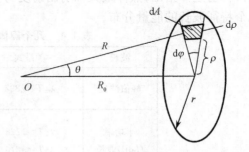

图 1.8　点源照明微面元所产生的照度　　　图 1.9　圆盘上接收的辐射通量

由图可得

$$dA = \rho d\varphi d\rho$$

$$\cos\theta = \frac{R_0}{R} = \frac{R_0}{\sqrt{\rho^2 + R_0^2}}$$

所以

$$\mathrm{d}\Phi=I\frac{R_0}{(\rho^2+R_0^2)^{3/2}}\rho\mathrm{d}\rho\mathrm{d}\varphi \tag{1.34}$$

对 ρ 和 φ 积分,得半径为 r 的圆盘所接收的全部辐射通量 Φ 为

$$\Phi=\int\mathrm{d}\Phi=IR_0\int_0^{2\pi}\mathrm{d}\varphi\int_0^r\frac{\rho}{(\rho^2+R_0^2)^{3/2}}\mathrm{d}\rho=2\pi I\left\{1-\left[1+\left(\frac{r}{R_0}\right)^2\right]^{-1/2}\right\} \tag{1.35}$$

当圆盘距点源足够远时,即 $R_0\gg r,R\approx R_0,\cos\theta\approx1$,此时圆盘接收的通量为

$$\Phi=\frac{\pi Ir^2}{R_0^2} \tag{1.36}$$

此时圆盘可以认为是微面元,圆盘上各点辐照度相等。

3. 面辐射源在微面元上形成的辐照度

当辐射源相对较大时,计算距辐射源 R 处微面元上的辐照度,如图 1.10 所示。设 A 为面辐射源,Q 为受照面,N_1 为微面元 $\mathrm{d}A$ 的法线,与辐射方向夹角为 β,N_2 为 Q 平面 O 点处的法线,与入射辐射方向的夹角为 α,$\mathrm{d}A$ 到 O 点的距离为 R。在面辐射源 A 上取微面元 $\mathrm{d}A$,计算 $\mathrm{d}A$ 的辐射在 O 点形成的辐照度 $\mathrm{d}E$。运用距离平方反比定律得

$$\mathrm{d}E=\frac{I_\beta\cos\alpha}{R^2}$$

式中,I_β 为面元 $\mathrm{d}A$ 在 β 方向上的发光强度,它与该方向上发光亮度 L_β 有如下关系

$$I_\beta=L_\beta\mathrm{d}A\cos\beta$$

代入上式得

$$\mathrm{d}E=\frac{L_\beta\mathrm{d}A\cos\beta\cos\alpha}{R^2} \tag{1.37}$$

由图中可知,$\mathrm{d}A$ 对 O 点所张的立体角 $\mathrm{d}\Omega$ 为

$$\mathrm{d}\Omega=\frac{\mathrm{d}A\cos\beta}{R^2}$$

将该式代入式(1.37)可得

$$\mathrm{d}E=L_\beta\cos\alpha\mathrm{d}\Omega$$

整个面辐射源 A 对 O 点处微面元所形成的照度值 E,可对上式积分得

$$E=\int_A\mathrm{d}E=\int_AL_\beta\cos\alpha\mathrm{d}\Omega \tag{1.38}$$

一般情况下,面辐射源在各个方向上的亮度是不等的,利用式(1.38)求照度就比较困难。但对各方向亮度均相等的辐射源来讲,式(1.38)可以简化为

$$E=L\int\cos\alpha\mathrm{d}\Omega \tag{1.39}$$

或写成

$$E=L\Omega_s \tag{1.40}$$

式中,$\Omega_s=\int\cos\alpha\mathrm{d}\Omega$ 是立体角 $\mathrm{d}\Omega$ 在 Q 平面上的投影,所以又称该式为立体角投影定律。

4. 朗伯辐射体产生的辐照度

假设有一个按余弦定律发射的扩展源,其各处的辐射亮度相同,计算该扩展源在轴上一点产生的辐照度。如图 1.11 所示,扩展源为半径等于 r 的圆盘 A,取圆环状微面元 $\mathrm{d}A=\rho\mathrm{d}\rho\mathrm{d}\varphi$,从这个环状微面元上发射的辐射,在距圆盘为 R_0 的某点上产生的辐照度为

$$\mathrm{d}E=L\frac{\cos^2\theta}{R^2}\rho\mathrm{d}\rho\mathrm{d}\varphi$$

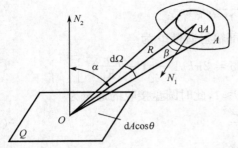

图 1.10　面辐射源照明微面元所产生的辐照度　　　　图 1.11　朗伯辐射体产生的辐照度

由图 1.11 的几何关系得

$$\begin{cases} R = \dfrac{R_0}{\cos\theta} \\[2mm] \rho = R_0\tan\theta \\[2mm] \mathrm{d}\rho = \dfrac{R_0}{\cos^2\theta}\mathrm{d}\theta \end{cases}$$

$$\mathrm{d}E = I\sin\theta\cos\theta\mathrm{d}\theta\mathrm{d}\varphi$$

对上式积分,得到圆盘形扩展源在轴上一点处产生的辐照度为

$$E = L\int_0^{2\pi}\mathrm{d}\varphi\int_0^{\theta_0}\cos\theta\sin\theta\mathrm{d}\theta = \pi L\sin^2\theta_0 = M\sin^2\theta_0 \tag{1.41}$$

下面进一步讨论扩展源近似为点源的条件和由此产生的误差。由图 1.11 可得

$$\sin^2\theta_0 = \frac{r^2}{R_0^2+r^2} = \frac{r^2}{R_0^2}\frac{1}{1+\left(\dfrac{r}{R_0}\right)^2}$$

若圆盘的面积 A 为 πr^2,因此可将式(1.41)改写为

$$E = \frac{LA}{R_0^2}\frac{1}{1+\left(\dfrac{r}{R_0}\right)^2} \tag{1.42}$$

若圆盘可近似为点源,则它在同一点产生的辐照度应为

$$E_0 = \frac{LA}{R_0^2} \tag{1.43}$$

于是由式(1.42)和式(1.43)得

$$\frac{E-E_0}{E} = \left(\frac{r}{R_0}\right)^2 = \tan^2\theta_0 \tag{1.44}$$

式中,E 为精确计算得出的扩展源产生的辐照度;E_0 是将该扩展源近似为点源处理时得到的辐照度。式(1.44)给出了近似计算时产生的误差。很明显,如果 $r/R_0 \leqslant 0.1$,即当 $R_0 > 10r$ 时,或 $\theta_0 \leqslant 5.7°$ 时,相对误差 $< 1\%$。

1.1.4　光辐射在大气中的传播

1. 大气层结构

大气是按层分布的,可以根据温度、成分、电离状态及其他物理性质在垂直方向将大气划分成若干层次。由于温度垂直分布的特征最能反映大气状态,一般以其为划分层次的标准。常见的方法是把大气分为 5 层:对流层、平流层、中间层、热成层和逸散层。图 1.12 表示这种划分方

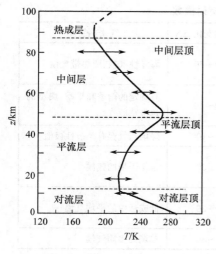

图 1.12　大气层结构

法,横坐标为温度 $T(\mathrm{K})$,纵坐标为海拔高度 $z(\mathrm{km})$,带箭头的横线表示赤道至极地的范围内任何地点最低和最高月平均温度,实线为美国标准大气(1976)北纬 $45°$($45°\mathrm{N}$)的标准状态,大致与我国江淮流域($30\sim35°\mathrm{N}$)的平均状态相近。

对流层是对人类活动影响最大的一层,天气过程主要发生在这一层,其厚度不到地球半径的 0.2%,却集中了约 80% 的大气质量和 90% 以上的水汽。对流层温度变化较大,在自地面至 2m 高的范围内称为贴地层,昼夜温度变化可达 $10℃$ 以上,贴地层以上至 $1\sim2\mathrm{km}$ 高度的边界层常出现逆温。就整个对流层而言,温度是随高度的增加而递减的,平均递减率为 $6.5℃/\mathrm{km}$。温度递减率变为零或负之处,称为对流层顶,对流层的高度在中纬度区平均为 $10\sim20\mathrm{km}$。

平流层位于 $10\sim50\mathrm{km}$ 的范围内,集中了 20% 左右的大气质量,水汽相当少,而臭氧含量最为丰富。平流层的温度变化与对流层相反,温度递减率变为零或正处为平流层顶。这种温度结构的空气十分稳定,气溶胶比较丰富。

中间层为平流层顶至 $80\sim85\mathrm{km}$ 范围,其间温度随高度增加而迅速下降,80km 以上则保持不变或递增。由于中间层的温度结构与对流层相似,故有第二对流层之称。

热成层又称电离层或暖层。其范围自中间层顶至 $200\sim500\mathrm{km}$,空气非常稀薄,在强烈的太阳紫外辐射和宇宙射线作用下,空气形成电离状态。

逸散层为 $500\sim750\mathrm{km}$ 以上至星际空间的边界范围,近代人造卫星的探测结果表明,大气的上界可以扩展到 $2000\sim3000\mathrm{km}$ 处。

对于一般光辐射探测系统,大多工作在对流层或平流层下部($20\sim25\mathrm{km}$ 以下),因此,后面的讨论将主要集中在平流层以下。

2. 大气的折射

由多种成分组成的大气是复杂的光学介质。辐射在这种介质中传输时,将产生折射、吸收、散射等物理过程而导致辐射的衰减,这使光电成像系统对目标的探测产生直接的影响。同时这些现象也反映了大气的状态,为大气遥感提供了依据。

由于大气的密度很小,大气的折射率与真空折射率($n_p=1$)非常接近。通常用折射模数 N 来表示大气的折射比。其定义为

$$N=(n-1)\times10^6 \tag{1.45}$$

理论和实验结果表明,大气模数 N 与大气压力(P)、温度(T)和水汽分压(e)有关,同时也取决于光波波长,其关系式为

$$N=77.6(1+7.52\times10^{-3}/\lambda^2)\left(\frac{P}{T}+\frac{4810e}{T^2}\right) \tag{1.46}$$

式中,P 为气压(百帕);T 为温度(K);e 为水汽分压(百帕);λ 为光波波长($\mu\mathrm{m}$)。

由此可见,随着气候特征的不同,各地区的大气折射比的平均状态也不同,表 1.5 给出 6 类典型气候地区地面大气折射模数的年平均值范围及一年中的平均变化范围。

大气折射模数随高度的变化比水平方向变化平均要大 3 个数量级左右。在标准大气条件下,随高度的变化近似符合指数衰减率

表 1.5　典型地区的地面大气折射模数

类　型	位　　置	年平均值 $\overline{N}$	年平均变化 ΔN	气候特征
中纬沿海	纬度 20°～50°之间靠近海洋、河流或湖泊地区	300～500	30～60	海洋性气候、亚热带气候
亚热带和热带草原	30°S 与 25°N 之间,离海洋很远	350～400	30～60	有确定的雨季和旱季,典型的热带草原气候
季风地区	20°N～40°N 之间	280～400	60～100	降雨与气温有季节性极值
半干旱山区	沙漠和草原区及 1000m 以上的山区	240～300	0～60	整年干旱的气候
极地大陆	高纬和极区或地中型气候的中纬	300～340	0～30	低或适中的平均气温
赤　道	20°S～20°N 之间热带	340～400	0～30	单调的多雨气候

$$N=N_s\exp\left(-\frac{h}{h_N}\right) \tag{1.47}$$

式中,对光波,$N_s=273$,$h_N=9.82km$;对无线电波段,$N_s=316$,$h_N=8.08km$。在平流层以上由于空气非常稀薄,$N\approx0$,大气折射率接近于真空介质的值。

由于大气折射率的不均匀性,辐射在大气中的传输并不完全按直线进行,其传输路径的曲率 K 为

$$K=-\frac{\mathrm{d}N}{\mathrm{d}z}\times10^{-6} \tag{1.48}$$

由式(1.46)可知

$$\frac{\mathrm{d}N}{\mathrm{d}z}=\frac{\partial N}{\partial T}\frac{\mathrm{d}T}{\mathrm{d}z}+\frac{\partial N}{\partial P}\frac{\mathrm{d}P}{\mathrm{d}z}+\frac{\partial N}{\partial e}\frac{\mathrm{d}e}{\mathrm{d}z} \tag{1.49}$$

对于光波,N 主要取决于温度

$$\frac{\mathrm{d}N}{\mathrm{d}z}\approx\frac{\partial N}{\partial T}\frac{\mathrm{d}T}{\mathrm{d}z}=-77.6\frac{P}{T^2}\frac{\mathrm{d}T}{\mathrm{d}z} \tag{1.50}$$

即光折射主要决定于温度层结构。

在一般情况下,$\mathrm{d}N/\mathrm{d}z<0$,即 $K>0$,表示光射线弯向地面。对标准大气压在光波波段 $\mathrm{d}N/\mathrm{d}z=-0.028\mathrm{m}^{-1}$;在无线电波段 $\mathrm{d}N/\mathrm{d}z=-0.04\mathrm{m}^{-1}$,称为标准折射;当 $\mathrm{d}N/\mathrm{d}z=0$,$K=0$ 时,光射线不弯曲,称为无折射;当弯曲的曲率半径等于地球曲率半径时,$\mathrm{d}N/\mathrm{d}z=-0.157\mathrm{m}^{-1}$,光线平行于地表面传输,称为临界折射。图 1.13 所示为大气中的不同折射情况。

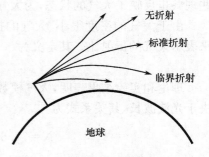

图 1.13　大气中的不同折射情况

辐射在大气中的折射对光电成像系统的影响主要在长距离的探测和遥测中较为明显,在短距离上其影响可忽略。

3. 大气消光

大气对辐射强度的衰减作用称为消光。大气消光的基本特点是:

① 在干洁大气中,大气消光决定于空气密度和辐射通过的大气层厚度;

② 大气中有大气溶胶粒子及云雾粒子群时,其消光作用增强;

③ 在地面基本观测不到波长 $\lambda < 0.03\mu m$ 以下的短波太阳紫外辐射;

④ 地面观测到的太阳光谱辐射中有明显的气体吸收带结构。

大气消光作用主要是由于大气中各种气体成分及气溶胶粒子对辐射的吸收与散射造成的。在辐射的传输过程中,辐射与气体分子和气溶胶分子相互作用。从经典电子论角度看,构成物质的原子或分子内的带电粒子被准弹性力保持在其平衡位置附近,并具有一定的固有振动频率,在入射辐射条件下,原子或分子发生极化并依入射光频率做强迫振动,此时可能产生两种形式的能量转换过程。

① 入射辐射转换为原子或分子的次波辐射能。在均匀介质中,这些次波叠加的结果使光辐射只在折射方向上继续传播下去,在其他方向上因次波的干涉而相互抵消,所以没有消光现象;在非均匀介质中,由于不均匀质点破坏了次波的相干性,使其他方向出现散射光。在散射情况下,原波的辐射能不会变成其他形式的能量,而只是由于辐射能向各方向的散射,使沿原方向传播的辐射能减少。

② 入射辐射能转换为原子碰撞的平均能,即热能。当共振子发生受迫振动时,即入射辐射频率等于共振子固有频率时($\omega = \omega_0$),这种过程会吸收特别多的能量,入射辐射被吸收而变为原子或分子的热能,从而使原方向传播的辐射能减少。

4. 大气湍流效应

通常认为大气是一种均匀混合的单一气态流体,其运动形式分为层流和湍流。层流是一种有规则的稳定流动,在一个薄层内流速和流向均为定值,层间在运动过程中互不混合。而湍流是一种无规则的旋涡流动,质点运动轨迹十分复杂,空间每一点的运动速度随机变化。这种湍流状态将使光辐射在传播过程中随机地改变其光波参量,出现在光束截面内的光强闪烁、光束弯曲和漂移、光束弥散畸变及相干性退化等现象,这些统称为大气湍流效应。光束闪烁将使光信号受到随机寄生调制,使信噪比降低,这将使激光雷达的探测率降低,漏检率增加,使模拟调制的激光通信噪声增大,使数字激光通信误码率增加。光束抖动将使激光偏离接收孔径,降低信号强度。而光束相干性退化将使激光外差探测效率降低,甚至产生计数误差。

激光束是一种有限扩展的光束,大气湍流对光束传播的影响和光束直径 d 与湍流尺度 l 之比关系密切相关。当 $d \gg l$ 时,光束截面内包含多个湍流旋涡,每个旋涡对照射其上的光束独立地散射和衍射,从而造成光强在时间和空间上随机起伏,即光强闪烁。当 $d \approx l$,即光束直径与湍流的旋涡尺度大致相当时,湍流使波前发生随机偏折,致使接收透镜的像面上产生像点抖动。当 $d \ll l$ 时,湍流的作用是使光束整体随机偏折,在远处接收平面上,以光束投射中心为准发生较快的随机性跳动,频率为几赫兹到几十赫兹,称为光束漂移。经过若干分钟后,若发现光束平均方向明显变化,这种缓慢偏移称为光束弯曲。同时湍流还会使光束扩散和分裂,表现为光斑形状及内部花纹结构发生畸变、扭曲等变化。

由于光束传播过程中,其直径不断变化,而湍流尺度也在不断变化,故上述湍流效应总是同时发生的,其总效果使光束相关性退化。

在精密光电测量中,为保证测量的稳定性,应尽量避免空气湍流的产生,如门的开启、人员走动、电风扇、空调机等造成的空气流动都应尽量减少。必要时,光束可在波导管、光纤中传输。

在大气中进行跟踪、扫描测量或激光探测,应注意大气湍流的影响。如中午前后光束漂移剧烈,光斑的平均位置却相对稳定;而在早晚温度梯度变化的转折点前后,光束漂移较小,但光斑平均位置变化较大。

5. 大气窗口

大气的消光作用与波长相关,且具有明显的选择性。图1.14给出了典型的大气透射光谱图。由图可以看出,除可见光范围外,在 $0.76\sim1.1\mu m, 1.2\sim1.3\mu m, 1.6\sim1.75\mu m, 2.1\sim2.4\mu m, 3.4\sim4.2\mu m, 4.4\sim5.4\mu m, 8\sim14\mu m$ 等波段有较大的透射率,犹如辐射透射的窗口,称为"大气窗口"。有效地利用大气窗口,可增加光电成像系统的作用距离。常用的大气窗口有近红外 $0.76\sim1.1\mu m$,中红外 $3\sim5\mu m$,远红外 $8\sim14\mu m$。

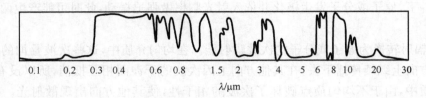

图1.14 典型大气透射光谱图

6. 大气中的其他光学现象

大气中存在其他一些光学现象,如大气自身的辐射,日光和月光照射产生的虹、晕、华、宝光环、曙暮光、朝晚霞、海市蜃楼等。

大气自身的辐射和大气对日光辐射的反射都会对光电成像系统产生直接的影响,将使景物对比度下降,大气自身辐射在热成像系统的成像过程中构成附加背景而降低图像对比度。大气对日光的反射对成像系统影响明显,这一影响因素要考虑太阳-地球系统的状态、地理位置、日期和大气条件等。

1.2 光 辐 射 体

光辐射体分自然辐射体和人工辐射体两大类,人工辐射体又称为光源。在光电测量中,光是信息的载体,人工辐射体的质量和对自然辐射体的认识深度往往对光电测量起着关键的作用。了解光辐射体的基本特性,对设计光电测量系统是十分重要的。

1.2.1 人工光辐射体(光源)的基本性能参数

1. 辐射效率和发光效率

在给定的波长范围内,某一光源所发出的辐射通量 Φ_e 与产生该辐射通量所需要的功率 P 之比,称为该光源的辐射效率,表示为

$$\eta_e = \frac{\Phi_e}{P} = \frac{\int_{\lambda_1}^{\lambda_2} \Phi_e(\lambda) \mathrm{d}\lambda}{P} \tag{1.51}$$

式中,$\lambda_1\sim\lambda_2$ 为光电测量系统的光谱范围。应用中,宜采用辐射效率高的光源以节省能源。

相应地,在可见光谱范围内,某一光源的发光效率为

$$\eta_v = \frac{\Phi_v}{P} = \frac{\int_{\lambda_1}^{\lambda_2} \Phi_e(\lambda) V(\lambda) \mathrm{d}\lambda}{P} \tag{1.52}$$

尤其在照明领域或光度测量应用中,一般应选用 η_v 较高的光源。

2. 光谱功率分布

自然辐射体和人工辐射体大都是由单色光组成的复色光。辐射体输出的功率与光谱有关,

即与光的波长 λ 有关,称为光谱的功率分布。常见的有 4 种典型的分布,如图 1.15 所示。图 1.15(a)为线状光谱,如低压汞灯光谱;图 1.15(b)为带状光谱,如高压汞灯光谱;图 1.15(c)为连续光谱,如白炽灯、卤素灯光谱;图 1.15(d)为复合光谱,它由连续光谱与线状、带状光谱组合而成,如荧光灯光谱。

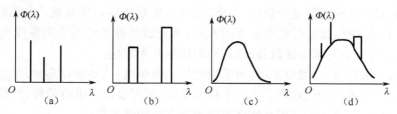

图 1.15　典型光源的光谱功率分布

在选择光源时,为了最大限度地利用光能,应选择光谱功率分布的峰值波长与光电器件的灵敏波长相一致;对于目视测量,一般可以选用可见光谱辐射比较丰富的光源;对于目视瞄准,为了减轻人眼的疲劳,宜选用绿光光源;对于彩色摄像,则应该采用白炽灯、卤素灯作为光源。同样,对于紫外和红外测量,也宜选用相应的紫外光源(氙灯、紫外汞灯)和红外光源。

3. 空间光强分布特性

由于光源发光的各向异性,许多光源的发光强度在各个方向上是不同的。若在光源辐射光的空间某一截面上,将发光强度相同的点连线,就得到该光源在该截面的发光强度曲线,称为配光曲线,图 1.16 所示为超高压球形氙灯的光强分布曲线。为提高光的利用率,一般选择发光强度高的方向作为照明方向。为了充分利用其他方向的光,可以用反光罩,反光罩的焦点应位于光源的发光中心。

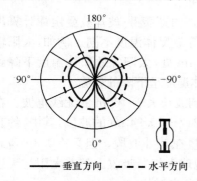

图 1.16　超高压球形氙灯光强分布

4. 光源的色温与颜色

任何物体,只要其热力学温度在 0K 以上,就向外界发出辐射,称为温度辐射。黑体是一种完全的温度辐射体,其温度决定了它的光辐射特性。对于一般的光源,它的某些特性常用黑体辐射特性近似地表示,其温度常用色温或相关色温表示。色温是辐射源发射光的颜色与黑体在某一温度下辐射光的颜色相同,则黑体这一温度称为该辐射源的色温。由于一种颜色可以由多种光谱分布产生,所以色温相同的光源,它们的相对光谱功率分布不一定相同。

相关色温是指光源的色坐标点与某一温度下的黑体辐射的色坐标点最接近,则该黑体的温度称为该光源的相关色温。

光源的颜色包含了两方面的含义,即色表和显色性。用眼睛直接观察光源时所看到的颜色称为光源的色表,如高压钠灯的色表呈黄色、荧光灯的色表呈白色。当用这种光源照射物体时,物体呈现的颜色(也就是物体反射光在人眼内产生的颜色感觉)与该物体在完全辐射体照射下所呈现的颜色的一致性,称为该光源的显色性。白炽灯、卤素灯、镝灯等几种光源的显色性较好,适合于辨色要求较高的场合,如彩色摄像、彩色印刷等行业。高压汞灯、高压钠灯等光源的显色性差一些,一般用于道路、隧道、码头等辨色要求较低的场合。

光的颜色对人眼的工作效率有影响,绿色比较柔和而红色则使人疲劳。在光电测量中,为了减少光源温度对测量的影响,应采用冷光源或者设法减少热辐射的影响。

5. 光源稳定性

不同的光电测量系统对光源的稳定性有着不同的要求，通常依据不同的被测量对象来确定。例如，脉冲量的检测，包括脉冲数、脉冲频率、脉冲持续时间等，这时对光源的稳定性要求可稍低些，只要确保不因光源波动产生伪脉冲和漏脉冲即可。对调制光相位的检测，稳定性要求与上述要求相类似。又如光量或辐射量中强度、亮度、照度或通量等的检测系统，对光源的稳定性就有较严格的要求，即使这样，按实际需要也有所不同，其关键是满足使用中的精度要求。同时也应考虑光源的造价，过分的要求会使设备昂贵，而对检测并无好处。

稳定光源的方法很多，一般要求时，可采用稳压电源供电；当要求较高时，可采用稳流电源供电。所用光源应预先进行老化处理。当有更高要求时，可对发出光进行采样，然后反馈控制光源的输出。计量用标准光源通常采用高精度仪器控制下的稳流源供电。

1.2.2 自然光辐射体

自然光辐射体是指太阳、月球、地球、行星、恒星、天空和地球上各种各样的物体及组成物质的基本粒子等。这些辐射体的辐射对于光电探测系统来说通常很不稳定，而且无法控制。人们通常是根据实际需求用光电探测系统对自然光辐射体的特性进行直接测量以获取其辐射信息，再根据获取的辐射信息进行科学研究，以达到服务于人类的目的。

自然光辐射体可能形成对观察目标的照射，许多情况下又形成干扰背景。

1. 太阳

太阳是最强的自然光辐射体，其辐射强度达 $6200\text{W}/\text{cm}^2$。由斯蒂芬-玻耳兹曼定律计算出太阳表面辐射的等效黑体温度为 5770K。但在不同波长上的等效黑体温度不同。例如，太阳辐射亮度曲线峰值在 $0.48\mu\text{m}$ 处，因此太阳色温为 6040K。在 $4\mu\text{m}$ 处，太阳等效黑体温度下降到 5626K，$11\mu\text{m}$ 处为 5036K。显然，随波长的增加，太阳等效黑体温度呈下降的趋势。

太阳的光谱从波长为 10nm 或者更短的 X 射线一直延伸到波长大于 100m 的无线电波。在距太阳平均地-日距离外测得太阳的能量有 99.9% 集中在 $0.217\sim10.94\mu\text{m}$ 的波段，其中，约有50% 的能量在红外区域，40% 的能量在可见光部分，9% 的能量在紫外波段。但只有 $0.3\sim3\mu\text{m}$ 波段的太阳辐射能到达地球表面，更短和更长波长的辐射被地球大气所吸收。随着太阳与天顶距离的增加，到达地球表面的太阳辐射能中的红外辐射相对成分也增加。

图 1.17 给出了平均地-日距离上太阳辐射的光谱辐射度曲线，图中还给出了 5900K 黑体辐射曲线，以便比较。

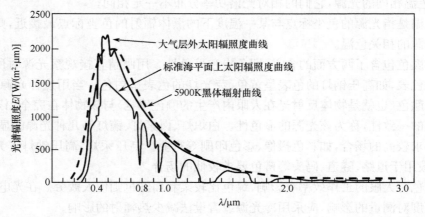

图 1.17 在平均地-日距离上太阳的光谱辐照度曲线

太阳辐射在通过大气时,受大气组分的吸收和散射,射至地球表面的太阳辐射的功率、光谱分布和太阳高度、大气状态的关系很大。随着季节、昼夜时间、辐射地球的地理坐标、天空云量及大气状态的不同,太阳对地球表面形成的照度变化范围很宽,表征上述诸因素对温度影响的数据见表1.6。天空晴朗,太阳位于天顶时,对地面形成的照度高达 $1.24 \times 10^5 \text{lx}$。

表 1.6　太阳对地球表面的照度

太阳中心的实际高度角(°)	地球表面的照度(10^3lx)			阴影处和太阳下之比	阴天和太阳下之比
	无云太阳下	无云阴影处	密云阴天		
5	4	3	2	0.75	0.50
10	9	4	3	0.44	0.33
15	15	6	4	0.40	0.27
20	23	7	6	0.30	0.26
30	39	9	9	0.22	0.23
40	58	12	12	0.21	0.21
50	76	14	15	0.18	0.18
55	85	15	16	0.18	0.19
60	102	—	—	—	—
70	113	—	—	—	—
80	120	—	—	—	—
90	124	—	—	—	—

太阳常数是指在地球大气外层平均地-日距离处垂直于太阳辐射的单位面积上、单位时间内从太阳辐射中接收到的辐射能量总值。在离太阳的平均地-日距离为1天文单位(1.496×10^{13} cm)处,常把地球大气层外的太阳常数取为 135.3mW/cm^2 或 $8.12 \text{J} \cdot \text{cm}^{-2} \cdot \text{min}^{-1}$,其估算误差为 $\pm 2.1 \text{mW/cm}^2$ 或 $0.13 \text{J} \cdot \text{cm}^{-2} \cdot \text{min}^{-1}$。

2. 地球

白昼,地球表面的辐射由反射、散射的太阳光和自身的热辐射组成,辐射光谱有两个峰值,一是位于 $0.5 \mu m$ 处由太阳辐射产生,一是位于 $10 \mu m$ 处由自身的热辐射产生。天黑以后和夜间,太阳的反射辐射就观察不到了,地球辐射的光谱分布就是地球本身热辐射的光谱分布。图1.18给出了地面某些物体的光辐射亮度,并与 35℃ 黑体辐射作比较。

地球自身的热辐射对波长 $8 \sim 14 \mu m$ 的远红外辐射有很大贡献。这一波段正处于大气窗口,大气吸收很小,是红外热成像系统的工作波段。

地球表面的热辐射取决于它的温度和辐射发射率。表1.3给出了某些地面覆盖物的辐射发射率的平均值,地球表面的温度根据不同自然条件而变化,大致范围是 $-40 \sim 40 \text{℃}$。

地球表面有相当广阔的水面,水面辐射取决于温度和表面状态。无波浪时的水面,反射良好,辐射很小;只有当出现波浪时,海面才成为良好的辐射体。

3. 月球

月球的辐射包括两部分,一是反射的太阳辐射,二是月球自身的辐射。月球的辐射近似于400K的绝对黑体,峰值波长为 $7.24 \mu m$。月球的反射和自身辐射的光谱分布如图1.19所示。

月球对地面形成的照度,在很大范围内变化。这种变化受月球的相位(月相)、地-月距离、月球表面反射率、月球在地平线上的高度角及大气层的影响。表1.7列出了月球产生的地面照度值。所谓角距就是月球、太阳对地球的角距离,用来表示月相。

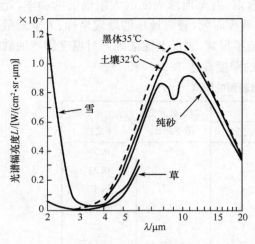

图 1.18　典型地物的光辐射亮度曲线

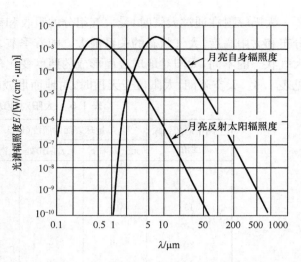

图 1.19　月球自身及反射辐射的光谱曲线

表 1.7　月球所形成的地面照度

月球中心的实际高度角(°)	不同角距下地平面照度 $E(\mathrm{lx})$			
	$\varphi_e=180°$(满月)	$\varphi_e=120°$	$\varphi_e=90°$(上弦或下弦)	$\varphi_e=60°$
$-0.8°$(月出或月落)	9.74×10^{-4}	2.73×10^{-4}	1.17×10^{-4}	3.12×10^{-5}
$0°$	1.57×10^{-3}	4.40×10^{-4}	1.88×10^{-4}	5.02×10^{-5}
$10°$	2.35×10^{-2}	6.55×10^{-3}	2.81×10^{-3}	7.49×10^{-4}
$20°$	5.87×10^{-2}	1.64×10^{-2}	7.04×10^{-3}	1.88×10^{-3}
$30°$	0.101	2.83×10^{-2}	1.21×10^{-2}	3.23×10^{-3}
$40°$	0.143	4.00×10^{-2}	1.72×10^{-2}	4.58×10^{-3}
$50°$	0.183	5.12×10^{-2}	2.20×10^{-2}	5.86×10^{-3}
$60°$	0.219	6.13×10^{-2}	2.63×10^{-2}	—
$70°$	0.243	6.80×10^{-2}	2.92×10^{-2}	
$80°$	0.258	7.22×10^{-2}	3.10×10^{-2}	
$90°$	0.267	7.48×10^{-2}	—	

4. 星球

星球的辐射随时间和在天空的位置两个因素变化,但在任何时刻,它对地球表面的辐射量都是很小的。在晴朗的夜晚,星对地面的照度约为 $2.2\times10^{-4}\mathrm{lx}$,这个照度相当于无月夜空实际光亮的 1/4 左右。

星亮不亮的程度用星等来表示,以在地球大气层外所接收到的星光辐射产生的照度来衡量,并且规定星等相差 5 等的照度比刚好为 100 倍,所以相邻的两星等的照度比为 $100^{1/5}=2.512$ 倍。

星等的数值越大,照度越弱,零星等的照度规定为 $2.65\times10^{-6}\mathrm{lx}$,作为计算各星等照度的基准。比零星等还亮的星,星等是负的,且星等不一定是整数。

若有一颗 m 等星和一颗 n 等星,且 $n>m$,两颗星的照度比为

$$\frac{E_m}{E_n}=(2.512)^{n-m} \tag{1.53}$$

或

$$\lg E_m - \lg E_n = 0.4(n-m) \qquad (1.54)$$

根据规定的零等星的照度值,用上式即可求出其他星等的照度值。

5. 大气辉光

大气辉光产生在 70km 以上的大气层中,是夜天辐射的重要组成部分,不能到达地球表面的太阳紫外辐射,在高层大气中激发原子并与分子发生低概率碰撞,是大气辉光产生的主要原因。大气辉光的光谱分布如图 1.20 所示。

$0.75 \sim 2.5 \mu m$ 的红外辐射,主要是氢氧根的辐射。大气辉光的强度变化,受纬度、地磁场情况和太阳扰动的影响。

6. 天空的辐射

白天和夜晚的天空辐射可干扰红外仪器工作的辐射背景。为了减少天空背景辐射对红外装置灵敏度的影响,可以采用窄带滤光片和电子滤波器等多种方法,同时还需了解天空辐射的各种特征和分布规律。

天空背景辐射,可视为一个按朗伯余弦定律发射辐射的大扩展源,其各处的辐射亮度均相同。天空的背景辐射与地面有类似的特征,在 $3 \mu m$ 以下为大气散射的太阳辐射,$3 \mu m$ 以上是大气的本征热辐射。此外,在高空存在受激氢氧根离子及行星和恒星的辐射。由于大气光程中的发射率与路径中的水蒸气、二氧化碳和臭氧的含量有关,因此,为了计算天空的辐射亮度,必须知道大气的温度和视线的仰角。

白天和黑夜晴朗天空的辐射谱(相对分布)如图 1.21 所示。在夜间,当气温下降,天空背景辐射的极大值朝长波方向移动,晴朗夜空的辐射接近于具有最大辐射波长为 $10.5 \mu m$ 的黑体辐射。天空背景辐射的辐射亮度随观测仰角的减小(因而大气厚度增加)而增加。在水平线附近,天空背景辐射达到最大值,其辐射谱相对于大气温度下的黑体辐射。

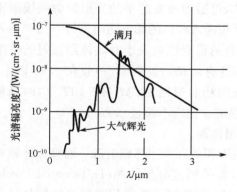

图 1.20　大气辉光的光谱分布曲线

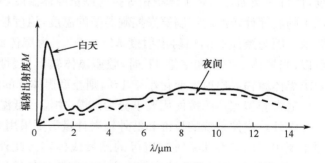

图 1.21　晴朗天空的辐射谱相对分布曲线

在白天,天空背景辐射的辐射亮度比夜间大几倍,辐射极大值位于可见光波段,并且 $\lambda_m = 0.45 \mu m$。天空的辐射在很大范围内变化,这依赖于气象条件和仰角的大小。随着海拔高度的增加,天空背景辐射将减小,因为大气温度和浓度皆减少。

夜空辐射除可见光辐射外,还包含丰富的近红外辐射,正是微光像增强器系统所利用的波段。夜空辐射的光谱分布在有月和无月的差别很大。有月夜空辐射的光谱分布与太阳辐射的光谱相似。无月夜空辐射的各种来源所占百分比是:星空及其散射光占 30%,银河光占 5%,黄道光占 15%,大气辉光占 40%,后三项的散射光占 10%。

1.2.3 人工光辐射体

1. 热辐射光源

（1）人工标准黑体辐射源

虽然自然界中并不存在能够在任何温度下全部吸收所有波长辐射的绝对黑体，但是用人工方法可以制成尽可能接近于绝对黑体的辐射源。

腔型黑体辐射源是一种黑体模型器，其辐射发射率非常接近 1。典型的腔型黑体辐射源的结构如图 1.22 所示，主要由包容腔体的黑体芯子、加热绕组、测量与控制腔体温度的温度计和温度控制器等组成。

腔体结构选择主要考虑腔口有效发射率、腔体加工和等温加热的难易。为使腔壁有高的热导率、好的抗氧化能力和大的辐射发射率，芯子材料的选择很重要。通常对于 1400K 以上的黑体腔，选用石墨或陶瓷，在 1400K 以

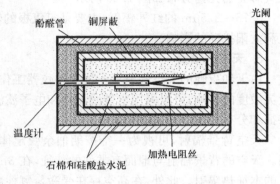

图 1.22　腔式黑体辐射源结构原理图

下时选用铬镍不锈钢，低于 600K 的腔体芯子可用铜制成。空腔的有效发射率 ε 为

$$\varepsilon = \frac{\varepsilon_0 [1 + (1-\varepsilon_0)(\Delta S/S - \Delta\Omega/\pi)]}{\varepsilon_0 (1-\Delta S/S) + \Delta S/S} \tag{1.55}$$

式中，ε_0 和 S 分别为腔内壁的材料发射率和面积（包括开孔面积）；ΔS 为开孔面积；$\Delta\Omega$ 为黑体开孔面积 ΔS 对应腔底的立体角。

加热绕组常用镍铬丝线圈。为了保障腔体均匀加热，可适当改变芯子的外形轮廓或线圈密度，使每一圈加热的芯子体积相等。为测量腔体温度，常用插入腔体的铂电阻温度计。另一插入芯子的温度计接温度控制器来控制芯子的温度，温度控制的稳定性取决于对黑体源辐射的精度要求。因为黑体源的辐射出射度 $M = \varepsilon\sigma T^4$，$\varepsilon$ 为黑体源的有效辐射发射率，一般在 0.99 以上。所以，当黑体工作温度变化 dT 时，腔型黑体辐射出射度的相对变化为 $dM/M = 4dT/T$，即如果要求黑体源辐射出射度变化小于 1%，则腔型黑体源的温度变化应不超过 0.25%。

通常腔型黑体源按使用要求分为高温、中温和低温黑体源。

红外热成像系统的校准和红外辐射计量需要采用大面积的面型黑体辐射源。面型黑体辐射源主要用于均匀性和系统响应等的测量或标定。此外，常采用差分黑体源（Differential Blackbody）方式作为热成像系统信号响应和性能测量的辐射源。黑体源通常采用高导热性的材料制作面型黑体面，并在其表面涂高辐射率的涂料，并采用半导体帕尔帖效应实现黑体温度的控制；同样，靶标采用高导热性的金属制作，上面掏出相应的靶标形状；靶标处于环境温度中，通过靶标温度传感器测得靶标温度后，则可根据设定的黑体温差设置黑体温度。由于测量靶标可以有各种形状或参量（见图 1.23），因此，实际应用中常采用在靶标轮上安置多种靶标，实现多种靶标的快速调整或选择。

在黑体源的实际应用中，往往需要通过红外平行光管将黑体目标投射到无穷远，红外平行光管一般采用离轴抛物面反射镜。该类黑体源由于靶标与环境温度一致，环境温度的波动将影响测试结果，因此，只适用于实验室等环境温度可控或波动不大的环境中。对于更高精度的测量或野外测量，一般采用双黑体源技术实现稳定的温差辐射。

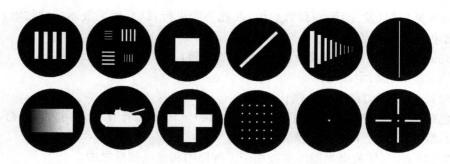

图 1.23　差分黑体源的靶标图案

（2）白炽灯

白炽灯靠灯泡中的钨丝被加热而发光，它发出连续光谱。发光特性稳定、简单、可靠，寿命比较长，从而得到广泛的应用。

真空钨丝灯是将玻璃灯泡抽成真空，钨丝被加热到 2300～2800K 时发出复色光，发光效率约为 10lm/W。

若灯泡内充氩、氮等惰性气体，称为充气灯泡，当灯丝蒸发出来的钨原子与惰性气体原子相碰撞时，部分钨原子会返回灯丝表面而延长灯的寿命，工作温度提高到 2700～3000K，发光效率约为 17lm/W。

若灯泡内充有卤素元素（氯化碘、溴化硼等）时，称为卤素灯。钨丝被加热后，蒸发出来的钨原子在玻璃壳附近与卤素合成卤钨化合物，如 WI_2、WBr 等，然后卤钨化合物又扩散到温度较高的灯丝周围且又被分解成卤素和钨，而钨原子又沉积到灯丝上，弥补钨原子的蒸发，以此循环而延长灯的寿命。卤钨灯的工作温度达 3000～3200K，发光效率约为 30lm/W。

白炽灯的灯压决定了灯丝的长度，供电电流决定了灯丝的直径，100W 的钨灯发出的光通量大约为 200lm。

白炽灯的供电电压对灯的参数（电流、功率、寿命和光通量）有很大的影响，其关系为

$$\frac{V_0}{V}=\frac{I_0}{I}=\left(\frac{\eta_{v_0}}{\eta_v}\right)^{0.5}=\left(\frac{\Phi_{v_0}}{\Phi_v}\right)^{0.278}=\left(\frac{\tau}{\tau_0}\right)^n \tag{1.56}$$

式中，V_0，I_0，η_{v_0}，Φ_{v_0}，τ_0 分别为灯泡的额定电压、电流、发光效率、光通量和寿命；V，I，η_v，Φ_v，τ 分别为使用值。

对于充气灯泡，$\eta_v=0.0714$；对于真空灯泡，$\eta_v=0.0769$。例如，额定电压为 220V 的灯泡降压到 180V 使用，其发光的光通量降低到 62%，但其寿命延长 13.6 倍。降压使用对光电测量用的白炽灯光源十分重要，因为灯泡寿命的延长将使系统的调整次数大为减少，也提高了系统的可靠性。在光栅莫尔条纹法测量中，常用 6V，5W 的白炽灯照明，若降压至 4.5V 使用，灯的寿命延长 20 倍左右。

白炽灯泡灯丝形状对发光强度的方向性有影响，普通照明常用 W 型灯丝，使灯 360°发光；而光栅的莫尔条纹测量则用直丝形状灯泡，且灯丝长度方向应与光栅刻线方向一致。

2. 气体放电光源

利用气体放电原理来发光的光源称为气体放电光源，如将氢、氦、氖、氪、氙或者金属蒸气（汞、钠、硫等）充入灯中，在电场作用下激励出电子和离子。当电子向阳极、离子向阴极运动时，由于其已经从电场中获得能量，当它们再与气体原子或分子碰撞时激励出新的原子和离子，如此碰撞不断进行，使一些原子跃迁到高能级，由于高能级的不稳定性，处于高能级的原

子就会发出可见辐射（发光）而回到低能级，如此不断进行，就实现了气体持续放电、发光。

气体放电光源的特点是：

① 发光效率高，比白炽灯高 2～10 倍，可节省能源；

② 结构紧凑、耐震、耐冲击；

③ 寿命长，是白炽灯的 2～10 倍；

④ 光色范围大，如普通高压汞灯发光波长为 400～500nm，低压汞灯则为紫外灯，钠灯呈黄色（589nm），氙灯近日色，而水银荧光灯为复色。

由于以上特点，气体放电光源经常被用于工程照明和光电测量之中。

3. 半导体发光器件

在电场作用下使半导体的电子与空穴复合而发光的器件称为半导体发光器件，又称为注入式场致发光光源，通常称为 LED。

由某些半导体材料做成的二极管，在未加电压时，由于半导体 PN 结阻挡层的限制，使 P 区比较多的空穴与 N 区比较多的电子不能发生自然复合，而当给 PN 结加正向电压时，N 区的电子越过 PN 结而进入 P 区，并与 P 区的空穴相复合。由于高能电子与空穴复合将释放出一定能量，即场致激发使载流子由低能级跃迁到高能级，而高能级的电子不稳定，总要回到稳定的低能级，这样当电子从高能级回到低能级时放出光子，即半导体发光。

常用发光二极管 LED 材料及性能见表 1.8。

表 1.8　发光二极管性能

材料	光色	峰值波长	光谱光视效能
$GaAs_{0.6}P_{0.4}$	红	650nm	70lm/W
$GaAs_{0.15}P_{0.85}$	黄	589nm	450lm/W
GaP：N	绿	565nm	610lm/W
GaAs	红外	910nm	
GaAsSi	红外	940nm	

半导体发光二极管既是半导体器件也是发光器件，因此，其工作参数有电学参数和光学参数，如正向电流、正向电压、功耗、响应时间、反向电压、反向电流等电学参数；辐射波长、光谱特性、发光亮度、光强分布等光学参数。这些参数可从光电器件手册中查到。

LED 的伏安特性与普通半导体二极管相同，如图 1.24 所示，其正向工作电压一般为 1.5～3V，反向击穿电压为 5～20V。

LED 发出的光不是纯单色光，其光谱线宽度比激光宽，但比复色光源谱线窄，如图 1.25 所示。GaP（红）的峰值波长为 700nm 左右，其半宽度约为 100nm。若 PN 结温度上升，则峰值波长向长波方向漂移，即具有正的温度系数。

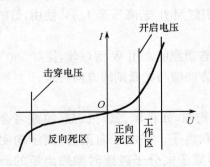

图 1.24　LED 的伏安特性

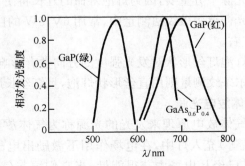

图 1.25　LED 的光谱特性

LED 的发光亮度基本上正比于电流密度,但随着电流密度的增加,发光亮度有趋于饱和的现象,因此采用脉冲驱动的方式是有利的,它可以在平均电流与直流相等的情况下有更高的亮度。温度对 LED PN 结的复合电流是有影响的,PN 结温度升高到一定程度后,电流将变小,发光亮度也减弱。LED 的配光曲线与结构、封装方式及发光二极管前端装的透镜有关,有的发光二极管有很强的指向性。

LED 的开启时间一般为 4～10ns,下降时间一般为 4ns 到几十纳秒(ns),可工作于 10～100MHz 的动态场合。LED 的寿命很长,在电流密度为 $1A/cm^2$ 情况下,可以达到 10^5 h 以上。电流密度大时,发光亮度高,但寿命会很快缩短。在正常使用情况下,LED 的寿命大约是白炽灯的 30 倍,间歇使用的 LED 的寿命可达 30 年。

LED 在光电测量中除了做光源以外,还可以用作指示灯、电平指示、安全闪光、交替闪光、电源记性指示、数码显示等。高亮度的 LED 被广泛地使用,如将它用于照明、显示、汽车仪表显示灯、汽车尾灯、交通信号灯等。

4. 激光光源

激光又称为受激发射光,它的单色性好,相干能力强,在光电测量中常用作相干光源,能激发出激光并能实现激光的持续发射的器件称为激光器。

(1)激光器分类

激光器要实现光的受激发射,必须具有激光工作物质、激励能源和光学谐振腔三大要素。根据工作物质的不同,激光器分为固体激光器(工作物质为固体,如红宝石、钕钇铝石榴石、钛宝石等)、气体激光器(工作物质为 He-Ne,CO_2,Ar^+ 等)和半导体激光器(工作物质为 GaAs,GaSe,CaS,PbS 等)。激励系统有光激励、电激励、核激励和化学反应激励等。光学谐振腔用以提供光的反馈,以实现光的自激振荡,对弱光进行放大,并对振荡光束方向和频率进行限制,实现选频,保证光的单色性和方向性。

固体激光器一般用光泵激励形成受激辐射,辐射能量大,一般比气体激光器高出 3 个量级,激光输出波长范围宽,从紫外到红外都得到了稳定的激光输出;可以输出脉冲光、重复脉冲光和连续光,常用于打孔、焊接、测距、雷达等。

气体激光器中的 CO_2 激光器输出功率大,能量转换效率高,输出波长为 $10.6\mu m$ 的红外光。因此,它广泛应用于激光加工、医疗、大气通信和军事上。在光电测量中,应用最多的是 He-Ne 气体激光器,因为 He-Ne 激光器发出的激光单色性和方向性好。

半导体激光器体积小、效率高、寿命长、携带与使用方便,尤其是可以直接进行电流调制而获得高内调制输出,广泛用于光电测量、激光打印、光存储、光通信、光雷达等。

液体激光器有两类,即有机化合物(染料)液体激光器和无机化合物液体激光器。染料激光器输出的激光波长可以在很宽的范围内连续调谐,调谐范围从紫外(340nm)到近红外(1200nm)。染料激光器输出的激光谱线宽度很窄,采用特殊的稳频措施后,激光的线宽可以进一步压缩到几兆赫。

化学激光器是指基于化学反应建立粒子数反转而产生受激辐射的一类激光器。化学激光器的工作物质可以是气体或液体,但大多数是气体。化学激光器输出的激光波长丰富,从紫外到红外,一直进入微米波段。化学激光器在许多领域中具有广阔的应用前景,特别是要求大功率的场合,如同位素分离、激光武器等方面,利用氟化氘(DF)激光器击落靶机已见报道。

自由电子激光器是最近发展起来的一种新型激光器。自由电子激光器的工作物质是自由电子束,它和普通激光器的根本区别在于:辐射不是基于原子、分子或离子的束缚电子能级间的跃迁。从本质上看,自由电子激光器是一种把相对论电子束的动能转变成相干辐射能的装置。

此外,还有很多其他类型的激光器,如 X 射线激光器、受激喇曼散射激光器、薄膜激光器、自电离激光器和离解激光器、光纤激光器等。

（2）He-Ne 气体激光器

He-Ne 气体激光器单色性好,方向性也很好,尤其是其输出功率和频率能控制得很稳定,因此在精密计量中是应用最广泛的一种激光器。He-Ne 激光器以连续激励方式工作,输出 632.8nm,$1.5\mu m$,$3.39\mu m$ 这 3 种波长的谱线。实践证明,He-Ne 激光器中所有激光谱线都是 Ne 原子产生的,而 He 原子起共振转移能量作用,对激光器的输出功率影响很大。

He-Ne 气体激光器输出功率在几毫瓦到十几毫瓦之间,在不加稳频的情况下,激光输出稳定度 $\Delta\lambda/\lambda$ 约为 3×10^{-6},这对于精密测量是远远不够的,因而应采用稳频的方法来提高激光频率或波长的稳定度。如采用兰姆下陷稳频法和赛曼效应稳频法,其频率稳定度可达到 $0.5\times10^{-7}\sim1\times10^{-9}$;采用饱和吸收法,如碘吸收、甲烷吸收法等,其频率稳定度可达 $10^{-11}\sim10^{-13}$。

在选择和使用 He-Ne 激光器时,应注意以下几点。

① 要注意激光的模态。在用 He-Ne 激光器作为光电测量的光源时,一般都选用单模激光。为了获得单一的纵模输出,可通过选择谐振腔的腔长和在反射镜上镀选频波长的增强模的方法来达到,单一纵模的激光工作稳定性较好。

② 功率。光电测量中所用的 He-Ne 激光光源功率一般为 0.3mW 至十几毫瓦。如果测量系统需要多次分光,为保证干涉场具有足够的照度和信噪比,可用光功率略大些的激光器。

③ 稳功率和稳频。He-Ne 激光器输出的功率变化比较大,当用作非相干探测的光源时,由于光电器件直接检测入射于其光敏面上的平均光功率,这时光源的功率波动对测量的影响很大。如果 He-Ne 激光器用作相干检测的光源时,光源的功率波动将直接影响干涉条纹的幅值检测。因此在精度较高的光电测量中,应对 He-Ne 激光器稳功率。此外,在相干测量中,光的波长是测量基准,因此要求波长很稳定,即要采用稳频技术。在购置和采用具有稳频功能的激光器时,应注意其稳频精度。还要说明的是,稳频对稳功率也有作用。

④ 激光束的漂移。虽然 He-Ne 激光具有很好的方向性和单色性,但它也是有漂移的,尤其是用作精密尺寸测量和准直测量时尤应注意。由于激光器的光学谐振腔受温度和振动的影响,使谐振腔腔长或反射镜倾角有变化,从而造成输出的激光束发生漂移,一般其角漂移达到 $1'$ 左右,而光束平行漂移为十几微米。当这种漂移对精密测量有较大影响时,应设法补偿或减少漂移的影响。

（3）半导体激光器

半导体激光器简称 LD,它是用半导体材料（ZnS,GaAs,PbS,GaSe 等）制成的面结型二极管。半导体材料是 LD 的激活物质,在半导体的两个端面精细加工磨成解理面而构成谐振腔。给半导体施以正向外加电场,从而产生电激励。在外部电场作用下,使半导体的 PN 结中 N 区多数载流子即电子向 P 区运动,而 P 区的多数载流子空穴向 N 区运动。高能电子与空穴相遇产生复合,同时可将多余的能量以光的形式释放出来,由于解理面谐振腔的共振放大作用实现受激反馈,从而实现定向发射而输出激光。

半导体激光器输出功率约为几毫瓦到数百毫瓦,在脉冲输出时可达数瓦。由于结构和温度场的影响,它的单色性比 He-Ne 激光差,约大 10^4 倍,但比 LED 小 10^4 倍左右。输出的波长范围与工作物质材料有关,从紫外到红外均有激光输出。

在使用半导体激光器时,应注意以下几点。

① LD 发出的光束不是高斯光束,光束截面近似矩形,发散角又较大,因此,用 LD 作为平行光照明时应该用柱面镜将光束整形,再用准直镜准直输出。

② 频率稳定性。前面已经提到 LD 光的单色性远逊于 He-Ne 激光,因而其相干性较差,因此用 LD 作相干光源且测量距离又较大时,必须对 LD 稳频。

LD 的稳频主要有吸收法和电控法。吸收法稳频精度较高,可达 $10^{-8} \sim 10^{-10}$,但复现性差,方法复杂,不宜常规使用;电控稳频法应用较普遍,电流控制法的频率稳定度可达 $10^{-7} \sim 10^{-8}$,主要是用电控法稳定谐振腔的腔长。温度变化将引起腔长变化,因而影响频率稳定性。而谐振腔的温度变化 ΔT 与半导体激光器的注入电流 Δi 有关,即 $\Delta T = R \Delta i$。因此,控制 LD 的注入电流可以稳频。

③ 调频。改变 LD 的注入电流 Δi 会使 LD 的输出频率产生变化。如果注入电流是按某一频率变化规律来变化的,那么输出的激光将被调频。这种调频是在 LD 内部实现的,故称为内调制,由此原理制成的半导体激光器可用于外差测量。应注意的是,以上调频的同时伴随着 LD 输出功率改变,因此应注意功率变化对测量的影响。

1.3　光辐射探测器件

光辐射量的测量通常采用各种探测器把光辐射能变换成一种可测的量,因而光辐射探测器是光电测量系统中的关键组成部分,其性能往往直接影响到测量的可行性及准确性。

人眼是一种光辐射探测器。在目视光度量测量中,人眼是一种极好的探测器件,但由于人眼瞳孔的调节、亮暗适应等一系列生理特点,很难用作光辐射绝对量的测量,只能作为光度比较测量时高灵敏度的光度平衡判别器。人眼的窄光谱范围及其响应速度缓慢,使人眼在光辐射测量中所起的作用受到很大的限制。

随着对光辐射探测与精确定量、高灵敏度测量的需要,光辐射探测器的品种和数量迅速发展,可对光辐射客观物理量进行精确的定量测量,具有光谱响应范围宽(可包括整个光辐射谱段)、响应速度快(可达 ns、μs 级)、响应度高等优点,使光辐射量的探测和测量能力大大地提高。

广义上讲,只要能指示光辐射的存在,并可确定其大小的任何物体都应包含在光辐射探测器的范畴内。下面主要介绍应用最为广泛的光子探测器和热探测器。

光子探测器利用光电效应,把入射到物体表面的辐射能变换成可测量的电量。

① 外光电效应:当光子入射到探测器阴极表面(一般是金属或金属氧化物)时,探测器把吸收的入射光子能量($h\nu = hc/\lambda$)转换成自由电子的动能,当电子动能大于电子从材料表面逸出所需的能量时,自由电子逸出探测器表面,并在外电场的作用下,形成了流向阳极的电子流,从而在外电路产生光电流。基于外光电效应的光电探测器有真空光电管、充气光电管、光电倍增管、像增强器等。

② 光伏效应:半导体 PN 结在吸收具有足够能量的入射光子后,产生电子-空穴对,在 PN 结电场作用下,两者以相反的方向流过结区,从而在外电路产生光电流。基于这类效应的探测器有以硒、硅、锗、砷化镓等材料做成的光电池、光电二极管、光电三极管等。

③ 光电导效应:半导体材料在没有光照下,具有一定的电阻,在接收入射光辐射能时,半导体释放出更多的载流子,表现为电导率增加(电阻值下降)。这类光电探测器有各种半导体材料制成的光敏电阻等。

热探测器利用热电效应。即探测器接收光辐射能后,引起物体自身温度升高,温度的变化使探测器的电阻值或电容值发生变化(测辐射热计),或表面电荷发生变化(热释电探测器),或产生电动势(热电偶、热电堆)等,通过这些探测器量的变化,反映入射光辐射量。

如图 1.26 所示为常见光辐射探测器的分类。

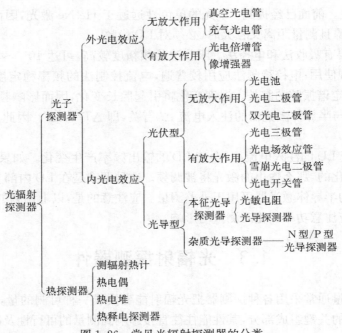

图 1.26　常见光辐射探测器的分类

1.3.1　光辐射探测器件的性能参数

光电系统一般都围绕光辐射探测器的性能进行设计,而探测器的性能由特定工作条件下的一些参数来表征。

1. 光辐射探测器的工作条件

光辐射探测器的性能参数与其工作条件密切相关,所以在给出性能参数时,要注明有关的工作条件。这一点很重要,因为只有这样,光辐射探测器才能互换使用。

① 辐射源的光谱分布。很多光辐射探测器,特别是光子探测器,其响应是辐射波长的函数,仅对一定波长范围内的辐射有信号输出,这种称为光谱响应的信号依赖于辐射波长的关系,决定了探测器探测特定目标的有效程度。所以在说明探测器的性能时,一般都需要给出测定性能时所用辐射源的光谱分布。如果辐射源是单色辐射,则需给出辐射波长。假如辐射源是黑体,那么要指明黑体的温度。当辐射经过调制时,则要说明调制频率。

② 电路的通频带和带宽。因为噪声限制了探测器的极限性能,噪声电压或电流均正比于带宽的平方根,而且有些噪声还是频率的函数,所以在描述探测器的性能时,必须明确通频带和带宽。

③ 工作温度。许多探测器,特别是用半导体材料制作的探测器,无论是信号还是噪声,都和工作温度有密切关系,所以必须明确工作温度。最通用的工作温度是:室温(295K)、干冰温度(195K)、液氮温度(77K)、液氦温度(4.2K)及液氢温度(20.4K)。

④ 光敏面尺寸。探测器的信号和噪声都与光敏面积有关,大部分探测器的信噪比与光敏面积的平方根成比例。

⑤ 偏置情况。大多数探测器需要某种形式的偏置。例如,光电导探测器和电阻测辐射热器需要直流偏置电源,光电磁探测器的偏置是磁场。信号和噪声往往与偏置情况有关,因此需要说明偏置的情况。

此外,对于受背景光子噪声限制的探测器,应注明光学视场和背景温度。对于非密封型的薄膜探测器,要标明湿度。

2. 有关响应方面的性能参数

（1）响应率（或称响应度）

响应率是描述探测器灵敏度的参量，它表征探测器输出信号与输入辐射之间关系的参数。定义为探测器的输出均方根电压 V_s 或电流 I_s 与入射到探测器上的平均辐射功率之比，即

$$R_V = \frac{V_s}{\Phi} \quad (\text{V/W}), \quad R_I = \frac{I_s}{\Phi} \quad (\text{A/W}) \tag{1.57}$$

式中，Φ 是入射辐射功率。

探测器的响应度描述光信号转换成电信号大小的能力。探测器的响应度一般是波长的函数，与上面定义的积分响应度对应的光谱响应度为

$$R_{V\lambda} = \frac{V_s}{\Phi(\lambda)} \quad (\text{V/W}), \quad R_{I\lambda} = \frac{I_s}{\Phi(\lambda)} \quad (\text{A/W}) \tag{1.58}$$

积分响应度与光谱响应度的关系为

$$R_V = \frac{V_s}{\Phi} = \frac{\int_{\lambda_1}^{\lambda_0} R_{V\lambda}\Phi(\lambda)\,\mathrm{d}\lambda}{\int_{\lambda_1}^{\lambda_0} \Phi(\lambda)\,\mathrm{d}\lambda}, \quad R_I = \frac{I_s}{\Phi} = \frac{\int_{\lambda_1}^{\lambda_0} R_{I\lambda}\Phi(\lambda)\,\mathrm{d}\lambda}{\int_{\lambda_1}^{\lambda_0} \Phi(\lambda)\,\mathrm{d}\lambda} \tag{1.59}$$

式中，λ_0，λ_1 分别为探测器的长波限和短波限。可以看到，积分响应度不仅与探测器的光谱响应度有关，也与入射辐射的光谱特性有关，因而说明积分响应度时，通常要求指出测量所用的光源特性。

对于光子探测器，需要光子激发出自由电子-空穴对，光子的能量至少要和禁带宽度一样，因此基本要求是

$$\frac{hc}{\lambda} \geqslant E_g \tag{1.60}$$

则光子探测器的长波限（也称截止波长）为

$$\lambda_{\max} = \begin{cases} 1.24/E_g & \text{本征型，} E_g \text{ 为禁带宽度（单位为 eV）} \\ 1.24/E_i & \text{非本征型，} E_i \text{ 为杂质电离能（单位为 eV）} \end{cases} \tag{1.61}$$

表 1.9 列出了几种半导体和掺杂半导体的长波限。

表 1.9　常见半导体和掺杂半导体的长波限

材料	E_g/eV	$\lambda_{\max}/\mu\text{m}$	材料	E_i/eV	$\lambda_{\max}/\mu\text{m}$
InSb	0.22	5.50	Ge：Hg	0.0900	13.8
PbS	0.42	3.00	Ge：Cu	0.0410	30.2
Ge	0.67	1.90	Ge：Cd	0.0600	20.7
Si	1.12	1.10	Si：As	0.537	23.1
CdSe	1.8	0.69	Si：Bi	0.0706	16.3
CdS	2.40	0.52	Si：P	0.0450	27.6
PbSe	0.23	5.40	Si：In	0.1650	7.5
			Si：Mg	0.0870	14.3

在理想情况下，一个光子在本征材料中能产生一个电子-空穴对，所以光子探测器的光谱响应度曲线如图 1.27(a) 中的实线。实际上，由于探测器抛光表面的镜面反射损失（菲涅耳反射）、探测器表面的电子陷阱及电子在扩散中与空穴的复合、探测器材料的吸收等因素，探测器的量子效率常小于 1，且在长波部分下降较快，实际探测器的光谱响应曲线偏离其理想形状（见图 1.27(a) 中的虚线）。

对于热探测器,为提高响应度,一般其表面都涂有一层吸收率很高的黑色涂层(炭黑、金黑等),吸收层的吸收率几乎与波长无关。此外,探测器的表面温度变化只与吸收辐射能的大小有关。因此,热探测器的响应度曲线近似为均匀的,且响应谱段包括几乎整个光辐射测量段(见图 1.27(b)),这使得热探测器被广泛用于光辐射测量中。

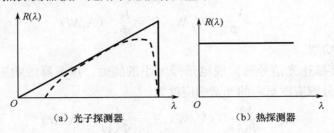

图 1.27　光辐射探测器的光谱响应曲线

（2）量子效率 $\eta(\lambda)$

量子效率是评价光辐射探测器性能的一个重要参数,它是指在某一特定波长上每秒钟内产生的光电子数与入射光量子数之比。单个光量子的能量为 $h\nu=hc/\lambda$,单位波长的辐射通量为 Φ_λ,波长增量 $\mathrm{d}\lambda$ 内的辐射通量为 $\Phi_\lambda\mathrm{d}\lambda$,所以在此窄带内的辐射通量换算成量子流速率 N 为

$$N=\frac{\Phi_\lambda\mathrm{d}\lambda}{h\nu}=\frac{\lambda\Phi_\lambda\mathrm{d}\lambda}{hc} \tag{1.62}$$

量子流速率 N 即为每秒入射的光量子数。而每秒产生的光电子数为

$$\frac{I_S}{q}=\frac{R_\lambda\Phi_\lambda\mathrm{d}\lambda}{q} \tag{1.63}$$

式中,I_S 为信号光电流;q 为电子电荷。因此量子效率 $\eta(\lambda)$ 为

$$\eta(\lambda)=\frac{I_S/q}{N}=\frac{R_\lambda hc}{q\lambda} \tag{1.64}$$

若 $\eta(\lambda)=1$(理论上),则入射一个光量子就能发射一个电子或产生一个电子-空穴对。实际上,$\eta(\lambda)<1$。一般 $\eta(\lambda)$ 反映的是入射辐射与最初的光敏元的相互作用。对于有增益的光辐射探测器(如光电倍增管),$\eta(\lambda)$ 会远大于 1,此时一般使用增益或放大倍数这个参数。

（3）响应时间

响应时间是描述光辐射探测器对入射辐射响应快慢的一个参数,即当入射光辐射到达光辐射探测器后或入射辐射遮断后,光辐射探测器的输出上升到稳定值或下降到照射前的值所需时间,称为响应时间。为衡量其长短,常用时间常数 τ 来表示。当用一个辐射脉冲照射光辐射探测器时,如果这个脉冲的上升和下降时间很短,如方波,则光辐射探测器的输出由于器件的惯性而有延迟,把从 10% 上升到 90% 峰值处所需的时间称为探测器的上升时间,而把从 90% 下降到 10% 处所需的时间称为下降时间,如图 1.28 所示。

（4）频率响应

由于光辐射探测器信号的产生和消失存在着一个滞后过程,所以入射光辐射的频率对探测器的响应将会有较大的影响。光辐射探测器的响应随入射辐射的调制频率而变化的特性称为频率响应。利用时间常数可得到光辐射探测器响应度与入射辐射调制频率的关系,其表达式为

$$R(f)=\frac{R_0}{\sqrt{1+(2\pi f\tau)^2}} \tag{1.65}$$

式中,$R(f)$ 为频率是 f 时的响应度;R_0 为频率是零时的响应度;τ 为时间常数(等于 RC)。当

$R(f)/R_0 = 1/\sqrt{2} = 0.707$ 时,可得上限截止频率(参见图 1.29)为

$$f_{\text{上}} = \frac{1}{2\pi\tau} = \frac{1}{2\pi RC} \tag{1.66}$$

显然,时间常数决定了光辐射探测器频率响应的带宽。

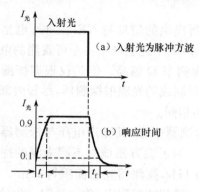

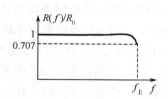

图 1.28 上升时间和下降时间   图 1.29 探测器的频率响应曲线

3. 有关噪声方面的参数

从响应度的定义来看,好像只要有光辐射存在,不管它的功率如何小,都可探测出来。但事实并非如此,当入射功率很低时,输出只是些杂乱无章的变化信号,而无法肯定是否有辐射入射在探测器上。这并不是探测器不好引起的,而是由它所固有的"噪声"引起的,如果对这些随时间而起伏的电压(流)按时间取平均值,则平均值等于零。但这些值的均方根不等于零,这个均方根电压(流)称为探测器的噪声电压(流)。

光辐射探测器包含的固有噪声有散粒噪声、热噪声、产生-复合噪声(g-r 噪声)、温度噪声、$1/f$ 噪声等。

(1)信噪比(S/N)

信噪比是判定噪声大小通常使用的参数。它是在负载电阻 R_L 上产生的信号功率与噪声功率之比,即

$$S/N = \frac{P_S}{P_N} = \frac{I_S^2 R_L}{I_N^2 R_L} = \frac{I_S^2}{I_N^2} \tag{1.67}$$

若用分贝(dB)表示,则为

$$(S/N)_{\text{dB}} = 10\lg\frac{I_S^2}{I_N^2} = 20\lg\frac{I_S}{I_N} \tag{1.68}$$

利用 S/N 评价两种探测器性能时,必须在信号辐射功率相同的情况下才能比较。但对单个探测器,其 S/N 的大小与入射信号辐射功率及接收面积有关。如果入射辐射强,接收面积大,S/N 就大,但性能不一定就好,因此用 S/N 评价器件有一定的局限性。

(2)噪声等效功率(NEP)

噪声等效功率又称最小可探测功率 $P_{\min}$。它定义为入射到探测器上经正弦调制的均方根辐射通量 Φ 所产生的均方根信号电压 V_S 正好等于均方根噪声电压 V_N 时,入射到探测器上的辐射通量,即

$$\text{NEP} = \frac{\Phi}{V_S/V_N} = \frac{V_N}{R_V} \tag{1.69}$$

一般良好的探测器的 NEP 约为 10^{-11}W。

（3）探测率 D 与比探测率 D^*

显然，NEP 越小，噪声越小，器件的性能越好，但 NEP 不符合人们的传统认知习惯。同时，只用 NEP 无法比较两个不同来源的探测器的优劣。为此，定义 NEP 的倒数为探测率 D，即

$$D = \frac{1}{\text{NEP}} = \frac{V_\text{S}/V_\text{N}}{\Phi} = \frac{R_V}{V_\text{N}} \tag{1.70}$$

显然，D 越大，探测器的性能就越好。探测率 D 所提供的信息与 NEP 一样，也是一项特征参数，不过它所描述的特性是：光辐射探测器在它的噪声电平之上产生一个可观测的电信号的本领，即光辐射探测器能响应的入射光功率越小，则其探测率 D 越高。但是仅根据探测率还不能比较不同探测器的优劣，这是因为如果两只由相同材料制成的光辐射探测器，尽管内部结构完全相同，但光敏面积 A_d 不同，测量带宽不同，则 D 值也不相同。

实验和理论分析表明，对于许多类型的光辐射探测器来说，其噪声电压与探测器光敏面积 A_d 的平方根成正比，与测量带宽 Δf 的平方根成正比。为了能方便地对不同来源的探测器进行比较，需要把探测率 D 标准化（归一化）到测量带宽为 1Hz，探测器光敏面积为 1cm^2。这样就能方便地比较不同测量带宽、不同光敏面积的探测器测量得到的探测率，称这种归一化的探测率为比探测率，通常用 D^* 记之。根据定义，D^* 的表达式为

$$D^* = \frac{\sqrt{A_\text{d}\Delta f}}{\text{NEP}} = \frac{V_\text{S}/V_\text{N}}{\Phi}\sqrt{A_\text{d}\Delta f} = \frac{R_V}{V_\text{N}}\sqrt{A_\text{d}\Delta f} \tag{1.71}$$

D^* 实质上是单位辐射通量入射到探测器单位面积上在单位带宽条件下的信噪比。

在光辐射探测器的考察与选用过程中，还应考虑探测器的暗电流、线性度、动态范围、稳定性、探测器阻抗、寿命等其他参数。

1.3.2　光子探测器

1. 光电发射探测器

（1）光电发射效应

若入射光辐射的光子能量 $h\nu$ 足够大，它和金属或半导体材料中的电子相互作用的结果使电子从物质表面逸出，在空间电场的作用下会形成电流，这种现象称为光电发射效应，也称为外光电效应。它是真空光辐射探测器件光电阴极工作的物理基础。

当入射到光电阴极上的入射光频率或频谱成分不变时，在外加电压一定的条件下，光电流 I_k（即单位时间内发射的光电子数目）与入射光通量 Φ 成正比，即

$$I_\text{k} = S_\text{k}\Phi \tag{1.72}$$

式中，I_k 为阴极光电流；Φ 为入射光通量；S_k 为光电阴极对入射辐射的灵敏度。

实验发现，光电子的最大初始动能与入射辐射的频率成正比，而与入射光辐射的强度无关，可以表示为

$$E_{\max} = \frac{1}{2}m\upsilon_{\max}^2 = h\nu - h\nu_0 = h\nu - W_\Phi \tag{1.73}$$

式中，$E_{\max}$ 为光电子的最大初动能；$\upsilon_{\max}$ 为相应的电子最大初速度；m 为电子质量；h 为普朗克常数；W_Φ 为金属材料的电子逸出功，即电子从材料表面逸出时所需的最低能量，单位为 eV，是与材料性质有关的常数，也称为功函数。

式（1.73）也称为爱因斯坦方程，爱因斯坦因发现光电效应于 1921 年获得诺贝尔物理学奖。密立根因从实验中获得式（1.73），并由直线斜率获得普朗克常数而于 1923 年获得诺贝尔物理学奖。

入射光子的能量至少要大于等于逸出功时,才能发生光电子发射。如果用波长表示,有

$$\lambda_0 = \frac{c}{\nu_0} \leqslant \frac{hc}{W_\Phi} = \frac{1240}{W_\Phi} \quad (\text{nm}) \tag{1.74}$$

式中,λ_0 称为截止波长。当入射波长大于 λ_0 时,不论光强如何,也不论照射时间多长,都不会产生光电子。

金属或半导体材料中的光电子发射大致可以分为 3 个步骤进行。

① 对光子的吸收。光辐射射入物体后,物体中的电子吸收了光子能量,从基态跃迁到能量高于真空能级(真空中自由电荷的最小能量)的激发态。

② 光电子向表面运动。受激电子从受激点出发向表面运动,在此过程中因与其他电子或晶格发生碰撞而损失部分能量。

③ 克服表面势垒逸出材料表面。

(2)光电倍增管(PMT)

光电倍增管是建立在光电子发射效应、二次电子发射效应和电子光学理论基础上,能够将微弱光信号转换成光电子并获得倍增效应的真空光电发射探测器件。

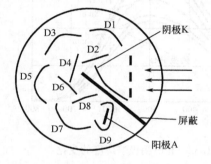

图 1.30 圆瓦片式光电倍增管结构

图 1.30 所示为圆瓦片式光电倍增管的结构图。光电倍增管封装在真空的玻璃或石英玻璃玻壳内。光电倍增管由光电阴极、聚焦电极、电子倍增极(打拿极)和阳极(电子收集极)组成。在光照下,阴极表面激发出的电子在电场作用下打向打拿极。后一级打拿极的电位高于前一级,故后一级打拿极可看成前一级的阳极,前一级产生的电子,在静电场作用下加速打在后一级打拿极上,打拿出更多的二级电子。整个光电倍增管就相当于多级串联的光电管,使电子逐级增多并流向阳极。

设每一打拿极的平均二次电子发射系数为 δ,则有 N 级打拿极的光电倍增管,其电流放大的倍数 $G = \delta^N$,如果 $\delta = 6$,$N = 9$,$G = 10^7$,故光电倍增管具有很高的电流增益。

光电倍增管的光谱响应度和量子效率等主要取决于光电阴极。光电阴极主要有两类:①不透明的反射式阴极,是一层蒸镀在侧壁厚的碱金属层,电子由被光照射的阴极表面产生;②半透明的透射式阴极,在真空玻壳的内表面蒸镀若干层极薄的金属氧化物,光辐射照射在玻壳外表面,电子由金属氧化物表面发射出来。

由于电子从光电阴极材料表面逸出功的限制,光电倍增管主要工作于紫外和可见光谱段,个别光电阴极材料可工作在近红外(0.9~1.1μm)。典型光电阴极的相对光谱灵敏度已由美国电子工业协会(EIA)标准化。

光电倍增管具有以下几个方面的主要性能特性。

① 光谱灵敏度。当需要精确知道光谱响应度时,需要在与应用相同的条件下测量。由于光电阴极制作工艺等的限制,同一种光电阴极材料,即使同一工厂生产的同一批号管子,其光谱响应度也会有所不同。所以,参考说明书给出的光谱响应曲线只能用于参考。

光谱响应度还受以下一系列因素的影响。

i. 温度。用温度系数来描述光谱响应度随温度变化的特性,可写成

$$R(\lambda, T) = R(\lambda, T_0)[1 + C_\lambda(T - T_0)] \tag{1.75}$$

式中,T_0 是光谱响应度测量时的温度;T 为使用温度;C_λ 是光谱响应度的温度系数。可能在某

一温度下,对某一光谱段 C_λ 是正值,而在另一光谱段 C_λ 却是负值;但在另一温度下,可能 C_λ 在整个工作谱段内都是正值。图 1.31 给出了 CsSb 阴极的温度系数和使用温度与波长的关系曲线,推荐的使用环境温度稳定在 ±1℃ 范围内。

ii. 入射光斑在光电阴极表面上的位置。光电阴极的光谱响应度在沿阴极表面上的分布是不均匀的,图 1.32 给出了一种光电阴极测量光点离阴极中心不同距离处测得的光谱响应度。可以看到,响应度的不均匀性是相当明确的。使用上,常常不是把待测光束会聚在光电阴极表面上,而是把光电管(光电倍增管)和积分球一起使用。积分球将光能均匀地照射在光电阴极表面,这样就避免了光束位置变化而引起的测量误差。

iii. 管子的疲劳,磁场使电子在运动途中离焦与偏转、外加电压的波动等。

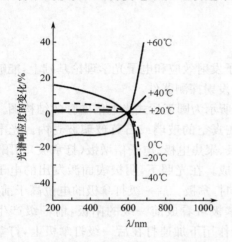
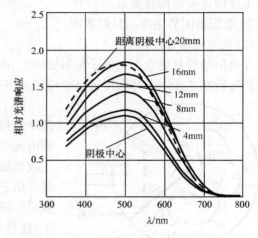

图 1.31 CsSb 光电阴极响应的温度系数   图 1.32 光电阴极响应度的变化

② 噪声特性。光电阴极到打拿极的热电子发射是光电倍增管的主要噪声源,形成的暗电流、噪声电流随工作温度的平方而变化。制冷可大大降低暗电流,使光电倍增管接近理想光子探测器的特性。但若制冷过度,则噪声特性已不会有多大的改善,而响应度却会大大下降。对某光电阴极的实验测量表明,制冷至液氮温度(77K)时,响应度将下降到室温的 10%。此外,过低的使用温度还会使线性变坏。故一般制冷至 -20℃ 就足够了。

③ 外加电压的稳定性。和其他外加电压的光辐射探测器一样,电压的稳定是管子稳定工作的基本保证。一般来说,电压的稳定度应比要求的测量精度高 10 倍左右。光电倍增管在一定极间电压范围内,二次电子发射倍率 δ 随打拿极间电压的增高而增加,尤其是阴极和第一打拿极及最后一级打拿极和阳极之间的电压。

④ 偏振响应度。光电倍增管对从不同方向入射的偏振光有不同的响应。设在某一偏振方向(α 角时)的响应达到最小值 $R_{\min}$,而在 $\alpha+90°$ 时达最大值 $R_{\max}$,则响应的偏振度

$$P = \frac{R_{\max} - R_{\min}}{R_{\max} + R_{\min}} \tag{1.76}$$

表示了器件的偏振响应程度及估计光辐射测量中偏振响应度可能引起的最大测量误差。

光电倍增管以其响应度高、性能稳定、线性动态范围大(可达 $10^4 \sim 10^6$)、响应快(可达 ns 级)而成为一种理想的探测器,获得广泛的应用。由于响应度高,平时应将其保存在暗处,即使没有外加电压,也应避免光照,以免光电阴极的疲劳或在强光照射下被破坏。

(3)微通道板(MCP)

微通道板是利用固体的二次电子发射特性来实现电流倍增的一种新型电子倍增器件。它结

构特殊，不仅有更高的灵敏度，而且还具有对两维空间电子流图像进行放大的能力，因而得到广泛的应用。

微通道板结构的剖面示意图如图 1.33 所示。它的核心是一块由许多外径仅 $100\,\mu\mathrm{m}$ 左右的细空心玻璃纤维纵向紧密排列而成的薄片，这些薄片是在 $500\sim1000\,℃$ 的高温下，将铅、铋等重金属材料的硅酸盐玻璃拉伸成所要求的直径较小的玻璃纤维棒，再经烧结切成圆片而成的。管壁具有半导体的电阻率（$10^9\sim10^{11}\,\Omega/\mathrm{cm}$）和较高的二次电子发射系数。板的两个端面（即做通道管的两个环面）用电镀的方法涂覆一层金属作为电极。这样，当两极间加上电压时，管道内壁有微安（$\mu\mathrm{A}$）量级的电流流过，使管内沿轴向建立起一个均匀的加速电场。以一定角度射入通道的电子及由其碰撞管壁释放出的二次电子在这个纵向电场和垂直于管壁的出射角的共同作用下，将沿着管轴曲折前进（见图 1.34），每一次曲折就产生一次倍增。而在前、后两次碰撞之间，电子又获得 $100\sim200\mathrm{V}$ 电压的递增，电子在管内径为微米（$\mu\mathrm{m}$）的几毫米厚的通道板中进行多次曲折，可获得 $10^7\sim10^8$ 增益，超过一般光电倍增管的水平。

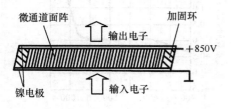

图 1.33　微通道板的剖面示意图

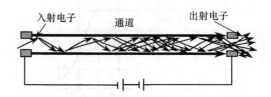

图 1.34　微通道板倍增过程示意图

2. 光伏探测器

光生伏特效应是光辐射使不均匀半导体或均匀半导体中光生电子和空穴在空间上分开而产生电位差的现象。对于不均匀半导体，由于同质的半导体不同的掺杂形成的 PN 结、不同质的半导体组成的异质结或金属与半导体接触形成的肖特基势垒都存在内建电场，当光辐射照在这种半导体上时，由于半导体材料对光辐射的吸收而产生了光生电子和空穴，在内建电场的作用下就会向相反的方向移动和积聚而产生电位差，这种现象是最重要的一类光生伏特效应。对于均匀半导体，由于体内没有内建电场，当光辐射照在半导体一部分时，由于光生载流子浓度梯度的不同而引起载流子的扩散运动，但电子和空穴的迁移率不等，使两种载流子扩散速度不同而导致两种电荷的分开，从而出现光生电势，称为丹倍效应。如果存在外加磁场，也可使得扩散中的两种载流子向相反方向偏转，从而产生光生电势，称为光磁电效应。

利用光生伏特效应制成的器件称为光伏探测器，器件种类很多，包括各种光电池、光电二极管、光电三极管、光敏 PIN 管、雪崩光电二极管、阵列式光电器件、象限式光电器件、位置敏感探测器（PSD）及光子牵引探测器、量子阱探测器等。

图 1.35 所示为典型的 PN 型半导体硅光电二极管的结构。重掺杂质的 P 型材料扩散到掺杂质 N 型的硅片上，在 P^+ 和 N 的界面形成 PN 结，在 N 型硅片下面再扩散一附加层，以增加 N 型杂质的浓度，再由金属电极引出。除 PN 型外，还有 NP 型或 PN 之间加无杂质的 PIN 型等。

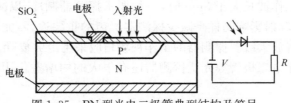

图 1.35　PN 型光电二极管典型结构及符号

当光辐射照射在探测器光敏面上时,若光子能量 $h\nu$ 大于禁带宽度,则 P 型区每吸收一个光子的能量就产生一个电子-空穴对。电子扩散到 N 型区,在外电路形成电流。

为了防止热激发产生过大的噪声,探测器还存在工作温度限制,工作温度应满足 $kT \leqslant E_g$(k 是玻耳兹曼常数,E_g 是禁带宽度)。禁带宽度越小,由温度造成的热噪声就越大,故探测器应工作在更低的温度下。例如,锑化铟的 $E_g=0.22\text{eV}$,则 $T \leqslant 255\text{K}$。

对近紫外到近红外谱段范围的光伏探测器,最常用的是硅光电二极管。由于制造工艺成熟,具有性能稳定、响应度高、线性动态范围宽($10^5 \sim 10^9$)、响应速度快(比光导型探测器高一个数量级左右)等一系列优点。

硅光电二极管的光谱响应如图 1.36 所示,其最大响应波长在 $1.1\mu\text{m}$,在蓝紫谱段响应较低。

① 温度系数。图 1.37 是硅光电二极管的温度系数随波长变化的曲线,相应波段的两侧,响应度随温度变化较大,而在 $0.5 \sim 0.85\mu\text{m}$,温度系数相当小。

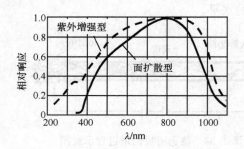 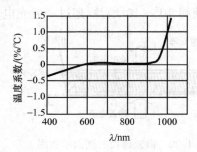

图 1.36　硅光电二极管的光谱响应曲线　　　　图 1.37　硅光电二极管的温度系数曲线

② 入射角的影响。由于表面是抛光镜面,材料本身的折射率较高($n=3.45$),因而表面反射比相当大,尤其是入射角较大时。

③ 偏振响应度。用不同入射角的线偏振光照射在硅光电二极管上,当偏振光的偏振方位角 φ 变化时,入射角越大,响应度受偏振的影响也越大。

④ 硅光电二极管光敏面的响应均匀性较好,不均匀性为 $2\% \sim 6\%$,主要是边缘部分响应度变化稍大。

⑤ 硅光电二极管有无偏压状态和加反向偏压状态两种工作状态。无偏压状态(见图 1.38(a))就是光电池,即光照下探测器两端输出一定电压值。常用的太阳电池就是工作在这种状态的硅光电二极管或蓝硅光电二极管。其特点是面积较大,要求有尽可能高的电流转换效率。

反向偏压是最常用的工作状态(见图 1.38(b))。由硅光电二极管的伏安特性曲线(见图 1.39)可知,在反向偏压状态下,探测器有良好的线性工作特性;此外,从整体性能来说,噪声电流较小,探测率较高。

红外波段的光伏探测器遇到的问题之一是其工作温度。由于长波光子的能量较小($h\nu$ 小),甚至有可能和原子的平均热能(近似等于 kT)相当,若在常温下工作,其热噪声可能把探测器接收的弱光信号湮没,故工作波长大于 $3\mu\text{m}$ 时,一般要求探测器制冷,以减少热噪声,提高探测器的探测能力。减少背景辐射影响同样是减少探测器噪声的重要途径,尤其是探测器窗、滤光片、光学系统、探测器的前置放大级。探测器的工作视场角应采用冷屏蔽罩。

光电三极管、雪崩光电二极管等光伏探测器还有很大的内增益作用,不仅灵敏度高,还可以通过较大的电流。

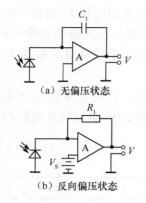

图 1.38 硅光电二极管的工作状态

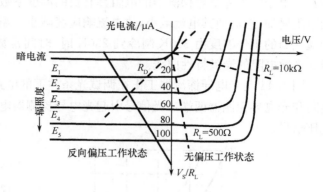

图 1.39 硅光电二极管的伏安特性曲线

3. 光电导探测器

光电导探测器的半导体材料和光伏探测器相同,只是采用一整块半导体材料,而不是像光伏探测器那样由两种或两种以上半导体材料构成 PN 结。在光辐射下,光电导探测器的电导率发生变化,引起所在电路中电流或输出电阻上电压的变化。由于在电路中相当于一个电阻值随光辐射而变化的"电阻",所以也常称为光敏电阻。

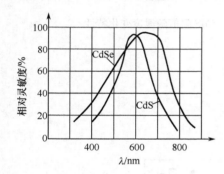

图 1.40 CdS、CdSe 光敏电阻
光谱响应特性

光电导探测器有本征型、杂质型、薄膜型、扫积型等几类,常见的有碲镉汞(HgCdTe)、锑化铟(InSb)、硫化铅(PbS)、硫化镉(CdS)、硒化镉(CdSe)等光电导探测器。

可见波段常用的光电导探测器有硫化镉(CdS)、硒化镉(CdSe)探测器,其光敏面呈盘丝状,做成盘丝状的目的在于增加电阻率,进而增加探测器的响应度,但存在响应度沿探测器表面的均匀性问题。

图 1.40 所示为 CdS、CdSe 光敏电阻的相对光谱响应曲线。硫化镉的突出优点是响应峰值在 $0.55\mu m$ 附近,与人眼光谱光视效率的峰值波长一致,故常用在普通照度计、曝光表、光电计数、计算机卡片读入等中。

CdS 光敏电阻的阻值随照度变化(见图 1.41)的线性并不好,引入 γ 值表示非线性

$$\gamma = \frac{\log R_1 - \log R_2}{\log E_2 - \log E_1} \tag{1.77}$$

式中,R_1,R_2 分别为照度 E_1,E_2 时的电阻值。通常采用 $E_1 = 10lx$,$E_2 = 100lx$ 时对应的电阻值表示 γ 值,即

$$\gamma = \log(R_{10}/R_{100}) \tag{1.78}$$

该值常在表示元件的性能参数时使用。

CdS、CdSe 的响应度受温度的影响较大,不同照度值下的温度系数也不同。图 1.42 所示为 CdS 在不同的照度下相对电阻值随温度变化的曲线。光照越强,相对电阻值变化越小。

CdS、CdSe 具有"光照记忆"效应,即在相同的光照下,光照前放在暗处要比光照前放在亮处的电阻值小,所以,工作前最好先在一定光照下或暗处放一定时间,直到稳定后再工作。这也是这类探测器很少在精确光辐射测量中应用的原因。

常用的红外光电导探测器的响应谱段、峰值波长及典型的探测率受温度影响很大。例如,硫化铅(PbS)在室温(295K)下的响应波长达 $3.4\mu m$,而制冷到 77K 时,相应波长可延伸至 $4.3\mu m$

左右。由于红外光电导探测器的电阻具有负的温度系数,在一定偏置电压下,温度下降使探测器的电阻增加,进而使其电流减小,故电流响应度减小。温度下降将使探测器的响应时间增长,例如硫化铅的工作温度由 300K 制冷到 230K 时,时间常数约增加一个数量级。如图 1.43 所示为 PbS 光敏电阻的光谱特性曲线。

图 1.44 是光电导探测器工作在调试光条件下的电路原理图。直流电压 V_s 加在串联的负载电阻和光电导探测器两端。光信号引起光电导探测器电阻 R_c 的变化,从而在外电路产生交变的电压信号。

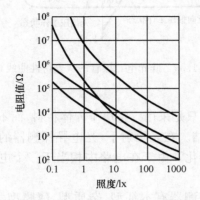

图 1.41 CdS 阻值随照度变化特性

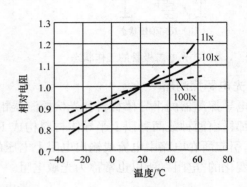

图 1.42 CdS 阻值随温度变化特性

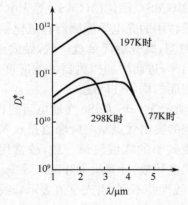

图 1.43 PbS 光敏电阻光谱特性

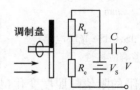

图 1.44 光电导探测器的测量电路

与光伏探测器一样,直流偏置电压对测量电路的性能至关重要。当偏置电流较大时,测量电路中电流的直流分量较大,外来光信号产生的交流输出信号也较大,响应度就较大。但此时探测器的热噪声也随之增大,比探测率 D^* 基本不变,进一步增加偏置电流,响应度不再增加,而探测器的温度却随电流增加而上升,使热噪声增加更快,比探测率 D^* 反而下降。

4. 各种光子探测器性能比较

在时间响应和频率特性,即动态特性方面,光电倍增管和光电二极管比较好,PIN 光电二极管和雪崩光敏二极管为最好;在光电特性方面,光电倍增管、光电二极管和光电池的线性都较好;在灵敏度方面,以光电倍增管、雪崩光敏二极管为最好,光敏电阻和光电三极管较好。需要说明的是,灵敏度高不一定就是输出电流大。输出电流大的器件有大面积光电池、光敏电阻、雪崩光电二极管和光电三极管;所需外加偏压最低的是光电二极管和光电三极管,光电池不需加电源便可工作;暗电流以光电倍增管和光电二极管为最小,光电池不加电源时无暗电流,加反向偏压后暗电流比光电倍增管和光电二极管要大;在长期工作的稳定性方面,以光电二极管和光电池为最好,其次是光电倍增管和光电三极管;在光谱响应方面,以光电倍增管和光敏电阻为最宽,并且光电倍增管的响应偏在紫外方面,光敏电阻的响应偏向红外方面。典型光子探测器的工作特性见表 1.10。

表 1.10　典型光子探测器工作特性的比较

	波长响应范围/nm			输入光通量范围/mW	最大灵敏度/(A/W)	输出电流/mA	线性	动态特性		外加电压/V	受光面积	稳定性	外形尺寸	价格	主要特点
	短波	峰值	长波					频率响应/Hz	上升时间/μs						
光电管	紫外		红外	$10^{-9}\sim1$	$20\sim50\times10^{-3}$	10(小)	好	2M(好)	0.1	50~400	大	良	大	高	微光测量
*光电倍增管	紫外		红外	$10^{-9}\sim1$	10^6	10(小)	最好	10M(最好)	0.1	600~2800	大	良	大	最高	快速、精密微光测量
CdS 光敏电阻	400	640	900	$10^{-3}\sim70$	1A/lm·V	$10\sim10^3$(大)	差	1k(差)	0.2k~1k	10~200	大	一般	中	低	多元阵列光开关输出电流大
CdSe 光敏电阻	300	750	1220	同上	同上	同上	差	1k(差)	0.2k~10k	10~200	大	一般	中	低	
*Si 光电池	400	800	1200	$10^{-3}\sim10^3$	$0.3\sim0.65$	10^3(最大)	好	10k(良)	0.5~100	不要	最大	最好	中	中	象限光电池输出功率大
Se 电池	350	550	700	0.1~70		150(中)	好	1k(差)	1k	不要	最大	一般	中	中	光谱接近人眼的视觉范围
*Si 光电二极管	400	750	1000	$10^{-3}\sim200$	$0.3\sim0.65$	1以下(最小)	好	200k~10M(最好)	2以下	10~200	小	最好	最小	低	高灵敏度,小型、高速传感器
*Si 光电三极管		同上		$10^{-4}\sim100$	0.1~2	1~50(小)	较好	50k(良)	2~100	10~50	小	良	小	低	有电流放大小型传感器

注:*表示应用较广泛的光子探测器。

1.3.3　热探测器件

为提高热探测器的探测能力,应最大限度地吸收各种波长的入射辐射能,所以热探测器表面常用煤黑、黑色金属氧化物或黑色无定形金属等做成黑色的。热探测器是各种探测器中唯一能做得到无选择性响应的探测器。

按照能量守恒定律,热探测器吸收入射辐射能等于探测器表面温度升高所需的能量和热探测器的热传导损失之和。热探测器的工作模型如图 1.45 所示,则热敏元件温度变化的热量方程为

$$\alpha\Phi(t)=H\frac{\mathrm{d}[\Delta T(t)]}{\mathrm{d}t}+G\Delta T(t) \tag{1.79}$$

式中,α 为探测器表面的吸收比;$\Phi(t)$ 为入射光辐射通量(W);H 为探测器的热容,即单位温升所需辐射能,单位是 J/K;G 为热导(W/K)。

设入射辐射通量 $\Phi=\Phi_0+\Phi_\omega\exp(\mathrm{j}\omega t)$,即是频率 ω 的调制光信号,则解式(1.79),可得探测器表面温度变化的幅度为

$$T_{\omega} = \frac{\alpha \Phi_{\omega}}{G \sqrt{1+\omega^2 \tau^2}} \qquad (1.80)$$

式中,$\tau = H/G$ 为热探测器的时间常数。

要提高探测响应度(正比于 T_{ω}/Φ_{ω}),应减小探测器的热导和热容。为此,热探测器常常做成薄条或薄片状,以减少热容;探测器表面的支承部分要尽可能小,引线要短且细,以减少热导。这样热探测器在结构上较脆弱,且热导和热容的减少还要受到工艺等的限制,故热探测器的时间常数比光子探测器大得多,一般为 ms 级。

为了减少外界温度、空气流动等对热探测器信号的影响(温度噪声),常常把探测片封装在密封的真空容器内。真空封装的热探测器响应度为非真空封装状态的 2 倍以上,但是,真空封装后与外界的热交换也变差,时间常数将会增大。

虽然平坦的光谱响应十分重要,但实际上由于探测器表面黑色层的吸收比不可能是理想平坦的,探测器外面的窗材料不仅限制透过辐射能的波长范围,且在透射谱段的光谱透射比也不完全平坦,故热探测器并不具有完全理想平坦的光谱响应。图 1.46 给出常用作探测表面材料的光谱反射率曲线。在绝大多数情况下,热探测器响应度的不平坦性可忽略不计,只是在精确光谱量标定时才需考虑。

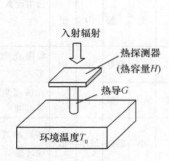

图 1.45　热探测器工作模型

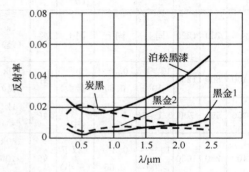

图 1.46　热探测器表面材料反射率

1. 热电偶和热电堆

热电偶是基于两种不同金属在其连接点有温差时会产生热电动势的塞贝克效应(见图 1.47)。当一个连接点受光辐照时升温,而另一连接点不受辐照时,在回路中就会产生电流。

把多个热电偶串接构成热电堆(见图 1.48),可提高响应度(N 个串联热电偶的热电堆,其响应度为单个热电偶的 N 倍)。

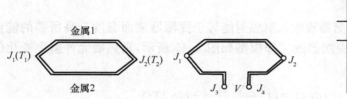

图 1.47　塞贝克效应

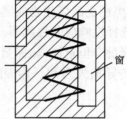

图 1.48　热电堆结构窗

由于两连接点相距不远,所以当接在桥式回路中时,环境温度变化的影响可自动补偿,故一般工作在常温下。

热电偶产生的温差电动势 V 和温度 T(K)之间的关系可写成

$$V=a+bT+cT^2 \qquad (1.81)$$

式中，a,b,c 为常数。对式(1.81)求导，得到塞贝克系数

$$a'(T)=\frac{\mathrm{d}V}{\mathrm{d}T}=b+2cT \qquad (1.82)$$

由式(1.80)及式(1.81)，可得热电偶的响应度为

$$R_\Phi=\frac{V}{\Phi}=\frac{a'(T)a}{\sqrt{G^2+\omega^2H^2}} \qquad (1.83)$$

在频率很低时，$G\gg\omega H$，则 $R_\Phi=a'(T)a/G$，即用高吸收比的表面层、高塞贝克系数且性能稳定的热电偶金属、低热导的结构可使热电偶有较高的响应度。

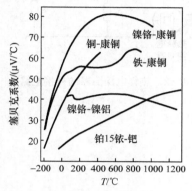

图 1.49　常用热电偶材料的塞贝克系数

热噪声和温度噪声是热电偶的主要噪声源。常用的热电偶材料有：镍铬-镍硅、铜-康铜、铁-康铜、铂 10% 铑-铂等，如图 1.49所示。

2. 测辐射热计

测辐射热计的机理是材料吸收光辐射能引起温度变化，进而使材料电阻值发生变化。主要有金属测辐射热计、热敏电阻、半导体测辐射热器和超导辐射热器等种类。这里简单介绍热敏电阻。

图 1.50 所示为典型的热敏电阻结构。探测片和半球（或超半球）透镜贴在一起，以增加辐射能的会聚能力。探测片常用锰、钴、氧化镍烧制而成；透镜材料多用锗或蓝宝石；补偿片与探测片相同，但有挡片使它不受辐射的照射，其作用是补偿环境温度变化对测量的影响。

图 1.51 所示为热敏电阻测辐射通量的桥式电路，这种桥式电路可使测量的动态范围达 10^6。

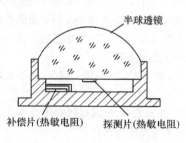

图 1.50　热敏电阻的结构

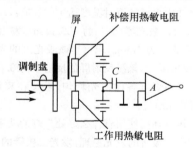

图 1.51　桥式电路中的热敏电阻

3. 热释电探测器

热释电探测器是一种性能较好的探测器，具有光谱响应范围（大于 $100\mu m$）平而宽、性能稳性、时间常数小（ns 级）等特点。

热释电探测器基于某些铁电材料吸收辐射能后温度的变化导致其表面电荷变化，从而在外电路产生信号电流

$$I=\alpha_0 S\frac{\mathrm{d}T}{\mathrm{d}t} \qquad (1.84)$$

式中，α_0 是热释电系数，即单位表面积温度升高 1℃时在外电路产生的电流值；S 是探测器的表面积。

热释电探测器需要工作在调制光中,因为不调制的辐射虽然能使元件表面产生一定的温度变化,表面电荷很快就会中和完毕,在外电路难以产生持续的信号电流。

热释电材料的表面温度超过某一规定温度(居里温度 T_g)时,材料电极化将消失,热释电性能也不复存在,故热释电探测器只能在一定温度范围内工作。常用的热释电探测器材料有硫酸三甘肽(TGS)($T_g = 49℃$)、聚偏二氟乙烯(PVF_2)、肽酸锂($LiTaO_3$)($T_g = 600℃$)等,其中以TGS 的响应度最高。当表面温度超过 T_g 而无法正常工作时,在加外电场的同时,器件由高温缓慢冷却至室温,探测器的功能仍能恢复。

热释电探测器是一种几乎纯容性器件。由于其电容量很小,所以热释电探测器的阻抗非常高,这就要求必须配以高阻抗负载(热释电探测器的负载阻抗一般在 $10^9\,\Omega$ 以上)。由于结型场效应器件(JEFT)的输入阻抗高,噪声又小,所以常用 JEFT 器件作为热释电探测器的前置放大器。图 1.52 示出了一种常用的电路,JEFT 构成一个源极跟随器,以进行阻抗变换。

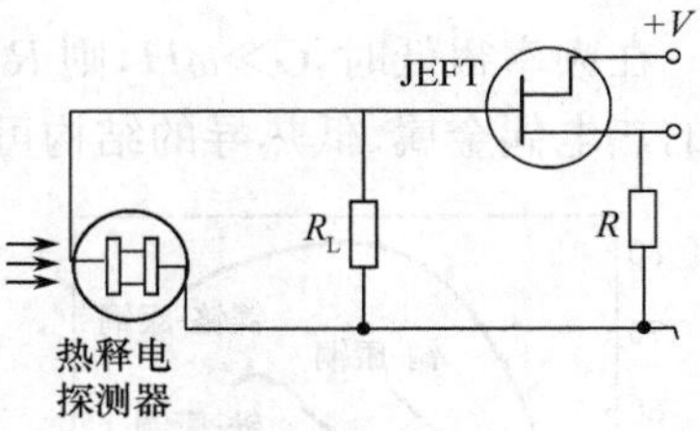

图 1.52　热释电探测器的外接电路

应当特别指出,由于热释电材料具有压电特性,因而对微震等应变十分敏感,在使用过程中,应注意减震防震。

思考题与习题 1

1.1　用目视观察发光波长分别为 435.8nm 和 546.1nm 的两个发光体,它们的亮度相同,均为 $3cd/m^2$,如果在两个发光体前分别加上透射比为 10^{-4} 的光衰减器,问此时目视观察的亮度是否相同? 为什么?

1.2　求辐射亮度为 L 的各向同性微面元在张角为 α 的圆锥内所发射的辐射通量。

1.3　如果忽略大气吸收,地球表面受太阳垂直辐射时,每平方米接收的辐射通量为 1.35kW,假设太阳的辐射遵循朗伯定律,试计算它在每平方米面积上所发射的辐射通量为多少?(从地球看太阳的张角为 $32'$)

1.4　热核爆炸中火球的瞬时温度达 10^7K,求:(1)辐射最强的波长;(2)这种波长的 $h\nu$ 是多少?

1.5　一个 He-Ne 激光器(波长为 632.8nm),发出激光的功率为 2mW,该激光束的平面发散角为 1mrad,激光器的放电毛细管直径为 1mm。求:(1)该激光束的光通量、发光强度、光亮度、光出射度;(2)若激光束投射在 10m 远的白色漫反射屏上,该漫反射屏的反射率为 0.85,求该屏上的光亮度。

1.6　假设一只白炽灯各向发光均匀,悬挂在离地面 1.5m 的高处,用照度计测得正下方地面上照度为 30lx,求该白炽灯的光通量。

1.7　普通白炽灯降压使用有什么好处? 灯的功率、光通量、发光效率、色温有何变化?

1.8　简述发光二极管的发光原理,发光二极管的外量子效率与哪些因素有关?

1.9　简述半导体激光器的工作原理,它有哪些特点? 对工作电源有什么要求?

1.10　试比较光电导探测器和光伏探测器的性能差别;比较光子探测器和热探测器特性的差别。

1.11　试以光电导探测器为例,说明为什么光子探测器的工作波长越长,工作温度就越低?

1.12　探测器的 $D^* = 10^{11}$cm · $Hz^{1/2}$ · W^{-1},探测器的光敏面的直径为 0.5cm,当系统工作带宽 $\Delta f = 5 \times 10^3$ Hz 时,它能探测的最小辐射功率为多少?

1.13　试述光电倍增管的工作原理。设管中有 n 个倍增极,每个倍增极的二次电子发射系数均为 δ,证明电流增益为 $M = \delta^n$。

1.14　光伏探测器工作于零偏压下有哪些主要优点? 若工作于反向偏压下,应注意哪些问题?

1.15　半导体光电二极管工作波长受哪些条件限制? 试举例说明。

1.16　光电导探测器灵敏度与其工作偏流有何关系? 光电导探测器响应时间受哪些因素限制? 为什么其工作频率都不如光伏探测器高?

第 2 章　光学系统测试技术

光学系统是任何与光学相关的仪器设备的核心,其性能的优劣直接决定整个系统的性能优劣。本章主要介绍光学系统测试的基本概念、原理和方法,测试对象包括光学系统性能参数和成像质量检验。光学系统性能参数决定了光学系统的适用对象和使用范围,是光学系统设计的依据,通过光学特性参数的测量,可以发现设计、加工或装配中所存在的问题。成像质量则是成像光学系统是否满足使用要求的评价标准。

2.1　光电系统的对准和调焦技术

2.1.1　目视系统的对准和调焦

对准又称横向对准,是指一个目标与比较标志在垂直瞄准轴方向的重合或置中(瞄准轴是光学仪器的某个对准用标志与物镜后节点的连线,眼睛的瞄准轴则是黄斑中心与眼睛后节点的连线)。调焦又称纵向对准,是指一个目标与比较标志在瞄准轴方向的重合。调焦的目的主要是使物体(目标)成像清晰,其次是为了确定物面或它的共轭像面的位置,后者往往称为定焦。

对准以后,眼睛的对准不确定度是以对准残余量对眼瞳中心的夹角表示的。定焦以后,眼睛的调焦不确定度以目标和标志到眼瞳距离的倒数之差表示。

眼睛通过光学系统去对准或调焦的目的是利用系统的有效放大率和有利的比较标志以提高对准和调焦的准确度。所以对准和调焦不确定度应以观察系统的物方对应值表示,如图2.1中的 $\Delta y, \gamma$ 和 $\Delta x, \varphi$ 所示。

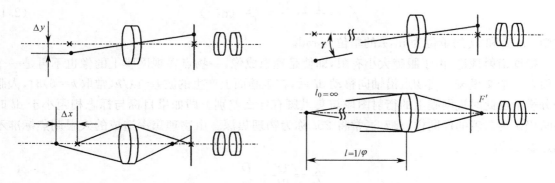

图 2.1　观察系统物方的对准和调焦不确定度的表示

1. 人眼的对准不确定度和调焦不确定度

常见的对准方式和人眼的对准标准不确定度见表 2.1。

要使目标位于标志所在的垂直瞄准轴的平面上,即二者位于同一深度上,用人眼进行调焦的方法有多种,最简便、最常用的是清晰度法和消视差法。

(1)清晰度法

清晰度法是以目标与比较标志同样清晰为准。调焦误差是由于存在几何焦深和物理焦深所造成的。

表 2.1　人眼 5 种对准方式的不确定度

对准方式	示 意 图	人眼的对准标准不确定度 $\delta('')$	附 注
压线对准（单线与单线重合）		$60\sim120$	两条实线重合时，设线宽分别为 $b_1('')$ 和 $b_2('')$，则 $\delta=(b_1+b_2)/2('')$，实线与虚线重合时，设虚线宽为 b_1，$b_2\leqslant b_1<b_2+1$ 时，$\delta=1'$
游标对准（一直线在另一直线延长线上）	a ⊕ a	15	线宽不宜大于 $1'$ 分界线 aa 应细而整齐
夹线对准（一条稍粗直线位于两条平行细线中间）		10	三线严格平行。两平行线中心间距最好等于粗直线宽度的 1.6 倍
叉线对准（一条直线位于叉线中心）		10	直线应与叉线的一条角等分线重合
狭缝叉线对准或狭缝夹线对准		10	直线与狭缝严格平行

　　假定标志真正成像在人眼视网膜上，这时标志上一点在视网膜上（像面上）的像是一个几何点。调焦时目标不一定能与标志在同一平面上，但只要目标上一点在视网膜上生成的弥散圆直径小于眼睛的分辨极限，人眼仍把这个弥散圆当成一个点，即认为目标与标志同样清晰。当弥散圆直径等于分辨极限时，目标至标志的距离 δ_x 的两倍 $2\delta_x$ 称为几何焦深（因目标远于或近于标志 δ_x 距离时效果相同）。可见，几何焦深与人眼的极限分辨角 α_e 直接相关，通常取 $\alpha_e=1'$。当人眼观察远处物体时，δ_x 会很大，这时调焦的标准不确定度不用 δ_x 表示，而应以目标和标志到眼瞳距离的倒数之差表示。设目标距离为 l_1，标志距离为 l_2，l_1-l_2 为几何焦深的一半，眼瞳直径为 D_e，人眼极限分辨角为 α_e，由几何焦深造成的人眼调焦标准不确定度为

$$\varphi_1' = \frac{1}{l_2} - \frac{1}{l_1} = \frac{\alpha_e}{D_e} \ (\mathrm{m}^{-1}) \tag{2.1}$$

式中，l_1，l_2 和 D_e 的单位为 m，α_e 的单位为 rad。

　　根据衍射理论，由于眼瞳大小有限，即使是理想成像，一物点在视网膜上的像也不再是一个点而是一个艾里斑。当物点沿轴向移动 $\mathrm{d}l$ 后，在眼瞳面上产生的波差 $\leqslant\lambda/k$（常取 $k=6$）时，人眼仍分辨不出此时视网膜上的衍射图像与艾里斑有什么差别。即如果目标与标志相距小于 $\mathrm{d}l$ 时眼睛仍认为二者的像同样清晰，通常将 $2\mathrm{d}l$ 称为物理焦深。由物理焦深造成的人眼调焦标准不确定度 φ_2' 为

$$\frac{\lambda}{k} = \frac{D_e^2}{8l_2} - \frac{D_e^2}{8l_1}$$

$$\varphi_2' = \frac{1}{l_2} - \frac{1}{l_1} = \frac{8\lambda}{kD_e^2} \ (\mathrm{m}^{-1}) \tag{2.2}$$

式中，$l_2=l_1\pm\mathrm{d}l$；D_e 为眼瞳直径（D_e 与波长 λ 的单位都为 m）。

　　由清晰度法产生的人眼调焦合成标准不确定度为几何焦深和物理焦深造成的调焦标准不确定度的平方和再开方。即

$$\varphi' = \sqrt{\varphi_1'^2 + \varphi_2'^2} = \left[\left(\frac{\alpha_e}{D_e}\right)^2 + \left(\frac{8\lambda}{kD_e^2}\right)^2\right]^{1/2} (\mathrm{m}^{-1}) \tag{2.3}$$

　　由于上式的两项不确定度都具有随机性，并且都服从均匀分布规律，故其单次测量的标准不

确定度为

$$u_{ED} = \frac{1}{\sqrt{3}} \left[\left(\frac{\alpha_e}{D_e} \right)^2 + \left(\frac{8\lambda}{kD_e^2} \right)^2 \right]^{1/2} (\mathrm{m}^{-1}) \tag{2.4}$$

（2）消视差法

消视差法是以眼睛在垂轴平面上左右摆动时看不出目标和标志有相对横移为准的。由于无相对横移时,目标不一定与标志同样清晰,所以消视差法不受焦深的影响。消视差后目标与标志的轴向距离即为消视差法的调焦误差。

采用消视差法时,先使目标与标志横向对准,再移动眼睛,如果看到二者始终对准,则认为调焦已进行完毕。由于消视差法把纵向调焦变成横向对准,从而可通过选择准确度高的对准方式来提高调焦准确度。

设眼睛左右移动距离为 b,所选择对准方式的对准标准不确定度为 δ,定焦时目标和标志到眼睛的轴向距离分别为 l_1 和 l_2,此时人眼直接观察的调焦标准不确定度为

$$\varphi' = \frac{1}{l_2} - \frac{1}{l_1} = \frac{\delta}{b} \ (\mathrm{m}^{-1}) \tag{2.5}$$

式中,δ 的单位为 rad;b 的单位为 m。

单次测量的标准不确定度为

$$u_{EP} = \frac{\delta}{\sqrt{3}b} \ (\mathrm{m}^{-1}) \tag{2.6}$$

2. 望远镜的对准不确定度和调焦不确定度

人眼通过望远镜或显微镜去对准和调焦是为了提高对准与调焦准确度。

（1）望远镜的对准标准不确定度

设人眼直接对准的对准标准不确定度为 δ,望远镜的放大率为 Γ,通过望远镜观察时,物方的对准标准不确定度设为 γ,则有

$$\gamma = \frac{\delta}{\Gamma} \tag{2.7}$$

【例 2.1】 V 棱镜折光仪的望远镜放大率 $\Gamma = 6^\times$,入瞳直径 $D = 12\mathrm{mm}$,对准方式是夹线对准,对准的标准不确定度 $\delta = 10''$,则望远镜的对准标准不确定度为

$$\gamma = \frac{10''}{6} = 1.7''$$

（2）望远镜的调焦标准不确定度

将人眼的两部分调焦标准不确定度,如式（2.1）和式（2.2）所示,分别换算到望远镜物方,即可求出望远镜用清晰度法调焦的标准不确定度。

设在望远镜像方的调焦标准不确定度为 $\varphi'(\mathrm{m}^{-1})$ 时,对应于物方为 $\varphi(\mathrm{m}^{-1})$。应用牛顿公式 $xx' = ff'$,不难求出

$$\varphi = \frac{\varphi'}{\Gamma^2} \ (\mathrm{m}^{-1})$$

由此可得到望远镜物方的调焦标准不确定度为

$$\varphi_1 = \frac{\varphi_1'}{\Gamma^2} = \frac{\alpha_e}{\Gamma^2 D_e} \ (\mathrm{m}^{-1})$$

$$\varphi_2 = \frac{\varphi_2'}{\Gamma^2} = \frac{8\lambda}{k\Gamma^2 D_e^2} \ (\mathrm{m}^{-1})$$

当眼瞳直径 D_e 大于望远镜的出瞳直径 D' 时,以实际有效的像方通光孔径 $D' = D/\Gamma$ 代替式

中的 D_e，则以上两式可写为

$$\varphi_1 = \frac{\alpha_e}{\Gamma D}(\mathrm{m}^{-1}) \qquad \varphi_2 = \frac{8\lambda}{kD^2}\ (\mathrm{m}^{-1})$$

式中，D 为望远镜的入瞳直径。

若 $D' > D_e$，则 ΓD_e 为实际有效的入瞳直径，即应以 ΓD_e 代替式中的 D。

望远镜调焦的合成标准不确定度为

$$\varphi = \sqrt{\left(\frac{\alpha_e}{\Gamma D}\right)^2 + \left(\frac{8\lambda}{kD^2}\right)^2}\ (\mathrm{m}^{-1}) \tag{2.8}$$

单次调焦的标准不确定度为

$$u_{\mathrm{TD}} = \frac{1}{\sqrt{3}}\sqrt{\left(\frac{\alpha_e}{\Gamma D}\right)^2 + \left(\frac{8\lambda}{kD^2}\right)^2}\ (\mathrm{m}^{-1}) \tag{2.9}$$

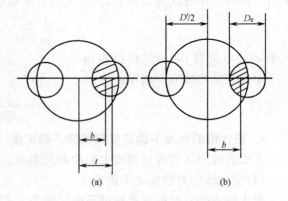

人眼通过望远镜调焦时，眼瞳在出瞳面上移动的最大距离将受到出瞳直径的限制。因为在视网膜上，像的位置由进入眼瞳的成像光束的中心线与视网膜的交点决定。因此，眼瞳的有效移动距离 b 不等于眼瞳的实际移动距离 t，而等于出瞳中心到进入眼瞳的光束中心的距离，如图 2.2(a) 所示。图中阴影部分表示进入眼瞳的光束截面。不难看出，b 越大，进入眼瞳的光束越细，像越暗，眼瞳的对准准确度将越低。一般规定，当 $D_e = 2\mathrm{mm}$ 左右时（这时视场亮度为 $2 \times 10^4\,\mathrm{cd/m^2}$），计算调焦误

图 2.2　眼瞳在出瞳面上移动时的有效移动距离

差的眼瞳最大移动距离是眼瞳中心移至出瞳边缘处的距离，如图 2.2(b) 所示，这时有

$$b = \frac{D'}{2} - \frac{D_e}{4}$$

在实验室条件下，视场亮度有时达不到要求的 $2 \times 10^4\,\mathrm{cd/m^2}$，$D_e$ 将增大，但当 $D_e \leqslant 3\mathrm{mm}$ 时（视场亮度大于 $100\mathrm{cd/m^2}$），只要保持进入眼瞳的光束截面基本不变（$D_e = 2\mathrm{mm}$ 时，见图 2.2(b)），对准不准确度不会有明显下降，因此上式中的 $D_e/4$ 可看作定值 $1/2\mathrm{mm}$，公式变为

$$b = \frac{1}{2}(D' - 1)\ (\mathrm{mm}) \tag{2.10}$$

将式(2.5)的 φ' 换算到望远镜物方得

$$\varphi = \frac{\delta}{\Gamma^2 b}$$

将式(2.10)代入上式，得调焦标准不确定度为

$$\varphi = \frac{2\delta}{\Gamma^2(D' - 1) \times 10^{-3}}\ (\mathrm{m}^{-1}) \tag{2.11}$$

单次调焦的标准不确定度为

$$u_{\mathrm{TP}} = \frac{2\delta}{\sqrt{3}\Gamma^2(D' - 1) \times 10^{-3}}\ (\mathrm{m}^{-1}) \tag{2.12}$$

式中，δ 由表 2.1 查出，但单位改为 rad；D' 的单位为 mm。

3. 显微镜的对准不确定度和调焦不确定度

（1）显微镜的对准标准不确定度

设显微镜的总放大率为 Γ，其中物镜的垂轴放大率为 β。通过显微镜观察时，物方的对准标准不确定度设为 Δy，则有

$$\Delta y = \frac{250\delta}{\Gamma} \quad (\text{mm}) \tag{2.13}$$

式中，$\Gamma = \beta \cdot 250/f_e'$，$f_e'$ 为目镜焦距；250mm 为人眼的明视距离；δ 为人眼的对准标准不确定度（rad）。

【例2.2】 V 棱镜折光仪的显微镜放大率 $\Gamma = 58^\times$，显微物镜的数值孔径 NA$=0.15$，对准方式是夹线对准，$\delta = 10'' = 10/206265$ rad（1rad$=206265''$）。

根据式（2.13），显微镜物方的对准标准不确定度为

$$\Delta y = \frac{250 \times 10}{58 \times 206265}\text{mm} = 0.00021\text{mm} = 0.21\mu\text{m}$$

由式（2.7）和式（2.13）可以看出，对准的标准不确定度与放大率 Γ 成反比。是否可以认为，只要单纯增大 Γ，对准的标准不确定度必然减小呢？实践证明，对准标准不确定度的减小还受到光学仪器分辨率的限制。因为即使光学仪器像质优良，对准和分辨率也都存在着目标经物镜成像的清晰度受衍射影响这一因素，所以两者有一定的联系。

实验结果指出，像质优良的望远镜和显微镜的单次对准标准不确定度最小只能达到它的理论分辨率的 $1/6 \sim 1/10$。即

$$\begin{cases} \gamma_{\min} = \left(\dfrac{1}{6} \sim \dfrac{1}{10}\right)\alpha \\ \Delta y_{\min} = \left(\dfrac{1}{6} \sim \dfrac{1}{10}\right)\Delta \end{cases} \tag{2.14}$$

式中，$\alpha = \dfrac{1.02\lambda}{D}$；$\Delta = \dfrac{0.51\lambda}{\text{NA}}$；$D$ 为望远镜的入瞳直径；NA 为显微物镜的数值孔径。当取 $\lambda = 0.56\mu\text{m}$ 时，有

$$\alpha = \frac{1.02 \times 0.56 \times 10^{-3}}{D} \times 206265'' \approx \frac{120}{D} \quad ('')$$

$$\Delta \approx \frac{0.3}{\text{NA}} \quad (\mu\text{m})$$

（2）显微镜的调焦标准不确定度

将人眼的调焦标准不确定度换算到显微镜物方的简单方法，是把显微镜看作一个放大率较大的放大镜，其等效焦距为

$$f_{eq}' = \frac{250}{\Gamma} \quad (\text{mm})$$

式中，Γ 为显微镜的总放大率；250mm 为人眼的明视距离。

显微镜物空间的折射率为 n 时，设人眼调焦标准不确定度为 φ_1'，则显微镜物方对应的调焦标准不确定度由式（2.1）可得

$$\Delta x_1 = \varphi_1' n f_{eq}'^2 = \frac{\alpha_e n}{D_e} f_{eq}'^2$$

若 D_e 大于出瞳直径 D'，上式变为

$$\Delta x_1 = \frac{\alpha_e n}{D'} f_{eq}'^2 \tag{2.15}$$

显微镜的出瞳直径 D' 与数值孔径 NA 的关系为

$$D' = 2f'_{eq}\sin u' = 2f'_{eq}\text{NA} \tag{2.16}$$

将式(2.16)代入式(2.15)得

$$\Delta x_1 = \frac{n\alpha_e}{2\text{NA}}f'_{eq} \tag{2.17}$$

由物理焦深产生的调焦标准不确定度，也可通过较简单的方法求得。

如果 $D_e > D'$，则当目标像和标志像发出的光束在显微镜出瞳范围内所截波面之间的波差小于 λ/k 时，人眼看到二者同样清晰。假定显微镜像质良好，在目标到标志的深度范围内波像差的变化很小，那么，在显微镜物方，目标和标志对入瞳的波差也应小于 λ/k。

设目标到入瞳的距离为 l_1，到标志的距离为 l_2（如果调焦标志是显微镜的分划板，则 l_2 为分划刻线在显微镜物方的像到入瞳的距离），入瞳直径为 D。当 $\text{NA} \leqslant 0.50$ 时，则二者之间在入瞳处的波差，可近似为

$$\frac{D^2}{8l_2} - \frac{D^2}{8l_1} = \frac{\lambda}{k}$$

假设物空间介质的折射率为 n，物方最大孔径角为 U，而且差值 $l_2 - l_1 = \Delta x_2$ 是一个很小的数。则有

$$\frac{l_2}{2}\sin^2 U - \frac{l_1}{2}\sin^2 U = \frac{\lambda}{kn}$$

$$\frac{\sin^2 U}{2}(l_2 - l_1) = \frac{\lambda}{kn}$$

$$\Delta x_2 = \frac{2\lambda}{kn\sin^2 U} = \frac{2n\lambda}{k(\text{NA})^2} \tag{2.18}$$

显微镜清晰度法调焦的合成标准不确定度为

$$\Delta x = \sqrt{\left(\frac{n\alpha_e f'_{eq}}{2\text{NA}}\right)^2 + \left(\frac{2n\lambda}{k(\text{NA})^2}\right)^2} \tag{2.19}$$

单次调焦的标准不确定度为

$$u_{MP} = \frac{1}{\sqrt{3}}\sqrt{\left(\frac{n\alpha_e f'_{eq}}{2\text{NA}}\right)^2 + \left(\frac{2n\lambda}{k(\text{NA})^2}\right)^2} \tag{2.20}$$

消视差法求调焦标准不确定度的方法与式(2.17)对应的方法相似。将式(2.5)换算到显微镜物方得

$$\Delta x = \varphi' n f'^2_{eq} = \frac{n\delta}{b}f'^2_{eq}$$

将式(2.10)代入上式，当 D' 的单位为 mm 时，得调焦标准不确定度为

$$\Delta x = \frac{2n\delta}{D'-1}f'^2_{eq}$$

再应用式(2.16)，最后得消视差法的调焦标准不确定度为

$$\Delta x = \frac{n\delta f'_{eq}}{\text{NA}} \cdot \frac{D'}{D'-1} \tag{2.21}$$

单次调焦的标准不确定度为

$$u_{MD} = \frac{n\delta f'_{eq}}{\sqrt{3}\text{NA}} \cdot \frac{D'}{D'-1} \tag{2.22}$$

分析两种方法的调焦标准不确定度计算公式(2.8)、式(2.11)和式(2.19)、式(2.21)，可以得到如下结论：由于消视差法可通过选择有利的对准方式使对准标准不确定度 δ 大大减小，因此，

系统出瞳直径 $D' \geqslant 2mm$ 时,用消视差法调焦准确度高;$D' \leqslant 1mm$ 时,用清晰度法准确度高;$1mm < D' < 2mm$ 时,两种方法调焦准确度相差不多。这个结论与实践结果基本吻合。

实际进行目视法调焦时,往往两种方法同时采用。也就是说,首先调至目标与标志同样清晰,再左右移动眼睛看二者间有无视差,最后以"清晰无视差"定焦。

2.1.2 光电对准技术

光电探测不仅可以代替眼睛进行对准、调焦和读数,更重要的是,可以大大提高对准、调焦准确度,实现测量的自动化,提高工作效率,是实现计算机实时控制和处理的前提。因为只有通过光电探测高准确度地提取信号并输入计算机中,计算机才能有效地进行实时控制和处理。

目前,光电对准装置可分为光电显微镜和光电望远镜两大类,两类仪器对准标准不确定度分别可达到 $0.01 \sim 0.02 \mu m$ 和 $0.05'' \sim 0.1''$ 的水平。

光电对准按工作原理分光度式和相位式两种。光度式光电对准是根据刻线像相对仪器的狭缝位置不同,通过狭缝到达光电接收器的光通量不同产生的光电流也不同这个原理,以输出光电流(或电压)最小时为对准的,这时刻线像中心与狭缝中心重合。为了提高准确度,可在刻线像面上放置两个狭缝,用两个光电管分别接收通过每个狭缝的光通量,以输出两光电流相等时为对准,这称为差动光度式。在光度式的基础上加入一调制器即成相位式。调制器有两种,一种是在成像光路中加入一个以一定频率振动的反光镜,使刻线像在狭缝处做同频率振动;另一种是刻线像不动,狭缝以一定频率在像平面内振动。

由于相位式光电对准具有对光电接收器的稳定性和刻线质量要求低,而对准准确度高等优点,所以下面仅以光电自准直望远镜为例介绍。相位式光电自准直望远镜的工作原理如图2.3所示,光源通过毛玻璃照亮十字线分划板,从分划板发出的光线经分束棱镜 I 反射,射向物镜,从物镜射出的平行光经平面镜反射回来,再经物镜,透过两个分束棱镜会聚在分划板上,生成十字线像。人眼通过目镜观察,进行初步瞄准。经分束棱镜 II 反射的光束会聚在振动狭缝上,透过狭缝的光束投射在光电探测器上。振动狭缝与一个测微器相连接,可用测微器螺杆调节狭缝的振动中心位置。当狭缝对称于像振动时,光电探测器接收的光通量是按正弦规律变化的,因此输出电流的波形是规则的正弦波形,频率为狭缝振动频率的 2 倍(见图 2.4(a))。如果狭缝中心未与十字线像对准,输出波形不是正弦波,在上述正弦波形上重叠有频率等于狭缝振动频率的分量,如图 2.4(b)所示。当这种波形的电流输入到信号处理器中时,将产生直流信号输出。转动测微器推动狭缝,当没有直流信号输出时,从测微器上读出十字线像偏离系统瞄准轴的横向距离 l,由式 $l = f' \tan 2\alpha$ 即可求出平面镜相对垂轴位置的倾角 α,式中 f' 为望远镜物镜的焦距。

这类仪器的测微器一般都能在推动狭缝的同时还带动分划板同步垂轴移动。当没有直流信号输出时,十字线像也正好成像于分划板的双刻线中间。这种结构能方便地用目视法实现初步瞄准,并随时检查光电对准装置的工作情况。

国内研制的一种光栅数字式光电自准直仪,其重复性达 $0.01''$,测量不确定度为 $0.3''$。

2.1.3 光电调焦技术

调焦实质上是确定物镜的最佳像面的位置。目视法调焦是把最高对比度的像面作为最佳像面,因为在此像面上眼睛有最清晰的感觉。事实上,确定最佳像面的标准有多种,如最高分辨率像面、最小波像差像面、最小弥散圆像面、最大调制传递函数像面、点像光斑中心照度最大值像面等。对于一个有剩余像差和加工误差的实际物镜来说,通常这些像面并不重合。实验确定最佳像面时,像面位置还与照明光源的光谱成分和接收器的光谱灵敏度有关。

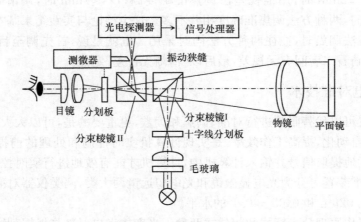

图 2.3　光电自准直望远镜的工作原理图

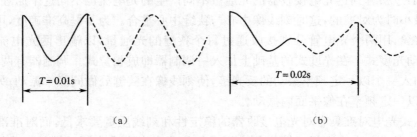

图 2.4　狭缝对称和不对称于刻线像振动时输出电流波形

用光电法调焦时，比较简单的判定最佳像面的标准是点像光斑中心照度达到最大值。测定此像面时，所用光源及光电接收器组合的光谱灵敏度曲线，应与被测物镜实际使用时的光源和接收器的光谱灵敏度曲线相一致。

光电调焦的方法有多种，如扇形光栅法、小孔光阑法、刀口检验法、MTF 法等，下面以扇形光栅法为例介绍光电调焦方法。扇形光栅法已广泛用于测量照相物镜的工作距离（从最佳像面到物镜框端的距离），同时，还能测量和研究其他光学特性，如测量弥散斑直径、OTF、焦距等。

该方法的光学系统示意图如图 2.5 所示。光源经聚光镜聚焦在小孔光阑上，小孔光阑位于被测物镜的焦点处，小孔光阑经被测物镜和平行光管物镜成像在后者的焦面上，此处准确安置可旋转扇形光栅盘，通过光栅的光束经辅助透镜投射在光电探测器上，产生的光信号送入信号处理器。

设小孔光阑的直径为 d，已知被测物镜焦距 f_0' 和平行光管物镜焦距 f_c'，小孔像的直径 d' 为

$$d' = d \frac{f_c'}{f_0'}$$

小孔像应位于扇形光栅的这样一个圆周上，在此处扇形条的宽度正好等于小孔像的直径。设每个扇形的张角为 φ，则由图 2.6(a) 可得

$$d' = 2R\sin\frac{\varphi}{2} = d\frac{f_c'}{f_0'}$$

$$R = \frac{df_c'}{2f_0'\sin(\varphi/2)} \tag{2.23}$$

垂轴移动光栅盘使小孔像位于由式(2.23)决定的半径为 R 的圆周上。

如果小孔准确成像在光栅盘上,那么光电探测器给出的电信号变化曲线如图 2.6(b)中的实线部分所示,即调制信号有最大的幅值。若成像不在光栅盘上,其轮廓尺寸必大于 d'(图 2.6(a)中的虚线部分所示),相应调制信号曲线如图 2.6(b)中虚线部分所示。轴向移动被测物镜至调制信号幅值最大为止。最佳像面是由调制信号最大时小孔光阑所在位置决定的。

调制信号的振幅与离焦量的关系曲线如图 2.6(c)所示。在最佳像面附近,振幅变化缓慢,调焦不灵敏。为了提高灵敏度和测量准确度,最好在曲线陡度最大的两个不清晰平面上进行测量。由于像质优良时,曲线在极值点两边的对称性很好,故上述的两个不清晰平面的中点即为最佳像面位置。

随着图像采集技术和数字图像处理技术的快速发展,数字图像自动调焦(又称聚焦)技术也获得快速发展,并成为图像测量技术、计算机视觉技术等的关键技术之一。

基于数字图像处理的自动调焦过程可以描述为:计算机通过光学系统和图像采集设备采集到一系列的数字图像,对每一帧图像进行实时处理,判断聚焦是否准确、成像是否清晰,并给出反馈信号控制镜头的运动,直到采集到的图像符合使用要求,即完成自动调焦。

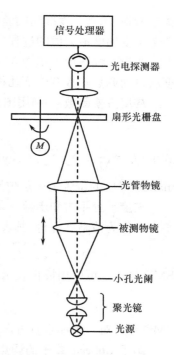

图 2.5 扇形光栅法调焦系统

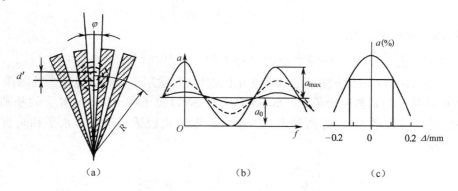

(a) (b) (c)

图 2.6 用扇形光栅法确定像面

采用图像处理法实现自动调焦的一个关键问题就在于图像清晰度评价函数的选取。理想的评价函数要求:无偏性、单峰性、能反映离焦的极性、对噪声敏感度低、计算量尽可能地小等。离焦图像可以看作由物体和点扩散函数做卷积的结果,这样往往导致图像中高频分量的减少或缺失。这一结果也可以理解为,聚焦的图像比离焦图像包含更多的细节边缘信息。调焦评价函数通常基于离焦图像与聚焦图像的内容信息的差别等先验知识,因此,没有对任何情况都适用的全能方法。

目前,自动调焦算法主要从空间域、信息域、频域 3 个方面展开自动调焦评价函数原理及算法的讨论和研究,并结合实际应用选择最适用于系统的自动调焦算法。

1. 空间域的自动调焦算法

空间域的自动调焦算法通过分析图像像素在空间上的灰度分布特征,用像素间的灰度差异表示清晰度,也称为灰度梯度法。灰度梯度法认为:模糊图像的像素灰度级趋于平均分布,而图像越清晰,像素灰度级间的差异就越大,因而图像的灰度梯度就越大,自动调焦的过程就是查找图像灰度梯度最大值的过程。

假设一幅图像大小为 $M \times N$ 像素, $f(x,y)$ 表示图像中坐标为 (x,y) 点的灰度值,则灰度梯度法自动调焦函数有以下几种定义。

灰度方差函数　利用图像灰度的方差之和来表示图像的灰度梯度,其表达式为

$$S_D = \sum \sum |f(x,y) - f_0|^2 \tag{2.24}$$

式中, $f_0 = \dfrac{1}{MN} \sum \sum f(x,y)$ 表示图像的平均灰度。利用灰度方差函数进行自动调焦,取 $S_0 = \max S_D$ 对应的位置为聚焦位置。

灰度差分平方和函数　灰度差分平方和函数也称为 SPSMD 函数,它使用 x、y 方向的梯度平方和作为清晰度评价,其表达式为

$$S_{SPSMD} = \sum \sum \{[f(x,y) - f(x,y-1)]^2 + [f(x,y) - f(x-1,y)]^2\} \tag{2.25}$$

SMD 算子也可以用模板表示为

$$\begin{bmatrix} 1 & -1 \\ 0 & 0 \end{bmatrix} \begin{bmatrix} 1 & 0 \\ -1 & 0 \end{bmatrix}$$

SMD 算子对水平和垂直方向上的梯度比较敏感,适用于水平和垂直边缘较多的图像。

基于 Roberts 算子的调焦评价函数　SMD 算子仅考虑了水平和垂直两个方向上的灰度梯度,没有利用到 $f(x+1,y+1)$ 点的像素值,Roberts 算子对此作了相应改进。其掩模为

$$\begin{bmatrix} 1 & 0 \\ 0 & -1 \end{bmatrix} \begin{bmatrix} 1 & -1 \\ 1 & 0 \end{bmatrix}$$

由此得到的调焦评价函数为

$$S_R = \sum \sum [|f(x,y) - f(x+1,y+1)| + |f(x+1,y) - f(x,y+1)|] \tag{2.26}$$

Roberts 算子评价函数对 $45°$ 方向上的梯度变化比较敏感,适用于倾斜边缘较多的图像。

基于 Sobel 算子的调焦评价函数　Sobel 算子在 SMD 算子和 Roberts 算子的基础上作了进一步的扩展,使其模板增大,它有两种形式。第一种形式比较适用于计算水平和垂直方向的梯度,其算子掩模为

$$\begin{bmatrix} -1 & -2 & -1 \\ 0 & 0 & 0 \\ 1 & 2 & 1 \end{bmatrix} \begin{bmatrix} -1 & 0 & 1 \\ -2 & 0 & 2 \\ -1 & 0 & 1 \end{bmatrix}$$

相应的调焦评价函数为

$$\begin{aligned} S_{S1} = \sum \sum [& |f(x+1,y-1) + 2f(x+1,y) + f(x+1,y+1) \\ & - f(x-1,y-1) - 2f(x-1,y) - f(x-1,y+1)| \\ & + |f(x-1,y+1) + 2f(x,y+1) + f(x+1,y+1) \\ & - f(x-1,y-1) - 2f(x,y-1) - f(x+1,y-1)|] \end{aligned} \tag{2.27}$$

第二种形式比较适用于计算对角方向的梯度,其算子掩模为

$$\begin{bmatrix} 0 & 1 & 2 \\ -1 & 0 & 1 \\ -2 & -1 & 0 \end{bmatrix} \begin{bmatrix} -2 & -1 & 0 \\ -1 & 0 & 1 \\ 0 & 1 & 2 \end{bmatrix}$$

相应的清晰度评价函数为

$$S_{S2} = \sum \sum [|f(x-1,y) + 2f(x-1,y+1) + f(x,y+1)$$

$$-f(x,y-1)-2f(x+1,y-1)-f(x+1,y) \mid$$
$$+\mid f(x,y+1)+2f(x+1,y+1)+f(x+1,y)$$
$$-f(x,y-1)-2f(x-1,y-1)-f(x-1,y) \mid] \tag{2.28}$$

基于 Laplacian 算子的调焦评价函数　二元函数 $f(x,y)$ 的拉普拉斯变换定义为

$$\nabla^2 f = \frac{\partial^2 f}{\partial x^2} + \frac{\partial^2 f}{\partial y^2} \tag{2.29}$$

在离散情况下,二维拉普拉斯变换可以用以下算子掩模得

$$\begin{bmatrix} 0 & -1 & 0 \\ -1 & 4 & -1 \\ 0 & -1 & 0 \end{bmatrix} \quad 或 \quad \begin{bmatrix} -1 & -4 & -1 \\ -4 & 20 & -4 \\ -1 & -4 & -1 \end{bmatrix}$$

相应的清晰度评价函数为

$$S_{L1} = \sum\sum [\mid 4f(x,y)-f(x-1,y)-f(x,y-1)-f(x+1,y)-f(x,y+1) \mid] \tag{2.30}$$

2. 信息域的自动调焦算法

设事件有 n 种可能的发展,每种情况出现的概率为 $p_1,p_2,\cdots,p_n$,则其信息熵为

$$H = -C\sum_{i=1}^{n} p_i \log p_i \tag{2.31}$$

基于图像熵的自动调焦函数有两种表达形式,分别称为信息熵和灰度熵。

信息熵　假设一幅像素数为 $M \times N$ 数字图像能量分布的可能值有 k 个,分别为 $a_1,a_2,\cdots,a_k$,如 8 为灰度图像的灰度级分布为 $0 \sim 255$。设 p_i 为灰度值为 a_i 的灰度级出现的概率,则 p_i 为灰度值为 a_i 的像素个数除以图像像素总数,即

$$p_i = \frac{\sum_{m=1}^{M} \sum_{n=1}^{N} q(m,n)}{M \times N} \tag{2.32}$$

式中,$q(m,n) = \begin{cases} 0, f(m,n) \neq a_i \\ 1, f(m,n) = a_i \end{cases}$,取常数 $C=1$,则式(2.31)可改写为

$$H = -\sum_{i=1}^{k} \left\{ \frac{\sum_{m=1}^{M} \sum_{n=1}^{N} q(m,n)}{M \times N} \log \frac{\sum_{m=1}^{M} \sum_{n=1}^{N} q(m,n)}{M \times N} \right\} \tag{2.33}$$

式(2.33)也就是基于信息熵的自动调焦评价函数,通过比较一系列图像的熵值得到聚焦位置。

灰度熵　图像上每一个像素都可以看作一个区域,光子以相互独立的概率落入,使图像上不同的像素间的亮度各不相同。设图像大小为 $M \times N$,$p(m,n)$ 为坐标为 (m,n) 处的灰度 $f(m,n)$ 出现的概率,则

$$p(m,n) = \frac{f(m,n)}{\sum_{i=1}^{M} \sum_{j=1}^{N} f(i,j)} \tag{2.34}$$

取常数 $C=1$,则式(2.31)可改写为

$$H = -\sum_{m=1}^{M} \sum_{n=1}^{N} \frac{f(m,n)}{\sum_{i=1}^{M} \sum_{j=1}^{N} f(i,j)} \log \frac{f(m,n)}{\sum_{i=1}^{M} \sum_{j=1}^{N} f(i,j)} \tag{2.35}$$

式(2.34)也就是基于灰度熵的自动调焦评价函数。

3. 频域的自动调焦算法

(1) 基于傅里叶变换的自动调焦算法

由式(2.24)表示的图像经过傅里叶变换后可由频域来表示,高频分量越多图像越清晰,因

此可以设计基于频谱的自动调焦评价函数。利用图像的频谱得到的自动调焦评价函数如下

$$S_F = \sum_{u=0}^{M} \sum_{v=0}^{N} (u^2 + v^2) \mid F(u,v) \mid^2 \tag{2.36}$$

取 $S_0 = \max(S_F)$ 为聚焦位置，$F(u,v)$ 为 $f(x,y)$ 的傅里叶变换。

（2）基于小波变换的自动调焦算法

尺寸为 $M \times N$ 的二维数字图像 $f(x,y)$ 的离散小波变换为

$$W_\phi(j,m,n) = \frac{1}{\sqrt{MN}} \sum_{x=0}^{M-1} \sum_{y=0}^{N-1} f(x,y) \phi_{j,m,n}(x,y) \tag{2.37}$$

$$W_\varphi^i(j,m,n) = \frac{1}{\sqrt{MN}} \sum_{x=0}^{M-1} \sum_{y=0}^{N-1} f(x,y) \varphi_{j,m,m}^i(x,y) \qquad i = \{1,2,3\} \tag{2.38}$$

式中，$\varphi(x,y)$ 为尺度函数；$\phi_j^i(x,y)$ 为方向敏感的小波；i 为水平、垂直和对角 3 个方向；j 为小波分级的级数。

对一幅图像进行小波分解的过程如图 2.7 所示。

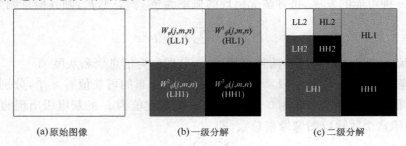

(a)原始图像　　　　　　(b)一级分解　　　　　　(c)二级分解

图 2.7　小波分解示意图

图 2.7 中，原始图像经过式（2.37）和式（2.38）第一次分解后得到 1 个低频分量和 3 个高频分量。低频分量 LL1 用于进行下一级分解；水平（HL1）、垂直（LH1）和对角（HH1）3 个方向的高频分量表示图像在 3 个方向上的细节。因此可以用小波分解得到的高频分量来定义自动调焦评价函数。图像的细节集中一级和二级分解的高频分量中，在由此得到的评价函数表达式为

$$S_W = \sum_{i=1,2,3} \sum \sum \mid W_1^i \mid^2 + \sum_{i=1,2,3} \sum \sum \mid W_2^i \mid^2 \tag{2.39}$$

取 $S_0 = \max(S_W)$ 为聚焦位置。

2.2　焦距的测量

2.2.1　概述

焦距和顶焦距的测量主要在光具座上完成。光具座的种类有多种，下面以国产的 1.2m GXY—08A 型光具座为例，介绍光具座的组成和焦距的测量方法。图 2.8 所示为光具座的结构示意图。这种装置由平行光管、透镜夹持器、带有测微目镜的测量显微镜及将它们连在一起的一根长导轨组成。利用带有测微目镜的测量显微镜可以准确地测量出在被测透镜焦平面上所成的刻线像的间隔。通常各种光具座上都能进行这种测量。

GXY—08A 型光具座的平行光管物镜焦距为 $f_c' = 1200\text{mm}$。

测量焦距时用的玻罗（Porro）型分划板形状如图 2.9 所示。它上面刻有 4 组间隔不同的平行线，这 4 组平行线的间隔距离分别为：$y_1 = 3\text{mm}$，$y_2 = 6\text{mm}$，$y_3 = 12\text{mm}$，$y_4 = 30\text{mm}$。刻线间

隔的准确度要求是很高的,相对于实际要求值的标准不确定度为0.001mm。

仪器的导轨长度为2m,它上面附有一根刻度尺,格值为1mm,利用它可以指示出测量显微镜的所在位置,这对测量焦距是有用的。

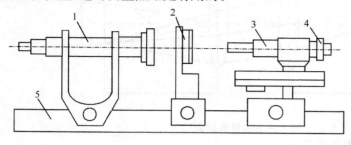

1—平行光管;2—透镜夹持器;3—测量显微镜;4—测微目镜;5—导轨 图 2.9　玻罗型分划板示意图

图 2.8　光具座的结构示意图

测量显微镜的物镜共有 6 种镜头可以更换,它们的放大倍率分别是 $10^\times$,$5^\times$,$2.5^\times$,$1^\times$,$0.5^\times$ 和 $0.33^\times$。放大倍率较高的显微物镜适用于焦距较短的被测透镜。放大倍率为 $0.5^\times$ 和 $0.33^\times$ 的显微物镜具有很长的工作距离(分别为 597mm 和 1356mm),适用于测量焦距较长的负透镜。

测量显微镜上带有螺旋丝杠式测微目镜,测微丝杠的螺距是 0.25mm。测微丝杠转一圈,活动分划板上的刻线移动一格,也就是 0.25mm。读数鼓轮上有 100 格等分刻线,所以读数鼓轮上的一格相对应活动分划板刻线移动 0.0025mm。测微目镜用来准确地测量出平行光管玻罗板上的刻线组经过被测透镜所成的像再经过显微物镜所成的中间像的间隔。

为了达到预期的测量准确度,要注意以下几点。

① 平行光管、被测透镜和观测系统三者的光轴基本重合。

② 通过被测透镜的光束尽可能充满被测透镜的有效孔径,观测系统也尽可能不切割被测透镜的成像光束。

③ 平行光管焦距最好为被测透镜焦距的 2～5 倍。

④ 测量时,最好按被测透镜实际工作状况安排测量光路。例如,做望远物镜用的双胶透镜,若工作时它的正透镜对准无限远的物体,测量时就应使它的正透镜对准平行光管或前置镜;如果放反了,就会因像差增大而影响测量效果。

⑤ 测量焦距时所用的玻罗板往往刻有成对的刻线,安置玻罗板时,应使光轴通过这些成对刻线的对称中心。最外面一对刻线的间距应远小于平行光管的有效视场范围,否则轴外像差将严重影响测量效果。

⑥ 如果测量时观测系统的出瞳直径等于或大于 2mm,则调焦时,不仅要成像清晰而且要无视差。

2.2.2　放大率法

放大率法是目前最常用的方法,因为它所需设备简单、测量范围较大、测量准确度较高,而且操作简便。这种方法主要用于测量望远物镜、照相物镜和目镜的焦距和顶焦距,也可以用于生产中检验正、负透镜的焦距和顶焦距。

图 2.10 所示为放大率法测量原理图。其中 O 是平行光管物镜,L 是被测透镜,y 是位于平行光管物镜焦平面上的一对刻线 A 和 B 之间的间距。这一对刻线经过平行光管物镜后成像在无限远处。再经过被测透镜 L 后,在它的焦平面上得到的像分别为 A' 和 B',它们之间的间隔距离为 y'。

这种方法的原理就是通过测量像的间隔距离 y' 的大小,然后计算出被测透镜的焦距的。

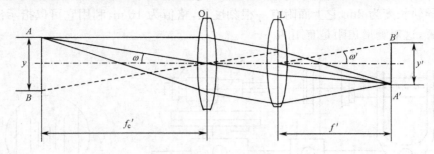

图 2.10　放大率法测量原理图

从图 2.10 中可以看出有如下两个关系式

$$\frac{y}{2f_c'} = \tan\omega \qquad \frac{y'}{2f'} = \tan\omega'$$

由几何光学很容易得出 $\omega = \omega'$,因此可得

$$\frac{y}{2f_c'} = \frac{y'}{2f'}$$

所以

$$f' = \frac{f_c'}{y_0}y' \tag{2.40}$$

这就是用放大率法测量焦距的公式。其中,f_c' 是平行光管物镜的焦距,它是经过较为准确测量得到的已知值;y_0 是位于平行光管物镜焦平面的玻罗型分划板上一对刻线的间隔距离,其大小也是已知的;y' 是一组刻线经过被测透镜所成像的间隔距离,只要测量出 y' 的大小,就很容易用式(2.40)计算出被测透镜的焦距 f'。

下面通过一个实际测量例子来叙述测量和计算的步骤,并且解释每一步所达到的目的。选用 $5^{\times}$ 的测量显微镜物镜,平行光管玻罗板上的刻线对选用 $y_0 = 12\text{mm}$ 这一组。具体测量步骤如下:

① 调节测量显微镜,使在视场里能无视差地看清楚平行光管玻罗板的像。

② 用测微目镜对所选定的那组刻线读数。首先对准该组刻线的左边一条,可以得到一读数:$D_1 = 7.611\text{mm}$,再对准该组刻线的右边一条,又可以得到一读数:$D_2 = 21.633\text{mm}$,两个读数之差即为测微目镜对该组刻线经显微物镜所成中间像的读数值

$$D = D_2 - D_1 = 21.633 - 7.611 = 14.022 \text{ mm}$$

③ 计算经过显微物镜后中间像的大小。由于测微目镜的测微丝杠螺距为 0.25mm,所以上面的读数值 D 还不是中间像的大小。平行光管玻罗板上那组刻线经过被测物镜和显微物镜后的中间像为测微目镜读数值的 0.25。即

$$H' = D \times 0.25 = 14.022 \times 0.25 = 3.5055 \text{ mm}$$

④ 计算平行光管玻罗板刻线间隔经过被测物镜后的像 y'。由于所选用的显微镜的放大率是 $\beta = 5^{\times}$,所以中间像是由经过被测透镜的像 y' 放大 5 倍后得到的,因此有

$$y' = \frac{H'}{\beta} = \frac{3.5055}{5} = 0.7011 \text{ mm}$$

⑤ 计算被测透镜的焦距值 f'。由于平行光管物镜的焦距为 $f_c' = 1200\text{mm}$,所选择玻罗板上那一组刻线的间隔距离为 $y_0 = 12\text{mm}$。则根据已计算出的像 $y' = 0.7011\text{mm}$,将这些量代入式(2.40)就可以计算出被测透镜的焦距 f' 为

$$f' = \frac{f'_c}{y_0} y' = \frac{1200}{12} \times 0.7011 = 70.11 \text{ mm}$$

从上面的叙述中可以看出,如果由测微目镜对分划板上一组刻线在测量显微镜中所成中间像间隔的读数是 D,那么,此组刻线经被测透镜后的像 y' 与 D 之间有如下关系

$$y' = \frac{D}{k\beta} \tag{2.41}$$

式中,β 是所用显微物镜的放大率;k 是测微目镜的测微丝杠螺距的倒数。在上面叙述的光具座中,$k=4$。

将式(2.41)代入式(2.40),则有

$$f' = \frac{f'_c}{k\beta y_0} D = C_0 D \tag{2.42}$$

式中,$C_0 = \frac{f'_c}{k\beta y_0}$ 是一个常数,当选定了显微物镜的放大率 β 和平行光管玻罗板上的刻线组 y_0 后,C_0 值也就确定了。对于上面所叙述的光具座,$f'_c=1200\text{mm}$,$k=4$,不同显微物镜放大率和玻罗板上不同的刻线组相组合时,常数 C_0 可出现的数值见表 2.2。

表 2.2　常数 C_0 表

C_0 ＼ β y_0	$10^\times$	$5^\times$	$2.5^\times$	$1^\times$	$0.5^\times$	$0.33^\times$
3	10	20	40	100	200	303
6	5	10	20	50	100	151.5
12	2.5	5	10	25	50	75.75
30	1	2	4	10	20	30

这样,只要根据 β 和 y_0 从表 2.2 中查得相应的常数 C_0 值,然后直接乘以从测微目镜读到的数值 D,就是被测透镜的焦距。例如,上面选用 $\beta=5^\times$,$y_0=12\text{mm}$,从表中查得 $C_0=5$,从测微目镜读得的数值是 $D=14.022\text{mm}$,则有

$$f' = C_0 D = 5 \times 14.022 = 70.11 \text{ mm}$$

必须指出,由于负透镜成虚像,用测量显微镜观测这个像时,显微镜的工作距离必须大于负透镜的焦距,否则看不到刻线像。

由式(2.42),并根据间接测量不确定度的传递关系可得焦距合成标准不确定度为

$$\frac{u_c(f')}{f'} = \sqrt{\left(\frac{1}{f'_c}\right)^2 u_{f'_c}^2 + \left(\frac{1}{D}\right)^2 u_D^2 + \left(\frac{1}{y}\right)^2 u_{y_0}^2 + \left(\frac{1}{k\beta}\right)^2 u_{k\beta}^2} \tag{2.43}$$

式中,$u_{f'_c}$、u_D、u_{y_0} 和 $u_{k\beta}$ 分别为 f'_c、D、y_0 和 $k\beta$ 的标准不确定度。

需要说明,实际的平行光管焦距不可能正好等于 1200mm,为了保持仪器常数 C_0 为表 2.2 中的整数,一般用改变显微物镜到目镜测微器的距离,即改变显微物镜的放大率 β 来达到。根据精确测出的平行光管焦距值,确定保持 C_0 不变所需要的放大率 β。可用一根标准尺(刻度值标准偏差 0.001mm)放在显微镜的物平面上校正放大率,由于把显微物镜与目镜测微器一起进行 β 的校正,这同时也提高了测微器的读数准确度,所以式(2.43)中使用合成标准不确定度 $u_{k\beta}$。

平行光管焦距的相对标准不确定度可达到 $u_{f'_c}/f'_c = 0.1\%$;仪器的分划板刻线间距的标准不确定度 $u_{y_0}=0.003\text{mm}$;考虑到对准不确定度和估读不确定度,取 $u_D \approx 0.005\text{mm}$。由于用标准尺进行放大率 β 和测微器读数的综合校正,故取 $u_{k\beta}/k\beta \leqslant 0.1\%$。

以被测透镜焦距 $f'=1200\text{mm}$ 和 $f'=5\text{mm}$ 为例。当 $f'=1200\text{mm}$ 时,取 $\beta=1^\times$,$y_0=$

6mm,得 $D=24\text{mm}$。应用式(2.43)得

$$\frac{u_\text{c}(f')}{f'} = \sqrt{(0.001)^2 + \left(\frac{0.005}{24}\right)^2 + \left(\frac{0.003}{6}\right)^2 + 0.001^2} = 0.15\%$$

当 $f'=5\text{mm}$ 时,$\beta=5^\times$,$y_0=30\text{mm}$,$D=2.5\text{mm}$,则得

$$\frac{u_\text{c}(f')}{f'} = 0.24\%$$

以上计算结果说明,GXY—08A 型光具座测量焦距的合成相对标准不确定度可达0.3%。

2.2.3 附加透镜法

附加透镜法主要用来测量负透镜的焦距。将被测负透镜与一个焦距较长的正透镜组成一伽利略望远系统,然后测出这个系统的视放大率 Γ,因为 $\Gamma = -f'_\text{P}/f'_\text{N}$,如果已知正透镜的焦距 f'_P,即可求出被测负透镜的焦距 f'_N。

附加透镜法的光路如图 2.11 所示。平行光管发出的平行光束射向正透镜,再经负透镜射出,进入带目镜测微器的前置镜。轴向移动负透镜,当前置镜的分划板上清晰而无视差地呈现平行光管玻罗板的刻线像时,用目镜测微器测出其中一组刻线像的间距 y'_1;取下正、负透镜,前置镜就直接对着平行光管,再用目镜测微器测量同一组刻线像的间距 y'_2。可求得这个伽利略望远系统的视放大率为

$$\Gamma = -\frac{f'_\text{P}}{f'_\text{N}} = \frac{y'_1}{y'_2}$$

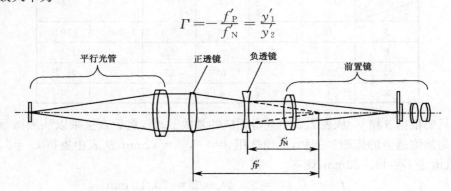

图 2.11 附加透镜法原理图

由此即得被测负透镜的焦距计算公式为

$$f'_\text{N} = -\frac{y'_2}{y'_1} f'_\text{P} \tag{2.44}$$

附加透镜法测量的合成标准不确定度由式(2.43)得

$$\frac{u_\text{c}(f'_\text{N})}{f'_\text{N}} = \sqrt{\left(\frac{u_{f'_\text{P}}}{f'_\text{P}}\right)^2 + \left(\frac{u_{y'_1}}{y'_1}\right)^2 + \left(\frac{u_{y'_2}}{y'_2}\right)^2} \tag{2.45}$$

【例2.3】 用 GXY—08A 型光具座测一负透镜的焦距。将测量显微镜的显微物镜取下,换上焦距 $f'=120.7\text{mm}$ 的望远物镜,成为视放大率 $7^\times$ 的前置镜。将附加正透镜($f'_\text{P}=220.2\text{mm}$)和被测负透镜置于光路中,组成伽利略望远镜后,用前置镜的目镜测微器测平行光管玻罗分划板的最外面一组刻线像的间距,得 $D_1=18.84\text{mm}$(读数值),则 $y'_1=D_1/4=4.71\text{mm}$;取下正、负透镜,前置镜直接对着平行光管时,测同一对刻线像,得 $D_2=12.07\text{mm}$,则 $y'_2=D_2/4=3.018\text{mm}$,将测得的值代入式(2.44)中,得

$$f'_N = -\frac{220.2 \times 3.018}{4.71} = -141.10 \text{ mm}$$

设正透镜是由放大率法测得的焦距,则 $u_{f'_P}/f'_P = 0.3\%$;考虑到伽利略望远镜的像质不一定好,因而有较大的对准不确定度,故取 $u_{D_1} = 0.02\text{mm}$,则 $u_{y'_1} = 0.005\text{mm}$,与放大率法求得结果是相同的,取 $u_{D_2} = 0.005\text{mm}$,则 $u_{y'_2} = 0.0012\text{mm}$,代入式(2.45)中,得

$$\frac{u_c(f'_N)}{f'_N} = \sqrt{(0.003)^2 + \left(\frac{0.005}{4.71}\right)^2 + \left(\frac{0.0012}{3.018}\right)^2} = 0.32\%$$

由此可见,附加透镜法测量的相对不确定度主要来自正透镜焦距的不确定度的影响。

2.2.4 精密测角法

精密测角法是通过测出被测物镜所观察的两条刻线的夹角,再通过计算而求得被测物镜焦距的一种方法。图 2.12 所示为精密测角法的测量原理图。在被测物镜的焦平面上设置一玻璃刻线尺或者玻罗分划板,其中 A 和 B 是玻璃刻线尺或者玻罗分划板上已知间隔为 $2y$ 的两条刻线。这两条刻线对被测物镜主点的张角为 2ω。在玻璃刻线尺或者玻罗分划板后用光源将其照亮,则从刻线 A 和 B 发出的光束经过被测物镜后成为两束互相夹角为 2ω 的平行光。现用观察望远镜先对准刻线 B,然后转到对准刻线 A 的位置(图中虚线所示),观察望远镜转过的角度即 2ω,并可以在度盘上准确地读出来。则从图 2.12 中可以看出

$$f' = \frac{y}{\tan\omega} \tag{2.46}$$

这就是用精密测角法测量物镜焦距的公式。其中,y 是位于被测物镜焦平面上两条刻线间隔 $2y$ 的一半,这个间隔是事先经过精密测量得到的。因此,只要测量出夹角 2ω,就可以计算出被测物镜的焦距 f'。

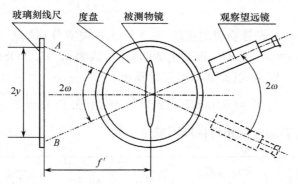

图 2.12　精密测角法测量原理图

由上述测量原理可知,这种方法首先必须使已知间隔的玻璃刻线尺或者玻罗分划板正确地设置在被测物镜的焦平面上,然后设法准确地测量出两束平行光的夹角 2ω。测量可以在精密测角仪上进行,也可以用准确度较高的经纬仪来测量。

图 2.13 所示为精密测角法的测量装置。被测物镜根据实际使用情况放置在工作台上,且朝向无限远目标的面应朝向观察望远镜。焦平面上设置玻璃刻线尺。为了使玻璃刻线尺正确调节到被测物镜焦平面上,可以在刻线尺后用一个自准直高斯目镜,在被测物镜前垂直光轴放置一块平面反射镜。刻线尺由自准直高斯目镜(常称为高斯目镜)的光源照亮,人眼通过高斯目镜观察从平面镜反射回来的自准直像。利用自准直原理把刻线尺准确调节到被测物镜焦平面上,调节好以后取走平面反射镜。然后利用望远镜,先对准玻璃刻线尺上 A 刻线,通过读数系统,这时在

度盘上可得到一个读数。再对准玻璃刻线尺上的刻线 B，在度盘上又可得到一个读数。两读数之差值就是所要测量的角度 2ω。玻璃刻线尺上 A 刻线和 B 刻线的间隔距离 $2y$ 是已知的，于是用式(2.46)就可计算出被测物镜的焦距 f'。

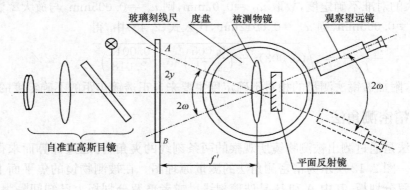

图 2.13　精密测角法测量装置图

由式(2.46)，并根据间接测量不确定度的传递关系可得焦距的合成标准不确定度为

$$\frac{u_{\mathrm{c}}(f')}{f'} = \sqrt{\left(\frac{1}{y}\right)^2 u_y^2 + \left(\frac{2}{\sin2\omega}\right)^2 u_\omega^2} \tag{2.47}$$

由上式可见，精密测角法测量物镜焦距的不确定度主要是由分划刻线尺的间隔不确定度 u_y 和测角不确定度 u_ω 所引起的。分划刻线尺的间隔测定不确定度可以认为 $u_{2y}=0.001\mathrm{mm}$，则 $u_y=0.0005\mathrm{mm}$。测角不确定度 u_ω 主要取决于精密测角仪或者经纬仪的准确度。注意到这里直接测量的是 2ω 角，用准确度较高的精密测角仪或者经纬仪，角度测量不确定度可以达到 $u_{2\omega}=2''$，因此 $u_\omega=1''$。

【例 2.4】　测量一平行光管物镜的焦距，在平行光管玻罗分划板上一组刻线的间隔为 $2y=12\mathrm{mm}$，用经纬仪测得 $2\omega=34'24.15''$，根据上面的叙述，认为 $u_y=0.0005\mathrm{mm}$ 和 $u_\omega=1''$，并且这里 $y=6\mathrm{mm}$，$\omega=17'12.07''$。则由式(2.46)，可以计算出

$$f' = 6/\tan(17'12.07'') = 1199.12 \text{ mm}$$

由式(2.47)可以计算出合成相对标准不确定度为

$$\frac{u_{\mathrm{c}}(f')}{f'} = \sqrt{\left(\frac{1}{6}\right)^2 \times 0.0005^2 + \left[\frac{2}{\sin(34'24.15'')}\right]^2 \times \left[\frac{1}{206265}\right]^2} = 0.1\%$$

由此可见，用精密测角法测量物镜焦距的准确度是比较高的。如果使用准确度更高一些的精密测角仪或者经纬仪，则焦距测量准确度还可以提高。

2.2.5　莫尔偏折法

莫尔偏折技术的原理是，将相隔一定距离的两块光栅放在单色平行光路中，两栅间距取为自成像距离。由于光栅自成像效应，第一块光栅将成像于第二块光栅上面，由两光栅的叠合产生莫尔条纹。如果在第一块光栅前或后放一相位物体，由于相位物体的作用，使光线方向发生变化，其结果是第一块光栅自成像的栅线疏密发生变化，导致莫尔条纹的方向和宽度就相应地发生变化，从而反映了相位物体的信息。莫尔偏折法技术原理可以参考本书第 8 章。

图 2.14 所示为用莫尔偏折法测量透镜焦距光路原理图，图中 G_1 和 G_2 为 Ronchi 光栅，两者

距离 Z 满足 Talbot 自成像距离,栅线交角为 θ,于是在 G_2 上产生清晰的条纹。如果在光路中加入被检透镜(即相位物体),则光束变成球面波,由点光源照明时的 Talbot 效应可知 G_1 的自成像 $G_1{}'$ 的宽度将改变,因而在 G_2 面上的莫尔条纹的方向也将改变,焦距计算公式为

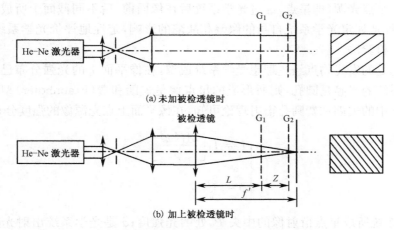

图 2.14 莫尔偏折法测量透镜焦距光路原理图

$$f' = L + \frac{Z}{2}\left(\frac{1}{\sin\theta\tan\alpha + \cos\theta - 1}\right) \tag{2.48}$$

式中,α 是莫尔条纹的斜率。

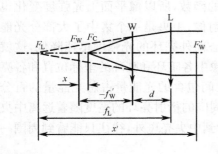

图 2.15 各透镜之间的光学关系

测试 f' 的准确度主要取决于 α 的测试准确度。为了提高测试准确度,也可以通过移动滤波器和扩束镜采用两次对准的方法。放入待测透镜后,莫尔条纹方向相对于观察屏上的瞄准丝发生了旋转变化,使滤波器和扩束镜一起移动,至莫尔条纹方向又与瞄准丝方向相同,这时,滤波器的透光孔位于组合透镜(准直透镜和被检透镜组成)的焦面上。如图 2.15 所示,其中 F_W,F_L,F_C 分别为准直透镜、待测透镜、组合透镜的焦距,由牛顿公式知

$$xx' = -(f_W')^2$$
$$x' = -(f'-d+f_W')^2$$

式中,x 为准直透镜的移动量;d 为准直透镜与待测透镜之间的距离。于是有

$$f' = (f_W')^2/x - f_W' + d \tag{2.49}$$

2.3 星 点 检 验

2.3.1 星点检验的理论基础

任何光学系统的作用都是为了给出一个符合要求的物体的像。光学系统的各种像差和误差都必然反映在这个像中。所以很自然地就会想到,如果能直接通过物体的像来分析光学系统本身的缺陷,将是一个十分方便的方法。由近代物理光学知道,利用满足线性和空间不变性条件的系统的线性叠加特性,可以将任何物方图样分解为许多基元图样,这些基元图样对应的像方图样是容易知道的,然后由这些基元的像方图样线性叠加得出总的像方图样。从这一理论出发,当光

学系统对非相干照明物体或自发光物体成像时,可以把任意的物分布看成无数个具有不同强度的、独立的发光点的集合,这些发光点称为物方图样的基元。这里,发光点也可以理解为一个无限小的点光源物,例如小星点。

通过考察一个点光源(即星点)经过光学系统后在像面前、后不同截面上所成衍射像的光强分布,就可以定性地评定光学系统自身的像差和缺陷的影响,定性地评价光学系统成像质量,这种方法称为星点检验法。

位于无限远处的发光物点经过理想光学系统成像,在像平面上的光强分布已经研究得很清楚。如果光学系统的光瞳是圆孔,则所形成的星点像是夫朗和费(Fraunhofer)型圆孔衍射的结果。由物理光学中的夫朗和费圆孔衍射理论可知,在像平面上点光源像的强度分布可表示为

$$\begin{cases} I = I_0 \left[\dfrac{2J_1(\psi)}{\psi} \right]^2 \\ \psi = \dfrac{2\pi}{\lambda} a\theta \end{cases} \tag{2.50}$$

式中,I_0 是光学系统所成星点衍射像的中央 P_0 处的光强度;a 是光学系统出射光瞳的半径;θ 是像平面上任意一点 P 和出射光瞳中心的连线与光轴的夹角;I 是在任意点 P 处的光强;$J_1(\psi)$ 是一阶贝塞尔函数。

由于光学系统以光轴为旋转对称轴,所以在像平面上距离 P_0 点等距离的圆周上,光强度的分布是相同的。因此考察像面上光能量分布时,可以以 θ 作为像面坐标,同样也可以用 ψ 作为像面坐标。因为一阶贝塞尔函数是以 ψ 为变量的振荡式变化的函数,所以像平面上光强度变化也是亮暗起伏的。此时星点经光学系统后在像面上形成的衍射像,中央是一个集中了大部分光能量的亮斑,周围围绕有一系列亮暗相间隔的圆环,并且由中心向外亮环的光强度迅速降低,这就是所谓的艾里斑,如图 2.16 所示。表 2.3 列出了这个衍射像中各暗环和亮环的坐标位置和各亮环极大值的相对光强度,表中的光能量分配是指两个暗环之间包含的光能量占总光能量的百分比。从表 2.3 可以看出,中央亮斑集中了绝大部分的光能,周围的衍射亮环的亮度随着远离中央亮斑下降得非常快。这也就是在通常的星点检验中,除了看到中央亮斑外,往往只能看到周围一个或者两个衍射亮环的原因。

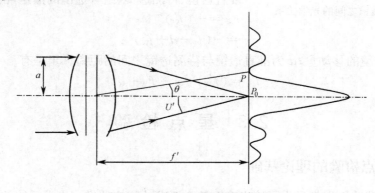

图 2.16　夫朗和费圆孔衍射图

表 2.3　圆孔衍射斑光能分布相对值

	$\psi = \dfrac{2\pi}{\lambda} a\omega$	θ	I / I_0	光能分配(%)
中央亮斑	0	0	1	83.78

	$\psi=\dfrac{2\pi}{\lambda}a\omega$	θ	I / I_0	光能分配(%)
第一暗环	$1.220\pi=3.83$	$0.610\lambda/a$	0	0
第一亮环	$1.635\pi=5.14$	$0.818\lambda/a$	0.0175	7.22
第二暗环	$2.233\pi=7.02$	$1.116\lambda/a$	0	0
第二亮环	$2.679\pi=8.42$	$1.339\lambda/a$	0.0042	2.77
第三暗环	$3.238\pi=10.17$	$1.619\lambda/a$	0	0
第三亮环	$3.699\pi=11.62$	$1.849\lambda/a$	0.0016	1.46
第四暗环	$4.240\pi=13.32$	$2.120\lambda/a$	0	0
第四亮环	$4.711\pi=14.80$	$2.356\lambda/a$	0.0008	0.86

上面叙述的是发光物点经过理想光学系统时在像面上形成的衍射图案的形状,这种衍射效应可以较容易地观察到。对于检验光学系统成像质量来说,更为重要的是,光学系统或者光学零件存在的像差和缺陷,即使这些像差和缺陷不大,也会在这种衍射图案中反映出来。也就是说,这种衍射图案的变形和在各衍射环之间光能量分布与理想情况下的差异,能够非常灵敏地反映出光学系统或者光学零件的缺陷。光学系统成像质量的星点检验法就是建立在这个原理基础上的。

必须指出,在星点经过理想光学系统所形成的衍射像中,像平面附近前后距离相同的平面上所看到的衍射图案形状也是相同的,也就是说,理想的星点像在像平面前后应有对称的光强分布。在实际光学系统成像时,由于很小的像差或者缺陷的存在,很容易破坏这种对称性。所以在星点检验中,常常要通过观察实际像平面前后的衍射图案的情况,作为进一步发现缺陷存在的补充。

从衍射成像的角度来看,由发光物点发出的球面光波(或者平面光波)经过无像差和其他缺陷的理想光学系统后仍是波面为准确球面的球面光波,这时经出射光瞳后在像面上将得到如上所述的理想的衍射图案形状。对实际光学系统来说,由于像差和种种缺陷的存在,使经过实际光学系统后的波面偏离球面。不同的像差和缺陷将使波面产生具有各自特征的变形形状。这样的波面经出射光瞳后在像面上将得到反映出各种缺陷特征的偏离理想形状的衍射图案。当熟悉了包含有各种像差和缺陷的衍射图案的特征后,就能十分方便地通过分析实际光学系统所形成的星点衍射像,定性地判断它的成像质量和所存在缺陷的原因。当积累了丰富的经验后,还有可能通过星点衍射像粗略定量地分析各种像差和缺陷的情况。

这里还应注意的是,实际光学系统的光瞳形状并不都是圆孔形的,有时可能是矩形或者圆环形的。这时理想的星点衍射像形状与上述的圆孔衍射像形状是不一样的。应用衍射理论,对光瞳形状为矩形或者圆环形这样一些特殊的光学系统,不难计算出其理想的衍射像形状。检验时,应根据对应的理想点衍射像来评定光学系统的成像质量。

2.3.2 星点检验条件

实现星点检验的装置很简单,一般可在光具座上进行,如图 2.17 所示。光源通过聚光镜把星点板上作为星点(尺寸小的发光物点)的小孔照亮,通过平行光管物镜平行射出,由被检物镜直接成像,并在像面上得到这个星点像的衍射图案。由于这个衍射图案很小,为了能看清楚衍射图案中的亮环,检验者必须通过观察显微镜来观察。由于星点像的衍射亮环比较暗,只有当光源有足够的亮度时,它们才能明显地被看见。因此,星点检验装置中所用的光源是有足够亮度的白炽灯泡,如汽车灯泡、放映灯泡及卤素灯泡等,利用聚光镜将灯光直接成像在星点孔上。为了分析各种单色像差或者色差的情况,在光源和聚光镜之间可以加滤光片。

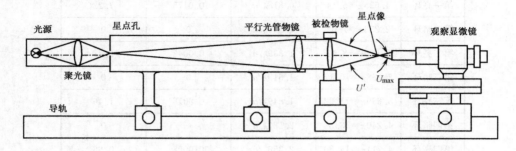

图 2.17　星点检验装置示意图

　　星点的位置应该是在被测光学系统实际工作的物平面上。检验显微物镜时,可以将星点板直接放置在显微镜载物台上,将装有被测物镜的显微镜直接调焦在星点上进行观察。检验望远物镜或者照相物镜时,把星点板放在平行光管物镜的焦点上。这时平行光管物镜显然应该是高质量的,而且应该有比被测物镜更大的通光孔径。如果检验望远系统,则应采用前置镜代替观察显微镜。

　　为了能清楚地观察到星点衍射像,必须对星点孔的尺寸大小、观察显微镜的数值孔径和放大率等有一定的限制,下面分别加以说明。

1. 星点孔的尺寸要求

　　理论上星点孔的尺寸应该要小到一个几何点,这当然是不可能的,任何实际使用的星点光源都有一定的大小。在星点检验中,使用尺寸太大的星点将使衍射像的亮暗衍射环的对比度下降,甚至看不见衍射亮环,而只看到实际上星点小孔像的轮廓。为了简单起见,认为星点孔是由许多不相干的亮度相同的发光物点所组成的。每一个发光点在像面上形成一个衍射像。而星点孔的衍射图样实际就是无数个彼此错位的衍射斑的叠加。

　　理论估算和实验表明,在星点检验中,星点孔的直径对于被检光学系统前节点的张角应小于理想星点衍射图案中第一衍射暗环所对应的衍射角 θ。在实际装置中,为了能清晰地看到星点衍射像,通常将 $\alpha = \theta/2$ 作为计算时所要求的星点孔直径的条件。即应有

$$\alpha_{max} = \frac{1}{2}\theta = \frac{0.61\lambda}{2a} = \frac{0.61\lambda}{D} \tag{2.51}$$

式中,D 是被测物镜的通光直径,a 是半径,即 $D=2a$;λ 为照明光源的波长,如用白光照明,则取 $\lambda=0.56\mu m$。

　　在检验望远物镜和照相物镜时,星点板常放在平行光管物镜的焦平面上,如图 2.17 所示。此时星点孔直径 d 的大小为

$$d = \alpha_{max}f_c' = \frac{0.61\lambda}{D}f_c' \tag{2.52}$$

式中,λ 是所用照明光的波长;f_c' 是平行光管物镜的焦距;D 是被测物镜的通光孔径。上式即为放置在平行光管物镜焦平面处星点孔直径的计算公式。

　　例如,被测物镜的通光孔径 $D=60mm$,并取 $\lambda=0.55\mu m$,如果星点孔设置在焦距为 1600mm的平行光管物镜焦平面上,则根据式(2.52)求出星点孔的直径 d 为

$$d = \frac{0.61 \times 0.55 \times 1600}{60} = 9\mu m = 0.009 \text{ mm}$$

2. 观察显微物镜数值孔径的要求

由于被测物镜的星点衍射像与其孔径直接有关,所以在测量装置上必须保证经过被测系统的光束全部无阻挡地通过观察显微镜。从图 2.17 中可以看出,要求观察显微镜的物镜数值孔径必须足够大。也就是观察显微镜物镜所允许的物方孔径角必须大于被检物镜检验时的像方孔径角 U',被检物镜的像方孔径角 U' 与其相对孔径有关,即 $\tan U' = 0.5D/f'$,而显微物镜所允许的最大物方孔径角 U_{max} 由其数值孔径决定,即 $NA = n\sin U_{max}$。这里必须保证 $U_{max} > U'$。为了保证这一点,通常可以根据被检物镜的相对孔径按照表 2.4 来选用显微物镜的数值孔径。

表 2.4 被检物镜与显微物镜的数值孔径对照关系

被检物镜的相对孔径 D/f'	观察显微镜物镜的数值孔径 NA
$<1/5$	0.1
$1/2.5\sim1/5$	0.25
$1/1.4\sim1/2.5$	0.40
$1/0.8\sim1/1.4$	0.65

3. 观察显微镜的放大率要求

由于星点衍射像的尺寸非常小,当人眼位于明视距离上观察时,各衍射亮环间距远小于人眼的极限分辨角,因此,人眼根本无法直接观察到衍射环的存在。必须借助于观察显微镜将衍射像放大,才有可能把衍射像中各衍射环分辨出来。观察显微镜的放大率应保证衍射像的第一衍射亮环和第二衍射亮环经放大后对人眼的张角要大于人眼的极限分辨角。通常为了使观察者较容易地观察衍射像,这个张角应不小于 $3'$。

根据圆孔衍射理论,从表 2.3 中可查得,衍射像中第一衍射亮环的衍射角 θ_1 为

$$\theta_1 = 0.818\frac{\lambda}{a} = 1.636\frac{\lambda}{D} \tag{2.53}$$

式中,$D = 2a$ 是被测物镜的通光孔径。第二衍射亮环的衍射角 θ_2 为

$$\theta_2 = 1.339\frac{\lambda}{a} = 2.678\frac{\lambda}{D} \tag{2.54}$$

且第一衍射亮环和第二衍射亮环之间在像平面上的间距 Δx 为

$$\Delta x = (\theta_2 - \theta_1)f' = (2.678 - 1.636)\frac{\lambda}{D}f' = 1.042\frac{\lambda}{D}f' \tag{2.55}$$

式中,f' 是被测物镜的焦距。

人眼在明视距离处观察该间隔时的夹角为 $\Delta x/250$,经过显微镜将该视角放大到对人眼的张角大于 $3'$,则有

$$\frac{\Delta x}{250}\Gamma \geqslant 3 \times \frac{\pi}{60 \times 180}$$

将式(2.55)代入上式,则有

$$\Gamma \geqslant 0.21\frac{D}{\lambda f'} \tag{2.56}$$

这就是星点检验装置中对观察显微镜放大率的要求。其中,λ 是所用照明光的波长;D/f' 是被测物镜的相对孔径。

在星点检验时,应注意被检系统的光轴与平行光管光轴保持一致,否则会得出错误的检验结

果。同时,也应该尽量排除其他外界的干扰。方法是:检验时可使被检系统在夹持器内绕自身轴线旋转,如果星点像的疵病方位也随之旋转,则表明疵病确实是被检系统本身固有的;若星点像的疵病方位不变,则表明被检系统的装夹有倾斜,或检验装置本身有缺陷,应排除后才能使用。

根据星点像判断光学系统的像质好坏,尤其是进一步"诊断"光学系统存在的主要像差的性质和疵病种类,以及造成这些缺陷的原因,这在光学仪器生产实践中具有重要意义。但要对星点检验做出准确可靠的判断,不仅要掌握星点检验的基本原理,还要有丰富的实践经验。

2.4 分辨率测试技术

测量分辨率所获得的有关被测系统像质的信息量虽然不及星点检验多,发现像差和误差的灵敏度也不如星点检验高,但分辨率能以确定的数值作为评价被测系统的像质的综合性指标,并且不需要具有丰富实践经验就能获得正确的分辨率值。对于有较大像差的光学系统,分辨率会随像差变化而有较明显的变化,因而能用分辨率区分大像差系统间的像质差异,这是星点检验法所不能做到的。分辨率测量装置几乎和星点检验一样简单。因此,测量分辨率仍然是目前生产中检验一般成像光学系统质量的主要手段之一。

2.4.1 衍射受限系统的分辨率

在无像差理想光学系统中,由于光波的衍射,一个发光点通过光学系统成像后得到一个衍射光斑,两个独立的发光点通过光学系统成像得到两个衍射光斑。考察不同间距的两发光点在像面上的两个衍射像是否可被分辨,就能定量地反映光学系统的成像质量。作为实际测量值的参照数据,应了解衍射受限系统所能分辨的最小间距,即理想系统的理论分辨率数值。

对非相干光波,两个衍射光斑重叠部分的光强度为两光斑强度之和,随两个衍射斑的中心距变化,可能出现如图 2.18 所示的几种情况。当两发光物点之间的距离较远,两个衍射斑的中心距较大时,中间有明显暗区隔开,亮暗之间的光强对比度 $k \approx 1$,如图 2.18(a)所示;当两物点逐渐靠近时,两衍射斑之间有较多的重叠,但重叠部分中心的合光强仍小于两侧的最大光强,即对比度 $0 < k < 1$,如图 2.18(b)所示;当两物点靠近到某一限度时,两衍射斑之间的合光强将等于或大于每个衍射斑中心的最大光强,对比度 $k = 0$,两者"合二为一",如图 2.18(c)所示。

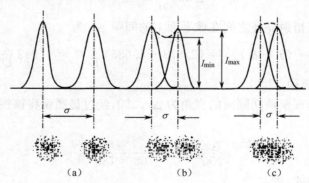

图 2.18 两衍射斑中心距不同时的光强分布曲线和光强对比度图

人眼观察相邻两物点所成的像时,要能判断出是两个像点而不是一个像点,则起码要求两衍射斑重叠区的中间与两侧最大光强处要有一定量的明暗差别,即对比度 $k > 0$。k 值究竟为多大时人眼才能分辨出是两个像点而不是一个像点? 这常常因人而异。为了有一个统一的判断标准,瑞利(Rayleigh)认为,当两衍射斑的中心距正好等于第一暗环的半径时,人眼刚好能分辨出

这两个像点。这时两衍射斑的中心距为

$$\sigma_0 = 1.22\lambda \frac{f'}{D} = 1.22\lambda F \tag{2.57}$$

这就是通常所说的瑞利判据。按照瑞利判据,两衍射斑之间光强的最小值为最大值的73.5%,人眼很易察觉,因此有人认为该判据过于宽松,于是提出了另一个判据——道斯(Dawes)判据。根据道斯判据,人眼刚好能分辨两个衍射像点的最小中心距为

$$\sigma_0 = 1.02\lambda F \tag{2.58}$$

按照道斯判据,两衍射斑之间的合光强的最小值为 1.013,两衍射中心附近的光强最大值为 1.045(设单个衍射斑中心最大光强为1)。

还有人认为,当两个衍射斑之间的合光强刚好不出现下凹时为刚能分辨的极限情况,这个判据称为斯派罗(Sparrow)判据。根据这一判据,两衍射斑之间的最小中心距为

$$\sigma_0 = 0.947\lambda F \tag{2.59}$$

根据斯派罗判据,两衍射斑之间的合光强为 1.118。

以上 3 种判据的部分合光强分布曲线如图 2.19 所示。

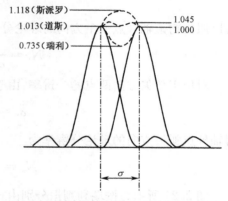

图2.19　3种判据的部分合光强分布曲线图

在实际工作中,由于光学系统的种类不同,用途不同,分辨率的具体表示形式也不同。例如望远系统,由于物体位于无限远处,所以用角距离表示刚能分辨的两点间的最小距离,即以望远物镜后焦面上两衍射斑的中心距 σ_0 与物镜后主点的张角 α 表示分辨率,即

$$\alpha = \frac{\sigma_0}{f'} \tag{2.60}$$

照相系统以像面上刚能分辨的两衍射斑中心距的倒数表示分辨率,即

$$N = \frac{1}{\sigma_0} \tag{2.61}$$

显微系统中,则直接以刚能分辨开的两物点间的距离表示分辨率,即

$$\varepsilon = \frac{\sigma_0}{\beta} \tag{2.62}$$

式中,β 是显微物镜的垂轴放大率。

表2.5 列出了不同类型的光学系统按不同判据计算出的理论分辨率。表中 D 为入瞳直径 (mm);NA 为数值孔径;应用白光照明时,光波长 $\lambda = 0.55 \times 10^{-3}$ mm。

表2.5　3类光学系统的理论分辨率

系统类型 ＼ 判据	瑞利判据	道斯判据	斯派罗判据
望远(rad)	$\dfrac{1.22\lambda}{D}$	$\dfrac{1.02\lambda}{D}$	$\dfrac{0.947\lambda}{D}$
照相(mm^{-1})	$\dfrac{1}{1.22\lambda F}$	$\dfrac{1}{1.02\lambda F}$	$\dfrac{1}{0.947\lambda F}$
显微(mm)	$\dfrac{0.61\lambda}{NA}$	$\dfrac{0.51\lambda}{NA}$	$\dfrac{0.47\lambda}{NA}$

以上讨论的各类光学系统的分辨率公式都只适用于视场中心的情况。对望远系统和显微系统而言，由于视场很小，因此只需考察视场中心的分辨率。对照相系统，由于视场通常较大，除考察视场中心的分辨率外，还应考察视场中心以外视场的分辨率。

在斜光束成像情况下，理论分辨率的计算公式将与轴上点分辨率公式有所不同。如图 2.20 所示，$\overline{PP}$ 表示斜光束成像时物镜出瞳处的子午波阵面，它在 $O\overline{C}$ 方向上成一理想点 $\overline{C}$。$\overline{M}$ 为过 $\overline{C}$ 点垂直于主光线 $O\overline{C}$ 的线段上的一点，而且 $\overline{CM}$ 就等于斜光束成像情况下中央亮斑的半径，即

$$\overline{MC} = \bar{\sigma} = \frac{0.61\lambda}{\sin \overline{u'}} \tag{2.63}$$

由图 2.20 可看出，这时的通光口径 $\overline{D} = D\cos\omega$，波面曲率半径 $\overline{f'} = f'/\cos\omega$，所以

$$\bar{\sigma} = \frac{0.61\lambda}{\sin \overline{u'}} = \frac{0.61\lambda}{\dfrac{\overline{D}}{2\overline{f'}}} = \frac{0.61\lambda}{\sin u'} \frac{1}{\cos^2\omega} = \frac{\sigma}{\cos^2\omega} \tag{2.64}$$

由图 2.20 还可以看出，$\bar{\sigma}$ 在高斯像面上的投影尺寸为

$$\bar{\sigma}_t = \frac{\bar{\sigma}}{\cos\omega} = \frac{\sigma}{\cos^3\omega}$$

所以照相物镜轴外点子午方向的理论分辨率为

$$N_t = \frac{1}{\bar{\sigma}_t} = \frac{1}{\sigma}\cos^3\omega = N\cos^3\omega \tag{2.65}$$

对位于弧矢方向两点的分辨率，由于与轴上点成像有区别的仅有 $\overline{f'} = f'/\cos\omega$ 一个因素，故

$$\bar{\sigma}_s = \frac{0.61\lambda}{\sin u'} \frac{1}{\cos\omega} = \frac{\sigma}{\cos\omega}$$

得轴外点弧矢方向的理论分辨率为

$$N_s = \frac{1}{\bar{\sigma}_s} = \frac{1}{\sigma}\cos\omega = N\cos\omega \tag{2.66}$$

图 2.21 所示为按瑞利判据分别由式(2.65)和式(2.66)计算出的子午和弧矢方向的理论分辨率随视场角 ω 变化的曲线图。由图可以看出，理论分辨率随视场角 ω 的增大而下降，而且子午方向的分辨率比弧矢方向的分辨率下降得更快。

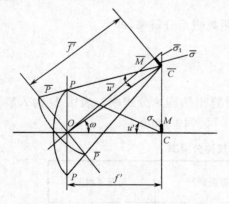

图 2.20　轴外点理论分辨率与轴上点理论分辨率的关系图

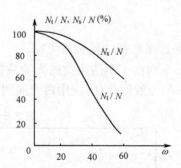

图 2.21　理论分辨率随视场角 ω 变化的曲线图

2.4.2 分辨率测试方法

1. 分辨率图案

要直接用人工方法获取两个非常靠近的非相干点光源作为检验光学系统分辨率的目标物是比较困难的,因此,通常采用由不同粗细的黑白线条组成的人工特制图案或实物标本作为目标物来检验光学系统的分辨率。

由于各类光学系统的用途不同,工作条件不同,要求不同,所以设计制作的分辨率图案在形式上也很不一样。图 2.22 所示为几种比较典型的生产中常用的分辨率图案。

下面以图 2.22(a)所示的标准分辨率图案为例,介绍其设计计算方法。

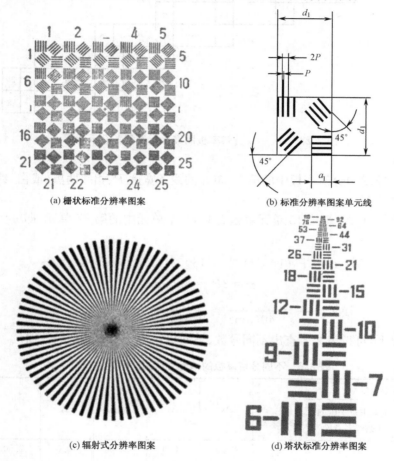

(a) 栅状标准分辨率图案　　　　(b) 标准分辨率图案单元线

(c) 辐射式分辨率图案　　　　(d) 塔状标准分辨率图案

图 2.22　几种分辨率图案

(1) 线条宽度

黑(白)线条的宽度 P 按等比级数规律依次递减,即

$$P = P_0 q^{n-1} \tag{2.67}$$

式中,$P_0 = 160 \mu m$(A$_1$ 号板第 1 单元线宽);$q = 1/\sqrt[12]{2} \approx 0.94387$;$n = 85$(85 是最大值,$n$ 是从 1~85 个单元中任何一单元数)。

实际图上的线条宽度按式(2.67)计算后只保留 3 位数(见表 2.6)。

(2) 分组

将 85 种不同宽度的分辨率线条分成 7 组,通常称为 1 号到 7 号板,即 A$_1$~A$_7$ 分辨率板。

每号分辨率板包含有 25 种不同宽度的分辨率线条；同一宽度的分辨率线条又按 4 个不同的方向排列构成一个"单元"，分别见图 2.22(a)和图 2.22(b)。对 $A_1 \sim A_5$ 板，每号板内的第 13 单元到第 25 单元分别与下一号板内的第 1 单元到第 13 单元相同，即相邻两号分辨率板之间有一半单元是彼此重复的，如图 2.23 所示。A_5 和 A_7 板也有一半单元是重复的，A_6 板与前后相邻 A_5 和 A_7 板的关系略有不同。A_6 板的 $1 \sim 20$ 单元与 A_5 板的 $6 \sim 25$ 单元的线宽相同，A_6 板的 $8 \sim 25$ 单元与 A_7 板的 $1 \sim 18$ 单元的线宽相同。A_7 板的 25 单元的线宽最小，为 $1.25 \mu m$。

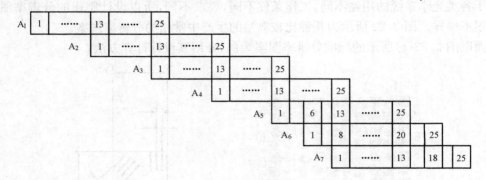

图 2.23 $A_1 \sim A_7$ 分辨率板图案单元重复关系示意图

(3)计算举例

试计算第 3 号(A_3)分辨率板中的第 13 单元的线条宽度 P、相邻两黑(或白)线条的中心距 σ 和每毫米的线对数 N_0。

由分组规律知道，A_3 板第 13 单元就是总共 85 个单元中的第 37 单元，即 $n=37$。将此值代入式(2.67)得

$$P = P_0 (1/\sqrt[12]{2})^{n-1} = 160(2^{-\frac{1}{12}})^{37-1} = 20(\mu m)$$

$$\sigma = 2P = 40(\mu m)$$

$$N_0 = \frac{1}{\sigma} = \frac{1}{40(\mu m)} = \frac{1}{0.040(mm)} = 25(mm^{-1})$$

在一般情况下，可按表 2.6 查出不同号数、不同单元的分辨率线条的数据。

表 2.6　不同分辨率板的单元号所对应的线条宽度　　　　　单位：μm

分辨率板的单元号	单元中每一组的明暗线条总数	A_1	A_2	A_3	A_4	A_5	A_6	A_7
1	7	160	80.0	40.0	20.0	10.0	7.50	5.00
2	7	151	75.5	37.8	18.9	9.44	7.08	4.72
3	7	143	71.3	35.6	17.8	8.91	6.68	4.45
4	7	135	67.3	33.6	16.8	8.41	6.31	4.20
5	9	127	63.5	31.7	15.9	7.94	5.95	3.97
6	9	120	59.9	30.0	15.0	7.49	5.62	3.75
7	9	113	56.6	28.3	14.1	7.07	5.30	3.54
8	11	107	53.4	26.7	13.3	6.67	5.01	3.34
9	11	101	50.4	25.2	12.6	6.30	4.72	3.15
10	11	95.1	47.6	23.8	11.9	5.95	4.46	2.97
11	13	89.8	44.9	22.4	11.2	5.61	4.21	2.81

分辨率板号 分辨率板的单元号	单元中每一组的 明暗线条总数	A_1	A_2	A_3	A_4	A_5	A_6	A_7
12	13	84.8	42.4	21.2	10.6	5.30	3.97	2.65
13	15	80.0	40.0	20.0	10.0	5.00	3.75	2.50
14	15	75.5	37.8	18.9	9.44	4.72	3.54	2.36
15	15	71.3	35.6	17.8	8.91	4.45	3.34	2.23
16	17	67.3	33.6	16.8	8.41	4.20	3.15	2.10
17	11	63.5	31.7	15.9	7.94	3.97	2.97	1.98
18	13	59.9	30.0	15.0	7.49	3.75	2.81	1.87
19	13	56.6	28.3	14.1	7.07	3.54	2.65	1.77
20	13	53.4	26.7	13.3	6.67	3.34	2.50	1.67
21	15	50.4	25.2	12.6	6.30	3.15	2.36	1.57
22	15	47.6	23.8	11.9	5.95	2.97	2.23	1.49
23	17	44.9	22.4	11.2	5.61	2.81	2.10	1.40
24	17	42.4	21.2	10.6	5.30	2.65	1.99	1.32
25	19	40.0	20.0	10.0	5.00	2.50	1.88	1.25
线条长度/ mm	1～16 单元	1.2	0.6	0.3	0.15	0.075	0.05625	0.0375
	17～25 单元	0.8	0.4	0.2	0.1	0.05	0.0375	0.025

2. 望远系统分辨率的测量

在光具座上测量望远系统分辨率时的光路安排与星点检验时类似,只是将星孔板换成分辨率板并增加一毛玻璃而已,如图 2.24 所示。对前置镜的要求也与星点检验时相同。

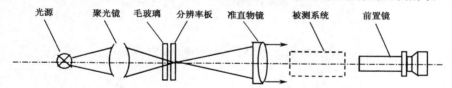

图 2.24　测量望远系统分辨率装置简图

测量时,从线条宽度大的单元向线条宽度小的单元顺序观察,找出 4 个方向的线条都能分辨开的所有单元中单元号最大的那个单元(简称刚能分辨的单元)。根据此单元号和分辨率板号,由表 2.6 查出该单元的线条宽度 P(mm),再根据平行光管的焦距 f'_c(mm)由下式即可求出被测望远系统的分辨率

$$\alpha = \frac{2P}{f'_c} \times 206265(\prime\prime) \tag{2.68}$$

由于望远系统的视场通常很小,一般只测量视场中心的分辨率,所以测量时应注意将分辨率图案的像调整到视场中心。

3. 照相物镜目视分辨率测量

在光具座上测量照相物镜的分辨率时通常采用目视法。

图 2.25 所示为在光具座上测量照相物镜目视分辨率的光路图。当采用栅状标准分辨率板测量轴上点的分辨率时,根据刚能分辨的单元号和板号由表 2.6 直接查出线条宽度 P 或计算出每毫米的线对数 N_0($N_0 = 1/2P$),再根据以下简单关系式即可求出被测物镜像面上轴上点的目

视分辨率为

$$N = N_0 f_c' / f' \, (\text{mm}^{-1}) \tag{2.69}$$

式中，f_c'是平行光管的焦距；f'是被测物镜的焦距。

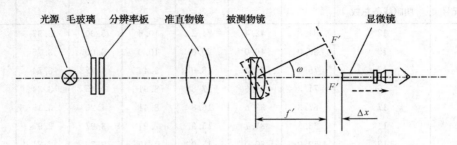

图 2.25　在光具座上测量照相物镜分辨率的光路图

　　在光具座上测量轴外点的目视分辨率时，通常将被测物镜的后节点调整在物镜夹持器的转轴上，旋转物镜夹持器即可获得不同视场的入射斜光束，此时物镜位置如图 2.25 中虚线所示。为了保证轴上与轴外都在同一像面上进行测量，当物镜转过视场角 ω 时，观察显微镜必须相应地向后移动一段距离 Δx，由图 2.25 可知

$$\Delta x = \left(\frac{1}{\cos\omega} - 1\right) f' \tag{2.70}$$

　　在光具座上测量轴外点的目视分辨率时，由于分辨率板通过被测物镜后的成像面与其高斯像之间有一倾角 ω，而且像的大小随视场角的增大而增大，如图 2.26 所示。所以分辨率板上同一单元对轴上点和轴外点有不同的 N 值。由图 2.26 可以看出，ω 视场角下子午面内的线对间距为

$$2P_t' = \frac{f'}{\cos\omega}\,\alpha\,\frac{1}{\cos\omega} = 2P_t \frac{f'}{f_c'}\,\frac{1}{\cos^2\omega} \tag{2.71}$$

或

$$N_t = \frac{1}{2P_t'} = N_0 \frac{f_c'}{f'}\cos^2\omega = N\cos^2\omega \tag{2.72}$$

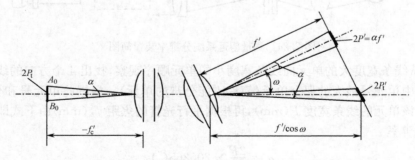

图 2.26　子午面内物面上的线宽 P_t 与像面上对应的线宽 P_t' 的关系图

在弧矢面内，则有

$$2P_s' = \frac{f'}{\cos\omega}\,\alpha = 2P_s \frac{f'}{f_c'}\,\frac{1}{\cos\omega} \tag{2.73}$$

或

$$N_s = \frac{1}{2P_s'} = N_0 \frac{f_c'}{f'}\cos\omega = N\cos\omega \tag{2.74}$$

式中，$N=N_0\dfrac{f_c}{f'}$。

关于照相物镜分辨率测量，还涉及感光材料的分辨率特性，所以有些情况下要采用照相方法来测量照相物镜的分辨率。

随着光学仪器的不断发展，其光学系统不论是对成像质量要求，还是对使用性能的要求都越来越高。对不同光学系统（如摄影镜头、缩微摄影系统、空间侦察系统等），各专业部门和国家技术监督局均颁布了不同的分辨率标准，而且随着对外科学技术交流的深入，这些标准也在不断地修订和完善。因此，掌握分辨率测量的基本要领和方法也只是对分辨率测量有了初步的了解，在实践中要针对具体被测量光学系统的要求严格地按有关标准进行检测。

2.5　光度学量测试技术

光学系统作为图像、光能量或者光信号的传输系统，光能损失及在成像面上光能分布的问题，显然是十分重要的。光学系统的光度性能主要有透过率（包括光谱透过率和白光透过率）、像面照度均匀性、杂光系数和渐晕系数等。

2.5.1　积分球及其应用

在色度与光度测量装置中广泛使用积分球部件，因此，下面首先介绍积分球的原理及其应用。

积分球是一个中空的金属球体。球壁上开有一个或几个窗孔，用于进光和放置光接收器件，如图 2.27 所示。积分球的内壁应是良好的球面，通常要求它相对于理想球面的偏差应不大于内径的 0.2%。球内壁上应涂以理想的漫反射材料，也就是漫反射系数接近 1 的材料。常用的材料是氧化镁（或硫酸钡），将它和胶质黏合剂混合均匀后，喷涂在内壁上。氧化镁涂层在可见光谱范围内的光谱反射率都在 99% 以上。

进入积分球的光经过吸收很小的内壁涂层的多次反射，最后内壁上可以获得均匀

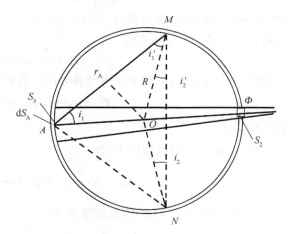

图 2.27　积分球内光照度计算

分布的照度。参考图 2.27，设进入积分球的一束光的总光通量为 Φ，照射在球内壁面积为 S_3 处。现考察内壁任意一点 M 处的照度 E。由于进入积分球的光直接照在 S_3 处，则由 S_3 上每一点漫反射的光都会有一部分直接射到考察位置 M 处，所有这些直接射到 M 处的光的照度总和称为直射照度，用 E_0 表示。除此之外，还有从 S_3 漫反射到积分球内壁各点经多次漫反射到达 M 处的光，这部分光照度总和称为多次漫反射照度，用 E_Σ 表示。于是，考察位置 M 处的照度 E 为这两部分照度之和，即

$$E=E_0+E_\Sigma \tag{2.75}$$

首先求直射照度 E_0。在 S_3 范围内任意一点 A 处取微面元 $\mathrm{d}S_A$，设到达此微面元上的总光通量为 $\mathrm{d}\Phi$，则位置 A 处的照度 E_A 为：$E_A=\mathrm{d}\Phi/\mathrm{d}S_A$。积分球内壁可看成理想的漫反射体，所以在 A 处的亮度 L_A 为：$L_A=\rho E_A/\pi$（式中，ρ 为漫反射系数）。若在考察位置 M 处取一微面元 $\mathrm{d}S_M$，

则由亮度为 L_A 的微面元 dS_A 发出到达 dS_M 微面元上的光通量为

$$d\Phi_A = \frac{L_A dS_A \cos i_1 dS_M \cos i'_1}{r_A^2} \tag{2.76}$$

式中的各物理量如图 2.27 所示。由图中还可看出：$i_1 = i'_1$，$r_A = 2R\cos i_1$（R 是积分球内壁的半径）。由微面元 dS_A 发出的光在考察位置 M 处形成的照度为

$$dE_0 = \frac{d\Phi_A}{dS_M} = \frac{L_A dS_A \cos i_1 \cos i'_1}{r_A^2} = \frac{L_A dS_A}{4R^2} \tag{2.77}$$

式中的各物理量经过代入和整理后，得出整个 S_3 漫反射光在 M 处形成的直射照度为

$$E_0 = \frac{\rho}{4\pi R^2} \int_{S_3} d\Phi = \frac{\rho\Phi}{4\pi R^2} \tag{2.78}$$

式中，Φ 为进入积分球的总光通量。

再来求多次漫反射照度 E_Σ。先分析内壁上任一位置 N 得到来自 S_3 的直射光后，再次漫反射并直接到达考察位置 M 的光，这部分称为一次附加照度 E_1。

由于 N 处同样得到直射照度 E_0，则亮度 L_0 为 $L_0 = \rho E_0/\pi$。在 N 处取微面元 dS_N，从 dS_N 处发出在位置 M 处形成的一次附加照度 dE_1 表示为

$$dE_1 = \frac{d\Phi_1}{dS_M} = \frac{L_0 dS_N \cos i_2 dS_M \cos i'_2}{dS_M \cdot 4R^2 \cos i_2 \cos i'_2} = \frac{L_0}{4R^2} dS_N \tag{2.79}$$

由整个积分球内壁漫反射，在位置 M 处形成的总的一次照度 E_1 为

$$E_1 = \frac{\rho E_0}{4\pi R^2} \int_S dS_N = \frac{\rho E_0}{4\pi R^2} S = \frac{\rho E_0}{4\pi R^2}(1-f)S_1 \tag{2.80}$$

式中，S_1 为整个球内壁的面积；f 为开孔比（$f = S_2/S_1$，S_2 为开孔处的球面面积）。

将 $S_1 = 4\pi R^2$ 代入上式得

$$E_1 = \rho(1-f)E_0 \tag{2.81}$$

依照同样的方法，可导出由内壁各处的一次照度在 M 处形成的二次照度 E_2 为

$$E_2 = \rho(1-f)E_1 = [\rho(1-f)]^2 E_0$$

其余照度类推。

这样，多次漫反射总照度 E_Σ 为

$$E_\Sigma = E_1 + E_2 + E_3 + \cdots = \frac{\rho(1-f)}{1-\rho(1-f)}E_0 \tag{2.82}$$

于是，在考察位置 M 处的总照度 E 为

$$E = E_0 + E_\Sigma = \frac{1}{1-\rho(1-f)}E_0 \tag{2.83}$$

将式（2.78）代入上式，则得

$$E = \frac{\rho\Phi}{4\pi R^2[1-\rho(1-f)]} \tag{2.84}$$

由上式可以看出，内壁任意位置处的照度与进入积分球的总光通量成正比。

积分球上的开孔总面积应尽可能小，以便获得较高的测量准确度。设积分球开孔总面积为 S_2，内壁包括开孔的面积为 S_1，两者之比 S_2/S_1 称为积分球的开孔比。开孔比越小，则积分球用于测量时引起的测量不确定度越小。为此，常常将积分球的直径做得比较大。

使用积分球的目的是使进入它内部的光，经内壁漫反射层多次反射后，在整个内壁面上得到均匀的照度，并且该照度较入射光通量除以球内壁面积的照度值大得多（可提高信噪比）。

积分球的用途大致有 3 个方面。

（1）光接收器

如图 2.28(a)所示，被测光经积分球上的小孔进入球内，在内壁上设置一个或两个光探测器。由光探测器输出的光电流与积分球内壁的照度成正比，也就是与进入积分球的光通量成正比。这样就可以根据输出光电流的变化，得知进入积分球的光通量的变化。

（2）均匀照亮的物面

如图 2.28(b)所示，在积分球内壁上与出光孔处对称且均匀地设置几个灯泡（通常有 4 个或 6 个）。由灯泡发出的光经内壁多次漫反射而形成一个均匀明亮的发光球面，用它可作为被测光学系统的亮度均匀的、大视场($2\omega > 140°$)的物面（光学系统入瞳与出光孔基本重合）。该积分球用于照相物镜的渐晕系数和像面照度均匀性测量。

（3）球形平行光管

如图 2.28(c)所示，在积分球的球体上的水平轴线两端开两个孔。一个孔安装准直物镜，准直物镜的焦距等于球体内壁直径。在靠近物镜这一边的壳体上，与水平轴线对称设置数只灯泡，要求它们发出的光不能直接照射到物镜上。另一个孔上安装一个带中心开孔的塞子，塞子上再套一个内壁涂有黑色吸收层的牛角形消光管，使经过塞子孔进入消光管内的光被完全吸收。因此，开孔塞子与消光管一起构成了黑体，这样对准直物镜来说，球体将模拟在明亮的天空中有一个全黑的目标。取下开孔塞和消光管，换上白塞子，球体将模拟一个亮度均匀的天空。带有准直物镜、灯泡和黑、白塞子的积分球体称为球形平行光管，它用于测量望远系统的杂光系数。测量时，通过光电探测器分别测得黑体目标像和"白塞子"像的照度，也就是光电探测器分别测得的相应读数值，经过计算即可得到被测望远镜的杂光系数。若望远镜对明亮天空中一个黑体目标的成像不是全黑时，则说明望远镜除对目标成像外，还有杂光照射到像面上。

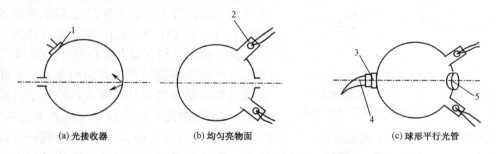

(a) 光接收器　　　　(b) 均匀亮物面　　　　(c) 球形平行光管

1—硒光电池；2—光源；3—开孔塞子；4—牛角形消光管；5—准直物镜

图 2.28　积分球的用途

2.5.2　光学系统像面照度均匀性测试技术

从实际摄影要求角度来看，总是希望在不同视场上亮度相同的物面经照相物镜后在像面上有相同的照度。这样在一定的曝光时间下，整个像面上可以获得与物面亮度分布成比例的曝光量。但是大多数照相物镜都不能满足这一要求。即使物平面是亮度均匀的发光面，在像面上的照度也是随着视场增大而减小的。几何光学中已指出，如果照相物镜不存在渐晕，轴上光束和轴外光束都充满出射光瞳，如图 2.29 所示，这时像面上视场

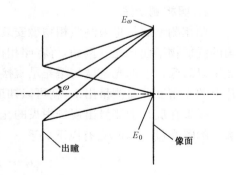

图 2.29　像面照度分析

为 ω 处的照度 E_ω 和视场中心处的照度 E_0 之间的关系为

$$E_\omega = E_0 \cos^4 \omega \tag{2.85}$$

可见在理论上,像面照度是按视场的 $\cos^4 \omega$ 规律降低的。在像面上视场为 $\omega = 20°$ 处,照度 $E_\omega = 0.78E_0$,在视场 $\omega = 35°$ 处,照度 $E_\omega = 0.45E_0$。像面照度随视场增加而下降是很快的。另外,如果考虑存在渐晕系数 K_ω,则上式可写为

$$E_\omega = K_\omega E_0 \cos^4 \omega \tag{2.86}$$

在一般情况下,$K_\omega < 1$,所以像面照度随视场增加而下降得更快。这种现象对广角照相物镜尤其严重,往往由于像边缘照度下降得太多而限制了大视场的使用。在广角照相物镜设计中,常常采用所谓像差渐晕方法,使渐晕系数 $K_\omega > 1$ 来达到改善像面照度分布的目的。

照相物镜像面照度均匀性的测量,就是要测量出照相物镜对亮度均匀的发光面成像时,像面上各视场的照度相对于视场中央照度的比值。测量方法可分为直接测量法和照相测量法两种。直接测量法是利用光电探测器直接在像面上扫描,测出各个位置上相对照度的比值。照相测量法是直接曝光记录下像面上的照度分布,然后通过测量不同位置处的光密度,换算出照度的相对比值。

1. 直接测量法

在像面照度均匀性测量中,需要一个亮度均匀的漫射光源作为物平面。这种漫射光源可以是一块照亮的毛玻璃,或者是光从侧面照射的表面涂有白色漫反射层的平板。但是这两种方法

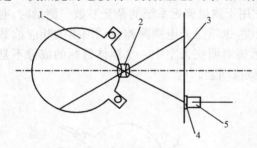

1—积分球;2—被测照相物镜;
3—像平面;4—毛玻璃;5—光电倍增管
图 2.30 照相物镜像面照度均匀性测量

都较难得到亮度均匀的表面,最好是采用积分球。图 2.30 所示为直接法测量像面照度均匀性的装置示意图,测量装置由积分球发光体和光电探测器两部分组成。积分球内壁作为亮度均匀的物平面。光电探测器内有光电倍增管和毛玻璃,它的外壳前端面上有一小孔作为进光孔,它决定了像面上的测量位置。被测照相物镜安装在积分球前,调节它的光轴与光电探测器的移动方向相垂直。为此只要使光电探测器分别移到距离光轴同样远的对称位置上,如输出的光电流读数相等就表示已调节好。

然后使光电探测器分别位于像面的视场中央和一系列选定好的视场 ω 位置上,得到一系列的读数值。光电探测器分别位于一系列选定好的视场 ω 位置上得到一系列的读数值相对于视场中央读数值的比值就反映了被测照相物镜像面照度的分布规律。通常可以画成曲线来表示像面照度的均匀性。

2. 照相测量法

照相测量法是将被测照相物镜安装到相机的壳体上,装上感光底片后使它直接对着亮度均匀的漫射物平面曝光。例如,可将照相机直接安装到图 2.30 所示的积分球发光体前进行曝光,显影以后底片上的光密度与曝光量直接相关,而曝光量又与像面照度直接相关。所以只要将底片上的光密度分布测量出来,就可以知道被测照相物镜的像面照度均匀性。

如果在底片上测量出视场中央的光密度为 D_0,在视场 ω 位置上的光密度为 D_ω,它们与相应部位的曝光量 H_0 和 H_ω 有以下关系

$$D_0 = \gamma \lg H_0 \qquad H_0 = 10^{\frac{D_0}{\gamma}}$$

$$D_\omega = \gamma \lg H_\omega \qquad H_\omega = 10^{\frac{D_0}{\gamma}} \tag{2.87}$$

式中,γ 是感光底片的反差系数,即伽马值,它是由感光底片性质所决定的值。又因为曝光量 H 与照度 E 和曝光时间 t 的关系为 $H=Et$,所以可得

$$E_0 t = 10^{\frac{D_0}{\gamma}} \qquad E_\omega t = 10^{\frac{D_\omega}{\gamma}} \tag{2.88}$$

根据上式就可以由测得的一系列不同部位上的光密度值计算出像面照度的均匀性。

2.5.3　光学系统透过率测试技术

光学系统的透过率反映了经过该系统之后光能量的损失程度。对于目视仪器来说,如果透过率比较低,则使用这种仪器观察时主观亮度将降低。如果某些波长光的透过率特别低,则视场里就会看到不应有的带色现象,如所谓的"泛黄"现象。对于照相系统来说,透过率低就直接影响像面上的照度,使用时就要增加曝光时间。如果某些波长光的透过率相对值过小,则会影响到摄影时的彩色还原效果。所以光学系统的透过率是成像质量的重要指标之一。

光学系统的透过率 τ 是指经过系统出射的光通量 Φ' 与入射的光通量 Φ 的百分比,即

$$\tau = \frac{\Phi'}{\Phi} \times 100\% \tag{2.89}$$

透过率反映了经过光学系统后光能量损失的程度。由于光学零件表面所镀的膜层的选择性吸收和玻璃材料的选择性吸收,透过率实际上是入射光波长的函数。对像质要求不高的系统,特别是对彩色还原要求不高的系统,透过率随波长而变化的问题可以不予考虑。随着科学技术的发展,彩色摄影、彩色电视和多波段照相等的应用日益广泛,对光学像的颜色正确还原的要求也日益提高。因此,目前除一般目视仪器可直接测白光目视透过率外,许多光学系统,特别是照相物镜,需要测量光谱透过率。

在可见光区域($\lambda_1 \sim \lambda_2$)内,以 CIE 标准光源照明时,整个波段总的透过率称为白光透过率,即

$$\tau_\Sigma = \frac{\int_{\lambda_1}^{\lambda_2} \Phi'(\lambda) \mathrm{d}\lambda}{\int_{\lambda_1}^{\lambda_2} \Phi(\lambda) \mathrm{d}\lambda} \times 100\% \tag{2.90}$$

式中,$\Phi'(\lambda)$ 是透射光通量光谱分布函数;$\Phi(\lambda)$ 是 CIE 标准光源的光通量光谱分布函数。

τ_Σ 只说明光学系统透射光的情况,不能说明光学仪器的实际光度性能。决定实际光度性能的因素有 3 个:照明光源、光学系统、接收器(如人眼、彩色胶片等)。考虑到上述 3 个因素,透过率的定义表达式为

$$\tau = \frac{\int_{\lambda_1}^{\lambda_2} s(\lambda) \tau(\lambda) v(\lambda) \mathrm{d}\lambda}{\int_{\lambda_1}^{\lambda_2} s(\lambda) v(\lambda) \mathrm{d}\lambda} \times 100\% \tag{2.91}$$

式中,$s(\lambda)$ 是光源的相对光谱分布函数;$\tau(\lambda)$ 是光学系统的光谱透过率函数;$\lambda_1 \sim \lambda_2$ 是探测器的感光波长范围;$v(\lambda)$ 是探测器的相对光谱灵敏度函数。

按式(2.91)定义的望远镜的透过率称为白光目视透过率,而且一般情况下是指轴上点的透过率。在式(2.91)中,$v(\lambda)$ 应以人眼的光谱光视效率 $V(\lambda)$ 代替,望远系统透过率的大小随光学系统的复杂程度和表面镀膜质量而有较大的变化,复杂系统的白光目视透过率低于 40%,一般系统则为 50%～80%。

按式(2.91)定义的照相系统的透过率称为摄影透过率,该系统的透过率分轴上和轴外两种,目前照相物镜轴上摄影透过率已达 90% 以上。

1. 望远系统透过率的测量

望远系统的透过率可以用普通的由积分球作为接收器的透过率测量仪测量,图 2.31 所示为测量装置原理图。该装置由带点光源的平行光管和积分球接收器两部分组成。点光源平行光管物镜焦平面上设置一块小孔板,由光源经过聚光镜照亮小孔。接收器部分由积分球、硒光电池和检流计组成。

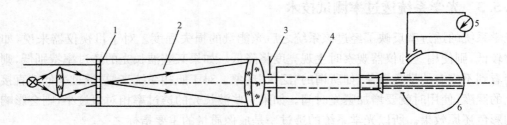

1—小孔光阑;2—平行光管;3—可变光阑;4—被测望远系统;5—检流计;6—积分球

图 2.31　望远系统透过率测量光路图

白光光源经过聚光镜照亮平行光管物镜焦平面上的小孔光阑。测量时先不放被测系统,调节可变光阑孔大小使射出的平行光束全部进入积分球,如图中虚线所示。此时,从检流计测出光通量 Φ 对应的空测读数 m,即"空测"。然后将被测的望远镜放入光路中,测量前应先将望远系统的视度归零,调整它的光轴与平行光管轴一致,使射出光束全部进入积分球,从检流计上测出与通过被测系统光通量 Φ' 对应的实测读数 m',即"实测"。望远系统的白光透过率为

$$\tau = \frac{\Phi'}{\Phi} = \frac{m'}{m} \times 100\% \tag{2.92}$$

为使测得的是白光目视透过率,应使照明光源色温为所要求的数值。在整个测量过程中,为保持光源稳定,应采用性能良好的稳压稳流电源。探测器的光谱灵敏度分布应校正到与人眼的光谱光视效率 $V(\lambda)$ 相一致。

若需测望远镜系统的光谱透过率,将照明光源换成单色光即可,并在规定波长范围内按一定波长间隔逐点进行透过率 $\tau(\lambda)$ 测量,将逐点的透过率连成曲线,即可得到该系统的光谱透过率曲线。

2. 照相物镜透过率的测量

照相物镜透过率测量和望远系统透过率测量方法基本相同,测量时也分空测和实测两步。在空测时,可变光阑的口径应小到保证使全部光束进入积分球,积分球应靠近可变光阑。实测时,积分球放置在被测照相物镜之后的会聚光束中。注意调节积分球的位置,最好使投射到内壁上的光斑直径和位置与空测时相近,这样可减小由于内壁涂层不均匀对测量准确度的影响。实测时,可在光束的会聚点附近另外加一限制光阑,以避免由被测物镜产生的杂散光进入积分球。空测和实测时分别在检流计上得到读数 m 和 m',则被测照相物镜的透过率为 $\tau = (m'/m) \times 100\%$。

由于积分球的进光孔径一般都比较小,所以上述方法只能对入射光瞳直径较小的照相物镜测量。对于入瞳直径较大的照相物镜,可利用附加透镜的方法来测量。测量时将可变光阑口径开到小于被测照相物镜的入射光瞳直径,或者按规定要求调节。

照相物镜的透过率一般都是指轴上透过率,也有一些广角照相物镜需要研究透过率随视场变化的情况。测量轴外透过率时,要使被测照相物镜大致绕其入射光瞳中心旋转相应的视场,需

要注意的是,使光束的中心与入射光瞳中心大致重合,并且应保证光束在不被切割的情况下通过被测物镜。积分球要正对来自被测物镜的出射光束。

(1) 照相物镜轴上点透过率的测量

图 2.32 所示为照相物镜轴上点透过率测量的光路图。图中 S 为小孔光阑或狭缝,直接测量摄影透过率时,它由白炽灯通过窄带滤光片 F 照明,或者由单色仪产生的单色光照明。L 为准直物镜,O 为被测物镜,A 为可变光阑,用以确定被测物镜的测量口径,I 为积分球,D 为光电探测器。

通过检流计分别测出与入射光通量 Φ 对应的光电流 m (即"空测",见图 2.32(b))和 m' (即"实测",见图 2.32(a)),照相物镜轴上点透过率为

$$\tau = \frac{\Phi'}{\Phi} = \frac{m'}{m} \times 100\%$$

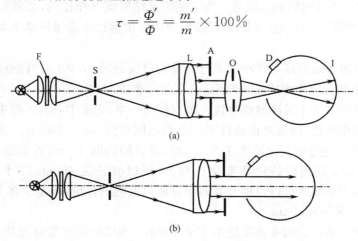

图 2.32　测量照相物镜轴上点透过率

要使测得的是摄影透过率,则应使用与被测物镜实际使用光源性能相同的光源,探测器的光谱灵敏度曲线通过加入的修正滤光片校正到与被测物镜所用感光胶片的光谱灵敏度曲线基本一致。如果是测光谱透过率,因是逐点单色相对测量,可以不要修正滤光片,但有时需加修正滤光片,使得探测器的光谱灵敏度随单色光波长的变化不大,从而有利于测量仪器的设计与制造。每一波长单色辐射下的透过率为

$$\tau(\lambda) = \frac{\Phi'(\lambda)}{\Phi(\lambda)} \times 100\%$$

在规定波长范围内按一定波长间隔逐点测量,可得光谱透过率曲线。

对于近距离工作的物镜,如投影物镜、制版物镜等,测量光路如图 2.33 所示。

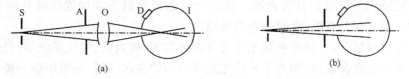

图 2.33　近距离工作物镜的透过率测量光路

(2) 照相物镜轴外点透过率的测量

对某些广角物镜,由于透过率随视场有较大的变化,因此除测量轴上点的透过率外,还需测规定视场下的透过率。其测量光路如图 2.34 所示。测量时,应注意使入射光束的中心通过入瞳中心。

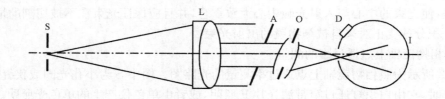

图 2.34 测量照相物镜轴外点透过率的光路

（3）测量条件和注意事项

光学系统透过率的测量值与测量条件有密切关系，如光源色温、测量光束的口径、积分球直径、单色仪的单色性、波长间隔的选取等。为了使测量结果能互相比较，必须要制定统一的测量条件标准。下面是国际标准化组织（ISO）在照相物镜光谱透过率测量标准中对测量条件提出的几点建议。

① 单色仪的出射狭缝高度必须小于平行光管物镜焦距的 1/30。对有限远物距工作的照相物镜，位于物平面上的狭缝高度应小于物距（以节点为准）的 1/30。

② 测量光束直径应等于被测照相物镜入瞳直径的一半，光束中心与入瞳中心重合。

③ 对一般的照相物镜，测量光谱透过率的波长范围可为 360～700nm。测量波长间隔的选取原则是：当每纳米的透过率变化量大于 0.2% 时，波长间隔取 20nm，否则取 40nm。一般的照相物镜在 360～460nm 范围内透过率变化比较大，所以波长在 460nm 以下的波长间隔可取 20nm。如果要利用测量结果进行色度计算做彩色还原性能的评价，则至少在 360～680nm 波长范围内，测量波长间隔应为 10nm。

④ 单色仪出射的单色光的半宽度应不大于 10nm。如果使用窄带滤光片，则在被测物镜透射率每纳米变化量小于 0.2% 时，半宽度选为 20nm 即可。每纳米变化量大于 0.2% 时，半宽度应适当小一些。

⑤ 积分球的直径和位置应使投射到其后壁上的光斑直径为可变光阑直径的 0.5～2。另外，积分球入口处光束直径不得超过积分球入口直径的 3/4，并且光束应位于孔中央。

除了上述几点外，测量时还应注意被测物镜的外露光学表面应擦拭干净，测量应在暗室内进行，仪器照明光源漏光不能进入积分球，光电探测器应有足够好的线性，在整个测量过程中要保持光源稳定。

2.5.4 光学系统杂散光分析与测试

光学系统在成像时，到达像面上的光线中除按正常光路到达像面参加成像的光线外，还有一部分按非正常光路到达像面的有害光线。这部分到达像面但不参加成像的有害光线称为杂散光，或简称杂光，而对红外系统，有时称为杂散辐射。

杂散光来源分两部分，一部分来源于系统外部辐射源，如太阳、地气系统等；另外一部分来源于光机表面散射的非成像能量，如光学零件抛光表面间的多次反射、透镜边缘和棱镜非工作面上的散射、玻璃材料内部疵病产生的散射、透镜镜框和镜筒内壁的反射和散射等，红外系统还要考虑系统内部的辐射源（光机结构）对系统杂散光的影响。

杂散光的存在不仅降低了像面的对比度和信噪比，使清晰度下降，而且还影响彩色还原。对于成像能量微弱的星敏感器和强激光光路，杂散光往往给设计者带来巨大困扰，已成为制约空间光学系统性能的主要障碍，严重时可能使信号完全湮没在杂散光中，造成光学系统的失效。因此，杂光测量也是光学系统像质检测的重要方面之一。

1. 杂散光的测量

衡量光学系统杂散光大小的指标主要是根据所采用的测量原理得出的。第一种测量方法是面源法(或称"黑斑法"、"扩展源法")。它是假设杂光在像平面上的分布是均匀的,提出用杂光系数 η 来衡量仪器杂光的大小。杂光系数定义为像平面上杂光光通量 Φ_G 和总的光通量 Φ 之比, $\eta = \Phi_G / \Phi$。实际上,在很多情况下,杂光在像平面上的分布是不均匀的。所以,第二种方法提出了用"点源法"测量杂光。该方法直接测量点光源在像面上的杂光分布曲线。测量了视场内外不同位置处的点光源通过光学系统后在像面上造成的归一化的杂光分布曲线以后,就可以估算出任意已知物分布及其背景在像面上产生的总的杂光分布,从而评定被测系统的杂光对像质的影响。但是,由于杂光信号太弱,而点光源像中央的信号又很强,因此要求光电探测器有极宽的动态测量范围,例如测量照度范围相差 10^6 左右,技术实施难度较大。同时还需要有准确度较高的扫描装置,使光电探测器在像面上扫描,测出在像面不同位置上的照度变化规律,这些因素使测量仪器较复杂,所以这种方法没有得到推广应用。

实际光学系统成像光线的有效扩散范围是有限的,若将"点光源"扩展为均匀的"面光源"时,像面上杂光的光通量分布可以认为是比较均匀的。于是,按上述杂光系数的定义

$$\eta = \frac{E_G S}{E_0 A + E_G S} \tag{2.93}$$

式中, E_G 是杂光在像面上形成的照度; E_0 是成像光束在像面上形成的照度; S 是像面的总面积; A 是面光源在像面上所成像的面积。

面光源像的面积 A 越大,则像面上造成的杂光照度 E_G 就越大,越容易测量准确,如果 A 趋近 S,则上式可写成

$$\lim_{A \to S} \eta = \lim_{A \to S} \frac{E_G S}{E_0 A + E_G S}$$

$$\eta = \frac{E_G}{E_0 + E_G} (\%) \tag{2.94}$$

由式(2.94)可见,只要测量大面积(对被测系统入瞳中心的视场角接近 $180°$)均匀发光光源在像面上的像的总照度 $E_G + E_0$ 和杂光照度 E_G 后,代入式(2.94)即可求出杂光系数 η。

面源法测杂光系数的装置包括目标发生器和光电探测器两部分。目标发生器主要用来模拟待测系统实际使用过程中的背景辐射。对于口径和物距较小的系统,用积分球作为扩展光源。对于长焦距或望远系统,可以采用积分球加准直透镜的方式,也可以用两个积分半球来实现。对于大口径、长焦距系统,虽然也可以用积分球法测量,但实现起来比较困难。目标黑斑用人造黑体来实现。光电探测系统由小孔光阑、滤光片和探测器组成。小孔光阑位于探测器前方的出瞳面内,其口径要严格控制;滤光片座上装有适当的滤光片和探测器配合;探测器多采用硅光电池或光电倍增管。准直系统一般由准直透镜完成,主要用于长焦距或望远系统。附加系统主要用来放大或减小黑斑目标以满足测量要求,由透镜组实现。

图 2.35 为测量照相物镜、投影物镜等杂光系数的典型测量装置示意图。图 2.35 左侧的目标发生器装有 4~6 个照明灯和牛角形消光管的积分球,即球形平行光管。它提供一个对被测物镜入瞳的张角接近 $180°$ 的均匀亮场和一个小的黑体目标,光电探测器的光敏面位于黑体目标经被测物镜所成的像面上,在接收器的前面放一孔径比黑体目标像要小的小孔光阑,以保证所测照度不受衍射、像差等因素的影响。由于接收元件的光谱灵敏度和积分球发射光的相对光谱功率分布与被测物镜实际工作时的感光材料的光谱灵敏度和实际照明光源的相对光谱功率分布不一致,所以在接收元件和小孔光阑之间加入修正滤光片,以保证测量仪器的光谱特性与实际工作条件下的光谱特性基本一致。必要时可加一毛玻璃,使接收面得到比较均匀的照明。

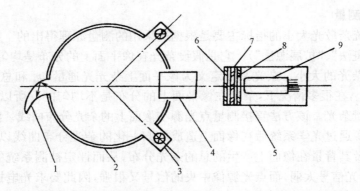

1—黑体;2—积分球;3—光源;4—被测物镜;5—光电探测器;6—小孔光阑;7—修正滤光片;8—毛玻璃;9—光电倍增管

图 2.35　面源法测量照相物镜杂光系数装置

用光电探测器分别测出被测物镜像面上对应黑体目标像和"白塞子"像的照度值 E_G 和（E_G $+E_0$），因为它们分别与探测器中的读数 m_1 和 m_2 成正比，所以杂光系数 η 可由下式算出

$$\eta=\frac{E_G}{E_G+E_0}=\frac{m_1}{m_2}\times100\%$$

当需要测量轴外点的杂光系数时，可将被测物镜绕位于入瞳中心并垂直于光轴的轴线转过不同的视场角，分别测出这时黑体像的照度 E_G，再测出换上"白塞子"后的照度（E_G+E_0），即可求出轴外像点的杂光系数 η。

望远系统杂光系数测量装置如图 2.36 所示。为了提供无限远的黑体目标，在积分球出口处安装一个平行光管物镜，其焦距等于积分球内直径，这就构成球形平行光管。被测望远系统正对平行光管物镜并尽量靠近它，以便获得接近 140°的均匀亮场。在望远系统出瞳处加入一个光阑，模拟眼瞳对光束的限制。光阑孔直径根据望远系统的使用条件决定，例如白天使用时光阑孔直径选 3mm，晚上使用时，则选 6mm，光电探测器与照相物镜测量时使用的相同，但它的小孔光阑应置于图 2.36 所示的由黑体目标造成的暗区内。修正滤光片的光谱透过率应根据人眼光谱光视效率和测量装置的光源相对光谱功率分布及光敏元件的光谱灵敏度进行设计和制作。

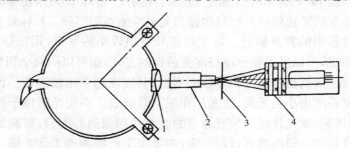

1—准直物镜;2—被测望远系统;3—圆孔光阑;4—小孔光阑

图 2.36　测量望远系统杂光系数的装置

对于用黑斑法测量杂散光的测量系统，扩展光源、目标、准直系统、附加系统和探测系统都是杂散光的来源，必须分别分析它们对杂光系数测量的影响。

2. 杂散光的分析方法和抑制措施

对于复杂的大型光学系统，有时难以进行有效的杂散光测量，一般在设计过程中进行杂散光的分析并采取杂光抑制措施。研究杂散光的来源是解决杂散光问题最有针对性的手段。通过计算机仿真模拟手段，对实际的光学系统建模，进行几何光学的分析已经成为杂散光来源分析的最根本方法。

几何光学认为,可以将光源看成是由许多几何点组成,它们发出的光是像几何线一样的光线,携带着能量向外传播。几何光学方法虽然只是一种对真实情况的近似处理方法,但在解决杂散光等实际光学技术问题时与实际情况相符,便于实现且也足够精确。

目前有多种杂散光计算方法,如 M-C(蒙特卡罗)法、区域法、光线追迹法、光线密度法和近轴近似法等。由于光学系统中杂光的产生和传播带有一定的随机性,因此可以用概率分布函数来描述杂散光现象。M-C 法就是一种随机模拟方法,将其应用于辐射计算时,基本思想是把辐射能量看作是由大量独立的能束光线或大量的光子组成的,每一能束的产生,能束在表面的相交,能束被反射、吸收、折射或透射等一系列过程都看作是随机过程。跟踪一定量的能束光线数后就可得到较为稳定的统计结果。辐射能量的发射、反射或吸收,均可以用最后的统计结果表示,其计算精度随着能束数的增加而提高。迄今为止,M-C 法是杂散光分析领域相对成熟的方法,商业化软件多采用改进的 M-C 方法。但是该方法要在计算之前对光线的发射、吸收、反射、透射和衍射等相关物理现象构造模拟模型,就必须首先知道各表面的有关特性,而做到这一点往往是很困难的,需要大量的基础数据。

国内外广泛使用的杂散光分析软件有 ASAP、TracePro、LightTools 等。TracePro 以其直观友好的图形化界面和采用 ACIS 引擎的强大的 3D 造型功能,获得广泛应用。目前国际知名的商业化综合光学设计软件如 Zemax、CodeV 等也具有很强的杂散光分析能力。

常用的消杂光方法主要有以下几种。

① 用光阑的组合抑制杂散光。即通过孔径光阑、视场光阑以及里奥光阑的组合抑制系统中的杂散辐射。

② 遮光罩以及挡光环消杂光结构。红外系统中,太阳和光轴必成一定夹角,故采用挡光环可以很好的抑制杂光。

③ 消杂光涂层的使用。根据系统工作谱段的不同需要选择不同的消杂光涂料。

④ 对结构中的零部件进行冷却。

⑤ 冷光阑匹配方法消除部分背景辐射。

⑥ 温控法。即对辐射率高的部件进行温度控制,使控制后的部件在成像光谱范围内辐射率降低。

上述方法中后 3 种是红外消杂光独特的方法。

图 2.37 是基于同轴三反光学系统口径 ϕ500mm 的某空间相机的消杂光设计例子。消杂光机构主要由内外镜筒、视场光阑、里奥光阑和挡光板组成。内外镜筒可消除大部分一次杂光,其内部挡光环采用多级设计;视场光阑放置在一次像面处;里奥光阑放置在出瞳处,消杂光的同时可控制轴外像点弥散;挡光板位于光路的折叠部分,可消除直接入射到焦平面上的残余一次杂光。该型空间相机在 500~800nm 光谱范围内的杂光系数不超过 0.35%,对全波段的传函影响不大。

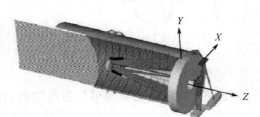

(a)系统光路和内外镜筒示意图　　　　(b)基于 TracePro 的杂光分析光机结构模型

图 2.37　某空间相机的消杂光设计图示

2.6 光学传递函数测试技术

无论在光学测量还是在光学设计中，现在都普遍认为光学传递函数是一种评价光学系统成像质量较为完善的指标。光学传递函数的概念在应用光学领域中，已经如同几何像差和波像差那样被大家所熟悉。

本节主要叙述有关光学传递函数测试方面的内容。主要包括测试方法、基本原理和仪器、光学传递函数评价成像质量的方法，以及它与其他像质评价方法之间的关系等。

2.6.1 光学传递函数测试基础

1. 线性条件和空间不变性条件

（1）线性条件和空间不变性条件

光学传递函数概念的特点是将物面的光量（在相干照明时指光振幅，在非相干照明时指光强度）分布和像面的光量分布联系起来考虑，而不是像其他像质指标那样单独考虑一个物点或者一组亮线的成像。

对于一般的光学系统成像，总是可以认为满足线性条件和空间不变性条件。

线性条件 满足线性条件的系统，其像平面上任一点处所形成的光量 $i(u',v')$ 可以看作物平面上每一点处的光量 $o(u,v)$ 在像平面 (u',v') 处所形成光量的叠加，如图 2.38 所示，可以表示为

$$i(u',v') = \iint_{\sigma} o(u,v)h(u,v,u',v')\mathrm{d}u\mathrm{d}v \tag{2.95}$$

式中，σ 是物平面内物体光量分布的范围；$h(u,v,u',v')$ 是物平面上 (u,v) 处光量为单位值的物点经光学系统后在像平面上形成的光量分布。当认为物平面上物点所占的范围之外光量为零时，则式（2.95）可写为

$$i(u',v') = \int_{-\infty}^{\infty}\int_{-\infty}^{\infty} o(u,v)h(u,v,u',v')\mathrm{d}u\mathrm{d}v \tag{2.96}$$

由式（2.95）和式（2.96）可以看出，像平面光量分布 $i(u',v')$ 和物平面光量分布 $o(u,v)$ 之间是由 $h(u,v,u',v')$ 相联系的。而 $h(u,v,u',v')$ 反映了物平面上各个位置处单位光量的物点经光学系统成像时在像平面上的光量分布。所以在研究光学系统成像时，很自然会对物点成像情况特别关注。

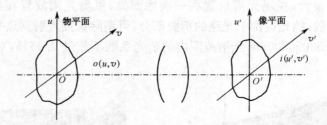

图 2.38 光学系统成像

空间不变性条件 这个条件表示物平面任意位置 (u,v) 上光量为单位值的物点，在像平面上所形成的光量分布可用下式表示

$$h(u,v,u',v') = h(u'-u,v'-v) \tag{2.97}$$

式（2.97）是指像平面上 (u',v') 处从位于 (u,v) 的物点成像中所获得的光量，只与它离开理

想像点的距离$(u'-u)$和$(v'-v)$有关,而与物点的位置无关。在讨论光学传递函数概念时,通常都将物点在像平面上按几何光学所成的理想像位置的坐标,归一化成与物平面上的坐标一样。这样可以消去横向放大率因子的影响,并可使实际成像位置直接与这个理想位置相比较。满足空间不变性条件时,式(2.96)可以写为

$$i(u',v') = \int_{-\infty}^{\infty} \int_{-\infty}^{\infty} o(u,v)h(u'-u, v'-v) du dv \qquad (2.98)$$

式(2.98)表示的数学运算称为卷积。一个光学系统只要满足线性条件和空间不变性条件,像平面上的光量分布就可以表示成物平面光量分布和单位能量物点成像分布的卷积。

光学系统的空间不变性条件又称为等晕条件。它要求物平面任意位置的物点,在像平面上都有相同的光量分布,也就是在整个像平面上都有相同的成像质量。这一点对实际光学系统来说是做不到的,这种物点在不同视场位置上的像面光量分布总是会有差别的。但是,衍射理论和像质检验的实践都已证明,物平面上物点在像平面上成像时,全部光量总是局限在理想像点周围很小的范围内。例如,在星点检验中所看到的星点衍射像就是一个很小的斑点。实际上,只要距离量$(u'-u)$和$(v'-v)$的值稍大一些,$h(u'-u, v'-v)$的数值即为零。因此,为了能利用式(2.98)计算像面上(u',v')处的光量,实际上只要求保证在(u',v')点附近较小范围内满足空间不变性条件即可。

实际应用的经过消像差设计的光学系统,通常都是在一定程度上满足所谓正弦条件或者余弦条件的。这两个条件保证了在轴上像点或者轴外像点的附近,存在一个不大的区域,在该区域内物点成像的光量分布状态不变,这个区域称为等晕区。很明显,只要等晕区的范围不小于光量分布$h(u,v,u',v')$所包围的范围,就可以认为满足空间不变性条件,式(2.98)考察整个像平面的光量分布时,只要把物平面划分成一系列等晕区,就可以在各个等晕区内计算成像情况。

(2) 线性与空间不变性的测量保证

上述线性空间不变性是对成像系统进行光学传递函数测量时所必须保证的两个前提条件,否则会导致原理性的测量误差。

为使成像系统满足线性条件,在测量装置中设置的目标物如果有一定线度,应当保证具有良好的非相干照明。也就是说,对于自然光的或被照明的目标物,其物面上的各点发射或透射光的初相位没有恒定的关系,可以进行强度叠加。事实上,从光波的部分相干理论知道,严格的非相干照明是根本不存在的。但可以考虑在光学传递函数的测量精度范围内,适当放宽对非相干照明的要求。有两种可供采纳的方法:一是在目标物面上加散射屏,如毛玻璃或乳白玻璃等;二是保证照明目标物的聚光系统像方有足够大的数值孔径。前者可通过加散射屏的办法使屏上各点近似为初级的非相干发光物点,这样虽然改善了非相干照明的条件,却大大减弱了目标照明的光能量。尤其在采用小星孔目标物时,对提高测量信噪比是很不利的。后者增大数值孔径的办法,是为了缩小目标物上的相干域,以保证在测量的空间频率域内可以忽略目标物的相干效应,使像面上任一点的光强为物面上各点在像面上该点的光强的线性叠加。

另外,对目标物线度及在其后系统的相对孔径都很小的特殊情况,无论是相干照明还是非相干照明,传播到光学系统瞳面上时均接近于完全相干。这样,非相干与相干成像的差异趋于消失。这种情况可以不必要求照明的非相干性。因此,在测量信噪比许可的前提下,尽量减小目标物的线度,是保证成像系统实现线性叠加的另一种途径。

此外,在测试时,还应当注意照明光源的强弱及光电接收器工作电压的高低,保证成像系统及其测试光路中诸如光电接收器等均能在线性范围内工作。这里,线性范围是指对输入信号强度的响应在测量精度内是线性的。

实际的成像系统不可能在整个物面和像面上满足空间不变性。这是因为光学系统对不同位置的物点会有不同的像差和衍射。但对于一般成像用的系统,当物点在其附近小范围内移动时,其点像的成像质量变化是很小的。因此,总可以将系统的整个物(像)场分为若干区域,使它们在各个区域内近似满足空间不变性,即在系统的等晕区内是满足空间不变性条件的。等晕区的大小会因各种系统的像差校正状态不一而异,难以做出硬性的规定。于是在实际测量中,要通过限制目标物的线度来保证系统工作在等晕区内。对小星孔目标物,等晕区条件自然是满足的。对狭缝状目标物,限制狭缝高度的一个简单办法是在不改变其他测量条件的前提下,调整狭缝至适当的高度测量传递函数值,把高度缩小一半再测量,如前后两次测值无变化,则说明这样高度的狭缝已经在系统等晕区内了。

2. 以点扩散函数为基础的定义

(1)点扩散函数

在讨论光学传递函数的测量时,通常都规定物面是以非相干光照明的。这样,物平面上邻近的发光物点在像平面上形成光量叠加时,不产生干涉现象,可以直接进行强度叠加。测量时就可以以光能量作为测量对象。

在非相干照明条件下,如物点经光学系统成像的辐照度分布为 $h(u,v)$,则其归一化辐照度分布就称为点扩散函数,用符号 $\mathrm{PSF}(u,v)$ 表示,并可写成

$$\mathrm{PSF}(u,v) = \frac{h(u,v)}{\displaystyle\int_{-\infty}^{\infty}\int_{-\infty}^{\infty} h(u,v)\mathrm{d}u\mathrm{d}v} \tag{2.99}$$

点扩散函数 $\mathrm{PSF}(u,v)$ 相同的区域就是光学系统的等晕区,即满足空间不变性条件的区域。满足线性条件的光学系统,在等晕区中,式(2.98)可写为

$$i(u',v') = \int_{-\infty}^{\infty}\int_{-\infty}^{\infty} o(u,v)\mathrm{PSF}(u'-u,v'-v)\mathrm{d}u\mathrm{d}v \tag{2.100}$$

式(2.100)表示像面的辐照度分布是物面的辐照度分布和点扩散函数的卷积。此式是讨论光学传递函数概念的基本公式。

(2)光学传递函数的定义

根据傅里叶变换中的卷积定理,由式(2.100)可以得出

$$I(r,s) = O(r,s) * \mathrm{OTF}(r,s) \tag{2.101}$$

式中,$O(r,s)$ 和 $I(r,s)$ 分别是物面辐照度分布 $o(u,v)$ 和像面辐照度分布 $i(u,v)$ 的傅里叶变换,r 和 s 是频域中沿两个坐标轴方向的空间频率;$\mathrm{OTF}(r,s)$ 被称为光学传递函数,它是点扩散函数 $\mathrm{PSF}(u,v)$ 的傅里叶变换

$$\mathrm{OTF}(r,s) = \int_{-\infty}^{\infty}\int_{-\infty}^{\infty} \mathrm{PSF}(u,v)\exp[-2\pi\mathrm{j}(ru+sv)]\mathrm{d}u\mathrm{d}v \tag{2.102}$$

式(2.102)就是从点扩散函数出发的光学传递函数定义。由式(2.101)可知,光学传递函数 $\mathrm{OTF}(r,s)$ 通常是复函数,于是可表示成

$$\mathrm{OTF}(r,s) = \mathrm{MTF}(r,s)\exp[-\mathrm{jPTF}(r,s)] \tag{2.103}$$

式中,光学传递函数的模量 $\mathrm{MTF}(r,s)$ 称为光学系统的调制传递函数,辐角 $\mathrm{PTF}(r,s)$ 称为光学系统的相位传递函数。

用欧拉公式展开式(2.103),很容易得到

$$\begin{cases} \mathrm{MTF}(r,s) = \sqrt{H_\mathrm{c}^2(r,s) + H_\mathrm{s}^2(r,s)} \\ \mathrm{PTF}(r,s) = \arctan\big[H_\mathrm{s}(r,s)/H_\mathrm{c}(r,s)\big] \end{cases} \tag{2.104}$$

$$\begin{cases} H_\mathrm{c}(r,s) = \displaystyle\int_{-\infty}^{\infty}\!\!\int_{-\infty}^{\infty} \mathrm{PSF}(u,v)\cos2\pi(ur+vs)\mathrm{d}u\mathrm{d}v \\ H_\mathrm{s}(r,s) = \displaystyle\int_{-\infty}^{\infty}\!\!\int_{-\infty}^{\infty} \mathrm{PSF}(u,v)\sin2\pi(ur+vs)\mathrm{d}u\mathrm{d}v \end{cases} \tag{2.105}$$

（3）线扩散函数

通常线扩散函数、一维光学传递函数和二维光学传递函数的测量和计算都是比较困难的。为了方便起见，常用在一个确定方位角 ψ 下测量和计算的一维函数。图 2.39 所示为在方位角 ψ 下的正弦光栅位置，空间频率 r 和 s 分别表示像面坐标轴 u 和 v 方向的实际频率。很明显，只要把像面坐标旋转 ψ 角，则在新坐标 $(\bar{u},\bar{v})$ 下，光学传递函数就可以用一维函数表示，这时，式（2.102）可写为

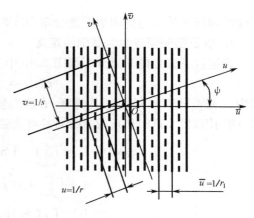

图 2.39　坐标变换

$$\mathrm{OTF}(r_1,0) = \int_{-\infty}^{\infty}\!\!\int_{-\infty}^{\infty} \mathrm{PSF}(\bar{u},\bar{v})\exp(-2\pi\mathrm{j}\bar{u}r_1)\mathrm{d}\bar{u}\mathrm{d}\bar{v} \tag{2.106}$$

令

$$\mathrm{LSF}(\bar{u}) = \int_{-\infty}^{\infty} \mathrm{PSF}(\bar{u},\bar{v})\mathrm{d}\bar{v} \tag{2.107}$$

则 LSF 被称为光学系统的线扩散函数，它表示物平面上垂直坐标轴方向的一条无限细亮线，经光学系统所成亮线像的归一化辐照度分布。其归一化条件为

$$\int_{-\infty}^{\infty} \mathrm{LSF}(\bar{u})\mathrm{d}\bar{u} = 1 \tag{2.108}$$

上式表示将总辐照度归一化为 1。

将式（2.107）代入式（2.106），为了方便起见，变量仍用 r 和 u 表示，则一维光学传递函数为

$$\mathrm{OTF}(r) = \int_{-\infty}^{\infty} \mathrm{LSF}(u)\exp(-2\pi\mathrm{j}ur)\mathrm{d}u \tag{2.109}$$

上式表示光学系统的一维光学传递函数是它的线扩散函数的傅里叶变换。令 $r=0$，结合式（2.108）可以得到

$$\mathrm{OTF}(0) = \int_{-\infty}^{\infty} \mathrm{LSF}(u)\mathrm{d}u = 1 \tag{2.110}$$

所以式（2.108）的归一化条件也称为 OTF 的零频归一化。

由于 $\mathrm{OTF}(r)$ 也是复函数，则可用调制传递函数为模量、相位传递函数为辐角来表示

$$\mathrm{OTF}(r) = \mathrm{MTF}(r)\exp[-\mathrm{j}\mathrm{PTF}(r)] \tag{2.111}$$

仿照式（2.104）和式（2.105），同样有

$$\begin{cases} \mathrm{MTF}(r) = \sqrt{H_\mathrm{c}^2(r) + H_\mathrm{s}^2(r)} \\ \mathrm{PTF}(r) = \arctan\big[H_\mathrm{s}(r)/H_\mathrm{c}(r)\big] \end{cases}$$

$$\begin{cases} H_c(r) = \int_{-\infty}^{\infty} \text{LSF}(u)\cos(2\pi ur)\,du \\ H_s(r) = \int_{-\infty}^{\infty} \text{LSF}(u)\sin(2\pi ur)\,du \end{cases}$$

在一维情况下,满足线性空间不变性条件的光学系统,对在非相干照明下物面成像时,像面的辐照度分布为

$$i(u') = \int_{-\infty}^{\infty} o(u)\text{LSF}(u'-u)\,du = \int_{-\infty}^{\infty} \text{LSF}(u) * o(u'-u)\,du \tag{2.112}$$

即像面辐照度分布是物面辐照度分布和线扩散函数的卷积。

3. 以正弦光栅成像为基础的定义

光透过正弦光栅光强分布如图 2.40 中实线所示,可表示为

$$o(u) = I_0 + I_a\cos(2\pi ur) \tag{2.113}$$

式中,r 是空间频率;I_0 是平均光强;I_a 是光强按正弦变化的幅值。使正弦光栅经过光学系统成像,则利用式(2.112)和式(2.108),并将余弦函数展开,然后逐项积分可得

$$\begin{aligned} i(u') &= I_0 + I_a\left[\int_{-\infty}^{\infty} \text{LSF}(u)\cos(2\pi ru)\,du\right]\cos(2\pi ru') \\ &\quad + I_a\left[\int_{-\infty}^{\infty} \text{LSF}(u)\sin(2\pi ru)\,du\right]\sin(2\pi ru') \\ &= I_0 + I_a H_c(r)\cos(2\pi ru') + I_a H_s(r)\sin(2\pi ru') \\ &= I_0 + I_a \cdot \text{MTF}(r)\cos[2\pi ru' - \text{PTF}(r)] \end{aligned} \tag{2.114}$$

式中

$$\begin{cases} \text{MTF}(r) = \sqrt{H_c^2(r) + H_s^2(r)} \\ \text{PTF}(r) = \arctan[H_s(r)/H_c(r)] \\ H_c(r) = \int_{-\infty}^{\infty} \text{LSF}(u)\cos(2\pi ur)\,du \\ H_s(r) = \int_{-\infty}^{\infty} \text{LSF}(u)\sin(2\pi ur)\,du \end{cases} \tag{2.115}$$

式(2.114)表示的像面辐照度分布在图 2.40 中用虚线表示,由此可以得出如下几点结论。

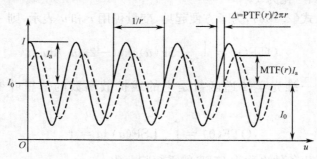

图 2.40　正弦光栅成像

① 正弦光栅所成的像仍是正弦光栅。在不考虑光学系统对光的吸收和反射等损失的情况下,正弦光栅像的平均光强和原来物面上的正弦光栅平均光强 I_0 一样。正弦光栅像的空间频率保持不变,仍为 r。

② 在光学传递函数理论中,把调制度 C 定义为

$$C = \frac{I_{\max} - I_{\min}}{I_{\max} + I_{\min}} \tag{2.116}$$

式中,$I_{\max}$ 和 $I_{\min}$ 分别表示最大光强和最小光强。因此,正弦光栅物体的调制度 $C_o(r)$ 为

$$C_o(r) = \frac{(I_0 + I_a) - (I_0 - I_a)}{(I_0 + I_a) + (I_0 - I_a)} = \frac{I_a}{I_0}$$

正弦光栅像的幅值由原来的 I_a 变为 $I_a\mathrm{MTF}(r)$，所以它的调制度 $C_i(r)$ 为

$$C_i(r) = \frac{[I_0 + I_a\mathrm{MTF}(r)] - [I_0 - I_a\mathrm{MTF}(r)]}{[I_0 + I_a\mathrm{MTF}(r)] + [I_0 - I_a\mathrm{MTF}(r)]} = \frac{I_a}{I_0}\mathrm{MTF}(r)$$

于是很容易得到

$$\mathrm{MTF}(r) = \frac{C_i(r)}{C_o(r)} \tag{2.117}$$

式(2.117)表示在正弦光栅像的辐照度分布式(2.114)中，$\mathrm{MTF}(r)$ 值表示了光学系统对正弦光栅成像时，像的对比度和物的对比度之比。它是光学系统对正弦光栅成像时所引起的对比度下降的倍数。通常将 $\mathrm{MTF}(r)$ 称为系统对空间频率为 r 的正弦光栅成像的调制传递系数。

在通常情况下，对不同空间频率 r 的正弦光栅成像时，调制传递系数值是不相同的。当把 $\mathrm{MTF}(r)$ 看作空间频率 r 的函数时，则称它为光学系统的调制传递函数。

③ 正弦光栅成像时，不仅幅值有改变，而且正弦光栅像的位置相对于理想位置发生了横向移动，如图 2.40 所示。当将横向位移量 Δ 表示成正弦光栅的相位变化，并用 $\mathrm{PTF}(r)$ 来表示时，由式(2.114)可得位移量 $\Delta = \mathrm{PTF}(r)/2\pi r$。由此可见，$\mathrm{PTF}(r)$ 表示了光学系统对正弦光栅成像时在相位上的改变。通常把 $\mathrm{PTF}(r)$ 称为光学系统对空间频率为 r 的正弦光栅成像的相位传递因子。

同样，不同空间频率 r 的正弦光栅成像时，相位传递因子也是不相同的。当把 $\mathrm{PTF}(r)$ 看作随空间频率 r 变化的函数时，则称它为光学系统的相位传递函数。

④ 由于正弦光栅成像时在幅值和相位上同时发生了变化，所以很容易与数学上一个复函数对正弦函数的作用相联系。于是，光学系统的作用相当于如下一个复函数

$$\mathrm{OTF}(r) = \mathrm{MTF}(r)\exp[-\mathrm{j}\mathrm{PTF}(r)]$$

$\mathrm{OTF}(r)$ 称为光学系统的光学传递函数。调制传递函数 $\mathrm{MTF}(r)$ 是光学传递函数 $\mathrm{OTF}(r)$ 的模量，相位传递函数 $\mathrm{PTF}(r)$ 是光学传递函数 $\mathrm{OTF}(r)$ 的辐角。这就是以正弦光栅成像为基础的光学传递函数定义，与式(2.111)相比较很容易看出，以上叙述的两种定义可得到完全相同的结果。

4. 用光瞳函数表示光学传递函数

当有像差光学系统对发光物体进行衍射成像时，像平面上光扰动的复振幅相对分布，即振幅扩散函数 $\mathrm{ASF}(u,v)$ 与光学系统光瞳函数 $P(x,y)$ 间的关系，可用基尔霍夫衍射公式导出，即

$$\mathrm{ASF}(u,v) = C\iint_{-\infty}^{\infty} P(x,y)\exp\left[-\mathrm{j}\frac{2\pi}{\lambda R}(ux + vy)\right]\mathrm{d}x\mathrm{d}y \tag{2.118}$$

式中，x,y 是光瞳面坐标；R 为出瞳面到像平面距离。

由于光瞳函数 $P(x,y)$ 描述的是出瞳面处光扰动的振幅与相位分布，即

$$P(x,y) = \begin{cases} A(x,y)\exp\left[\mathrm{j}\dfrac{2\pi}{\lambda}W(x,y)\right] & \text{在光瞳内} \\ 0 & \text{在光瞳外} \end{cases} \tag{2.119}$$

式中，$A(x,y)$ 是振幅分布，它表示光瞳范围内透射比的均匀与否，通常认为是均匀的，并令其为 1。此时，光瞳函数仅由出瞳面处的波差函数 $W(x,y)$ 确定，并以此描述出瞳处实际波面的形状。$\mathrm{ASF}(u,v)$ 与 $\mathrm{PSF}(u,v)$ 的关系为

$$\mathrm{PSF}(u,v) = \mathrm{ASF}(u,v)\mathrm{ASF}^*(u,v) \tag{2.120}$$

式中，$\mathrm{ASF}^*(u,v)$ 是 $\mathrm{ASF}(u,v)$ 的共轭复数。

将式(2.120)代入光学传递函数的定义式(2.102)得

$$\text{OTF}(f_x, f_y) = c \iint_G P(x,y) P^*(x - \bar{x}, y - \bar{y}) \mathrm{d}x \mathrm{d}y \tag{2.121}$$

式中，$\bar{x}$，$\bar{y}$ 表示光瞳的位移量；c 为归一化系数。

上式表明，光学系统的光学传递函数可以用光瞳函数的自相关积分表示。积分域 G 表示光瞳与位移后光瞳间的重叠区域，如图 2.41 所示。光瞳位移量 $\bar{x}$，$\bar{y}$ 与空间频率 f_x，f_y 间的关系为

$$f_x = \bar{x}/\lambda R, \quad f_y = \bar{y}/\lambda R \tag{2.122}$$

如果忽略光的波动性，一个理想的光学系统对点物所成的像仍然是一个严格的点像，即 δ 函数。而 δ 函数的傅里叶变换等于 1，这意味着，系统的光学传递函数对所有的空间频率都等于 1，显然，这样的系统实际上是不存在的。

那么光波通过有限光瞳并衍射成像的无像差光学系统，即所谓衍射受限系统的情况又怎样呢？由于系统不存在像差，则波像差 $W(x,y)$ 为零。则式(2.119)所示的光瞳函数 $P(x,y) = A(x,y) \approx 1$，将其代入式(2.121)得衍射受限系统的归一化光学传递函数为

$$\text{OTF}(f_x, f_y) = c \iint_G \mathrm{d}x \mathrm{d}y = \frac{G}{S} \tag{2.123}$$

可见，衍射受限系统的光学传递函数等于光瞳错开后的重叠区面积 G 与光瞳面积 S 之比，由此可以容易地计算各种光瞳形状的特定空间频率的传递函数值。

以圆形光瞳为例。为方便计算，将图 2.41 中的坐标旋转到虚线所示的方向，如图 2.42 所示，此时光瞳位移仅在 x 方向，故可计算得一维光学传递函数为

$$\text{OTF}(f_x) = \frac{2\theta - \sin 2\theta}{\pi} \tag{2.124}$$

式中，θ 如图 2.42 所示。

从图 2.42 中可以看出，当光瞳错开的位移量达到与光瞳的直径相等时，光强的起伏已不能通过系统（$G=0$），则 $\text{OTF}(f_x)=0$。此时，对应的空间频率称为截止频率，用 f_c 表示。由式(2.122)知

$$f_c = \frac{D}{\lambda R} \tag{2.125}$$

式中，D 为出瞳直径；R 为出瞳到像面的距离（参考球面波半径）。

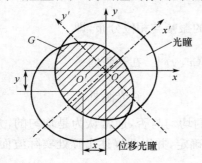

图 2.41 光瞳位移的重叠区

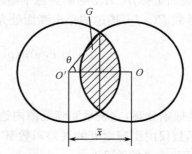

图 2.42 圆形光瞳衍射受限系统
OTF 计算公式的几何表示

对无限远目标成像的照相物镜，常用焦距 f' 近似代替参考球面波的半径 R，则有

$$f_c = \frac{1}{\lambda F} \tag{2.126}$$

式中，$F = f'/D$。对物像均为有限远共轭的系统，如显微物镜和制版物镜，在物镜像方孔径角较小的情况下，有 $\sin u' = D/2R$，同时将像方折射率 n' 和真空波长 λ_0 代入式(2.125)得

$$f_c = \frac{2n'\sin u'}{\lambda_0} \tag{2.127}$$

另外，根据正弦条件 $n'y'\sin u' = ny\sin u$，可以将上式换算为物方的截止频率为

$$f_{c物} = \frac{2n\sin u}{\lambda_0} = \frac{2NA}{\lambda_0} \tag{2.128}$$

式中，NA 为物镜的数值孔径。

2.6.2 光学传递函数测试原理及方法

到目前为止，已经有许多种建立在不同原理基础上的测试光学传递函数的方法。可以把这些方法简单地分成扫描法和干涉法两大类。

1. 测试方法

（1）扫描法

根据定义式(2.109)，只要能对被测光学系统形成的线扩散函数实现傅里叶变换，就可以测量得到它在某一方向上的光学传递函数。早就有人提出可以用一狭缝作为目标物，在它经被测系统的像(其光强分布为线扩散函数)上用正弦光栅作为扫描屏，就可以模拟上述对线扩散函数的傅里叶变换运算，得到光学传递函数，这种方法通常被称为光学傅里叶分析法。由于正弦光栅较难制作，后来又提出用矩形光栅代替正弦光栅作为扫描屏，通过电学滤波的方法把信号中的高次谐波滤掉，同样可实现这种模拟运算，这种用非正弦光栅作扫描屏的方法被称为光电傅里叶分析法。将所得到的形状与扩散函数形状相似的电信号直接进行频谱分析，就可以得到光学传递函数，这种方法被称为电学傅里叶分析法。此外，还可以用狭缝或者刀口屏直接对狭缝像进行线扩散函数抽样，把抽样数据送到计算机进行包括傅里叶变换在内的数学运算，也可以得到光学传递函数，这种方法被称为数字傅里叶分析法。上面这些方法都是通过在像面上扫描来测量的，所以统称为扫描法。扫描法是实际应用得最多的方法。

（2）干涉法

由用光瞳函数定义的光学传递函数可知，光学传递函数和光瞳函数之间有确定的转换关系，所以通过测量得到光瞳函数，就可以间接得到光学传递函数。因为光瞳函数是复函数，它主要包含了出射光瞳处波面的相位信息。很显然，通过使该波面与一标准参考波面相干涉，或者使该波面本身产生剪切干涉，利用干涉图就可以找到保留相位信息的光瞳函数。

根据全息干涉的原理，通过透镜的傅里叶变换作用，可以将被测系统光瞳函数的频谱记录在全息图上，然后再经过一次透镜的傅里叶变换，在它的频谱面上就可以得到二维光学传递函数。这种方法称为全息干涉法。

上述两类测试光学传递函数的诸多方法之间的关系如图 2.43 所示。

2. 测试原理

光学传递函数的测量方法很多，这里以光电傅里叶分析法为例介绍其测试原理。利用光电傅里叶分析法原理的 OTF 测量仪器已有很多种，以 EROS 型光学传递函数测定仪为例，它是国际上应用较为广泛的仪器，已出现包括几种型号的一系列产品，以适应各种测量环境和测量准确度的要求。这里主要介绍 EROS—200 型仪器的光学原理。图 2.44 所示为它的光学系统示意图。

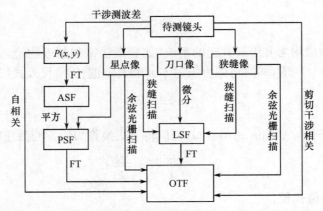

图 2.43　光学传递函数测试方法的关系

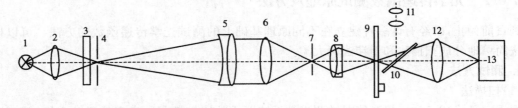

1—光源；2—聚光镜；3—可变滤光片；4—可变狭缝；5—平行光管物镜；6—被测物镜；7—空间频率狭缝；
8—透镜；9—旋转光栅扫描器；10—半反半透镜；11—目视观察镜；12—聚光镜；13—光电接收器

图 2.44　EROS—200 型仪器的光学系统示意图

EROS—200 型光学传递函数测定仪是一种多功能仪器，它可测量照相系统、望远系统和显微系统的 MTF 值。测量不同的光学系统时，要选择不同的典型部件来组成不同的测试系统。为了避免变频正弦光栅制作上的困难并提高测量准确度，采用非正弦光栅并用电气滤波的方法取出正弦基波而除去高次谐波的光电傅里叶分析方法。旋转光栅自转为扫描，公转为变频，再通过电气滤波除去高次谐波来实现傅里叶变换，得出 MTF 值。

光学系统主要组成有目标发生器和傅里叶分析器两大部件。目标发生器的主要作用是由被测物镜将物狭缝成像在旋转光栅上。傅里叶分析器实现物狭缝像和光栅之间相对扫描，有效扫描孔随时间变化的光通量由光电倍增管接收后变成电信号，最后送到电子系统进行滤波、放大等处理，从而得出调制传递函数。线扩散函数 LSF(u) 的模拟傅里叶变换是通过光学方法（狭缝像和矩形光栅相对移动扫描）和电学方法（滤波）共同完成的，所以称为光电傅里叶分析法。

在图 2.45 所示原理图中，物方狭缝的像与旋转光栅平面相重合，并与空间频率狭缝相交。当旋转光栅绕其中心旋转时，旋转光栅上的线条始终沿垂直线条方向移动。这时，透过空间频率狭缝的扫描光栅将沿着空间频率狭缝的方向移动。从狭缝取出的光栅频率 r 与两者之间的夹角 θ 有关，即

$$r = r_0 \cos\theta \tag{2.129}$$

式中，r_0 是旋转光栅的频率。如果使旋转光栅的线条方向相对于空间频率狭缝方向连续地改变，即夹角 θ 连续变化，就可以得到沿着空间频率狭缝方向移动的、空间频率连续变化的扫描光栅。可见，改变 θ 角就可以使频率 r 从 $0 \sim r_0$ 连续地变化。当旋转光栅的线条方向与空间频率狭缝方向平行（$\theta = 90°$）时，沿空间频率狭缝方向移动的扫描光栅的空间频率为零。在这个位置上可用来进行零频归一化，当旋转光栅线条方向与空间频率狭缝方向垂直时（$\theta = 0°$），则沿空间频率狭缝方向移动的扫描光栅空间频率为最大值，并且有 $r = r_0$。当位于其他相对位置时，空间频率在 $0 \sim r_0$ 变化。

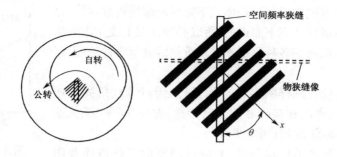

图 2.45　扫描变频原理图

光栅扫描的结果是由光电探测器来接收的,它是随着光栅扫描移动位置而改变的光通量。如果光栅扫描速度为 v,则光通量随时间变化的频率为 $r_t = rv$,因此可以写出光通量变化的傅里叶级数形式为

$$L(t) = a\left\{1 + \frac{4}{\pi}\text{MTF}(r)\cos[2\pi r_t t - \text{PTF}(r)]\right.$$
$$- \frac{1}{3}\frac{4}{\pi}\text{MTF}(3r)\cos[2\pi(3r_t)t - \text{PTF}(3r)]$$
$$\left.+ \frac{1}{5}\frac{4}{\pi}\text{MTF}(5r)\cos[2\pi(5r_t)t - \text{PTF}(5r)] - \cdots\right\} \qquad (2.130)$$

光电探测器将上述光通量变化转换成包括时间频率为 $r_t, 3r_t, 5r_t, \cdots$ 的电信号,利用电学方法将所有的高次谐波成分全部滤掉,就是使电信号经过中心频率调谐到基频 r_t 的窄带通滤波器,将基频成分选出,而将高次谐波和直流成分一并滤掉,所得到的交流信号为

$$i(t) = \frac{4}{\pi}a\text{MTF}(r)\cos[2\pi r_t t - \text{PTF}(r)] \qquad (2.131)$$

于是很容易从其振幅和初相位中得到空间频率为 r 的 MTF(r)和 PTF(r)。如果用一系列不同空间频率的矩形光栅扫描,就可以得到调制传递函数和相位传递函数。

2.6.3　光学传递函数用于像质评价

光学传递函数是一复函数,它由模量 MTF(r)和辐角 PTF(r)两部分组成。在实际进行像质鉴定和评价时,相位传递函数 PTF(r)用得很少,其主要原因有两点:一是成像系统的低频响应对常用的接收器件来说最为重要,而在低频处的 PTF(r)往往很小;二是由于 PTF(r)在实质上反映的是成像的不对称性,而这种不对称性除了造成像的位移之外,更灵敏的反映是使 MTF(r)明显下降。所以目前一般均以 MTF(r)来评价光学系统的像质。

调制传递函数 MTF(r)是空间频率的函数,但它还受多种参量的影响。这些参量包括像面位置、视场、相对孔径和波长等。它们可以组成各种不同的成像状态。为了做到评价的全面,原则上应在上述各种成像状态下进行测定,这就需要处理并分析大量的 MTF(r)曲线。为了便于分析像质的变化情况,应当将原始曲线图形加以科学的整理。另外,对生产检验而言,更有必要压缩测量数据,用适当的特征值来表征系统的成像质量。基于这些考虑,已经出现了多种测量结果的表示与评价方法。

1. 光学传递函数的表示方法

光学传递函数的常规表示方法如图 2.46 所示,曲线往往可由测量仪器自动绘出。不言而喻,在所选定的空间频率范围内，MTF(r)曲线下降得越缓慢越好，由于这样的曲线是在一定的成像状态下测得的，所以必须在图上或用附表的形式把组成这一成像状态的各种测试参量及重要的测量条件注明，以免日后发生混淆。

应注明的内容包括：试样的名称与编号；焦距；F 数；角视场或线视场；物像共轭距；光源和接收器的光谱特性；方位（子午、弧矢或其他方位）；参考角；调焦准则；测量平面等。

诸如温度、湿度及其他环境条件，光电探测器的工作电压及附加的光学元件等也应记载。

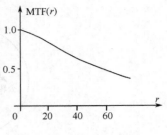

图 2.46　MTF(r)曲线

2. 光学传递函数与其他几种像质检验的关系

目前光学传递函数已在像质检验方面得到广泛的应用，在像质评价这一技术领域中，其地位也越来越重要。原因在于光学传递函数是一种客观、灵敏而又定量的像质判据和评价手段；另一方面，光学传递函数的内容非常丰富，其他的像质判据，大多数在本质上只不过是光学传递函数的某一个方面的内容，或者可以由它派生出来。下面从像质检验的角度来比较光学传递函数与其他几种像质检验和像质判据之间的关系。

（1）与星点检验的关系

星点检验的实质，是把衍射受限系统所成的星点像的光强分布（艾里斑）作为标准，与实际系统所成星点像的光强分布进行比较，前者是已知的，通过比较可以了解被检光学系统成像质量的优劣。

星点像的光强分布以点扩散函数 PSF(u, v) 表示。式（2.102）表明，光学传递函数与星点像的光强分布构成了一对傅里叶变换的关系，二者包含的信息完全等价，它们只不过分别采用了频率域与空间域的描述方法。因此，可以断定 OTF 测试如同星点检验一样对小像差系统的像质鉴定非常灵敏。例如，系统的不对称像差容易通过星点像的形状规则明显地反映出来，也可通过测不同方位的 OTF 值发现其差别而灵敏地反映出来。OTF 测试比星点检验的优越之处在于，前者弥补了后者难以做到的准确定量测定的弱点；而且对于系统的对称性像差，如轴上球差，星点检验不够灵敏，而通过比较 MTF 的实测值与理论值的差异就可以灵敏地鉴别出来。然而，OTF 测试装置远比用于星点检验的普通光具座要复杂得多，而且不如星点检验那样直观。随着传递函数测试技术的普及与提高，OTF 判据将处于越来越重要的地位，而星点检验因其有直观简便的特点，仍不失为检验与诊断系统疵点的一种良好的辅助手段。

（2）与分辨率检验的关系

测量光学系统分辨率用的目标物通常是一组包括不同空间频率的矩形光栅，而且光栅的调制度接近于 1。经过光学系统后，光栅像的调制度要下降，当下降到接近于人眼或其他接收器的调制度察觉域时，尚能分辨的频率最高的一组矩形光栅像所对应的空间频率 r_1 就是分辨率。对于正弦光栅成像，设目标调制度 $C_o(r) = 1$，有 MTF(r) = $C_i(r)$。这表明调制传递函数就等于光栅像的调制度。如果不考虑正弦光栅和矩形光栅成像之间的差别，则 OTF 和分辨率都以空间频率和调制度来反映光学系统的空间滤波特性。但在测量分辨率时，只能给出刚分辨开的频率 r_1，而不知道比 r_1 低的各频率的矩形光栅像的调制度。例如，通常人眼的调制度阈值为 0.03，所以目视分辨率大致等于测试样品的 MTF 值为 0.03 时所对应的空间频率 r_1。即分辨率测量只是反映截止频率附近的像质情况，而丢掉了很重要的低频信息，这正是分辨率测量的一个致命缺点。

另外，目视分辨率还带有因人而异的主观性，因此，用分辨率评价像质的可靠性早已被人们怀疑。但由于它具有直观、简便、定量等特点，加上检验人员的经验也起作用，例如，他们不仅注意观测分辨率 r_1，而且还注意观察尚能清楚分辨的其他较低频率的光栅线条，区分它们的清晰程度，即加入定性分析以便较全面地评价系统的成像质量，所以至今仍在生产部门作为一种产品检验的主要手段使用。

（3）与波像差测量的关系

光学系统的波像差 $W(x, y)$ 在光瞳函数 $P(x, y)$ 中是以相位因子的形式出现的，当把光瞳函数的振幅 $A(x, y)$ 视为常数，并采用归一化坐标时，就有

$$\mathrm{OTF}(r, s) = c \iint\limits_{G} \exp\left\{\mathrm{j}\,\frac{2\pi}{\lambda}\left[W(x, y) - W(x-r, y-s)\right]\right\} \mathrm{d}x\mathrm{d}y \qquad (2.132)$$

式中，$W(x, y) - W(x-r, y-s)$ 称为波像差差分函数。式（2.131）就是波像差与光学传递函数的关系式。

采用干涉法测得系统的波像差函数数据之后，可以通过两种途径计算得到光学传递函数。其一是做光瞳函数的自相关积分；其二是做两次傅里叶变换，这些可以通过数值计算得到。总之，由 $W(x, y)$ 可唯一确定 $\mathrm{OTF}(r, s)$，反之则不然。因此，就成像而言，由光瞳函数即波像差函数可抽取出更多的有关表征像质的信息，但它毕竟还不是直接表征系统成像清晰程度的判据，在这方面，它取代不了 OTF。对于小像差系统及系统的低频区域，可以考虑对式（2.132）近似简化，从中建立起波像差函数的某些特征值（如波像差差分函数的方差、均值及波像差方差值等）与 OTF 性能的联系。

综上所述，光学传递函数不仅在理论上，而且在实践上都表明，它满足了能给出一个好的像质指标的基本要求。

思考题与习题 2

2.1　人眼用压线对准方式对准，通过望远镜（其放大率为 $10^\times$）对准的标准不确定度为多少秒？若通过显微镜（其总放大率为 $73^\times$）对准的标准不确定度为多少微米？

2.2　采用望远镜瞄准，用双平行线对准形式，为使对准的标准不确定度小于 $1.2''$，如何选择仪器的参数？

2.3　用放大率法测量透镜的焦距和顶焦距的仪器由哪几部分组成？已知被测焦距 f' 与仪器的目镜测微器的读数 D 成正比，即 $f' = CD$。若 $C = 10$，试合理选择仪器的分划刻线间距及显微物镜的垂轴放大率（已知平行光管物镜焦距 $f_c' = 550\mathrm{mm}$，目镜测微器的螺距为 $0.25\mathrm{mm}$，故 $k = 4$）。

2.4　用自准直显微镜（$\beta = 4^\times$，$\mathrm{NA} = 0.1$，目镜焦距 $f_e' = 25\mathrm{mm}$）以清晰度调焦法测一凹球面的曲率半径，在充分利用显微物镜 NA 情况下，求因调焦误差而引起的曲率半径测量标准不确定度为多少？（人眼分辨角 α_e 取 $1'$，眼瞳直径 $D_e = 2\mathrm{mm}$）

2.5　两成像质量良好的物镜，其焦距名义值分别为 $f_1' = 140\mathrm{mm}$，$f_2' = -150\mathrm{mm}$。为使两焦距测量的相对标准不确定度 $u_c(f')/f' \leqslant 0.3\%$，问各应采用什么方法测量？画出相应的检测光路，并写出焦距表达式。

2.6　在星点检验中，为什么星点光源的大小要满足一定要求？根据什么光学参数确定星点孔直径？

2.7　用 1.2m 光具座测量某照相物镜的分辨率，其相对孔径为 $D/f' = 1/4.5$，焦距 $f' = 800\mathrm{mm}$，刚能分辨开 3 号分辨率板的第 13 组，求照相物镜的分辨率是多少？

2.8　用光具座测量物镜轴外分辨率时，应注意哪些问题才能获得正确的测量结果？对仪器主要有哪些调整？

2.9　在测量目视望远镜的白光透过率装置中，加入修正滤光片的作用是什么？

2.10　点源法与面源法测杂光系数，两者各有什么特点？

2.11　影响杂光系数测量准确度的因素有哪些？抑制杂散光的技术措施有哪些？

2.12 试述积分球和球形平行光管的原理和用途。

2.13 试述光学系统透过率的定义,其测量装置有那几部分组成?

2.14 试述测量显微系统透过率的基本原理和测量方法。在测量轴外视场透过率时应注意哪些问题?

2.15 在测量光学传递函数时,如何保证成像系统满足空间不变性条件和线性条件?

2.16 OTF(r)有几种定义? 与其对应的测试方法是什么? 各有什么特点?

2.17 什么叫调制度? 在扫描法中一般取光栅的调制度为1,如果不是1行不行? 为什么?

2.18 试简要说明用 OTF(r)评价像质与用星点法、分辨率方法和相对中心强度评价像质之间的关系。

第3章　光学元件特性测试技术

本章介绍光学系统中常用光学元件以及应用日益广泛的微光学元件、自聚焦透镜等元件的测试技术，包括光学材料的折射率、均匀性、微光学元件的衍射效率、表面形貌、自聚焦透镜的折射率、数值孔径、焦距等主要性能参数的测量。此外，还介绍了用于测量大口径光学元件面形的子孔径拼接以及自由曲面面形测试等最新技术。

3.1　光学材料特性测试

光学材料的特性在很大程度上影响光学系统的性能和质量。制造光学元件所用的折射介质材料主要包括光学玻璃、光学晶体、光学塑料等。其中，光学玻璃具有光学性能好、透射性能好、熔炼容易、加工方便、能满足各种光学系统的要求等优点。本节将介绍光学玻璃主要光学性能的常用检测方法，包括折射率、色散、折射率温度系数和膨胀系数等光学常数的测量，以及影响光学玻璃性能的缺陷测量，包括光学均匀性、条纹度、气泡度的测量等。

3.1.1　光学材料折射率的测量

光在真空中传播的速度与在介质中的传播速度之比定义为该介质的折射率。当温度与空气的压力恒定时，对于一定波长而言，折射率是一个不变的数值。折射率是光学材料的基本参数之一，对光学系统的质量有很大影响。对一些要求较高的系统，其所用光学材料的折射率都必须精确测量。光学材料折射率的测量方法主要有：V 棱镜法、自准直法、最小偏向角法以及全反射临界角法等。

1. V 棱镜法

V 棱镜法是利用测量平行光通过标准 V 棱镜和被测试件组成的组合件的出射角，计算出被测试件的折射率。测量原理如图 3.1 所示，V 棱镜由两块材料完全相同的直角棱镜胶合而成，V 形缺口的张角为 90°，两个尖棱的角度为 45°。将被测样品磨出构成 90°角的两个平面，放在 V 形缺口内。若两者折射率不同，则光线在接触面上发生偏折，最后的出射光线相对于入射光线就要产生偏折角 θ，该偏折角的大小与被测样品的折射率 n 有如下关系

$$n = (n_0 \pm \sin\theta \sqrt{n_0^2 - \sin^2\theta})^{1/2} \tag{3.1}$$

式中，n_0 为标准 V 棱镜的折射率，当 $n > n_0$ 时，式中取正号，当 $n < n_0$ 时，式中取负号。

V 棱镜折射仪是 V 棱镜法测量折射率大小的专用测量仪器。由于样品角度存在加工误差，被测样品的两个面和 V 形缺口的两个面会有间隙，需要在中间填充一些折射率和被测样品折射率接近的液体，这种液体被称为折射率液。加入折射率液可防止光线在界面上发生全反射，也可补偿样品 90°角的加工误差。V 棱镜法测量光学材料折射率精度较高，约为 10^{-5} 量级。

2. 自准直法

自准直法测量折射率的原理如图 3.2 所示。一束平行光入射到直角棱镜的 AB 面后，当折射光垂直于 AC 面时，光束将按原光路返回，此时折射率 n 与入射角及顶角的关系为

$$n = \frac{\sin i}{\sin\theta} \tag{3.2}$$

式中，i 为 AB 面上的入射角，θ 为折射角，即棱镜的顶角。

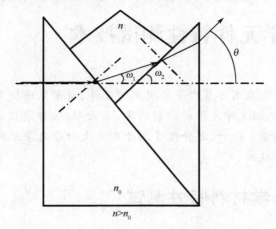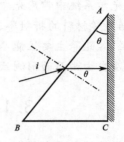

图 3.1　V棱镜法测量折射率的原理　　　　图 3.2　自准直法测量折射率原理

因此，只要准确测出入射角 i 和棱镜顶角 θ 就可计算出该材料的折射率。角度测量可采用精密测角仪。

采用自准直法测量玻璃折射率的重复性和测量效率要比传统的 V 棱镜法高，主要是因为 V 棱镜法的准直系统和瞄准系统两部分是分开的，而自准直法的准直系统和瞄准系统是一体的，所以系统误差要比 V 棱镜法小得多。V 棱镜法的瞄准和读数必须分两步完成，而自准直法的瞄准和读数可以一次完成，因而其测量效率要比 V 棱镜法高。

3. 最小偏向角法

最小偏向角法是目前使用最多、精度最高的方法。图 3.3 所示为最小偏向角法的测量原理。

设 $\triangle ABC$ 为玻璃制成的三棱镜的主截面，周围介质为空气，角 A 为棱镜顶角，用 θ 表示。光束由 AB 面入射，入射角为 i，经棱镜折射后，由 AC 面出射，出射角为 e，入射光束和出射光束相交所成的角 δ 为偏向角。根据折射定律及最小偏向角的条件

$$\begin{cases} i = e \\ \delta_0 = 2i - \theta \end{cases} \quad (3.3)$$

可求出被测棱镜的折射率为

$$n = \frac{\sin\left(\dfrac{\theta + \delta_0}{2}\right)}{\sin\left(\dfrac{\theta}{2}\right)} \quad (3.4)$$

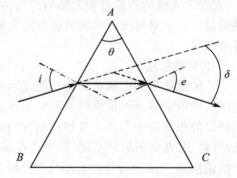

图 3.3　最小偏向角法测量折射率

式中，θ 为被测三棱镜的顶角，δ_0 为单色平行光经过被测三棱镜折射后的最小偏向角。

用最小偏向角法测量玻璃折射率的准确度主要取决于测角仪的准确度。如果要求 $\Delta n < \pm 1 \times 10^{-5}$，必须用准确度高于 $2''$ 的大型精密测角仪进行测量。该方法的测量不确定度主要来自于样品顶角和最小偏向角的测量不确定度，样品棱镜顶角和最小偏向角的测量方法至关重要。顶角测量方法主要有自准直法和反射法，对于反射率较低的光学玻璃来说，反射法的测量不确定度一般高于自准直法。最小偏向角的测量方法主要有单值法、两倍角法、互补法和三像法等，这里不做详细介绍。

4. 全反射临界角法

最小偏向角法具有测量精度高、被测折射率的大小不受限制、不需要已知折射率的标准试件而能直接测出被测材料折射率等优点。但是，该方法需要将被测材料制成棱镜，而且对棱镜的技术条件要求高，不便快速测量。

临界角法测量光学材料折射率是建立在全反射原理上的掠入射法。测量时将被测试样品与已知折射率的棱镜紧贴在一起，如图 3.4 所示。折射棱镜的折射率 n_0 需大于试样的折射率 n，因此光线沿分界面入射（即入射角为 90°）时，将以全反射临界角 i_0 进入折射棱镜，然后以折射角 θ 射出。以这根光线为界，所有对分界面的入射角小于 90° 的光线，从折射棱镜射出后都指向下方，而上方则没有光线。因此，用望远镜观察出射光束，可看到视场被分为明暗两部分，且中间有明显的分界线，该分界线刚好对应以 θ 角出射的光线。被测样品的折射率 n 与 θ 角的关系为

$$n = \sin\alpha \sqrt{n_0^2 - \sin^2\theta} \pm \cos\alpha \sin\theta \qquad (3.5)$$

式中，α 为折射棱镜的顶角，θ 为临界光线对应的折射角。

当出射光线与棱镜顶角 A 分别居于 AC 面法线两侧时，式（3.5）取"－"，反之，若在同侧，公式取"＋"。由于折射棱镜的折射率 n_0 和顶角 α 都已知，只要测出光线掠入射经过待测样品时，由棱镜 AC 面出射的临界光线的折射角 θ，根据上式即可算出待测样品的折射率。

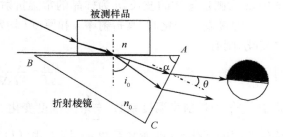

图 3.4　全反射临界角法测量折射率

阿贝折射仪是临界角法测量折射率的专用仪器，可用于测量透明、半透明的液体或固体的折射率。为了方便使用，可对不同的临界光线对应的折射角 θ 预先算出对应的 n，并标注在度盘相应位置上，用阿贝折射仪测量时，只需要将明暗分界线与阿贝折射仪的望远镜叉丝交点对准，就可直接读出被测样品的折射率 n。当然，这要求在使用前仔细校准，以保证仪器示值的准确性。

3.1.2　色散系数的测量

光学材料由于光的波长不同而引起折射率的变化的现象称为色散，色散系数计算式为

$$v_d = \frac{n_d - 1}{n_F - n_c} \qquad (3.6)$$

式中，n_d、n_F、n_c 分别为波长等于 587.6nm、486.1nm 和 656.3nm 时的折射率。

应用折射率测试方法，分别测出对应各种波长的材料的折射率，即可算出材料的色散系数和相对色散系数。相对色散系数可表示为：$\frac{n_F - n_d}{n_F - n_c}, \frac{n_F - n_e}{n_F - n_c}, \frac{n_g - n_F}{n_F - n_c}, \frac{n_c - n_r}{n_F - n_c}, \frac{n_h - n_g}{n_F - n_c}$ 等。

这些常数是标志材料光学性能的重要参数，也是仪器设计者所必备的参考数据。表 3.1 所列为各常用谱线的波长及对应光源。

表 3.1　折射率测量常用波长及符号

光谱线	汞紫线 h	汞蓝线 g	镉蓝线 F	氢蓝线 F	汞绿线 e	氦黄线 d	钠黄线 D	镉红线 c	氢红线 c	氦红线 r
元素	Hg	Hg	Gd	H	Hg	He	Na	Cd	H	He
波长(nm)	404.7	435.8	480.0	486.1	546.1	587.6	589.3	643.9	656.3	706.5

3.1.3　光学材料折射率温度系数的测试

光学材料折射率温度系数是指单位温度折射率的变化量,可表示为

$$\beta = \mathrm{d}n/\mathrm{d}T \tag{3.7}$$

β 是波长的函数,折射率随温度的变化在红外材料中尤为明显,因而近年来国内外都很重视光学材料折射率温度系数的测量。光学材料折射率温度系数可利用斐索干涉原理测量,如图 3.5 所示。

当一束单色平行光垂直照射前后表面近似平行的玻璃样品时,从两表面反射回来的光束将发生干涉,产生等厚干涉条纹,其光程差与干涉条纹的关系为

$$2nl = K\lambda - \frac{1}{2}\lambda \tag{3.8}$$

式中,λ 为测量谱线的波长,n 为样品的常温折射率,l 为样品的厚度,K 为干涉条纹的级数。

当温度发生变化时,其折射率 n 和厚度 l 均发生变化,即光程差发生变化,因而干涉条纹亦随之变化,则有

$$\frac{\Delta n}{\Delta T} = \frac{\lambda}{2l}\frac{\Delta K}{\Delta T} - n\frac{\Delta l}{l\Delta T} \tag{3.9}$$

式中,$\dfrac{\Delta n}{\Delta T}$ 为折射率温度系数,$\dfrac{\Delta K}{\Delta T}$ 为温度变化 1℃ 时干涉条纹的变化量,$\dfrac{\Delta l}{l\Delta T}$ 为温度变化 1℃ 时单位长度的变化量(即膨胀系数 α)。则上式可写为

$$\beta = \frac{\lambda}{2l}\frac{\Delta K}{\Delta T} - n\alpha \tag{3.10}$$

因此,只要测得干涉条纹的变化量和膨胀系数 α,就可以由上式测得折射率温度系数 β。膨胀系数 α 的值同样可以用干涉原理测得,如图 3.6 所示。

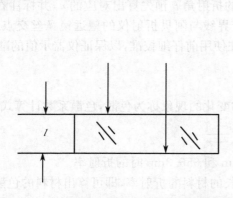

图 3.5　斐索干涉法测量折射率温度系数原理　　图 3.6　光学玻璃膨胀系数的测量

垂直入射的光线,从与样品接触的上干涉板的下表面及下干涉板的上表面反射,反射回的两束光线产生干涉,光程差与干涉条纹之间的关系为

$$2n_0L = M\lambda - \frac{1}{2}\lambda \tag{3.11}$$

式中,n_0 为空气的折射率,L 为待测样品的长度,M 为干涉条纹级数。

将样品置于变化的温度场中,有

$$\alpha = \frac{\Delta L}{L\Delta T} = \left(\frac{\lambda}{2L}\frac{\Delta M}{\Delta T} - \frac{\Delta n_0}{\Delta T}\right)/n_0 \tag{3.12}$$

式中,$\dfrac{\Delta n_0}{\Delta T} = \beta_0$ 为空气的折射率温度系数。

各温度下的空气折射率及其温度系数计算式为

$$(n_t - 1) = (n_s - 1) \frac{1 + \alpha_0 t}{1 + \alpha_0 t_s} \frac{P}{P_s} \tag{3.13}$$

式中，n_t 为所求温度为 t 时的空气折射率，P 为所求状态下的大气压，α_0 为空气膨胀系数。标准状态下，$t_s = 20℃$，$n_s = 1.000270$，$P_s = 760 \text{mmHg}$，$\alpha_0 = 0.003671$，则

$$\frac{\Delta n_0}{\Delta T} = \begin{cases} -0.8 \times 10^{-6}/℃ & (+20℃ \leqslant t < +80℃) \\ -1.2 \times 10^{-6}/℃ & (-40℃ < t < +20℃) \end{cases} \tag{3.14}$$

若把样品放入真空系统中，$\alpha_0 = 1$，$\dfrac{\Delta n_0}{\Delta T} = 0$，则有

$$\alpha = \frac{\Delta L}{L \Delta T} = \frac{\lambda}{2L} \frac{\Delta M}{\Delta T} \tag{3.15}$$

本方法通过测量温度变化时干涉条纹的变化 $\Delta K/\Delta T$、$\Delta M/\Delta T$，代入以上各式可求得折射率温度系数 β 和膨胀系数 α。

测量时需要将被测试样置于带有温度控制系统的高低温炉中，以便记录测量过程中温度的变化。若样品置于真空系统中，则测得的值为绝对折射率温度系数。

3.1.4 光学材料其他参数的测试

除以上介绍的几个主要参数外，还有影响光学玻璃性能的缺陷测量，包括光学均匀性、条纹度、气泡度等。

1. 光学材料均匀性测试

光学材料中，不同部位透过率、折射率等性能的变化情况称为光学均匀性。光学均匀性是光学材料的重要指标，直接影响到透射光学系统的波面质量。目前对光学均匀性的测量主要有两种方法：平行光管法和干涉测量法。

（1）平行光管法

平行光管法是一种定性测量方法，测量装置示意图如图 3.7 所示。

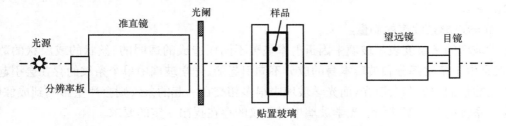

图 3.7　平行光管测量材料均匀性装置

采用一对平行光管装置，一个作为准直光管，一个作为望远镜，通过观察放入样品之后的分辨率板的临界分辨率组数（4 个方向的黑白条带必须均能分辨开），以及星点像的变化程度和分布状况，根据下式计算结果并取最大值确定均匀性等级

$$\frac{a}{a_0} = \frac{2x}{f} \frac{D}{120''} \tag{3.16}$$

式中，D 为物镜直径，a 为样品分辨率，a_0 为样品理论分辨率，f 是平行光管焦距，x 分辨率板线条宽度。

该方法测量材料的均匀性，必须使用两块贴置玻璃，并且要求贴置玻璃的光学均匀性不大于 1×10^{-6}，两工作面平行度不大于 $20''$，平面度不大于 $\lambda/4$，局部平面度不大于 $\lambda/20$。

（2）干涉测量法

干涉测量法是一种广泛使用、具有很高精度的材料均匀性测量方法。该方法利用干涉条纹的弯曲量与折射率分布之间的关系，通过观察样品与贴置玻璃的综合透射干涉条纹的弯曲度及条纹间距，对均匀性进行计算，精度可达到 $\pm 2 \times 10^{-6}$。

干涉仪常用来测量光学元件的表面平整度、光学材料内部光学质量和光学镜头的波像差。图 3.8 是利用斐索干涉仪测量光学材料均匀性的示意图。

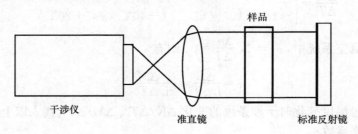

图 3.8　干涉法测量光学材料均匀性

将厚度为 t 的被测样品置于干涉仪光路中，假设样品内部的折射率的变化为 Δn，光线往返一次，样品引起的光程变化为

$$\Delta s = 2\Delta n t \tag{3.17}$$

此时观察干涉条纹的变化，设 d 为条纹的平均间距，k 为偏离直条纹的弯曲量，由此可以计算得到此处弯曲干涉条纹的光程差为

$$\Delta s = \frac{k}{d}\lambda \tag{3.18}$$

因此，样品材料的均匀性可以通过下式计算得到

$$\Delta n = \frac{k}{d}\frac{\lambda}{2t}\lambda \tag{3.19}$$

例如，干涉条纹中 $k/d = 0.25$，样品厚度 $t = 50\text{mm}$，$\lambda = 632.8\text{nm}$，可测得该样品的材料均匀性 $\Delta n = 1.6 \times 10^{-6}$。

2. 光学玻璃条纹度的测量

光学玻璃的条纹度表示玻璃中因折射率显著不同而造成的透明的、丝状的或层状的瑕疵程度，一般是由于条纹部分和玻璃本身的成分不同引起的。光学玻璃中单个条纹的存在会引起光学系统中光能量的损失和杂散光，而光学玻璃中很多相交在一起的条纹则会严重影响到成像质量，降低光学系统的分辨率。因此，光学玻璃中对条纹的存在提出一定的要求。

由于条纹部分的折射率和光学玻璃其他部分的折射率不同，因此光线通过条纹时就要发生偏折，这样在垂直于通过被检玻璃的光束截面上就会出现条纹的影像。条纹度的测量就是应用了这个原理，通过观察投影仪上的条纹形状、数目和长度来获得被测样品条纹度的信息。图 3.9 是条纹仪的示意图，主要由光源、聚光镜和投影屏组成。测量应该在比较暗的房间进行，测量时可以将被测样品慢慢地绕垂直轴左右旋转 45°，以便更好地发现条纹。测量后的玻璃按照国家标准的规定进行条纹度的分类定级。

3. 光学玻璃气泡度的测量

光学玻璃的气泡度表示玻璃中残存的气体（气泡）和杂质（结石）的程度。气泡在光学玻璃中的作用好像一个细微的凹透镜，会引起光线的散射，进而引起光学系统中光能量的损失和杂光的产生，使成像的亮度和对比度都降低。如果是成像面上的光学零件（如分划板、聚光镜等）存在气

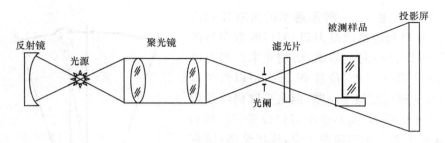

图 3.9　玻璃条纹度测量仪

泡时,则通过目镜会直接观察到这个气泡,如果气泡在中央,会严重妨碍观察和瞄准,这样就直接影响到仪器的使用。因此,对于光学玻璃内气泡的大小和数量都有一定的要求。

图 3.10 为用于检查光学玻璃气泡度的示意图。它主要由光源、聚光镜和一块黑屏组成。光线从侧面照射被测玻璃,借助于玻璃中气泡对光的全反射作用引起的散射,在有黑色屏幕作背景时,可清晰地观察到玻璃内含气泡的情况。为了更方便地评定观察到的气泡的直径,通常采用一套事先在玻璃块中人工制成的气泡样品作为标准进行比较。对照标准气泡样品判断和记录玻璃内气泡的直径和个数,量取被测玻璃样品的尺寸并计算其体积,按照国家标准定类定级。

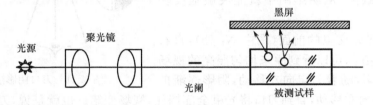

图 3.10　光学玻璃气泡度测量装置

3.2　光学元件面形测试技术

3.2.1　刀口阴影法

刀口阴影法是 1858 年由傅科(Foucoult)提出的,所以又称为傅科刀口法。用于天文望远镜的大口径反射镜的检验,至今已有一百多年的历史,至今仍广泛使用。刀口阴影法是一种非接触检验方法,灵敏度很高,实践表明,在一般观察条件下,观察者不难发现 $\lambda/20$ 的波面局部误差和带区误差。灵敏度很高是指垂直刀刃方向的灵敏度,平行刀刃方向的灵敏度为零。

刀口阴影法是通过直接观察光瞳上的图形(阴影图),来判断光瞳上波面变化情况,从而测量光学零件表面的面形偏差和光学系统的波像差。通过波像差和几何像差的转换关系,也可测量光学系统的几何像差。

1. 刀口阴影法的基本原理

(1) 理想球面波的阴影图及其变化规律

刀口阴影法是判断实际球面波波差非常灵敏的方法。根据观察到的阴影图判断实际波面对于理想球面波的偏差情况,从而判断被测光学零件、光学系统或光学材料在什么部位上有缺陷、缺陷的方向及其严重程度。

假设经过被测样品后的被测波面是理想球面,如图 3.11 中的 AB,从几何光学观点看,所有光线都会聚于球心 O,即波面法线(光线 AO, BO)均会聚于 O 点。如果观察者的眼睛位于 O 点附近,所有会聚光线进入眼睛,可以看到一个均匀明亮的视场,其范围由被测件边缘所限制。图

中 N 表示刀口的位置,是一种不透明的带有锋利边缘的挡光屏,其锋利边缘就是刀口,刀口的方向与图面垂直,刀口可以自右向左移动,切割光束。当刀口正好位于光束会聚点 O 处(位置 N_2)时,可以看到本来是均匀照亮的视场变暗了一些,但是亮度仍然是均匀的(图 3.11 中的阴影 M_2),这个刀口位置(N_2 和 O 点重合)是很灵敏的。当稍向左一点,视场全暗;偏右一点,视场全亮;所以刀口从右→O 点→左,可见到视场阴影变化规律为全亮(均匀)→半暗(均匀)→全暗(均匀)。半暗过程的存在,从物理光学观点来看是容易理解的,因为会聚点不可能是一个几何点,而总是有一定大小的光斑,光线不可能一瞬间全部被挡掉,而是有一个极短的过渡过程。这个均匀半暗状态的位置是灵敏位置,刀口十分接近该灵敏位置时,只要波面存在微小的缺陷,从阴影图中就能灵敏地反映出来。

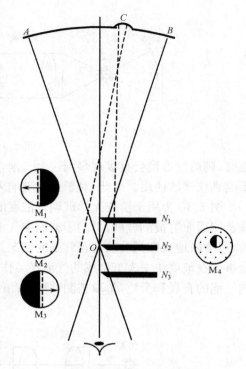

图 3.11　刀口阴影法原理图

当刀口位于光束交点的前面(图中 N_1 处),自右向左移动切割光束时,可以看到原来均匀照亮的视场右边开始出现阴影,随着刀口向左移动,阴影逐渐扩大,即亮暗分界线向左移动,直到刀口将光束全部挡住,视场变暗。也就是说,刀口从右向左移,暗区也从右向左扩展(阴影图 M_1)。当刀口位于光束交点 O 之后(图中 N_3 处),可以看到相反的过程,当刀口从右向左移时,暗区从左向右扩展(阴影图 M_3)。

(2) 球面波上有局部变形的阴影图

图 3.11 所示球面波 AB 上有一局部变形 C(凹陷),C 区域相应的光线(图中虚线部分)就不再相交于 O 点。现把刀口放在图 3.11 中 N_2 的位置上,视场呈半暗状态,但在局部变形 C 区域内,则右半部是亮的,左半部是暗的(阴影图 M_4)。从图中可见,C 区域的光线交点是在 N_2 位置之前,也就是位于 N_2 处的刀口是处在局部变形区域 C 光线交点之后,C 区域左半部光线被刀口阻挡,右半部光线通过,所以 C 局部区域阴影图 M_4 类似于全视场阴影图 M_3,是右亮左暗。如果区域 C 局部变形是凸起的,情况正好相反,该区域阴影将是右暗左亮,类似于全视场的阴影图 M_1。因而根据所见到的阴影图很容易发现球面波的局部缺陷,从而判断被测件的缺陷,从阴影图的轮廓和亮度对比情况,就可以灵敏地发现被测件缺陷的程度和部位。

综上分析,刀口与光束会聚点的相对位置及刀口横向移动时阴影图的变化可以概括为 3 个判断准则。

① 阴影与刀口同方向移动,则刀口位于光束会聚点之前。如果这是局部区域的阴影图,则相对于刀口为中心的球面波而言,该区域是凸起的。

② 阴影与刀口反方向移动,则刀口位于光束会聚点之后。如果这是局部区域的阴影图,则相对于刀口为中心的球面波而言,该区域是凹陷的。

③ 阴影图某部位(全现场或局部)呈现均匀的半暗状态,则刀口正好位于该区域光束的交点处。

(3) 刀口阴影法的几何原理

前面叙述了刀口阴影法的基本概念,直观而定性地阐明了被检验实际波面形状及刀口位置对所形成阴影图的影响和它们之间的关系。下面进一步从几何光学的观点来讨论在刀口阴影法中,被检实际波面的面形、刀口位置与阴影图形状的解析关系。

参考图 3.12,设 x_1Oy_1 平面为理想波面 W 会聚的近轴平面,刀口的边缘线到主光线交点 $O(x_1Oy_1$ 平面的原点)的距离为 r_1,y_1 轴与刀口之间的夹角为 θ_1。设此时刀口的斜率为正,θ_1 也为正,则刀口的边缘线可表示为

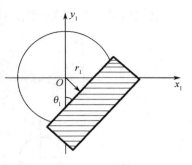

图 3.12　在近轴平面上的
刀口位置示意图

$$x_1\cos\theta_1 - y_1\sin\theta_1 = r_1 \tag{3.20}$$

于是可得该平面上的透射比为

$$T(x_1,y_1)=\begin{cases}1, & x_1\cos\theta_1-y_1\sin\theta_1 < r_1 \\ 0, & x_1\cos\theta_1-y_1\sin\theta_1 \geqslant r_1\end{cases} \tag{3.21}$$

根据波象差 W 与在 x_1Oy_1 面上的横向像差的关系式,把上式改写为

$$T\left(\frac{\partial W}{\partial x},\frac{\partial W}{\partial y}\right)=\begin{cases}1, & -\dfrac{\partial W}{\partial x}\cos\theta_1+\dfrac{\partial W}{\partial y}\sin\theta_1 < \dfrac{r_1}{R} \\ 0, & -\dfrac{\partial W}{\partial x}\cos\theta_1+\dfrac{\partial W}{\partial y}\sin\theta_1 \geqslant \dfrac{r_1}{R}\end{cases} \tag{3.22}$$

式中,R 为出瞳平面(坐标系 xOy)到 x_1Oy_1 平面的距离。

当入射波面为无像差光学面,把刀口放在离会聚平面 x_1Oy_1 的某一距离上时,实际波面只存在离焦误差,其波像差为

$$W(x,y)=D(x^2+y^2) \tag{3.23}$$

式中,D 为离焦系数。根据式(3.22),暗区和明区的阴影边界线为

$$x\cos\theta_1 - y\sin\theta_1 = \frac{r_1}{-2DR} \tag{3.24}$$

可见,暗区和明区的阴影边界线为平行刀口的直线。随着刀口的移动,阴影是如何运动的呢? 为了易于直观的理解,设 $\theta_1=0°$,即刀口平行于 y 轴,则式(3.24)变为

$$x=\frac{r_1}{-2DR} \tag{3.25}$$

它是一条与 y 轴平行的直线。当 $D<0$ 即刀口放在焦点以内时,若刀口从右向左切割光束,即随着 r_1 减小,阴影线从右向左沿 x 轴平移(与刀口同方向);当 $D>0$ 即刀口放在焦点以外时,刀口仍然从右向左切割光束,即随着 r_1 减小,阴影线从左向右沿 x 轴平移(与刀口反方向);当 $D=0$ 即刀口放在焦点上时,阴影线就不存在了,在刀口切割光束时,视场内是均匀的(亮变暗,过程较短)。当 $r_1=0$,即刀口与光轴接触时,这时不论 D 值的大小、正负如何,阴影图都正好是一半亮一半暗,参考图 3.11 所示。

当存在初级球差和离焦误差时,波像差为

$$W(x,y)=A(x^2+y^2)^2+D(x^2+y^2) \tag{3.26}$$

代入式(3.22),可求得阴影边界线为

$$2[2A(x^2+y^2)+D](x\cos\theta_1-y\sin\theta_1)=\frac{r_1}{-R} \tag{3.27}$$

这是一个三次曲线。球差和离焦的波面是回转对称的,刀口从不同方向切割光束,阴影图的方向会改变,而形状是不变的。为了简化问题的讨论,设 $\theta_1=90°$,即刀口平行于 x 轴,则式(3.27)变为

$$y^3 + \left(x^2 + \frac{D}{2A}\right)y - \frac{r_1}{4AR} = 0 \tag{3.28}$$

这仍然是一个三次曲线。典型的阴影图如图 3.13 所示。

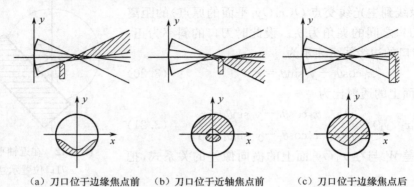

（a）刀口位于边缘焦点前　（b）刀口位于近轴焦点前　（c）刀口位于边缘焦点后

图 3.13　有球差和离焦时的阴影图

再假设刀口位于光轴上，即 $r_1 = 0$，则式（3.28）变为

$$y^3 + \left(x^2 + \frac{D}{2A}\right)y = 0 \tag{3.29}$$

解得

$$y = 0 \quad \text{和} \quad y^2 + x^2 = -\frac{D}{2A} \tag{3.30}$$

这表示在 D 和 A 的符号相反的情况下，有两个阴影边界线，一是与 x 轴重合的直线，另一是以原点为心的圆。图 3.14 是在有球差的情况下，刀口位于光轴上不同位置时的光路和相应的阴影图。

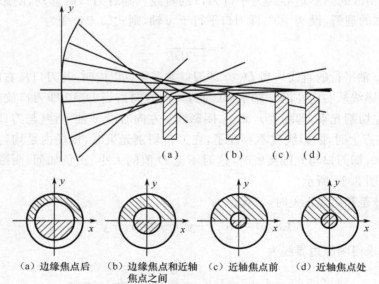

（a）边缘焦点后　（b）边缘焦点和近轴　（c）近轴焦点前　（d）近轴焦点处
　　　　　　　　　　　焦点之间

图 3.14　有球差和离焦时刀口位于光轴上的阴影图

应用同样的方法，可以分析具有其他像差的波面阴影图特征。需要注意的是，对存在倾斜、彗差、像散等没有径向对称性像差的波面，在分析时，刀口位置将影响阴影图的形状。

（4）刀口仪的光路和结构

用阴影法观测波面误差，光路的安排有自准直和非自准直两种。自准直和非自准直光路所看到的阴影图基本相同，但进行定量检验时，必须考虑到自准直光路光线两次通过被测系统，因此波面误差加倍。

图3.15所示为自准直刀口仪镜管光路图。由调节螺钉5来调整灯泡4的灯丝位置，灯泡4（6V，15W）发出出射光束，经两块双胶透镜组成的聚光镜3（相对孔径1/2）将光束会聚，并经刀片6反射后会聚在小孔光阑1上。靠近光源的一块双胶透镜可轴向移动，使灯丝正确成像在小孔光阑上。当插入滤光片9时，可以产生单色光。转盘2上有6个小孔，直径分别为0.03mm，0.06mm，0.08mm，0.2mm，0.5mm，1.0mm，当转盘两个直角边分别转到与刀刃8平行时，构成两个与直角边平行的宽度为0.5mm和0.15mm的狭缝，以供检验不同试件选用。小孔光阑1或狭缝到刀刃的距离一般不大于3mm，即由被测件7反射回来的位于刀刃8上的星点像偏离被检系统光轴不大于1.5mm。

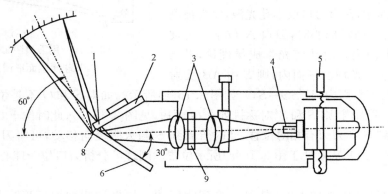

图3.15　自准直刀口仪镜管光路图

松开紧靠镜管下面的锁紧手柄，可将镜管从水平位置倾斜（刀口一侧向下），最大倾角45°。松开立柱上的锁紧螺钉可粗调镜管升降，粗调范围为70mm。微调镜的升降则由转动锁紧手柄下面的微调螺母实现，微调范围为15mm。底座上有两个互相垂直安置的测微机构，它们分别使镜管做纵向和横向移动，调节底座方位，即可实现刀口与小孔一起沿被检系统的轴向和垂直轴方向移动，移动范围各为15mm，最小格值为0.01mm。

自准直刀口仪镜管的调整步骤如下：

① 出射光束的调整。要求出射光束在相对孔径为1/2的被检系统整个入瞳面上产生均匀的照度。

② 光阑的选择。被检系统的实际波面具有轴对称性时，选用狭缝较有利，否则选用小孔较为有利。根据被检系统相对孔径大小和反射回来的光束的强弱来选用小孔的直径和狭缝的宽度。相对孔径小而反射光弱的，应选直径大的小孔或宽的狭缝。

③ 调节刀口的两个移动方向。使一个方向与被检系统的光轴方向一致，另一方向与光轴垂直。

④ 保持一定的环境条件。仪器应放在牢固稳定的工作台上，光路中应保持空气高度均匀，房间要黑暗或半暗。

2. 刀口阴影法检验面形误差

（1）用刀口阴影法检测凹球面镜的面形误差

当光源位于凹球面镜的球心时，由光源发出的光线，经凹球面反射后，反射光线将会聚于球心处。检验时，首先要确定凹球面反射镜球心位置，可分粗定球心和精定球心两步完成。粗定球心的步骤是：观察者面对凹球面反射镜，当看到自己脸的正像后，沿光轴远离镜面，脸像逐渐变大，看到自己眼睛瞳孔充满整个镜面时，观察者就位于球心附近了。如果观察者再继续远离镜面，像就变成倒的且逐渐缩小，此时观察者已在球心之外了。对于曲率半径不太大的球面，该法可以很快地找到球心的大致位置。对于曲率半径 R 特别大的反射镜，只要用一支手电筒在镜面前照亮，人往后退，直至看到电筒灯丝的像充满镜面为止，球心即大致位于此处。刀口应放在眼瞳孔（或手电筒的灯丝）充满整个镜面的位置。如图 3.16 所示，S 为刀口仪小孔光源，O 为被测球面 AB 的球心。精定球心时，刀口 N 位于垂直被测球面光轴的平面内。由几何光学成像理论，若 S 在过球心 O 的垂直光轴的平面内，则 S 由 AB 反射

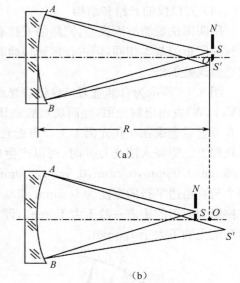

图 3.16　用刀口阴影法检验凹球面镜面形误差

的共轭像 S' 也在该平面内，且 $SO=S'O$，如图 3.16(a) 所示。如果 S 和 O 不是位于过球心 O 垂直于光轴的同一平面内，则 S 和 S' 对称排列在 O 两边，见图 3.16(b)，此时位于 O 点之后的人眼左右摆动，可看到 S' 和刀刃有相对位移，此时若看到 S' 与人眼反向移动，可将刀口后移，直至两者相对移动消失，刀口 N 就处于图 3.16(a) 所示位置。同理可分析刀口位于球心之后的情况，调节方法相反。

用刀口仪的刀口切割像点时，就可以看到阴影图。如果被测球面面形良好，刀口位置如图 3.16(a) 所示时，阴影图如图3.11的 M_2。刀口位置如图 3.16(b) 所示时，阴影图如图3.11的 M_1。如果被测球面有局部误差，刀口位于 O 的位置，阴影图如图3.11的 M_4，则局部误差是凹陷的，反射球面波局部也是凹陷的。如果被测球面有带区误差，刀口位置应放在平均球心位置（看到最复杂的阴影图），因为此时各带区球心的位置不完全重合，找不到共同球心。检验时，刀口要缓慢地切割光束，否则，某些小的缺陷，会因切割太快而看不清楚。检验中，刀口未切入时，镜面上的亮度应该均匀，同时亮度要适当，太亮刺眼，太暗难辨别，二者都会降低灵敏度。此法检测球面镜局部面形误差灵敏度可达 $\lambda/40$。

检验球面时，一般用狭缝光源，但当误差非轴对称分布时，还是用点光源较好。这里要指出的是，有时在镜面缺陷不大时，会发现阴影的亮暗分界线不是与刀口平行，而是倾斜甚至垂直的，刀口在像点前后轴向微微移动时，倾斜方向会发生旋转，这种现象称为像散。这时，用高倍目镜可以看到球面成的像点 S' 在球心 O 的内外处变成椭圆形。

（2）用刀口阴影法检测平面面形误差

图 3.17(a) 所示为刀口阴影法检测平面面形误差的原理图，这种测量需要借助一块标准凹球面反射镜。测量时，利用刀口仪采用自准直光路。被测平面与光轴倾斜放置在标准球面镜的前面，倾斜角 ω 约为 45°，标准球面和被测平面之间的间隔不必太大。但标准球面的口径应足够大，以避免切割由被测平面反射的光束。另外，为了减少其他像差的影响，通常应使它的孔径角 U 不能太大，如使其相对孔径不大于 1/10。刀口仪放置在标准球面的球心附近，在反射回来的刀口仪小孔光源 S 的像 S' 处用刀口切割。人眼在刀口屏后观察被测平面，由于被测平面倾斜放置，所以当它为圆形时，观察到的是一椭圆。

如果被测平面是一个完好的平面,则如同检测一个完好的球面一样,当刀口切割光束时,可以发现在一瞬间视场完全变暗的状态。如果被测平面有局部误差,则在一瞬间视场完全变暗的阴影图中,会在相应部位上出现局部亮暗不均匀的阴影。

上述方法可以灵敏地发现被测平面上的局部面形误差,但是,如果被测平面具有凸球面或凹球面的误差时,仅用上述方法切割光束则难以发现和判断,这时需要通过其他方法来检测。

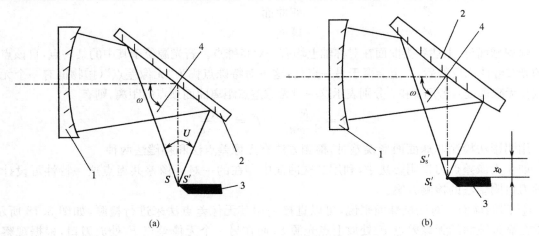

1—标准凹球面镜;2—被测平面镜;3—刀口

图 3.17　刀口阴影法检验平面面形误差原理图

当被测平面是一个曲率很大的球面时,其光路如图 3.17(b)所示。由小孔光源 S 发出的球面波经过大曲率半径 R 的被测平面反射变成具有像散波面的光束射向标准球面反射镜,经标准球面反射镜反射后,再由被测平面反射,在小孔光源附近形成了两条焦线,见图 3.17(b),其中子午焦线 S_t' 垂直于子午面(即垂直于图平面),图中以一圆点表示;弧矢焦线 S_s' 位于子午平面之内(即在图平面内)。检测时,仍将刀口仪放置在标准球面的球心附近,首先使刀口方向垂直于子午面。使刀口自右向左切割光束,同时轴向调节刀口仪位置,若看到视场在瞬间全部变暗,则刀口就位于球心或子午焦线上,在刀口仪上可记下一个轴向位置的读数。然后改变刀口方向,使之平行于子午面,并使刀口自下而上切割光束,如果被测波面是良好的球面波,则视场仍然保持在一瞬间全部变暗的状态,此时刀口就位于球面的球心处。如果被测平面是曲率半径很大的球面,当刀口自下而上切割光束时,可看到阴影逐渐扩大。当阴影变暗方向与刀口运动方向相反时,表示子午焦线在弧矢焦线外面,此时的平面镜是微凸的平面;反之,阴影与刀口运动方向相同时,则子午焦线在弧矢焦线里面,表示镜面是微凹的平面。由此,轴向移动刀口仪,并自下而上切割光束,即可找到一瞬间视场全部变暗的位置,这表明刀口已位于弧矢焦线处。在刀口仪上又可读得一轴向位置的读数,两读数之差,即为像散差,用 x_0 表示,x_0 值与被测平面实际存在的凹凸量(即矢高 h)有以下关系

$$h = \frac{D_0^2 x_0}{16 L^2 \sin\omega \tan\omega}$$

式中,L 是刀口到被测平面的距离;ω 是被测平面法线与光轴的夹角;D_0 是被测平面的通光口径。

(3) 刀口阴影法检测非球面面形误差

光学系统中,经常用到的非球面大多数是轴对称的二次曲面。若将光轴(即 x 轴)取为对称轴,二次曲面的顶点取在坐标原点处,则二次曲面的一般方程为

$$y^2 + z^2 = 2Rx + (e^2 - 1)x^2$$

式中，R 为顶点曲率半径；e 是曲面偏心率。当 R 和 e 确定后，则二次曲面的面形也就完全确定了。不同的 e 值对应不同类型的曲面，如下所示：

$e^2 < 0$ 扁球面

$0 < e^2 < 1$ 椭球面

$e^2 = 1$ 抛物面

$e^2 > 1$ 双曲面

$e^2 = 0$ 球面

除扁球面外，上述各类曲面在对称轴上均有一对特殊点。若光源位于其中的某一点，自该点发出的光线经曲面反射后，一定会聚于另一点处，这一对特殊点称为"无像差点"（抛物面有一个无像差点在无限远处），若用 l 和 l' 分别表示这一对无像差点距离曲面顶点的距离，则有

$$l = \frac{R}{1+e} \qquad l' = \frac{R}{1-e}$$

用阴影法检测非球面面形误差时，检测方法有无像差点法和补偿法两种。

如在无像差点刀口阴影法中，利用二次曲面中存在的一对无像差共轭点这一特性可设计出各种刀口阴影法的检测方案。

① 凹椭球面。对凹椭球面来说，可以直接利用其无像差点法来进行检测，如图 3.18 所示。通常在靠近镜面的无像差点 F_1 处放上点光源 S，而在另一个无像差点 F_2 处放刀口，根据观察到的阴影图来判断凹椭球面的面形误差。

② 抛物面。对抛物面来说，它的焦点是一个无像差点，而另一个无像差点在无穷远处，所以要想利用抛物面的两个无像差点来进行直接检测是有困难的。为了检测抛物面的面形误差，必须添加一个标准平面反射镜作为辅助镜，如图 3.19 所示。光源 S 及刀口均放在抛物面的焦点 F 处。由于加入光路中的是标准平面镜，因此，从阴影图中看到的缺陷就是抛物面的面形误差。

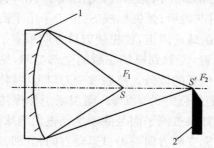 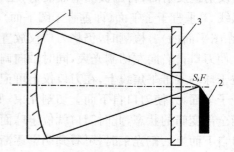

1—凹椭球面镜；2—刀口

图 3.18 刀口阴影法检测凹椭球面的面形误差原理图

1—抛物面镜；2—刀口；3—标准平面镜

图 3.19 刀口阴影法检测抛物面的面形误差原理图

3.2.2 子孔径拼接测试技术

1. 孔径拼接测试技术基本原理

子孔径拼接测量技术的思想最早是由 James Wyant 等人在 1981 年测量大平面镜时提出的，是一种低成本、高分辨率检测大口径光学元件的有效手段。子孔径拼接测量方法基本思想是"以小测大"，其基本原理如 3.20 所示。当被测平面光学元件尺寸超过干涉仪口径或者所测非球面产生的干涉条纹密度大于 CCD 空间分辨率时，利用小口径干涉仪每次仅检测整个光学元件的一部分区域，待完成全孔径测量后，再使用适当的算法"拼接"就可得到全孔径面形信息。由于

每次仅测量非球面上的较小子孔径,其非球面度大大减小,可用标准干涉仪直接测量,不需要辅助补偿镜,在提高横向分辨率的同时,也显著增大了垂直测量范围,因此子孔径拼接测量方法可有效解决大视场与高分辨率的矛盾。

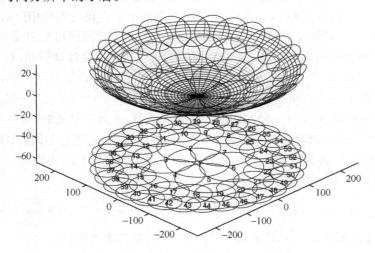

图 3.20　子孔径拼接测量的原理示意图

2. 数学优化处理方法

检测大型光学零件的子孔径拼接干涉法的基本原理在于用干涉方法分别测量整个大孔径面形的一部分,并使各子孔径相互之间稍有重叠,然后从重叠区提取出相邻子孔径的参考面之间的相对平移、旋转,并依次把这些子孔径的参考面统一到某一指定的参考面,从而恢复出全孔径波面。

（1）两口径拼接算法

如图 3.21 所示,W_1 和 W_2 分别是两次子孔径检测的结果。

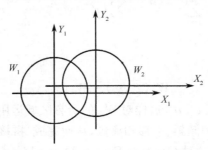

图 3.21　两子孔径拼接原理示意图

如果用 $W_1(x,y)$ 和 $W_2(x,y)$ 分别表示两个子孔径范围的相位值,可写为下面的形式

$$W_1(x,y) = a_1 x + b_1 y + c_1 + W_{01}(x,y) \tag{3.31}$$

$$W_2(x,y) = a_2 x + b_2 y + c_2 + W_{02}(x,y) \tag{3.32}$$

式中,$W_{0i}(x,y)(i=1,2)$ 是系统坐标,$a_i(i=1,2)$ 是沿 x 轴的倾斜量,$b_i(i=1,2)$ 是沿 y 轴的倾斜量,$c_i(i=1,2)$ 是沿光轴方向的位移量。

由于重叠部分 ΔW 无论在 W_1 还是在 W_2 中都应该具有相同的相位信息,因此可以用它作为标准来衡量各次检测之间的差异,同时可以确定出各子区的相对倾斜和轴向位移。将上面的两个公式简化可写为

$$\Delta W = \Delta a x + \Delta b x + \Delta c \tag{3.33}$$

式中,$\Delta a = a_2 - a_1$,$\Delta b = b_2 - b_1$,$\Delta c = c_2 - c_1$。

从理论上说,只需在重叠区任取 3 个不在同一直线上的点,即可求得 Δa、Δb 和 Δc 的精确解。但由于各种误差的存在,一般要取多个点,再用最小二乘法拟合求取这 3 个参量。拼接误差可用统计的方法度量,即利用实际测量值得到该拟合的置信度和方差。

如果用 $W_1(x,y)$ 和 $W_2(x-x_0,y-y_0)$ 分别表示两个子孔径范围的相位值,为便于讨论,不考虑两次测量坐标旋转的情况。在理想测量条件下,在重叠区域的面形信息是相同的,可直接进行拼接。但是由于测量过程中镜面或干涉仪的移动会产生平移、倾斜等误差,对于非球面还存在相对离焦项,如下式所示

$$W_2(x-x_0,y-y_0) - W_1(x,y) = ax + by + c(x^2 + y^2) + d \qquad (3.34)$$

式中,a 为沿 x 轴的倾斜,b 为沿 y 轴的倾斜,c 为离焦系数,d 为平移系数。

上式在本质上是用有限阶多项式拟合 W_1 和 W_2 的相位差。从理论上说,只须在重叠区任取 4 个不在同一直线上的点,即可求得 a、b、c、d 的精确解。一般取多个点,再用最小二乘法拟合使得残差 δ 最小,求取这 4 个参量,其目标函数为

$$\delta = \sum_{i=1}^{n} \{W_2(x-x_0,y-y_0) - [W_1(x,y) + ax + by + c(x^2 + y^2) + d]\}^2 \qquad (3.35)$$

简单的办法是分别对、a、b、c、d 求偏导并令其得零,得以下方程组

$$
\begin{bmatrix} a \\ b \\ c \\ d \end{bmatrix} =
\begin{bmatrix}
\sum_{i=1}^{n} x_i x_i & \sum_{i=1}^{n} x_i y_i & \sum_{i=1}^{n} x_i(x_i^2+y_i^2) & \sum_{i=1}^{n} x_i \\
\sum_{i=1}^{n} y_i x_i & \sum_{i=1}^{n} y_i y_i & \sum_{i=1}^{n} y_i(x_i^2+y_i^2) & \sum_{i=1}^{n} y_i \\
\sum_{i=1}^{n} (x_i^2+y_i^2)x_i & \sum_{i=1}^{n} (x_i^2+y_i^2)y_i & \sum_{i=1}^{n} (x_i^2+y_i^2)^2 & \sum_{i=1}^{n} (x_i^2+y_i^2) \\
\sum_{i=1}^{n} x_i & \sum_{i=1}^{n} y_i & \sum_{i=1}^{n} (x_i^2+y_i^2) & n
\end{bmatrix}^{-1}
\begin{bmatrix}
\sum_{i=1}^{n} x_i l_i \\
\sum_{i=1}^{n} y_i l_i \\
\sum_{i=1}^{n} (x_i^2+y_i^2) l_i \\
\sum_{i=1}^{n} l_i
\end{bmatrix}
$$

$$(3.36)$$

式中,n 为重叠区域采样点个数。

$$l_i = W_2(x_i,y_i) - W_1(x_i,y_i) \qquad (3.37)$$

利用上式就可计算出 a、b、c、d,这样对 W_2 的所有区域运用 $W_2' = W_2 - (ax + by + c(x^2 + y^2) + d)$ 即可去除 W_1 与 W_2 间的倾斜、平移和离焦,从而完成"拼接"。当求解不可导或求导代价较大的问题时,可采用模式搜索方法(Pattern Search Method)。它是求解最优化问题的一种直接搜索方法,它不用目标函数与约束函数的导数信息,而是只用函数值信息,从几何意义上讲,是寻找具有较小函数值的"山谷",力图使迭代产生的序列沿"山谷"的走向逼近极小点。

(2)多口径拼接算法

反复利用两个子孔径进行拼接可实现多孔径拼接,设子孔径数为 N,每个子孔径区域记为 $S_i(i=1,2,\cdots,N)$,任意两个重叠的子孔径形成一个重叠区,总的重叠数为 M。在全孔径坐标系中,每个子孔径中心坐标为 $(x_{0i},y_{0i})(i=1,2,\cdots,N)$,在全孔径坐标下目标函数可表示为

$$W_i(x,y) = a_i x + b_i y + c_i + W_{0i}(x,y) \qquad (3.38)$$

对任意一对相互重叠的子孔径,设 m,n 分别为这两个子孔径的序号,于是对重叠区中的所有数据,有

$$W_m(x,y) - W_n(x,y) = (a_m - a_n)x + (b_m - b_n)y + (c_m - c_n) \qquad (3.39)$$

设 M 个重叠区域用 $\sigma_i(i=1,2,\cdots,M)$ 表示,其对应的子孔径序号记为 m,n,则对所有重叠

区域的数据有

$$W_{mi}(x,y) - W_{ni}(x,y) = (a_{mi} - a_{ni})x + (b_{mi} - b_{ni})y + (c_{mi} - c_{ni}) \tag{3.40}$$

式中，$(x,y) \in \sigma_i (i = 1,2,\cdots,M)$。

由于测量中存在误差，故对所有重叠区中的测量值必然不会完全满足上式，对于每个重叠区域必然会有残差，定义目标函数 V 表示所有重叠区的残差平方和

$$V = \sum_{i=1}^{M} \iint [W_{mi}(x,y) - W_{ni}(x,y) - (a_{mi} - a_{ni})x - (b_{mi} - b_{ni})y - (c_{mi} - c_{ni})]^2 \mathrm{d}x\mathrm{d}y$$
$$\tag{3.41}$$

式中，M 为重叠区域数，N 为子孔径数，W 为相位值，a 为 x 方向倾斜系数，b 为 y 方向倾斜系数，c 为平移系数。

所有子孔径的系数向量应使得上式最小，因 V 为子孔径拼接向量 $\boldsymbol{E}_i(i = 1,2,\cdots,N)$ 的函数，故称为子孔径目标函数。寻求使该目标函数达到最小的所有拼接误差向量，消除拼接误差，减小随机误差和系统误差，就可以实现大口径光学元件的高精度检测。

为寻求目标函数的最优解，等价于求解以下方程组

$$\frac{\partial V}{\partial \boldsymbol{E}_i} = 0 \tag{3.42}$$

式中，$\boldsymbol{E}_i = [a_i, b_i, c_i](i = 1,2,\cdots,N)$。设

$$\mu_i = \iint [W_{mi}(x,y) - W_{ni}(x,y) - (a_{mi} - a_{ni})x - (b_{mi} - b_{ni})y - (c_{mi} - c_{ni})]^2 \mathrm{d}x\mathrm{d}y \tag{3.43}$$

对各分量求解如下方程组

$$\begin{cases} \sum_{i=1}^{M} \left(\dfrac{\partial \mu_i}{\partial a_{mi}} + \dfrac{\partial \mu_i}{\partial a_{ni}} \right) = 0 \\[2mm] \sum_{i=1}^{M} \left(\dfrac{\partial \mu_i}{\partial b_{mi}} + \dfrac{\partial \mu_i}{\partial b_{ni}} \right) = 0 \\[2mm] \sum_{i=1}^{M} \left(\dfrac{\partial \mu_i}{\partial c_{mi}} + \dfrac{\partial \mu_i}{\partial c_{ni}} \right) = 0 \end{cases} \tag{3.44}$$

求解微分方程组，转换为矩阵表达式为

$$\boldsymbol{A} \begin{bmatrix} \boldsymbol{E}_1 \\ \vdots \\ \boldsymbol{E}_N \end{bmatrix} = \boldsymbol{B} \tag{3.45}$$

式中，$\boldsymbol{E}_i = [a_i, b_i, c_i](i = 1,2,\cdots,N)$ 令

$$\boldsymbol{E} = \begin{bmatrix} \boldsymbol{E}_1 \\ \vdots \\ \boldsymbol{E}_N \end{bmatrix} \tag{3.46}$$

矩阵 $\boldsymbol{\alpha}_i(i = 1,2,\cdots,N)$ 定义如下

$$\boldsymbol{\alpha}_1 = \begin{bmatrix} \boldsymbol{I} \\ 0 \\ 0 \\ \vdots \\ 0 \end{bmatrix}, \boldsymbol{\alpha}_2 = \begin{bmatrix} 0 \\ \boldsymbol{I} \\ 0 \\ \vdots \\ 0 \end{bmatrix}, \cdots, \boldsymbol{\alpha}_N = \begin{bmatrix} 0 \\ 0 \\ 0 \\ \vdots \\ \boldsymbol{I} \end{bmatrix} \tag{3.47}$$

其中，$\boldsymbol{I} = \begin{bmatrix} 1 & 0 & 0 & 0 \\ 0 & 1 & 0 & 0 \\ 0 & 0 & 1 & 0 \\ 0 & 0 & 0 & 1 \end{bmatrix}$。

$\boldsymbol{\alpha}_i$具有维数 $3N\times3$，对于每个重叠区域 σ_i，存在相应的相关矩阵

$$A_i = \begin{bmatrix} \sum_{i=1}^{M} x_i x_i & \sum_{i=1}^{M} x_i y_i & \sum_{i=1}^{M} x_i \\ \sum_{i=1}^{M} y_i x_i & \sum_{i=1}^{M} y_i y_i & \sum_{i=1}^{M} y_i \\ \sum_{i=1}^{M} x_i & \sum_{i=1}^{M} y_i & N_i \end{bmatrix} \tag{3.48}$$

$$B_i = \begin{bmatrix} \sum_{i=1}^{M} x_i l_i \\ \sum_{i=1}^{M} y_i l_i \\ \sum_{i=1}^{M} l_i \end{bmatrix} \tag{3.49}$$

式中，$l_i = W_{mi}(x,y) - W_{ni}(x,y)$，$N_i$ 为重叠区域采样点个数。于是矩阵 A，B 可以表示为

$$A = \sum_{i=1}^{M} (\boldsymbol{\alpha}_{ni} A_i \boldsymbol{\alpha}_{mi}^{\mathrm{T}} + \boldsymbol{\alpha}_{ni} A_i \boldsymbol{\alpha}_{ni}^{\mathrm{T}} - \boldsymbol{\alpha}_{mi} A_{mni} \boldsymbol{\alpha}_{ni}^{\mathrm{T}} - \boldsymbol{\alpha}_{mi} A_{mni} \boldsymbol{\alpha}_{mi}^{\mathrm{T}}) \tag{3.50}$$

$$B = \sum_{i=1}^{M} (\boldsymbol{\alpha}_{mi} - \boldsymbol{\alpha}_{ni}) B_i \tag{3.51}$$

因此，利用所有重叠区域的测量数据，就可得到矩阵 A 及向量 B，从而求解矩阵方程得到拼接误差向量 E。实际上大多数情况下 A 是奇异的，以最简单的情况即两孔径拼接为例，两孔径重叠只有一个重叠区域。

$$A_1 = \begin{bmatrix} \sum xx & \sum xy & \sum x \\ \sum yx & \sum yy & \sum y \\ \sum x & \sum y & N_1 \end{bmatrix}, \quad \boldsymbol{\alpha}_{11} = \begin{bmatrix} I \\ 0 \end{bmatrix}, \boldsymbol{\alpha}_{21} = \begin{bmatrix} 0 \\ I \end{bmatrix} \tag{3.52}$$

$$A = \boldsymbol{\alpha}_{11} A_1 \boldsymbol{\alpha}_{11}^{\mathrm{T}} + \boldsymbol{\alpha}_{21} A_1 \boldsymbol{\alpha}_{21}^{\mathrm{T}} + \boldsymbol{\alpha}_{11} A_1 \boldsymbol{\alpha}_{21}^{\mathrm{T}} + \boldsymbol{\alpha}_{21} A_1 \boldsymbol{\alpha}_{11}^{\mathrm{T}} \tag{3.53}$$

易知

$$A = \begin{bmatrix} A & -A \\ -A & A \end{bmatrix} \tag{3.54}$$

$|A| = 0$。A 为奇异阵，不可逆。但 A 存在广义逆，广义逆具有与逆矩阵相似的性质。因此实验中常采用求广义逆代替逆矩阵得到拼接向量。

（3）子孔径划分方式

除了子孔径的拼接算法外，子孔径的划分方式在子孔径拼接测试技术中也是非常重要的一环。按照子孔径的形状可分为圆形子孔径划分、矩形子孔径划分及环形子孔径划分 3 种方法，如图 3.22 所示，3 种划分方式的应用范围及优缺点见表 3.2。

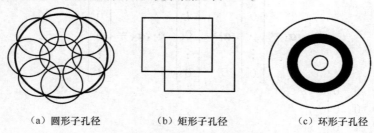

(a) 圆形子孔径　　　　　(b) 矩形子孔径　　　　　(c) 环形子孔径

图 3.22　子孔径的划分方式

表 3.2　子孔径形状的比较

子孔径形状	应用范围及优缺点
圆形子孔径	应用范围最广,适用于大部分的平面、球面及面形变化不大的非球面的检测
环形子孔径	主要用于非球面检测,可以检测偏离度较大的深型非球面
矩形子孔径	主要用于矩形光学元件的检测,由于矩形孔径间具有较大的重叠面积,因此拼接效率最高,同时矩形区域方便图像及数据的处理;缺点是要有矩形的标准镜配合,如仍用圆形标准镜,则不能有效地利用标准镜的口径

按子孔径排列方式可将子孔径拼接分成平行模式和同心模式两种形式。平行模式是指子孔径以平行方式进行排列,而同心模式则是指以中心孔径为基准的子孔径排列方式,如图 3.23 所示。

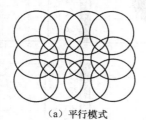

（a）平行模式

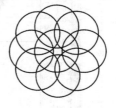

（b）同心模式

图 3.23　子孔径排列方法示意图

按照子孔径的拼接顺序和拼接路径,有串联和并联两种拼接模式,如图 3.24 所示。

串行模式:1→2→3→4→5…,即子孔径依次拼接,称为串行模式。并行模式:1→2,1→3,1→4,1→5,即外围 4 个子孔径与中心的子孔径拼接或采用某种算法,计算出一个合理的基准面,所有的子孔径都与其拼接称为并行模式。

3. 子孔径拼接技术应用例

被测件是一块平面环状 K9 玻璃镜,外径为 150mm,内径 32mm。利用 Zygo GPI 干涉仪的 6 吋(152mm)镜头进行全口径测量的结果为:PV = 1.840λ,RMS = 0.225λ,其中 λ 常取 632.8nm,检测结果如图 3.25所示。

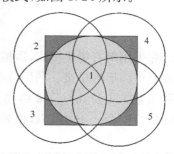

图 3.24　子孔径拼接模式示意图

采用 9 个子孔径拼接的方式对该面形进行检测,每个子孔径的测量利用 Zygo GPI 干涉仪的 4 吋(100mm)镜头,9 个子孔径的编号和划分方式如图 3.26所示,各子孔径相互重叠区域百分比均大于 60%,占全口径的面积均大于 40%,以保证拼接的精度。图 3.27 所示为 9 个子孔径的检测结果。

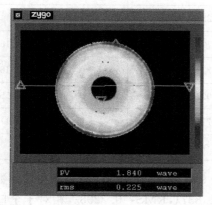

图 3.25　Zygo GPI 干涉仪全口径测量结果

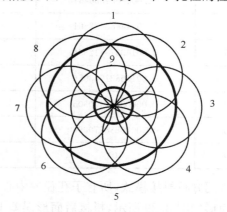

图 3.26　子孔径划分方式

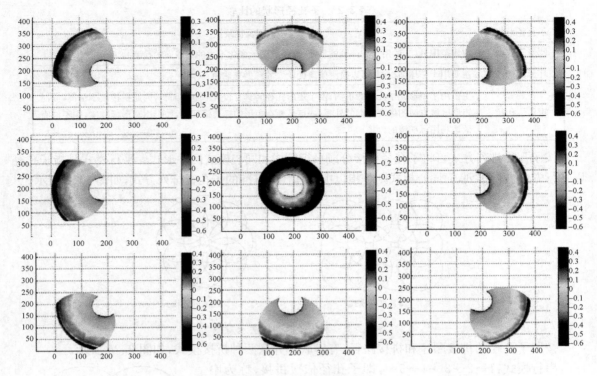

图 3.27　子孔径测量结果

　　先采用串行拼接模式，即按照图 3.26 中的子孔径 9→1→2→3→4→5→6→7→8 的拼接顺序完成整个面形的拼接。利用最小二乘法计算得到各子孔径间的拼接系数（两个倾斜系数和一个平移系数）见表 3.3。最终得到全口径拼接面形如图 3.28 所示，拼接后面形误差 PV ＝2.0647λ，RMS＝ 0.1715λ，相对于全口径的测量误差接近 15％，可见串行模式的拼接误差较大。

表 3.3　串行拼接模式的拼接系数

子孔径编号	x-Tilt	y-Tilt	Piston
1	−0.00005927858769	0.00187658361281	−0.25457962383952
2	−0.00114935149663	−0.00017861578019	0.28257600618935
3	−0.00036698604575	−0.00201506871517	0.39682592100796
4	0.00044488432661	−0.00152399448921	0.24049804131851
5	0.00143919112834	−0.00017206594914	−0.27144348318616
6	0.00155831743956	0.00089738716429	−0.45489829006016
7	0.00009165400305	0.00116097648980	−0.26066644703955
8	−0.00058582700680	0.00229714827511	−0.22067234532917
9	0	0	0

　　再采用并行拼接模式，所有子孔径向中心子孔径 9 拼接，得到表 3.4 所列的拼接系数。全口径拼接面形如图 3.29 所示，拼接后面形误差 PV ＝1.837λ，RMS＝0.2298λ，相对于全口径的测量误差不到 1％。

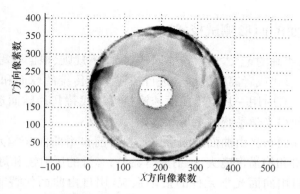

图 3.28　串行模式的拼接结果(PV ＝2.0647λ,RMS＝0.1715λ)

表 3.4　并行拼接方法的拼接系数

子孔径编号	x-Tilt	y-Tilt	Piston
1	−0.00005927858769	0.00187658361281	−0.25455762383952
2	−0.00118214640905	0.00167920891462	0.02361951076354
3	−0.00167631622539	−0.00024721839454	0.43818267579966
4	−0.00124067518416	−0.00180943728057	0.68907486604673
5	0.00021932763286	−0.00193528104677	0.40143606190900
6	0.00188911624693	−0.00112893906050	−0.05105696735042
7	0.00194262902721	0.00007750968635	−0.31479029737146
8	0.00127792347000	0.00231955512965	−0.51744991599607
9	0	0	0

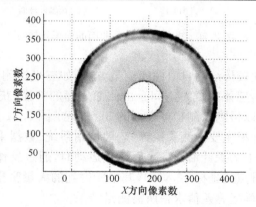

图 3.29　并行模式的拼接结果(PV ＝1.837λ,RMS ＝0.2298λ)

子孔径拼接测量对设备精度要求很高,如何消除拼接测量过程中的误差累积,尤其对非球面拼接测量的误差修正是干涉拼接测量所面临的主要问题。此外,子孔径的划分、子孔径波面数据的采集和子孔径拟合拼接的数据处理方法等是子孔径拼接测量方法的关键技术。

2003 年美国 QED 技术公司研制成功了 SSI 自动拼接干涉仪,能够高精度检测口径为 200mm 以内的平面、球面、有适当偏离度的非球面。近年来,工业化的用于大口径光学平面面形检验的子孔径拼接干涉仪和可用于平面、球面、有适当偏离度的非球面面形检验的自动拼接干涉仪已经研制成功,并在不断改进和完善,以期望进一步提高拼接系统的精度、横向和纵向动态测量范围。

3.2.3 自由曲面的面形测试技术

自由曲面没有严格明确的定义,通常指非回转对称、不规则、根据所需要求自由构造的曲面,在数学上一般使用解析形式或者离散数据点进行描述。与传统的球面和非球面相比,自由曲面具有更好的设计自由度,有时用一片自由曲面透镜就可以代替几片球面透镜的组合获得同样甚至更好的成像质量,这使得光学系统的重量和体积大大减小。

图3.30所示为非球面与自由曲面的面形比较。目前自由曲面光学元件已经广泛应用于数码摄影镜头、激光打印机和扫描仪镜头、衍射光学器件、车灯的反射镜和灯罩、平面显示器的导光板等产品。比如,含有自由曲面光学元件的投影系统,用自由曲面代替非球面使得系统厚度更小,视场更大;含有自由曲面光学元件的照明系统获得了更高的照明效率和照明均匀度;在国防和军事领域,自由曲面光学元件在各种可见光瞄准器、头盔显示器、微光夜视仪等多个领域也有着一定的应用。

自由曲面光学元件尽管有其突出的优点,但远远不能进入到现代光学系统的主流中,原因就是光学自由曲面面形描述复杂,使得自由曲面光学元件在设计、加工以及检测过程中都存在着很多的技术难点。根据光学自由曲面的不同加工阶段,目前光学自由曲面的测量方法主要有两种:一是传统的接触式测量法,如三坐标测量法、轮廓仪扫描法等,一般用于面形精度较低的铣削、研磨阶段;二是非接触式的光学干涉测量法,如全息法、子孔径拼接法等,可用于面形精度较高的抛光阶段。

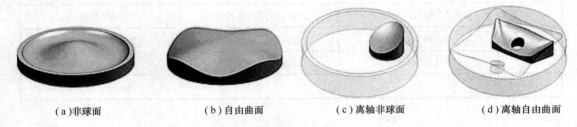

(a)非球面 (b)自由曲面 (c)离轴非球面 (d)离轴自由曲面

图3.30　非球面与自由曲面的面形比较

1. 三坐标测量法

接触式测量法是一种比较传统的自由曲面测量方法,如三坐标测量法和轮廓仪扫描法。其原理都是依靠测量探头或传感器完成对空间自由曲面表面的扫描,获取被测物体表面的3D点云数据,经过曲面拟合就可以得到被测物体表面的3D描述。图3.31是三坐标测量法测量自由曲面的示意图。三坐标测量机主要由测头探针、运动控制系统、数据采集系统和分析软件组成。测头是一种传感器,当测头上的探针沿样件表面逐点运动时,通过反作用力使测针发生变形,通过传感器逐点记录空间三维点的坐标(x, y, z),其中所得到的大量密集、散乱的测量数据称之为"云点",再通过一系列的数学运算差值求得所需测量结果。

在保证精度的前提下,如何合理地确定采样点的数量及分布,是自由曲面测量的关键步骤。传统"曲面—曲线—点集—测量点集"的递归分解方法是实现曲面数字化的基本思路。因为测量的过程是通过测球与每个测量点相接触来完成的,因此在测量之前必须确定每个测量面的测量点数及其在测量面上点的分布。同样从测量效率和测量误差的角度出发,应在满足精度要求的前提下,尽可能地减少测量点的数量;另一方面,测量点应合理地分布在测量面上,尽可能将测量机的误差对测量结果的影响减少到最小。

由三坐标的测量原理可知,其测量结果实际上是三坐标探针测头中心在整个测量过程中的轨迹,探针一般是几毫米直径的标准球,因此需要求出探头与工件的实际接触位置,来补偿由于

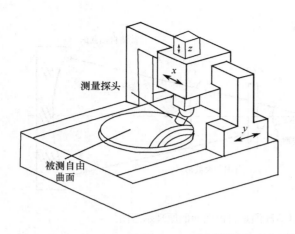
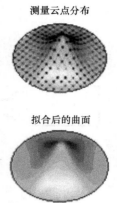

测量云点分布

拟合后的曲面

图 3.31　三坐标测量自由曲面的示意图

探头不是理想点所引起的测量偏差。此外,为分析实际面形与理论面形之间的偏差,要求工件坐标系统与三坐标测量坐标系统相同,因此如何分析出三坐标系统与工件坐标系统的偏离量是测量中的关键。由于光学自由曲面没有一个明确的基准面,因此能否实现自由曲面的基准面和测量面之间的最佳匹配问题是自由曲面测量的另一关键。研究表明,通过使实测曲面与理论曲面的特征点、特征线、特征面的完全重合,使实测曲面与理论曲面达到"最佳匹配状态",从而消除大部分因测量基准与设计基准不重合而产生的系统误差。

接触式三坐标测量法几乎能测量任何类型的自由曲面面形,但通常其精度有限,随着三坐标技术的不断发展,目前高精度的三坐标测量精度能达到 $0.3\mu m$ 以下,这一精度可满足普通光学成像系统的要求。国外著名的三坐标测量机生产厂家有德国的蔡司(Zeiss)和莱茨(Leitz)、意大利的 DEA、美国的布朗-夏普(Brown & Sharpe)、日本的三洋(Mitutoyo)和尼康(Nikon)等公司。此外,英国 Taylor Hobson 公司制造的接触式轮廓仪也具有测量三维自由曲面面形的能力,如FormTalysulf PGI1240 具有较高的分辨率(Z 轴分辨率为 0.8nm)和较大的量程(X,Y,Z 轴分别为 200mm,100mm,450mm)。

传统的三坐标测量机多采用逐点触发或扫描的接触式测量,测量速度慢、效率低,易损伤被测表面,不能对软质材料和超薄形物体进行测量,对细微部分测量精度也受到影响。采用激光位移传感器可以实现自由曲面非接触式的测量,非接触高速扫描测量是三坐标测量技术的发展趋势。

2. 计算机全息图法测量自由曲面

计算机全息图法(CGH)理论上具有生成几乎任何形状波前的能力,使得它可结合激光干涉仪对自由曲面进行零位补偿光学测量,同时具有高效率和高精度的优点,是自由曲面等无回转对称性的光学表面较为理想的测量方法。如图 3.32 所示,检测光两次通过 CGH,第一次通过时,CGH 在波前上附加相位函数 $\varphi(x,y)$ 形成 1 级衍射波前,将球面波变换为与自由曲面吻合的理想波前;第二次通过时,CGH 在波前上附加相位函数 $-\varphi(x,y)$ 形成 -1 级衍射波前,将波前变换为球面波,实现零位补偿,利用干涉仪可直接获得自由曲面的面形误差。

CGH 计算过程可以使用光线追迹完成,如图 3.33 所示,从干涉仪焦点到被检面上各点的光程相等,因此 CGH 的相位函数可以表达为

$$\varphi(Q) = -\text{OPD}(FQ) - \text{OPD}(QP) \tag{3.55}$$

式中,F 为干涉仪的焦点;$P(x,y,\text{sag}(x,y))$ 为被检面上的点;Q 为 CGH 表面上的点。PQ 为自由曲面的法线方向,由于常数项对 CGH 的相位函数无意义,故在该方程中略去。CGH 设计时,

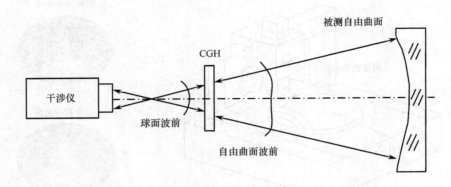

图 3.32　CGH 测量自由曲面的原理示意图

结合该方程和自由曲面方程,可使用数值方法计算出相位函数的等高线,相位差为 $\lambda/2$ 的相邻两根等高线首尾相连闭合形成 CGH 的一根条纹。

CGH 设计时,需要选择恰当的光学参数及 CGH 位置以避开自由曲面法线会聚的交点,另一方面还需要选择合适的干涉仪焦点位置,以在能分离衍射级次的前提下,尽可能降低 CGH 条纹密度以提高其制作精度。随着超微细加工技术的不断发展,为计算全息图的制作提供了强有力的技术保障。当前,计算全息理论已经非常成熟,由于计算全息可以产生想要得到的任意形状的波前,所以用 CGH 作为零位补偿器来测量光学自由曲面具有很大的优势和很好的前景。

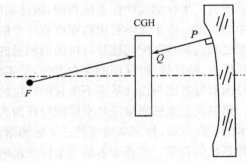

图 3.33　CGH 测量自由曲面的相位差计算

现代计算机技术和光电技术的发展使得基于光学原理、以计算机图像处理为主要手段的三维自由曲面非接触式测量技术得到了快速发展,出现了多种不同原理的非接触式自由曲面的测量技术,如子孔径拼接干涉测量法、投影光栅法、激光三角法、全息法、深度图像三维测量法、逐层扫描测量法等。它们可以从根本上解决接触式测量所产生的各种缺陷,而且测量速度快、分辨率高,因此非接触式测量已成为自由曲面测量的一个重要发展方向。其中子孔径拼接干涉检测法和全息法精度最高,是目前常用的光学自由曲面高精度测量方法。子孔径拼接技术主要用于与球面偏离量较大的自由曲面,但其测量过程较为烦琐,且测量精度受限于拼接过程中的机械精度和拼接算法。

3.3　微光学元件参数测试

衍射光学元件是利用计算机设计衍射图样,并通过微电子加工技术在光学材料表面制作浮雕的元件。20 世纪 80 年代,美国 MIT 林肯实验室的 W. B. Veldkamp 领导的研究小组首先将制造超大规模集成电路(VLSI)的光刻技术引入衍射光学元件的制作中,提出了"二元光学"概念,之后各种新型的加工制作方法不断涌现,高质量多功能的衍射光学元件制作得以实现,极大地推动了衍射光学元件的发展。

衍射光学元件具有可以灵活地控制波前、可以集多功能于一体和可复制的优良特性,使光学系统及器件向轻型化、微型化和集成化发展。这些元件可广泛应用于激光波面的矫正、光束剖面成形、光束阵列发生器、光学互连、光学平行计算、卫星光通信等方面。

常规的透镜由于球差等像差的存在,不同入射高度的光束会会聚于不同的焦点,而采用一侧浮雕衍射光学元件的校正透镜,可以很好地将不同高度的入射光会聚于同一焦点,校正球差,提高激光的效率,如图 3.34 所示。

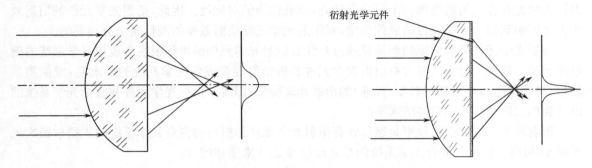

图 3. 34　普通透镜与带有衍射光学元件聚焦效果对比图

带有衍射光学元件的平顶光整形器可以将入射的高斯激光束整形为平顶光,光斑形状可以为圆形或方形,如图 3.35 所示,具有锐利的边缘,可用于激光烧蚀、激光焊接、激光打标、激光显示器及激光医疗等。

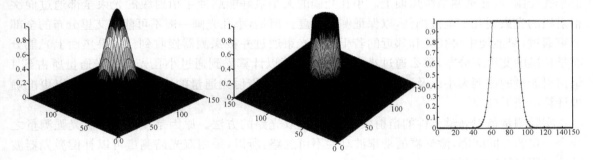

图 3.35　带有衍射光学元件的光束整形器整形效果图

带有衍射光学元件的双波长会聚透镜还可以将不同波长的入射光会聚于同一焦点,实现双波长会聚,如图 3.36 所示,He-Ne 激光器出射的 632.8nm 光束与 CO_2 激光器出射的 $10.6\mu m$ 光束会聚到一个焦点。

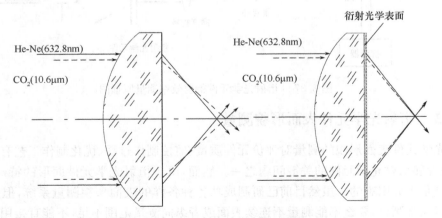

图 3.36　带有衍射光学元件的双波长会聚透镜会聚效果对比图

3.3.1　衍射光学元件衍射效率测试

衍射效率是评价衍射光学元件以及含有衍射光学元件的折衍射混合光学系统的重要指标之一。光线通过衍射光学元件后，会产生多个衍射级次，一般只是关注主衍射级次的光线，其他衍射级次的光线在主衍射级像面上形成杂散光，降低像面的对比度。因此，衍射光学元件的衍射效率直接影响到衍射光学元件的成像质量，对衍射光学元件衍射效率的测量是十分必要的。

衍射光学元件衍射效率的测量是通过对含有衍射光学元件的折衍射混合成像光学系统的测量实现的。这种测量方法对含有衍射光学元件的折衍射混合成像光学系统的要求是：成像质量较好，星点像能量分布具有典型（标准）的衍射光斑特征，即要求衍射光学元件和整个光学系统的设计和加工质量均达到较高的水平。

衍射光学元件的衍射效率是通过含有衍射光学元件的折衍射混合光学系统的主衍射级次光通量 Φ_1 与通过折衍射混合光学系统的总光通量 Φ 之比来描述的，即

$$\eta = \frac{\Phi_1}{\Phi} \tag{3.56}$$

衍射光学元件衍射效率的测量方法如图 3.37 所示。在准直物镜焦面上放置一个角半径适当的星点孔，以使被测系统主衍射级次焦面上能够出现一个艾里衍射分布。选择一个适当大小的小孔光阑，放在被测系统焦面上。小孔光阑的大小最好能够使主衍射级的光束全部通过而次衍射级的光束则几乎全被挡住，以保证测量精度。但是，小孔光阑一般不可能使艾里分布的全部光束通过，只能使中央亮斑和邻近的若干亮环光束通过并被探测器接收到。如果焦面上光能分布是标准的艾里斑分布，那么通过小孔光阑尺寸可以计算得到通过小孔光阑的光通量所占到 1 级衍射能量的比例大小以及通过小孔光阑所占的次级衍射光通量的比例大小，进而可以更准确地计算出衍射效率。

实际测量衍射光学元件的衍射效率时，采用双光路的方法。原因是在前后两次光强测量之间有一定的时间间隔，激光器的功率波动性不可忽略，所以，采用双光路测量可以补偿激光器波动性对测量精度的影响。

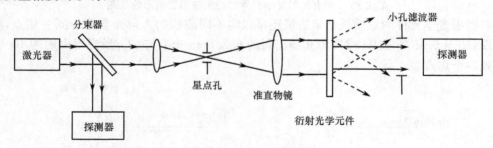

图 3.37　衍射光学元件衍射效率测量原理图

3.3.2　衍射光学元件表面形貌测量

衍射光学元件表面形貌的测量对评价元件质量、监控制作过程、优化制作工艺有着极其重要的意义，是发展衍射光学元件的关键问题之一。然而，由于衍射光学元件面形的特殊性，对其进行精确测量是十分困难的。虽然目前已研制成功各种各样的表面形貌测量系统，但这些系统要么不能进行三维测量，要么不能测量不连续表面或者纵向测量范围不足，不能直接用来测量衍射光学元件的表面形貌。常用的衍射光学元件表面形貌测量技术的原理如图 3.38 所示。

从光源出射的光经准直透镜准直后平行出射，经 1/4 波片变成线偏振光，线偏振光经过偏振

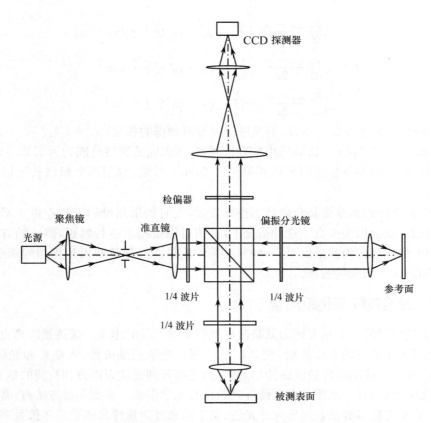

图 3.38　衍射光学元件表面形貌测量装置图

分束镜后分成两束光,一束光是透过偏振分光镜的 P 光,经过 1/4 波片后被显微物镜聚焦在参考面上,反射后再经 1/4 波片后变成 S 光,被偏振分光镜反射;另一束是被偏振分光镜反射的 S 光,经过 1/4 波片后被显微物镜聚焦到被测的衍射光学元件的表面,反射后再经 1/4 波片后被转换成 P 光,透过偏振分光镜。经由标准参考面和被测的衍射光学元件表面反射的这两束光经过偏振分光镜后汇合到一起,通过检偏器后发生干涉。探测器接收的干涉光强为

$$I = \frac{1}{2}(I_s + I_r) + I_s I_r \cos(\varphi - \varphi_s) \tag{3.57}$$

式中,I_s 是由被测表面返回的光强;I_r 是来自参考表面的反射光强;$\varphi = 2(\theta_1 - \theta_2)$,$\theta_1$ 移相器 1/4波片的晶轴方向,$\theta_1 = \theta/4$,θ_2 是检偏器的透振方向与 P 光偏振方向的夹角,通过旋转检偏器 θ_2 是可变的;φ_s 是被测表面引起的相位改变,且 $\varphi_s = 4\pi h/\lambda$;其中 h 是被测衍射光学元件表面相对于某一基准面的高度。

为了测量被测相位 φ_s,采用五步相移测量技术,相位计算公式为

$$\varphi_s = \arctan\frac{2(I_4 - I_2)}{2I_3 - I_5 - I_1} \tag{3.58}$$

式中,I_1, I_2, I_3, I_4, I_5 分别是 φ 取 $-\pi, -\pi/2, 0, \pi/2, \pi$ 时测出的干涉光强。

由上式可以看出,由于函数的周期性,相移干涉测量方法的相位测量范围被限定在 $[-\pi, \pi]$ 之间,相应地被测表面形貌的纵向深度被限定在 $\lambda/2$ 范围内,此测量范围不能满足被测的衍射光学元件表面形貌的测量要求。为此,可以采用双波长测量方法来扩大测量范围,此时,表面形貌的测量公式为

$$h = \begin{cases} \dfrac{\lambda_e}{2} \dfrac{\varphi_2 - \varphi_1}{2\pi} + \dfrac{\lambda_e}{2} & \varphi_2 - \varphi_1 \in [-2\pi, -\pi] \\[3mm] \dfrac{\lambda_e}{2} \dfrac{\varphi_2 - \varphi_1}{2\pi} & \varphi_2 - \varphi_1 \in [-\pi, \pi] \\[3mm] \dfrac{\lambda_e}{2} \dfrac{\varphi_2 - \varphi_1}{2\pi} - \dfrac{\lambda_e}{2} & \varphi_2 - \varphi_1 \in [\pi, 2\pi] \end{cases} \tag{3.59}$$

式中，φ_1, φ_2 分别是采用波长为 λ_1, λ_2 的光进行测量时测得的相位，$\lambda_e = \lambda_1 \lambda_2 / |\lambda_1 - \lambda_2|$。例如，取 $\lambda_1 = 0.6\mu m$，$\lambda_2 = 0.5\mu m$。如果采用单波长测量，则纵向的测量范围约为 $0.25 \sim 0.3\mu m$，而采用双波长测量，则纵向的测量范围可以扩展到 $1.5\mu m$。可见，利用两个短波长可以扩展表面深度测量范围。

衍射光学元件的表面常常是台阶状不连续表面，此时如果测量的采样点位于不连续处或其附近时，测量结果就会出现失真。这种情况下，必须对测量结果进行修正，修正的方法一般有两种：一种是用平均位相作为测量值，另一种方法是将此采样点分解归入到相邻的两个采样点，形成一种不等间距采样测量的效果。

3.3.3 微透镜阵列焦距测量

微光学迅速发展的一个重要标志就是阵列型微光学元件的出现。微透镜阵列由于其高衍射效率、高填充因子和较宽的工作波段，使其广泛应用于光学三维成像、光整形和光耦合等领域。尤其在自适应光学系统的哈特曼波前传感器中，微透镜阵列是波面细分和检测的核心部件。

与传统光学透镜类似，焦距是微透镜阵列的核心光学参数。主要测量方法有：基于光栅剪切干涉测量法、基于光栅多缝衍射原理的分光法、基于清晰度定焦评价函数的图像处理法和基于哈特曼波前检测原理的测量法。下面主要介绍剪切干涉法测量微镜阵列焦距的原理。

剪切干涉法测量的核心是剪切波前的获取，常用的剪切波前的获取方法有：平行平板法、棱镜分光法和光栅衍射法等。光栅衍射法在球面波前检测中具有一定的优势，该方法利用光栅衍射的 0 级和 1 级光重叠产生干涉条纹进行测量。当光栅位于微透镜的焦面上时，重叠区域没有干涉条纹；当光栅处于离焦位置时，重叠区域内出现剪切干涉条纹；利用条纹的出现和消隐完成微透镜阵列的定焦测量，进一步结合光斑大小完成微透镜的焦距测量，图 3.39 是其测量原理。

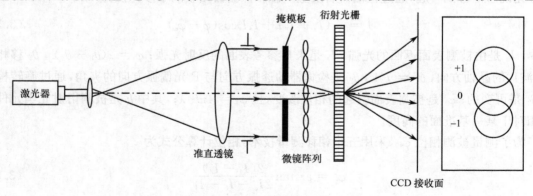

图 3.39　光栅衍射法测量微透镜焦距原理

对微透镜阵列的检测，一般选取其中一个子单元为基准，将掩模板置于二维调整台上，移动掩模板使微透镜阵列的其余子单元依次逐个进入检测光路，就可以对微透镜阵列的所有单元的焦距进行测量。微透镜阵列不同子单元进入检测光路时，由于各子单元的焦距存在一定的差异，光栅相对于各个子单元的离焦量发生变化，其剪切干涉条纹周期也发生改变。通过测量干涉条纹周期的变化，计算光栅相对于不同子单元焦面的离焦量，从而完成焦距的测量。

测试系统主要由两大部分组成，由激光光源、准直透镜和被测微透镜阵列组成第一部分，主要产生被测波前；由光栅和CCD接收器构成第二部分，主要对待测波前定量分析。平面波前通过微镜阵列后，由于微透镜阵列的位相调制作用，将入射的平面波转换为球面波出射，出射的球面波照射到光栅上，由于光栅的衍射作用，衍射光分为0、+1、−1级等衍射光。+1级、−1级衍射光分别与0级衍射光发生干涉，产生干涉条纹。

为了分析的方便，取微镜阵列中心透镜单元，其与光栅及CCD探测面之间的相对位置关系如图3.40所示。当光栅周期p与被测微镜阵列单元口径D和焦距f满足以下条件

$$\frac{D(s+m)}{f} \geqslant m\frac{\lambda}{p} \geqslant \frac{D(s+m)}{2f} \tag{3.60}$$

此时，+1级衍射光与−1级衍射光没有重叠且分别与0级衍射光重叠形成干涉条纹。通过计算可以得到0级衍射光与+1级重叠区域的光强分布为

$$I(x_i, y_i) = A_0^2 + A_1^2 + 2A_0A_1\cos\left[2\pi\frac{sm\lambda}{2(s+m)p^2}\right]\cos\left[2\pi\frac{s}{(s+m)p}x_i\right] \tag{3.61}$$

式中，A_0，A_1分别为0级与+1级衍射光的振幅。

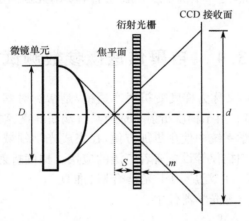

图3.40　微透镜阵列尺寸及位置图

光强分布的第一个位相因子由测量系统参数及光栅与CCD探测器放置的位置确定，与像面上坐标无关。因此CCD探测器像面上光强呈周期分布，即产生干涉条纹，条纹周期为

$$p_t = \frac{s+m}{s}p \tag{3.62}$$

由此可以看出，干涉条纹可以看成是光栅经过微镜阵列焦点上的光源在像面上的投影，当光栅位于微镜阵列焦面上时，$s=0$，有

$$I(x_i, y_i) = A_0^2 + A_1^2 + 2A_0A_1 \tag{3.63}$$

此时，干涉区域出现均匀的亮斑。

调整光栅位置，使式(3.61)中第一个相位因子取极值，此时像最清晰。根据光栅衍射理论，各级衍射光相对于0级衍射光的光强为

$$\frac{I_n}{I_0} = \frac{\sin\left(\frac{a}{p}n\pi\right)}{\frac{a}{p}n\pi} = \frac{\sin(\delta)n\pi}{\delta n\pi} \tag{3.64}$$

式中，a为缝宽，δ为光栅的占空比。

测量时，移动光栅的位置，两次测量干涉条纹的周期，即可根据式(3.62)计算出CCD像面相

对于微镜阵列的离焦量，从而完成微透镜的定焦检测。微透镜阵列单元的焦距为

$$f = \frac{D}{d}(s+m)$$
(3.65)

式中，D 为入射平面的口径即微透镜阵列前方掩模板的通光口径，d 为光栅的 0 级衍射光斑直径。

微透镜阵列焦距测量不确定度主要由 4 部分组成。微透镜阵列的子单元孔径测量误差引起的测量不确定度 U_D，与微镜阵列的制作工艺相关，其测量不确定度优于 $0.5\mu m$；光栅衍射的 0 级光斑直径的测量误差引起的测量不确定度 U_d，根据光栅方程，0 级衍射光位相不发生变化，振幅发生改变，即 0 级衍射光光线不发生偏转。测量过程中，先将衍射光栅移出检测系统，用 CCD 探测器直接测量初始位置的光斑大小即为光栅 0 级衍射光的直径。分析表明，微透镜阵列的 0 级衍射光斑直径测量不确定优于 1 个像元，即 U_d 为 $2\mu m$；光栅初始位置与 CCD 探测器像面轴向距离测量误差引起的测量不确定度 U_m，其测量误差主要由光栅测微仪的测量误差和显微物镜以及 CCD 探测器组成的光学系统的景深引起的测量误差组成。光栅测微仪的测量误差相对较小，U_m 主要由显微物镜以及 CCD 探测器组成的光学系统的景深所决定，对于大多数的显微物镜和 CCD 探测器组成的光学系统，这一不确定度一般优于 $40\mu m$；光栅离焦量检测误差引起的测量不确定度 U_s，该值远小于 U_m。

3.4 自聚焦透镜参数测试

自聚焦透镜（Grin Lens）又称为梯度变折射率透镜，是指折射率分布沿径向渐变，具有聚焦和成像功能的柱状光学透镜。由于梯度折射率透镜具有端面准直、耦合和成像特性，加上圆柱状小巧的外形特点，在微型光学系统中使用更加方便，在集成光学领域如微型光学系统、医用光学仪器、光学复印机、传真机、扫描仪等设备有着广泛的应用。梯度折射率透镜是光通讯无源器件中必不可少的基础性元器件，广泛应用于光耦合器、准直器、光隔离器、光开关、激光器等光学器件中。

自聚焦透镜折射率分布公式为

$$n(r) = n_0\left(1 - \frac{A}{2}r^2\right)$$
(3.66)

式中，n_0 是自聚焦透镜的中心折射率，r 为自聚焦透镜的半径，A 为自聚焦透镜的折射率分布常数。其空间分布曲线如图 3.41 所示。

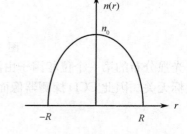

图 3.41 自聚焦透镜折射率分布曲线

传统透镜会聚光线是通过控制透镜表面曲率，利用不同光线的光程差使光线会聚成一点。自聚焦透镜同普通透镜的区别在于，自聚焦透镜的折射率分布沿径向逐渐减小，能够使沿轴向传输的光产生偏折，从而实现出射光线被平滑且连续的会聚到一点，如图 3.42 所示。

3.4.1 自聚焦透镜折射率分布测试

由式（3.66）可以看出，对于自聚焦透镜折射率分布的测量，实际上就是测量折射率分布常数 A。对于折射率分布满足式（3.66）的自聚焦透镜，其焦距可以按下式计算

$$f = \frac{1}{n_0\sqrt{A}\sin(\sqrt{A}t)}$$
(3.67)

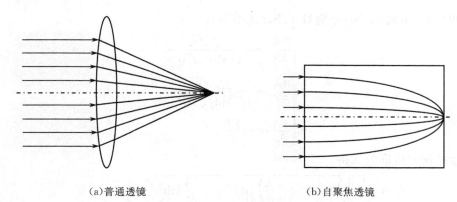

(a)普通透镜　　　　　　　　　　　　　(b)自聚焦透镜

图 3.42　　透镜光线轨迹图

式中,t 为自聚焦透镜的长度。焦点到端面的距离,即工作距离为

$$S = \frac{1}{n_0 \sqrt{A} \tan(\sqrt{A}t)} \tag{3.68}$$

容易看出

$$\cos(\sqrt{A}t) = \frac{S}{f} \tag{3.69}$$

由此可以算出

$$A = \frac{1}{t^2}\left[\arccos\left(\frac{S}{f}\right)\right]^2 \tag{3.70}$$

上式即是自聚焦透镜折射率分布常数测量公式。只要测量出自聚焦透镜的焦距、工作距离及自身的长度就可以得到分布常数 A。

　　与普通透镜焦距测量一样,如图 3.43 所示,分划板处放置玻罗板,利用放大率法测量被测样品的焦距。

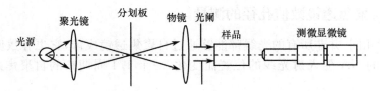

图 3.43　　自聚焦透镜焦距测量原理图

　　工作距离可以通过图 3.44 所示的装置进行测量,装置由反射镜、自准直显微镜和导轨组成,通过自准直法测量被测样品的工作距离。

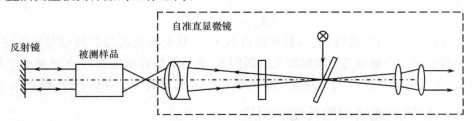

图 3.44　　自聚焦透镜工作距离测量装置图

　　自聚焦透镜的长度可以通过工具显微镜测量得到。利用它就可以通过式(3.67)计算得出自聚焦透镜的折射率分布。

　　为了确定 3 个直接测量量焦距 f、工作距离 S 和长度 t 的不确定度对折射率分布常数 A 的

不确定度的影响，由式(3.70)分别对 f、S、t 求偏导得

$$\begin{cases} \dfrac{\partial A}{\partial S} = -\dfrac{2\sqrt{A}}{tf\sin(\sqrt{A}t)} \\[2mm] \dfrac{\partial A}{\partial f} = \dfrac{2S\sqrt{A}}{tf^2\sin(\sqrt{A}t)} \\[2mm] \dfrac{\partial A}{\partial t} = -\dfrac{2A}{t} \end{cases} \tag{3.71}$$

由间接测量的误差传递公式得

$$\begin{aligned} \Delta A &= \sqrt{\left(\frac{\partial A}{\partial S}\right)^2 dS^2 + \left(\frac{\partial A}{\partial f}\right)df^2 + \left(\frac{\partial A}{\partial t}\right)dt^2} \\ &= \sqrt{\left[\frac{2\sqrt{A}}{tf\sin(\sqrt{A}t)}\right]dS^2 + \left[\frac{2s\sqrt{A}}{tf^2\sin(\sqrt{A}t)}\right]df^2 + \left(\frac{2A}{t}\right)dt^2} \end{aligned} \tag{3.72}$$

以一根自聚焦透镜棒为例进行计算，$f = 3.475\text{mm}, S = 1.234\text{mm}, t = 6.152\text{mm}$，可以得到

$$A = 0.0384,\ \frac{\partial A}{\partial S} = -0.0196,\ \frac{\partial A}{\partial f} = 0.0070,\ \frac{\partial A}{\partial t} = -0.0125$$

从上面的计算结果可知，棒长 t 和工作距离 S 对自聚焦透镜折射率分布常数 A 的影响大一些，焦距 f 对 A 的影响较小。通常，焦距、工作距离和棒长的测量不确定度为

$$dS \leqslant \pm 0.03\text{mm}, \quad df \leqslant \pm 0.05\text{mm}, \quad dt \leqslant \pm 0.01\text{mm}$$

可得

$$\Delta A = \sqrt{0.0196^2 \times 0.03^2 + 0.05^2 \times 0.007^2 + 0.0125^2 \times 0.01^2} \approx 0.0007$$

即采用焦距法测量自聚焦透镜的折射率分布常数，其测量不确定度可达 1×10^{-3}，这一准确度足以满足对自聚焦透镜各参数计算的要求。

3.4.2 自聚焦透镜数值孔径的测量

与普通透镜相同，并非所有的光线都能够通过自聚焦透镜成像，它也有数值孔径 NA，与前者不同的是，它的 NA 随入射光线的位置而变化，一个 1/4 周期长的自聚焦透镜的数值孔径 NA 为

$$\text{NA} = n_0 AR \sqrt{1 - \left(\frac{r}{R}\right)^2} = \text{NA}_0 \sqrt{1 - \left(\frac{r}{R}\right)^2} \tag{3.73}$$

式中，$\text{NA}_0 = n_0 AR$ 是中心轴上的数值孔径，即最大数值孔径 $\text{NA}_{\max}$，与此相应的最大数值孔径角为 $\theta_{\max}$，则

$$\text{NA}_0 = \sin\theta_{\max} \tag{3.74}$$

从上式可以看出，只要求得 $\theta_{\max}$，就可求得 NA_0。最大数值孔径的测量装置如图 3.45 所示。先用显微镜通过自聚焦透镜观察发光圆斑的像，然后前后移动光阑，直至透镜整个视场与圆斑大小重合，测出圆斑半径 R' 与圆斑至透镜的距离 l，即可求得 $\theta_{\max}$，从而可求得 NA_0。

3.4.3 自聚焦透镜周期长度的测量

自聚焦透镜的周期长度是指在自聚焦透镜中，光束沿正弦轨迹传播完成一个正弦波周期的长度即称为一个周期长度。自聚焦透镜的周期长度在实际应用中是一个极为重要的光学参数，对于生产和使用的单位来说，可以由已知的周期长度来确定自聚焦透镜的其他许多光学参数，因而显得更加重要。

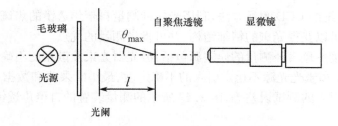

图 3.45　自聚焦透镜最大数值孔径测量装置

一束平行光垂直入射到半径为 R 的自聚焦透镜上,光束在透镜内传播,其半径由下式确定

$$r = R\cos(Az) = R\cos\left(\frac{2\pi z}{P}\right) \tag{3.75}$$

式中,P 即为自聚焦透镜的周期长度。光线在自聚焦透镜中传播轨迹如图 3.46 所示。

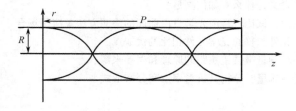

图 3.46　自聚焦透镜中光线传播轨迹示意图

因此,对某一确定长度 t 的自聚焦透镜,测出自聚焦透镜出射端光斑半径,由式(3.75)就可以算出周期长度。和测量自聚焦透镜焦距的装置一样(参见图 3.43),把波罗板换成小孔光阑,则从光源发出的光,经物镜准直后垂直照射到被测的自聚焦透镜上,并由其后的测微显微镜测量出射光斑半径 r。

3.4.4　自聚焦透镜焦斑直径的测量

自聚焦透镜非常重要的一个应用就是把平行光束会聚成小光斑,在光通信中实现激光与光纤之间的有效耦合。在这种应用中,需要测量自聚焦透镜的聚光能力,也就是在平行光入射条件下聚焦光斑的大小。利用图 3.47 所示的装置就可以测量自聚焦透镜的焦斑直径。

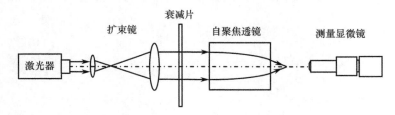

图 3.47　自聚焦透镜焦斑直径测量装置图

从激光器发出的光,经扩束镜扩束后,由衰减片对光的强度进行衰减,之后照射到被测自聚焦透镜上,并被自聚焦透镜会聚成一个斑点。形成的光斑由测量显微镜放大 β 倍后成像到 CCD 接收面上。若在 CCD 接收面上的光斑大小为 d_1,则由自聚焦透镜会聚形成的光斑大小为

$$d = d_1/\beta \tag{3.76}$$

如果自聚焦透镜的成像效果较好,在会聚面上形成的焦斑为艾里斑。

此外,为了获得自聚焦透镜光斑分布的精细结构,利用光探针技术也可以获得自聚焦透镜的光斑分布。利用光探针测量自聚焦透镜的光斑分布时,只需将图 3.47 中的测量显微镜替换为光

探针即可,相对于传统的 CCD 测量方法,利用光探针测量自聚焦透镜的焦斑分布,具有光谱响应特性好、分辨率高、可以获得光斑的精细结构、并可批量测量的优点。

影响自聚焦透镜焦斑直径测量的误差源包括:激光器光束发散角的不确定度、显微镜放大倍数的不确定度、CCD 和激光光源不稳定引入的不确定度、最小二乘法和数据拟合引入的误差、被测样品所置不理想引入的测试误差等,图 3.47 所示的测量装置的自聚焦透镜焦斑的测量不确定度约为 $0.08\mu m$。

思考题与习题 3

3.1 试比较 V 棱镜法、自准直法、最小偏向角法、全反射临界角法测量折射率的特点和各自的优缺点。

3.2 色散系数计算公式(3.6)适用的谱段范围是什么? 其他谱段应如何考虑?

3.3 光学材料均匀性的含义是什么? 如何测量?

3.4 什么是光学自由曲面? 试比较目前光学自由曲面的检测方法及应用场合。

3.5 举例说明衍射光学元件与普通光学元件相比的优缺点。

3.6 简要分析剪切干涉法测量微透镜焦距的原理和误差来源。

3.7 自聚焦透镜的优势在哪里? 分析其折射率空间分布形式。

第4章 色度测试技术

色度学是研究颜色度量和评价方法的学科,这是一门在 20 世纪得到了较快发展的以光学、视觉生理、视觉心理、心理物理等学科为基础的综合性科学。要解决颜色的度量问题,必须首先找到外界光刺激与色知觉量之间的对应关系,才能用光物理量的测量间接地测得色知觉量。通过大量科学实验建立起来的现代色度学,具有实验性非常强的特点。本章着重介绍了国际照明委员会(CIE)正式推荐的标准色度系统、CIE 色度计算方法和色度的测试方法。

4.1 色度学的基本概念和实验定律

色度学是研究人的颜色视觉规律、颜色测量理论与技术的科学。颜色感觉与听觉、嗅觉、味觉等一样,都是人的感觉器官由于外界刺激而产生的感应。光经过物体反射或透射刺激人眼,人眼产生了此物体的光亮度和颜色的感觉信息,并将此信息传至大脑中枢,在大脑中将感觉信息进行处理,于是形成了色知觉,从而人们就可以辨认出此物体的明亮程度、颜色类别、颜色纯洁程度等信息。

能刺激人眼而产生明亮感觉的辐射称为可见光,可见光刺激人眼在人脑中产生光亮、颜色、形状等印象,从而获得对外界的认识,这就是视觉。人眼不仅能从物体各点发出光的强弱来辨别物体的形象,还能对 330~780nm 波长范围的光做出选择性反应,这就是颜色视觉。

人眼视网膜的中央窝部位和边缘部位结构不同,中央视觉主要是锥体细胞起作用,边缘视觉主要是杆体细胞起作用。具有正常颜色视觉的人,视网膜中央窝能分辨各种颜色,即锥体细胞能很好地辨别颜色,但它的感光灵敏度较低。由中央窝向外围过渡,锥体细胞减少,杆体细胞增多,对颜色的分辨能力逐渐减弱,直至消失。杆体细胞不能分辨颜色但能感受极微弱的光。中央窝周围不同区域的颜色感受性也不同,由中央窝向外,首先丧失红、绿色的感受性,视觉呈红-绿色盲,更外围则黄、蓝色的感受性也丧失而成为全色盲区。这时对应的视角约 20°,全色感觉范围对应的视角大约为 4°,但视角小于 15′ 的中央区域内,黄、蓝色的感受能力也丧失。

4.1.1 颜色混合定律

人们在日常生活中早就认识到两种不同颜色光混合后可以给出一种新的颜色感觉。

1. 颜色环

实验得知,颜色可以相互混合,产生出不同于原来颜色的新的颜色感觉。颜色混合可以是颜色光的混合,也可以是染料的混合,前者是颜色相加的混合,后者是颜色相减的混合,这两种混合所得结果是不相同的。下面仅介绍颜色光的相加混合。

若把彩度最高的光谱色依顺序围成一个圆环,加上紫红色,便构成颜色立体的圆周,称为颜色环,如图 4.1 所示。每一颜色都在圆环内或圆环上占据一确定位置,彩度最低的白色位于圆心。为了推测两颜色的混合色的位置,可以把两颜色看作两个重量,用计算质量重心的原理来确定这个位置。这就是说,混合色的位置决定于两颜色成分的比例,而且靠近比重大的颜色。

凡混合产生白色或灰色的两颜色为互补色。在颜色环直径两端的任何两种颜色都是互补色,例如,黄和蓝、红和绿是互补色。互补色按适当比例混合一定能得出白色或灰色,按其他比例混合时,混合色是连接互补色直线上的除白色外的中间彩度色。

颜色环上任何两个非互补色相混合,可以得出中间色,其位置在连接此两色的直线上,其色调按质量重心定律偏向于比重大的颜色。中间色的彩度决定于两颜色在颜色环上的距离,距离越近彩度越高,反之彩度越低。这就是中间色原理。根据这个原理,可在颜色环上选出 3 种颜色,只要每一颜色的补色位于另两个颜色中间,将三者以不同比例混合,就能够产生除靠近颜色环圆周内少量颜色以外的各种颜色。经证明,光谱上的红、绿、蓝三色是最适当的颜色。

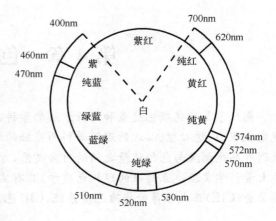

图 4.1 颜色环

因为用红、绿、蓝三色产生其他颜色最方便;它们以不同比例混合,得到颜色环中红、绿、蓝三角形内部的各种颜色,而这个三角形面积较大,相加混合出的颜色较多。

还需要指出,任何颜色只要外貌上相同,便可以互相代替,仍然取得同样的颜色混合效果。例如,黄和蓝光谱色可混合得到白色,用红和绿色混合出的黄色与蓝色混合仍能得到白色。

几个颜色所组成的混合色的亮度是各颜色的亮度之和。如第一个颜色的亮度 L_1,第二个颜色的亮度 L_2,则其混合色的亮度为 L_1+L_2。

2. 格拉斯曼颜色光混合定律

格拉斯曼(H. Grassman)在总结以往颜色混合实验现象的基础上,于 1854 年归纳总结出以下几条实验规律,称为格拉斯曼颜色混合定律,它是建立现代色度学的基础。

(1)颜色的属性

人眼的视觉只能分辨颜色的 3 种变化:明度、色调、彩度(或饱和度)。这 3 种特性可以统称为颜色的三属性。

明度是指人眼对物体的明暗感觉。发光物体的亮度越高,则明度越高;非发光物体反射比越高,明度越高。色调是指彩色彼此相互区分的特性。可见光谱中不同波长的辐射在视觉上表现为各种色调,如红、橙、黄、绿、青、蓝、紫等。彩度表示物体颜色的浓淡程度或颜色的纯洁性。可见光谱的各种单色光的彩度最高,颜色最纯,白光的彩度最低。单色光掺入白光后,彩度将降低,掺入白光越多,彩度就越低,但它们的色调不变。物体色的彩度决定于物体表面反射光谱辐射的选择性程度。若物体对光谱某一较窄波段的反射率很高,而对其他波段的反射率很低,这一波段的颜色的彩度就高。

可以用三维空间的颜色立体模型来表示颜色的三属性,如图 4.2 所示。

在颜色立体模型中,垂直轴代表白、黑系列明度变化。色调由水平面的圆周表示,圆周上的各点代表可见光谱的各种不同色调(红、橙、黄、绿、蓝、紫)。圆的中心是中灰色,其明度与圆周上各种色调的明度相同。从圆周向圆心过渡表示颜色彩度逐渐降低,从圆周向上和向下变化也反映出颜色彩度的降低。

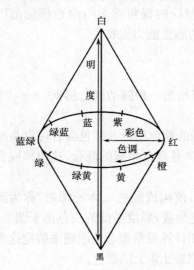

图 4.2 颜色立体模型

（2）补色律和中间色律

在由两个成分组成的混合色中，如果一个成分连续变化，混合色的外貌也连续地变化，由此导出两个定律：补色律和中间色律。

补色律 每种颜色都有一个相应的补色；某一颜色与其补色以适当比例混合，便产生白色或灰色；以其他比例混合，便产生近似比重大的颜色成分的中间色。

中间色律 任何两个非补色混合，便产生中间色，其色调决定于两个颜色的相对数量，其彩度主要决定于两者在色调顺序上的远近。

（3）代替律

颜色外貌相同的光，不管它们的光谱组成是否一样，在颜色混合中具有相同的效果。也就是说，凡是在视觉上相同的颜色都是等效的，由此导出颜色的代替律。

代替律 相似色（即外貌相同的颜色）混合后仍相似。如果颜色 $A =$ 颜色 B，颜色 $C =$ 颜色 D，那么

$$颜色 A + 颜色 C = 颜色 B + 颜色 D$$

由代替律知道，只要在视觉上相同的颜色，便可以互相代替。设 $A + B = C$，如果没有颜色 B，而 $x + y = B$，那么 $A + (x + y) = C$。这个由代替而产生的混合色与原来的混合色在视觉上具有相同的效果。根据代替律，可以利用颜色混合的方法来产生或代替所需要的各种颜色。它是一条非常重要的定律。

（4）亮度相加律

亮度相加律 混合色的总亮度等于组成混合色的各颜色光亮度的总和。

以上所说的格拉斯曼颜色混合定律是色度学的一般规律，适用于各种颜色的相加混合，但是这些规律不适用于染料或涂料的混合，因为染料和涂料的混合是颜色光的相减过程。

4.1.2 色度学中的基本概念

1. 三原色

对两种颜色进行调节，使视觉上产生相同或相等效果的操作叫颜色匹配。在进行颜色匹配实验时，需通过颜色相加混合的方法，改变一种颜色或两种颜色的明度、色调、彩度，使二者达到匹配，这时在人眼的视觉上感受到二者的亮度、色调和彩度皆相同。

在实验室内，投射一个白光或其他欲匹配的颜色光到白色屏幕的一侧，在相邻的另一侧，用红、绿、蓝三原色灯光照射在白色屏幕同一位置上，光经屏幕反射而达到混合，混合光作用在人眼的视网膜上便产生一个新的颜色。调节三原色灯光的强度比例，使产生的混合色与待匹配颜色看起来相同，这就实现了颜色匹配，如图 4.3 所示。

在颜色匹配实验中，为匹配得到某一种颜色，一般需要 3 种颜色就可以达到匹配目的。通常称在颜色匹配实验中选取的 3 种颜色为三原色。三原色可以任意选定，但是三原色中任何一种原色不能由另外两种原色相加混合得到。最常用的是红、绿、蓝三原色。

由三原色混合而成的新的颜色只表示了被匹配颜色的外貌，而不能表示它的光谱组成。例如，由红、绿、蓝三色光混合而成的白光与连续光谱的白光在视觉上一样，它们的光谱组成成分却不一样，这种情况称为同色异谱。

2. 三刺激值

色度学中是用三原色来表示颜色的。匹配某种颜色所需的三原色的量，称为颜色的三刺激值。用红、绿、蓝作为三原色时，颜色方程中的三原色的量 R, G, B 就是三刺激值。

三刺激值不是用物理单位来量度的，而是用色度学的单位来量度的。具体规定为：在 380～

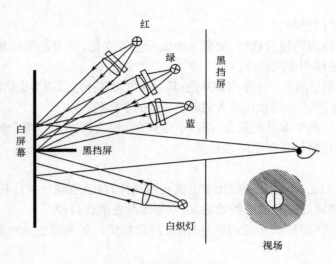

图 4.3 颜色匹配实验

780nm 的可见光波长范围内,各种波长的辐射能量均相等时,称为等能光谱色,由其构成的白光称等能白光,简称 E 光源。等能白光的三刺激值是相等的,且均定为一个单位。

假定用红、绿、蓝作为三原色,匹配等能白光所需的三原色的光通量分别为 l_R, l_G, l_B,则红、绿、蓝三原色的各一个单位刺激值分别对应于 l_R, l_G, l_B 的红、绿、蓝三原色的光通量。又如,用 F_R 流明的红光(R)、F_G 流明的绿光(G)和 F_B 流明的蓝光(B)匹配出 F_C 流明的色光(C),其能量方程为

$$F_C(C) = F_R(R) + F_G(G) + F_B(B)$$

用颜色方程可表示为

$$C(C) = R(R) + G(G) + B(B)$$

式中,$R = \dfrac{F_R}{l_R}, G = \dfrac{F_G}{l_G}, B = \dfrac{F_B}{l_B}$ 分别为被匹配颜色的三刺激值;而(R),(G),(B)分别为三原色的单位量。上式的含义是用 R 个单位的红原色、G 个单位的绿原色、B 个单位的蓝原色混合相加可匹配出 C($C=R+G+B$)个(C)单位的 C 颜色。

3. 光谱三刺激值或颜色匹配函数

用三刺激值可以表示各种颜色,对于各种波长的光谱色也不例外。匹配等能光谱色所需三原色的量称为光谱三刺激值,也称为颜色的匹配函数。对于不同波长的光谱色,其三刺激值显然是波长的函数。用红、绿、蓝作为三原色时,光谱三刺激值或颜色匹配函数用 $\bar{r}(\lambda), \bar{g}(\lambda)$ 和 $\bar{b}(\lambda)$ 来表示。由于任何颜色的光都可以看作由不同单色光混合而成的,所以光谱三刺激值是颜色色度计算的基础。

4. 色品坐标及色品图

三原色确定后,一种颜色的三刺激值是唯一的,因此,可以用三刺激值表示颜色。但是,由于准确测量三刺激值存在着技术上的困难,而且用三刺激值表示颜色很不直观,因而一般不直接用其表示颜色,而是用其在三刺激值总和中所占的比例来表示颜色。这 3 个比例值称为色品坐标。假定某颜色的三刺激值分别为 R, G, B,色品坐标为 r, g, b,则有

$$r = \frac{R}{R+G+B}, g = \frac{G}{R+G+B}, b = \frac{B}{R+G+B}$$

显然有

$$r+g+b=1$$

颜色的色品坐标实际上代表了某一颜色的色调和彩度两个属性特征。当某一个颜色的三刺激值按照同一比率增加或减少时,该颜色的色调和彩度保持不变,所改变的只是明度。这就是说,当以相同的比例改变某一颜色的三刺激值时,该颜色的色品保持不变。由色品坐标的定义可以非常直观地得到这样的结论。

在一平面直角坐标系中,横轴表示 r,纵轴表示 g,则平面上任一点都有一确定的 r,g 和 $b(b=1-r-g)$,这样一个表示颜色的平面称为色品图。图上有 3 个特殊的色品点:$r=1,g=b=0$;$g=1,r=b=0$;$b=1,r=g=0$。它们正是三原色$(R),(G)$ 和 (B) 的 3 个色品点。此 3 点的连线构成一个三角形,三角形内任一点的色品坐标都是正值,代表三原色的混合可以产生的颜色。这个三角形称为麦克斯韦颜色三角形,图 4.4 表示了以红(R)、绿(G)、蓝(B)为三原色的色品图。

5. 光源色或物体色的三刺激值

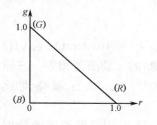

图 4.4　三原色的色品图

为便于建立起颜色的三刺激值的表达式,首先介绍两个色度学概念。第一个色度学概念称为颜色刺激,表示作用于人眼引起颜色感觉的颜色物理辐通量;第二个色度学概念称为颜色刺激函数,表示颜色刺激与波长的关系,以 $\varphi(\lambda)$ 表示。

无论光源色或物体色(自发光、透射、漫反射等),都是由可见光辐射作用于人眼所成颜色刺激的结果,也可看作波长范围在 $380\sim780$nm 内的各光谱色以不同的比例混合的产物。对于波长为 λ 的光谱色,其三刺激值$R(\lambda)$,$G(\lambda)$ 和 $B(\lambda)$ 应分别和其光谱三刺激值 $\bar{r}(\lambda)$,$\bar{g}(\lambda)$,$\bar{b}(\lambda)$,以及颜色刺激函数 $\varphi(\lambda)$ 成正比。故有

$$R(\lambda)=k\varphi(\lambda)\bar{r}(\lambda),G(\lambda)=k\varphi(\lambda)\bar{g}(\lambda),B(\lambda)=k\varphi(\lambda)\bar{b}(\lambda)$$

式中,k 为常数,称为颜色调节因子。当波长范围 $d\lambda$ 趋于无限小时,光谱色的三刺激值为

$$dR(\lambda)=k\varphi(\lambda)\bar{r}(\lambda)d\lambda,dG(\lambda)=k\varphi(\lambda)\bar{g}(\lambda)d\lambda,dB(\lambda)=k\varphi(\lambda)\bar{b}(\lambda)d\lambda$$

波长范围 $380\sim780$nm 内所有光谱色对应的三刺激值总和就应当是被考虑颜色的三刺激值,即

$$\begin{cases} R=k\int_{-\infty}^{\infty}\varphi(\lambda)\bar{r}(\lambda)d\lambda \\\\ G=k\int_{-\infty}^{\infty}\varphi(\lambda)\bar{g}(\lambda)d\lambda \\\\ B=k\int_{-\infty}^{\infty}\varphi(\lambda)\bar{b}(\lambda)d\lambda \end{cases} \tag{4.1}$$

对于光源色,颜色刺激函数 $\varphi(\lambda)$ 就是光源的光谱功率分布 $s(\lambda)$,即 $\varphi(\lambda)=s(\lambda)$,故有

$$\begin{cases} R=k\int_{380}^{780}s(\lambda)\bar{r}(\lambda)d\lambda \\\\ G=k\int_{380}^{780}s(\lambda)\bar{g}(\lambda)d\lambda \\\\ B=k\int_{380}^{780}s(\lambda)\bar{b}(\lambda)d\lambda \end{cases} \tag{4.2}$$

式(4.2)中,将积分区间改为 $380\sim780$nm,是因为只有该区间的光辐射才对人眼起作用,其他谱段光谱色虽然有辐射,但对人眼的作用为零。对于物体色,进入人眼的辐射成分,既和照明

光源的光谱功率分布 $s(\lambda)$ 有关，也和物体的光学性质(光谱透过率、光谱反射率)有关。

对于透射物体，其颜色刺激函数可写为

$$\varphi(\lambda) = s(\lambda)\tau(\lambda)$$

式中，$\tau(\lambda)$ 为物体光谱透过率。对于反射物体，其颜色刺激函数可写为

$$\varphi(\lambda) = s(\lambda)R(\lambda)$$

式中，$R(\lambda)$ 为物体的光谱反射率。

4.1.3　CIE 标准色度系统

国际照明委员会(CIE)曾推荐了几种色度系统，以统一颜色的表示方法和测量条件。CIE 在 1931 年同时推荐了两套色度系统：CIE1931－RGB 系统和 CIE1931－XYZ 系统，1964 年又推荐了 CIE1964 补充标准色度系统，分别介绍如下。

1. CIE1931－RGB 系统

CIE 规定 CIE1931－RGB 系统用红 (R) $(\lambda = 700\text{nm})$、绿 (G) $(\lambda = 546.1\text{nm})$、蓝 (B) $(\lambda = 435.8\text{nm})$ 3 种光谱色为三原色。此三原色匹配的等能白光 $(E$ 光源) 的三刺激值相等。三原色光 (R)，(G)，(B) 单位刺激值的光亮度比为 1.0000 : 4.5907 : 0.0601；辐亮度比为 72.0962 : 1.3791 : 1.0000。

光谱三刺激值 $\bar{r}(\lambda)$，$\bar{g}(\lambda)$，$\bar{b}(\lambda)$ 是以莱特(W. D. Wright)与吉尔德(J. Guild)两组实验数据为基础确定的。

莱特以波长为 650nm(红)、540nm(绿)、460nm(蓝)的光谱色为三原色，通过 10 名观察者用仪器对各光谱色进行匹配，确定光谱色的色品坐标。在实验中，只规定相等数量的红和绿光谱色刺激值匹配出波长为 582.5nm 的黄色光，相等数量的绿和蓝光谱色刺激值匹配出波长为 494.0nm 的蓝绿色光。但没有明确三刺激值的单位，只是测定了各光谱色的色品坐标 $r(\lambda)$，$g(\lambda)$ 和 $b(\lambda)$。对 10 名观察者实验数据取平均值作为各光谱色色品坐标。

吉尔德实验选择的波长分别为 630nm(红)、540nm(绿)、460nm(蓝)的光谱色为三原色，由 7 名观察者用和莱特不同的实验装置在 2°视场范围内实现了类似的实验。实验中规定：用此三原色匹配英国国家物理实验室的 NPL 白色三刺激值相等。取 7 名观察者实验数据的平均值作为最后结果。

将莱特和吉尔德测得的两组数据通过色品坐标的转化，即转换为红 (R) $(\lambda = 700\text{nm})$、绿 (G) $(\lambda = 546.1\text{nm})$、蓝 (B) $(\lambda = 435.8\text{nm})$ 三原色系统的色品数据，并取平均值，求出 CIE1931－RGB 系统的光谱色品坐标，并根据等能白光 $(E$ 光源) 三刺激值相等的规定，可求出 CIE1931－RGB 系统的光谱三刺激值。这组数据称为 CIE1931－RGB 系统标准色度观察者光谱三刺激值，见表 4.1。图 4.5 所示为这组数据随波长变化的曲线。图 4.6 所示为 CIE1931－RGB 系统色品图，各光谱色的色品点形成的一条马蹄形曲线称为光谱色品轨迹。

表 4.1　CIE1931－RGB 系统标准色度观察者光谱三刺激值

波长 /nm	$\bar{r}(\lambda)$	$\bar{g}(\lambda)$	$\bar{b}(\lambda)$	波长 /nm	$\bar{r}(\lambda)$	$\bar{g}(\lambda)$	$\bar{b}(\lambda)$	波长 /nm	$\bar{r}(\lambda)$	$\bar{g}(\lambda)$	$\bar{b}(\lambda)$
380	0.00003	−0.00010	0.00117	520	−0.09264	0.17458	0.1221	660	0.05932	0.00037	0.00000
390	0.00010	−0.00004	0.00359	530	−0.07101	0.20317	0.00541	670	0.03149	0.00011	0.00000
400	0.00300	−0.00014	0.01214	540	−0.03152	0.21466	0.00146	680	0.01687	0.00030	0.00000
410	0.00084	−0.00041	0.03707	550	0.02279	0.21178	−0.00058	690	0.00819	0.00000	0.00000

波长/nm	$\bar{r}(\lambda)$	$\bar{g}(\lambda)$	$\bar{b}(\lambda)$	波长/nm	$\bar{r}(\lambda)$	$\bar{g}(\lambda)$	$\bar{b}(\lambda)$	波长/nm	$\bar{r}(\lambda)$	$\bar{g}(\lambda)$	$\bar{b}(\lambda)$
420	0.00211	−0.00110	0.11541	560	0.09060	0.19702	−0.00130	700	0.00410	0.00000	0.00000
430	0.00218	−0.00119	0.24769	570	0.16768	0.17087	−0.00135	710	0.00210	0.00000	0.00000
440	−0.00261	−0.00149	0.31228	580	0.24526	0.13610	−0.00108	720	0.00105	0.00000	0.00000
450	−0.01213	0.00678	0.31670	590	0.30928	0.09754	−0.00079	730	0.00052	0.00000	0.00000
460	−0.02608	0.01485	0.29821	600	0.34429	0.06246	−0.00049	740	0.00025	0.00000	0.00000
470	−0.03933	0.02538	0.22991	610	0.33971	0.03557	−0.00030	750	0.00012	0.00000	0.00000
480	−0.04939	0.03914	0.14194	620	0.29708	0.01828	−0.00015	760	0.00006	0.00000	0.00000
490	−0.05814	0.05689	0.08257	630	0.00677	0.00833	−0.00008	770	0.00003	0.00000	0.00000
500	−0.07173	0.08536	0.04776	640	0.15968	0.00334	−0.00003	780	0.00000	0.00000	0.00000
510	−0.08901	0.12860	0.02698	650	0.10167	0.00116	−0.00001				

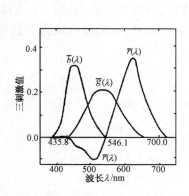

图 4.5　1931CIE－RGB 系统标准
色度观察者光谱三刺激值

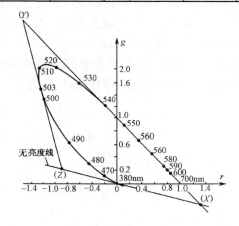

图 4.6　CIE1931－RGB 系统色品图

2. CIE1931－XYZ 系统

由图 4.5 可以看出，由(R)，(G)，(B)三原色匹配等能光谱色，有的三刺激值为负值。这不易于理解和计算，因此，CIE 同时又推荐了 CIE1931－XYZ 色度系统。

CIE1931－XYZ 色度系统的三原色选择的要求是：第一，用三原色匹配等能光谱色时，三刺激值均为正；第二，色品图上表示的实际不存在的颜色所占的面积尽量小；第三，用 Y 刺激值表示颜色的亮度。

为达到第一、二个要求，(X)，(Y)，(Z)三原色在 CIE1931－RGB 色品图上色品点所形成的颜色三角形应包括全部光谱色品轨迹，且使三角形内光谱色品轨迹的外面部分的面积为最小。为此需做到：

① 以光谱色品轨迹上波长为 700nm 和 540nm 两色品点的连线为$(X)(Y)(Z)$三角形的(X) (Y)边，该直线的方程为

$$r + 0.99g - 1 = 0 \tag{4.3}$$

② 在光谱色品轨迹斜上方的波长为 503nm 的色品点做一条方程为

$$1.45r + 0.55g + 1 = 0 \tag{4.4}$$

的直线作为三原色三角形的$(Y)(Z)$边。

为了满足前述第三个要求,即用 Y 刺激值表示颜色的亮度,应取无亮度线作为三原色三角形的$(X)(Z)$边。

下面先求出无亮度线的方程。在 CIE1931-RGB 系统中,三刺激值相等时,其光亮度比为

$$Y(R) : Y(G) : Y(B) = 1.0000 : 4.5907 : 0.0601$$

若颜色(C)的三刺激值分别为 R, G, B,其相对亮度 Y_C 可表示为

$$Y_C = R + 4.5907G + 0.0601B$$

等号两边各除以 $R+G+B$,得

$$\frac{Y_C}{R+G+B} = r + 4.5907g + 0.0601b$$

无亮度线的条件是 $Y_C = 0$。RGB 色品图上无亮度线方程显然应为

$$r + 4.5907g + 0.0601b = 0$$

考虑到 $b = 1-r-g$,则有

$$0.9399r + 4.5306g + 0.0601 = 0 \tag{4.5}$$

可方便地求得线$(X)(Y)$与线$(X)(Z)$的交点就是(X)原色的色品点,其在 RGB 系统中的色品坐标可由式(4.3)和式(4.5)联立求得。线$(X)(Y)$与线$(Y)(Z)$的交点为(Y)原色的色品点,其在 RGB 系统中的色品坐标可由式(4.3)和式(4.4)联立求得。线$(Y)(Z)$与线$(X)(Z)$的交点为(Z)原色的色品点,其在 RGB 系统中的色品坐标可由式(4.4)和式(4.5)联立求得。最后得(X),(Y),(Z)三原色在 RGB 系统中的色品坐标为

	r	g	b
(X)	1.2750	-0.2778	0.0028
(Y)	-1.7392	2.7671	-0.0279
(Z)	-0.7431	0.1409	1.6022

其位置标于图 4.6 上。

(X),(Y),(Z)三原色在 RGB 系统色品图上的相应色品点均在光谱色品轨迹包围的范围之外。实际上不可能有比光谱色更饱和的颜色,因此,(X),(Y),(Z)作为色度系统的三原色是有意义的,但实际上并不存在这 3 种颜色。XYZ 系统的光谱三刺激值也无法通过颜色匹配实验直接得到,而是通过 CIE1931-RGB 系统光谱色品坐标值换算求得,这是一个坐标转换问题。

XYZ 和 RGB 系统三刺激值之间的换算关系为

$$\begin{cases} X = 2.7689R + 1.7517G + 1.1302B \\ Y = 1.0000R + 4.5907G + 0.0601B \\ Z = 0 + 0.0565G + 5.5943B \end{cases} \tag{4.6}$$

上式同样可用于将匹配等能光谱色的三原色刺激值由 RGB 系统转换为 XYZ 系统

$$\begin{cases} \bar{x} = 2.7689\bar{r}(\lambda) + 1.7517\bar{g}(\lambda) + 1.1302\bar{b}(\lambda) \\ \bar{y} = 1.0000\bar{r}(\lambda) + 4.5907\bar{g}(\lambda) + 0.0601\bar{b}(\lambda) \\ \bar{z} = 0 + 0.0565\bar{g}(\lambda) + 5.5943\bar{b}(\lambda) \end{cases} \tag{4.7}$$

在 CIE1931-XYZ 系统中,颜色的亮度完全由 Y 刺激值表示,则等能光谱色相对亮度也应由光谱三刺激值中的 $\bar{y}(\lambda)$ 来表示。这样,$\bar{y}(\lambda)$ 值就同光度学中明视觉光谱光视效率(或视见函数)$V(\lambda)$ 具有相同的含义。CIE 规定

$$\bar{y}(\lambda) = V(\lambda) \qquad\qquad (4.8)$$

光谱三刺激值 $\bar{x}(\lambda), \bar{y}(\lambda), \bar{z}(\lambda)$ 与色品坐标 $x(\lambda), y(\lambda), z(\lambda)$ 之间的关系为

$$\begin{cases} x(\lambda) = \dfrac{\bar{x}(\lambda)}{\bar{x}(\lambda) + \bar{y}(\lambda) + \bar{z}(\lambda)} \\[3mm] y(\lambda) = \dfrac{\bar{y}(\lambda)}{\bar{x}(\lambda) + \bar{y}(\lambda) + \bar{z}(\lambda)} \\[3mm] z(\lambda) = \dfrac{\bar{z}(\lambda)}{\bar{x}(\lambda) + \bar{y}(\lambda) + \bar{z}(\lambda)} \end{cases} \qquad (4.9)$$

于是有

$$\begin{cases} \bar{x}(\lambda) = \dfrac{V(\lambda)}{y(\lambda)} x(\lambda) \\[3mm] \bar{y}(\lambda) = V(\lambda) \\[3mm] \bar{z}(\lambda) = \dfrac{V(\lambda)}{y(\lambda)} z(\lambda) \end{cases} \qquad (4.10)$$

CIE1931—XYZ 系统的光谱三刺激值已成为国际上的标准,定名为 CIE1931 标准色度观察者光谱三刺激值。图 4.7 所示为 CIE1931 标准色度观察者光谱三刺激值曲线,图 4.8 所示为 CIE1931—XYZ 系统色品图,表 4.2 所示为波长间隔为 5nm 的标准色度观察者光谱三刺激值数据。

表 4.2 波长间隔为 5nm 的标准色度观察者光谱三刺激值

λ/nm	光谱三刺激值			λ/nm	光谱三刺激值		
	$\bar{x}(\lambda)$	$\bar{y}(\lambda)$	$\bar{z}(\lambda)$		$\bar{x}(\lambda)$	$\bar{y}(\lambda)$	$\bar{z}(\lambda)$
380	0.0014	0.0000	0.0065	495	0.0147	0.2586	0.3533
385	0.0022	0.0001	0.0165	500	0.0049	0.3230	0.2720
390	0.0042	0.0001	0.0201	505	0.0024	0.4073	0.2123
395	0.0076	0.0002	0.0362	510	0.0093	0.5030	0.1582
400	0.0143	0.0004	0.0679	515	0.0291	0.6082	0.1117
405	0.0232	0.0006	0.1102	520	0.0633	0.7100	0.0782
410	0.0435	0.0012	0.2074	525	0.1096	0.7932	0.0573
415	0.0776	0.0022	0.3713	530	0.1655	0.8620	0.0422
420	0.1344	0.0040	0.6456	535	0.2257	0.9149	0.0298
425	0.2148	0.0073	1.0391	540	0.2904	0.9540	0.0203
430	0.2839	0.0116	1.3856	545	0.3597	0.9803	0.0134
435	0.3285	0.0168	1.6230	550	0.4334	0.9950	0.0087
440	0.3483	0.0230	1.7471	555	0.5121	1.0000	0.0057
445	0.3481	0.0298	1.7826	560	0.5945	0.9950	0.0039
450	0.3362	0.0380	1.7721	565	0.6784	0.9786	0.0027
455	0.3187	0.0480	1.7441	570	0.7621	0.9520	0.0021
460	0.2908	0.0600	1.6692	575	0.8425	0.9154	0.0018
465	0.2511	0.0739	1.5281	580	0.9163	0.8700	0.0017
470	0.1954	0.0910	1.2876	585	0.9786	0.8163	0.0014
475	0.1421	0.1126	1.0419	590	1.0263	0.7570	0.0011
480	0.0956	0.1390	0.8130	595	1.0567	0.6949	0.0010
485	0.0580	0.1693	0.6102	600	1.0622	0.6310	0.0008
490	0.0320	0.2080	0.4652	605	1.0456	0.5668	0.0006
610	1.0026	0.5030	0.0003	700	0.0114	0.0041	0.0000

λ/nm	光谱三刺激值			λ/nm	光谱三刺激值		
	$\bar{x}(\lambda)$	$\bar{y}(\lambda)$	$\bar{z}(\lambda)$		$\bar{x}(\lambda)$	$\bar{y}(\lambda)$	$\bar{z}(\lambda)$
615	0.9384	0.4412	0.0002	705	0.0081	0.0029	0.0000
620	0.8544	0.3810	0.0002	710	0.0058	0.0021	0.0000
625	0.7514	0.3210	0.0001	715	0.0041	0.0015	0.0000
630	0.6424	0.2650	0.0000	720	0.0029	0.0010	0.0000
635	0.5419	0.2170	0.0000	725	0.0020	0.0007	0.0000
640	0.4479	0.1750	0.0000	730	0.0014	0.0005	0.0000
645	0.3608	0.1382	0.0000	735	0.0010	0.0004	0.0000
650	0.2835	0.1070	0.0000	740	0.0007	0.0002	0.0000
655	0.2187	0.0816	0.0000	745	0.0005	0.0002	0.0000
660	0.1649	0.0610	0.0000	750	0.0003	0.0001	0.0000
665	0.1212	0.0446	0.0000	755	0.0002	0.0001	0.0000
670	0.0874	0.0320	0.0000	760	0.0002	0.0001	0.0000
675	0.0636	0.0232	0.0000	765	0.0001	0.0000	0.0000
680	0.0468	0.0170	0.0000	770	0.0001	0.0000	0.0000
685	0.0329	0.0119	0.0000	775	0.0001	0.0000	0.0000
690	0.0227	0.0082	0.0000	780	0.0000	0.0000	0.0000
695	0.0158	0.0057	0.0000				

由图 4.8 知,光谱色品图与 RGB 系统色品图相似,光谱色品轨迹是一条马蹄形曲线,等能白光色品点(对应图 4.8 中 E 点)为颜色的参考点。被研究的颜色的色品点越接近光谱色品曲线,其颜色饱和度越高;越接近白光色品点,其饱和度越低。

光谱色的饱和度是最高的,没有比光谱色饱和度更高的颜色。实际存在的颜色的色品点均在光谱色品轨迹所包围的范围之内。

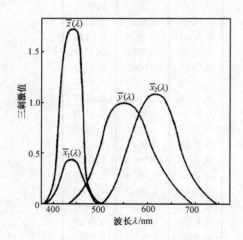

图 4.7 CIE1931 标准色度
观察者光谱三刺激值曲线

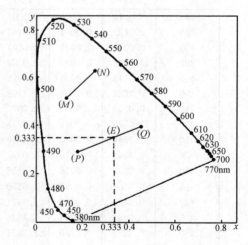

图 4.8 CIE1931—XYZ 系统色品图

色品图还能表示两种颜色的混合,颜色 M 和颜色 N 的混合色的色品点应在颜色 M 和颜色 N 的色品点连线(M)(N)上,如图 4.8 所示。具体位置可根据两种颜色的三刺激值用求重心的方法确定。两种颜色 P,Q 混合成参考白色,这两种颜色称为互补色。在色品图上,互补色的两色品点连线一定通过参考白光的色品点。

光谱色的色品轨迹开口端——770nm 和 380nm 色品点间的连线不表示光谱色,而是 770nm(红)和 380nm(紫)两光谱色混合色的色品轨迹。

类似于 RGB 系统，某颜色的三刺激值可以表示为

$$\begin{cases} X = k\int_{380}^{780} \varphi(\lambda)\bar{x}(\lambda)\mathrm{d}\lambda \\[2mm] Y = k\int_{380}^{780} \varphi(\lambda)\bar{y}(\lambda)\mathrm{d}\lambda \\[2mm] Z = k\int_{380}^{780} \varphi(\lambda)\bar{z}(\lambda)\mathrm{d}\lambda \end{cases} \tag{4.11}$$

对于发光光源，有

$$\varphi(\lambda) = s(\lambda) \tag{4.12}$$

式中，$s(\lambda)$ 为光源的辐射光谱功率分布。对透射物体的透射色有

$$\varphi(\lambda) = s(\lambda)\tau(\lambda) \tag{4.13}$$

式中，$\tau(\lambda)$ 为透射物体的光谱透射率。对反射物体的反射色有

$$\varphi(\lambda) = s(\lambda)R(\lambda) \tag{4.14}$$

式中，$R(\lambda)$ 为反射物体的光谱反射率。

实际上，$s(\lambda)$，$\tau(\lambda)$，$R(\lambda)$，$\bar{x}(\lambda)$，$\bar{y}(\lambda)$ 和 $\bar{z}(\lambda)$ 常是以一定波长间隔 $\Delta\lambda$ 的离散值形式给出的，以上积分式可以用和式的形式来代替。

式 (4.11) 中，k 为调节系数，改变 k 值，三刺激值也要改变，所以它对三刺激值有调节作用。为了使三刺激值有统一的尺度，CIE 规定光源的 Y 刺激值为 100。则将式 (4.11) 所表示的光源色的 Y 刺激值取为 100 后，得

$$k = \frac{100}{\int_{\lambda} s(\lambda)\bar{y}(\lambda)\mathrm{d}\lambda} \tag{4.15}$$

这样确定系数 k 的定义后，物体色的 Y 刺激值为

$$Y = \frac{\int_{\lambda} s(\lambda)R(\lambda)\bar{y}(\lambda)\mathrm{d}\lambda}{\int_{\lambda} s(\lambda)\bar{y}(\lambda)\mathrm{d}\lambda} \times 100 = \frac{\int_{\lambda} s(\lambda)R(\lambda)V(\lambda)\mathrm{d}\lambda}{\int_{\lambda} s(\lambda)V(\lambda)\mathrm{d}\lambda} \tag{4.16}$$

式中，$V(\lambda)$ 为式 (4.8) 中的光谱光视效率（或视见函数）。由上式知，物体色的 Y 刺激值实际上代表反射（或透过）光通量相对于入射光通量的百分比，故 Y 也称为亮度因数。

3. CIE1964 补充标准色度系统

前面讨论的 CIE1931－RGB 标准色度系统和 CIE1931－XYZ 标准色度系统的基本数据都是从莱特和吉尔德实验数据换算求得的，因此，它们只适用于小视场角（<4°）情况下的颜色标定。

为适应大视场角情况下颜色的测量和标定，CIE 在 1964 公布了 CIE1964 补充色度系统。它规定了适合于 10°视场角使用的 CIE1964 补充色度观察者光谱三刺激值和色品图。其计算方法与 CIE1931－XYZ 系统的三刺激值和色品坐标的计算方法完全相同，只不过要用本系统所规定的基本数据。为了与 CIE1931－XYZ 系统相区别，所用的符号要加下标 "10"。例如，三刺激值表示为 X_{10}，Y_{10}，Z_{10}；光谱三刺激值表示为 $\bar{x}_{10}(\lambda)$，$\bar{y}_{10}(\lambda)$，$\bar{z}_{10}(\lambda)$；色品坐标表示为 x_{10}，y_{10}，z_{10} 等。

以上介绍了 CIE 色度系统的基本内容。总结起来,用该色度系统表示颜色的方法有以下两种。

① 三刺激值表示颜色。最常用的是 CIE1931-XYZ 标准色度系统中所规定的三刺激值 X, Y, Z。用此种方法表示颜色的困难是三刺激值由于难于定标而难于准确测量。

② 色品坐标 x, y 及 Y 刺激值表示颜色。色品坐标是三刺激值各自对三刺激值总量的比值,在测量中不需对三刺激值准确地定标,便可准确地确定色品坐标,故常用色品坐标 (x,y) 表示颜色。但是,由于色品坐标是三刺激值各自对于三刺激值总量的比值,从而失去了表示光亮度的因子,只是表示了颜色的色调和彩度。为了能完整地表示颜色,还须加上表示颜色光亮度的参数 Y,因而用 x, y 和 Y 表示颜色就成为常用的方法了。

4.1.4 CIE 标准照明体和标准光源

光学系统测量光度和色度性能时,必须在统一规定的照明光源下,测量结果才可以互相比较。为了统一测量标准,国际照明委员会(CIE)规定了标准照明体和标准光源。

1. 色温和相关色温

黑体辐射的颜色与它的温度有密切的关系,普朗克定律可以计算出对应于某一温度的黑体的光谱功率分布。根据光谱功率分布,用色度学公式可以计算出该温度下黑体辐射发光的三刺激值及色品坐标,在色品图上得到一个对应点。一系列不同温度的黑体可以计算出一系列色品坐标,将各对应点坐标标在色品图上,连接成一条弧形轨迹,称为黑体轨迹或普朗克轨迹,见图 4.9 中标有 2000,4500 等数值的一段弧线。当某种光源的色品与某一温度下的黑体色品相同时,则将黑体的温度称为光源的颜色温度,简称色温。例如,某光源的光色与黑体加热到热力学温度 2500K 所发出的光色相同时,则此时光源的色温为 2500K,它在 CIE1931 色品图上的坐标为($x=0.4770$, $y=0.4137$)。

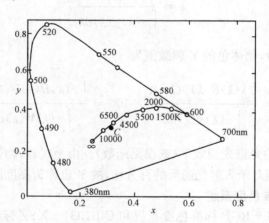

图 4.9 CIE1931-XYZ 色品图上的黑体轨迹

对白炽灯等热辐射光源来说,由于其光谱分布与黑体的光谱分布比较接近,因此,白炽灯等热辐射光源的色品点基本落在黑体轨迹上,所以色温的概念能够恰当地描述白炽灯的光色。而白炽灯以外的其他常用光源的光谱分布与黑体相差甚远,在色品图上也不一定准确落在黑体轨迹上(但常在轨迹附近),这时就不能用一般的色温概念来描述它的颜色,但为了便于比较,引入了相关色温的概念。例如,图 4.9 中光源(图中 C 点)的色品最接近于黑体加热到 6774K 时的色品,故光源的相关色温为 6774K。

2. CIE 标准照明体和标准光源

CIE 对"光源"和"照明体"的定义分别为："光源"是指能发光的物理辐射体,如灯、太阳等;"照明体"是指特定的相对光谱功率分布,这种相对光谱功率分布不一定能用一个具体的光源来实现,而是以数据表格给出的。CIE 规定了"标准光源"和"标准照明体"的光谱分布。

(1)CIE 标准照明体 A,B,C,E,D

① 标准照明体 A 代表热力学温度 2856K(1990 年国际实用温标)的完全辐射体的辐射。它的色品坐标落在 CIE1931 色品图的黑体轨迹上。

② 标准照明体 B 代表相关色温约为 4874K 的直射日光,它的光色相当于晴朗天气下中午的日光,其色品坐标紧靠黑体轨迹。

③ 标准照明体 C 代表相关色温约为 6774K 的平均昼光,它的光色近似于阴天的天空光,其色品坐标位于黑体轨迹下方。

④ 标准照明体 E 代表在可见光波段内的相对光谱功率为恒定值的照明体。标准照明体 E 又称为等能光谱或等能白光。这是一种人为规定的相对光谱功率分布,实际中是不存在的。

⑤ 标准照明体 D 代表各时相(不同时间、季节和气候条件)日光的相对光谱功率分布,这种光也叫典型日光或重组日光。典型日光与实际日光具有很近似的相对光谱功率分布,比标准照明体 B 和 C 更符合实际日光的色品。任意相关色温的 D 照明体的光谱功率分布都可以由公式求得,但是为了实际使用方便,CIE 在标准照明体 D 中推荐了几种具有特定相对光谱功率分布的照明体,作为在光度、色度计算和测量中的标准日光。它们分别称为 CIE 标准照明体 D_{65},D_{55},D_{75},它们的相关色温分别为 6504K,5503K,7504K。CIE 规定在可能情况下应尽量使用 CIE 标准照明体 D_{65} 来代表日光,在不能用 D_{65} 时可选用 D_{55} 或 D_{75}。

图 4.10 给出了 CIE 标准照明体 A、C 和 D_{65} 的相对光谱分布,表 4.3 列出了其在不同表色系统中的色品坐标。

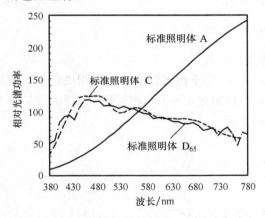

图 4.10　CIE 标准照明体的相对光谱功率分布

表 4.3　CIE 标准照明体 A、B、D_{65} 的色品坐标

色品坐标	A	C	D_{65}
x	0.4476	0.3101	0.3127
y	0.4074	0.3162	0.3290
u	0.2560	0.2009	0.1978
v	0.3495	0.3073	0.3122
x_{10}	0.4512	0.3104	0.3138
y_{10}	0.4059	0.3191	0.3310
u_{10}	0.2590	0.2000	0.1979
v_{10}	0.3495	0.3084	0.3130

(2)CIE 标准光源 A, B, C, D_{65}

① 标准光源 A 是由色温 2856K 的透明玻璃充气钨丝灯来实现标准照明体的光源。如果要求准确地模拟紫外部分的相对光谱功率分布,则推荐使用带熔融石英玻璃壳或者带石英窗口的灯泡。

② 标准光源 B, C 是由标准光源 A 加上各自相应的一组特定的戴维斯-吉伯逊(Davis-Gibson)液体滤光器组成的,用来实现标准照明体 B 和 C 的光源。

③ 标准光源 D 对应于标准照明体 D,CIE 尚未推荐出相应的标准光源,因此标准照明体 D

的模拟成为当前光源研究的重要课题之一。目前研制的模拟 D_{65} 标准照明体的人工光源有：带滤光器的高压氙灯、带滤光器的白炽灯和带滤光器的荧光灯 3 种，其中，带滤光器的高压氙灯模拟 D_{65} 照明体效果最好。

4.2　CIE 色度计算方法

CIE 除了推荐标准色度系统外，还推荐了一系列的计算方法。其中，包括色品坐标的计算、颜色相加计算、主波长和色纯度计算、色差计算，以及同色异谱程度的计算等。本节主要介绍前三项的计算方法。

4.2.1　色品坐标计算

要计算颜色的色品坐标，必须先求得颜色的三刺激值。计算公式为

$$
\begin{cases}
X = k \sum_{\lambda} \varphi(\lambda) \bar{x}(\lambda) \Delta\lambda \\
Y = k \sum_{\lambda} \varphi(\lambda) \bar{y}(\lambda) \Delta\lambda \\
Z = k \sum_{\lambda} \varphi(\lambda) \bar{z}(\lambda) \Delta\lambda
\end{cases}
\begin{cases}
X_{10} = k_{10} \sum_{\lambda} \varphi(\lambda) \bar{x}_{10}(\lambda) \Delta\lambda \\
Y_{10} = k_{10} \sum_{\lambda} \varphi(\lambda) \bar{y}_{10}(\lambda) \Delta\lambda \\
Z_{10} = k_{10} \sum_{\lambda} \varphi(\lambda) \bar{z}_{10}(\lambda) \Delta\lambda
\end{cases}
\tag{4.17}
$$

式中，k 和 k_{10} 称为归一化系数，它是将照明物体（或光源）的 Y 值归一化为 100 时得出的；$\varphi(\lambda)$ 是颜色的刺激函数，表示进入人眼产生颜色感觉的光能量，对自发光物体，$\varphi(\lambda) = s(\lambda)$，即为光源的相对光谱功率分布函数。对非自发光物体，可以分别表示为

$$
\varphi(\lambda) = \tau(\lambda) s(\lambda) \tag{4.18}
$$

$$
\varphi(\lambda) = R(\lambda) s(\lambda) \tag{4.19}
$$

式中，$\tau(\lambda)$ 为物体的光谱透射比；$R(\lambda)$ 为物体的光谱反射比。

计算时采用式（4.17）中的 $\bar{x}, \bar{y}, \bar{z}$ 还是 $\bar{x}_{10}, \bar{y}_{10}, \bar{z}_{10}$，完全由被测物体的面积决定。被测物体的面积对观察者形成的视场角小于 $4°$ 时，采用 $\bar{x}, \bar{y}, \bar{z}$；如在 $4°\sim10°$，则采用 $\bar{x}_{10}, \bar{y}_{10}, \bar{z}_{10}$。

计算出物体的三刺激值后，由下式计算其色品坐标

$$
\begin{cases}
x = \dfrac{X}{X+Y+Z} \\[2mm]
y = \dfrac{Y}{X+Y+Z} \\[2mm]
z = \dfrac{Z}{X+Y+Z}
\end{cases}
\begin{cases}
x_{10} = \dfrac{X_{10}}{X_{10}+Y_{10}+Z_{10}} \\[2mm]
y_{10} = \dfrac{Y_{10}}{X_{10}+Y_{10}+Z_{10}} \\[2mm]
z_{10} = \dfrac{Z_{10}}{X_{10}+Y_{10}+Z_{10}}
\end{cases}
\tag{4.20}
$$

在计算物体色的三刺激值时，一般采用 CIE 标准照明体 A，C 或 D_{65}，为计算方便，将 CIE 标准照明体和 CIE 标准观察者光谱三刺激值的乘积 $s(\lambda)\bar{x}(\lambda), s(\lambda)\bar{y}(\lambda), s(\lambda)\bar{z}(\lambda)$ 或 $s(\lambda)\bar{x}_{10}(\lambda)$，$s(\lambda)\bar{y}_{10}(\lambda), s(\lambda)\bar{z}_{10}(\lambda)$ 列成表格供选用，这些数值称为计算物体色的加权值。计算时，只要知道被测物体的 $\tau(\lambda)$ 或 $R(\lambda)$，再逐个乘以相应的加权值，求出三项各自的总和，即得物体色的三刺激值。设测得某滤光片的光谱透射率，其值见表 4.4，并将 $\tau(\lambda)s(\lambda)\bar{x}(\lambda), \tau(\lambda)s(\lambda)\bar{y}(\lambda), \tau(\lambda)s(\lambda)\bar{z}(\lambda)$ 计算值也

一并列于表 4.4 中。按式(4.17)可得该滤光片的三刺激值为

表 4.4　A 光源照明时三刺激值计算表格

λ/nm	透射比 $\tau(\lambda)$	$\tau(\lambda)s(\lambda)\times$			λ/nm	透射比 $\tau(\lambda)$	$\tau(\lambda)s(\lambda)\times$		
		$\bar{x}(\lambda)$	$\bar{y}(\lambda)$	$\bar{z}(\lambda)$			$\bar{x}(\lambda)$	$\bar{y}(\lambda)$	$\bar{z}(\lambda)$
380	50.5%	0.0005	0.0000	0.0030	580	3.4%	0.3304	0.3138	0.0006
390	74.2%	0.0037	0.0000	0.0171	590	1.8%	0.2084	0.1537	0.0002
400	74.4%	0.0141	0.0007	0.0692	600	26.5%	3.3666	2.0000	0.0021
410	81.1%	0.0576	0.0016	0.2757	610	59.6%	7.5507	3.7882	0.0024
420	81.8%	0.2143	0.0065	1.0274	620	87.2%	9.9173	4.4219	0.0026
430	72.5%	0.4705	0.0196	2.2961	630	85.4%	7.6689	3.1632	0.0000
440	67.3%	0.6232	0.0410	3.1274	640	88.4%	5.7973	2.2648	0.0000
450	69.8%	0.7196	0.0817	3.7936	650	89.3%	3.8720	1.4618	0.0000
460	69.5%	0.7082	0.1460	4.0664	660	89.2%	2.3442	0.8670	0.0000
470	62.5%	0.4850	0.2262	3.1975	670	85.3%	1.2351	0.4521	0.0000
480	58.7%	0.2512	0.3651	2.1343	680	78.5%	0.6311	0.2292	0.0000
490	78.3%	0.1253	0.8135	1.8191	690	78.8%	0.3184	0.1150	0.0000
500	81.6%	0.0220	1.4623	1.2312	700	88.2%	0.1843	0.0662	0.0000
510	61.2%	0.0348	1.8850	0.5930	710	89.4%	0.0983	0.0358	0.0000
520	50.0%	0.2125	2.3855	0.2625	720	87.0%	0.0496	0.165	0.0000
530	29.5%	0.3581	1.8650	0.0912	730	71.5%	0.0200	0.0072	0.0000
540	59.0%	1.3647	4.4840	0.0956	740	8.8%	0.0012	0.0005	0.0000
550	84.2%	3.1423	7.2142	0.0632	750	12.8%	0.0008	0.0003	0.0000
560	81.3%	4.4796	7.4975	0.0293	760	42.0%	0.0017	0.0008	0.0000
570	2.3%	0.1741	0.2175	0.0005	770	73.2%	0.0015	0.0000	0.0000

$$X = \sum_{380}^{770} s(\lambda)\tau(\lambda)\bar{x}(\lambda)\Delta\lambda = 35.05$$

$$Y = \sum_{380}^{770} s(\lambda)\tau(\lambda)\bar{y}(\lambda)\Delta\lambda = 35.58$$

$$Z = \sum_{380}^{770} s(\lambda)\tau(\lambda)\bar{z}(\lambda)\Delta\lambda = 26.90$$

其色品坐标为

$$x = \frac{35.05}{97.53} = 0.359$$

$$y = \frac{35.58}{97.53} = 0.365$$

因为式(4.17)中的 $Y = \sum\limits_{380}^{770} s(\lambda)\tau(\lambda)\bar{y}(\lambda)\Delta\lambda = \Phi$，是透过滤光片以后的光通量。而通过滤光片以前的光通量显然为

$$Y_0 = \sum_{380}^{770} s(\lambda)\bar{y}(\lambda)\Delta\lambda = \Phi_0 \tag{4.21}$$

故滤光片的总透射比为

$$\tau = \frac{\Phi}{\Phi_0} = \frac{Y}{Y_0} \tag{4.22}$$

因为计算物体色的加权值是经过归一化处理的，即 $\sum\limits_{380}^{770} s(\lambda)\tau(\lambda)\bar{y}(\lambda)\Delta\lambda = 100$ ，这样式(4.22)可简化成

$$\tau = \frac{Y}{100} \tag{4.23}$$

于是滤光片的总透射比为

$$\tau = \frac{Y}{100} = 0.356 = 35.6\%$$

观察视场角为 $4°\sim10°$ 时的色品坐标计算与上述类似。

4.2.2 颜色相加计算

已知两种颜色各自的色品坐标和亮度，可以求出这两种颜色相加（混合）后产生的第三种颜色的色品坐标和亮度。

1. 计算法

设两种颜色的三刺激值分别为 X_1 , Y_1 , Z_1 和 X_2 , Y_2 , Z_2 。混合色的三刺激值为

$$\begin{cases} X = X_1 + X_2 \\ Y = Y_1 + Y_2 \\ Z = Z_1 + Z_2 \end{cases} \tag{4.24}$$

混合色的亮度 $Y = Y_1 + Y_2$ 。式(4.24)可以推广到更多种颜色相加混合。

当已知两种颜色的色品坐标 x , y 和亮度 Y 时，混合色的色品坐标和亮度可由下面的关系导出。因为

$$\frac{X}{x} = \frac{Y}{y} = \frac{Z}{z} = X + Y + Z$$

所以

$$X = \frac{x}{y}Y, \quad Y = Y, \quad Z = \frac{z}{y}Y \tag{4.25}$$

应用式(4.25)分别求出颜色 1 和 2 的三刺激值 X_1 , Y_1 , Z_1 和 X_2 , Y_2 , Z_2 ，再用式(4.24)求出混合色的三刺激值 X , Y , Z 。其色品坐标由下式求出

$$x = \frac{X}{X + Y + Z}, y = \frac{Y}{X + Y + Z}$$

2. 作图法

除上述的计算方法外，还可以在 CIE1931 色品图上应用重力中心定律的原理用作图法求出混合色的色品点，如图 4.11 所示。

在图 4.11 中，P 点对应颜色 1，Q 点对应颜色 2，M 点对应 P 点和 Q 点对应颜色的混合色。C_1 , C_2 分别为颜色 1 和 2 的色度量（三刺激值之和）。根据重力中心定律有

$$\frac{C_1}{C_2} = \frac{X_1 + Y_1 + Z_1}{X_2 + Y_2 + Z_2} = \frac{QM}{MP} \tag{4.26}$$

上式表示 QM 的距离与 C_2 成反比，并且 M 点必定位于连接 P 和 Q 的直线上，其位置应落在按 P 和 Q 的量成反比所分割的距离上。为求得 M 点的位置，在已知两颜色的色品坐标和亮度的情况下，应由式(4.26)分别求出它们的三刺激值之和 C_1 和 C_2 。过 P 点作垂直于 PQ 的直线，其长度与 C_2 成正比，等于 kC_2 。又过 Q 点在上述 P 点垂直线的对侧作垂直于 PQ 的直线，其长度与 C_1 成正比，等于 kC_1 ，k 为任选值。连接这两条垂直线末端的直线，与 PQ 线的交点即为所求混合的色品点 M 。

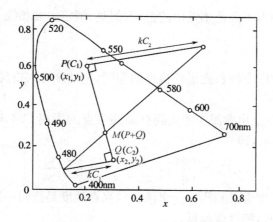

图 4.11　颜色相加作图法图示

4.2.3　主波长和色纯度计算

某种颜色的色品除用色品坐标表示外,CIE 还推荐用主波长和色纯度来表示。

1. 主波长

用某一光谱色按照一定比例与一特定的参照光源(如等能白光 E,CIE 标准光源 A, C,标准照明体 D_{65})相混合匹配出某种颜色,则该光谱色的波长就是该颜色的主波长 λ_d。但是,在色品图上,光谱轨迹两端(400nm 和 700nm)与参照光源的色品点组成的三角区域内的颜色没有主波长,因而引入补色波长概念,用一λ_d 表示。如果已知某颜色的色品坐标(x, y)和参照光源的坐标(x_0, y_0),可以方便地确定某颜色的主波长或补色波长。

如图 4.12 所示,在色品图上标出某一颜色点 M 和参照光源对应点 O,由 O 点向对应点 M 颜色引一直线,延长线与光谱轨迹相交于 L 点,交点 L 的光谱色波长就是该颜色的主波长 λ_d,M 点的$\lambda_d = 519.4$nm。要求颜色点 N 的补色波长,由 N 点向参照光源对应点 O 引一直线,其延长线与光谱轨迹相交,交点处的光谱色波长就是颜色 N 点的补色波长,图中 N 点的补色波长$-\lambda_d = 495.4$nm。

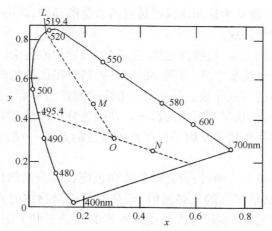

图 4.12　确定颜色的主波长和补色波长

根据色品图上连接某颜色对应点与参照光源对应点的直线的斜率,通过查表的方式也可以得出该颜色的主波长。

颜色的主波长大致相当于颜色感觉中的色调,但是,恒定主波长线上的颜色并不对应于恒定的色调感觉。

2. 色纯度

色纯度是指样品颜色同主波长光谱色接近的程度,色纯度有兴奋纯度和亮度纯度两种。

(1)兴奋纯度

兴奋纯度 P_e 在色品图上用参照光源点到样品颜色点的距离 OM 与参照光源到样品颜色主波长的距离 OL 之比来表示,即

$$P_e = \frac{OM}{OL} = \frac{x - x_0}{x_\lambda - x_0} = \frac{y - y_0}{y_\lambda - y_0} \tag{4.27}$$

兴奋纯度与前述的彩度含义相同。一个颜色的兴奋纯度是指同一波长的光谱色被白光冲淡的程度,白光占的比例越多,纯度就越低。

(2)亮度纯度

当颜色的纯度用亮度来表示时,就称为亮度纯度 P_c。它表明主波长的光谱色在样品颜色中所占亮度的比重,即

$$P_c = \frac{Y_\lambda}{Y} = \frac{y_\lambda}{y} P_e \tag{4.28}$$

式中,Y_λ 和 Y 分别是主波长光谱色和样品色的亮度。

不论是兴奋纯度还是亮度纯度,大致与日常生活中所感觉的颜色彩度相当,但并不完全相同,因为色品图上不同部位的纯度并不对应于彩度。用主波长和纯度标定颜色与用色品坐标标定颜色相比较,突出优点在于这种表示方法给人以具体印象,可以直观确定颜色的色调和彩度。

4.3　色度的测试方法和应用

4.3.1　颜色的测量方法和仪器

颜色的测量必须建立在现代色度学的基础之上。任何测色仪器只要能给出与 CIE 推荐的标准完全一致的三刺激值,就认为使用该仪器进行测量是准确的,而不论它是否能真正给出物体呈现在观察者眼里的色刺激外貌。

测色的方法可以分成两大类:目视测色法(主观的)和物理测色法(客观的)。

人眼作为最古老的颜色测量工具,对微小的颜色差别有很敏锐的辨别能力,人们长期利用目视比较的方法来区别物体的颜色外貌。但是目视方法的测量结果带有主观性,受到视觉适应性、人眼光谱响应差异、人的身体状况等因素的影响。在颜色分析和标定中,目视比较法和目视测量仪器都有不少缺陷。目视测色法主要用于目视比较颜色的差异,一般为定性比较测量。下面主要介绍物理测色法。

物理法测色仪器主要可分为两种:分光测色仪和色度计。分光测色仪是颜色测量最基本的仪器,这类仪器不是直接测量颜色的三刺激值,而是通过测量物体的光谱反射率或光谱透射特性,再根据 CIE 推荐的标准照明体和标准色度观察者的光谱三刺激值,最后利用公式计算求得被测颜色的三刺激值。而色度计则不同,它的响应很像人眼的视觉系统。通过直接测得与颜色的三刺激值成正比的仪器响应数值,直接换算出颜色的三刺激值。色度计获得三刺激值的方法是由仪器内部的光学模拟积分来实现的。也就是用滤光镜来校正仪器光源和探测器件的光谱特性,使输出的电信号大小正比于颜色的三刺激值。

1. 色度计

光电色度计可以由仪器的响应值直接得到颜色的三刺激值。光电色度计由照明光源、校正滤光器、探测器组成。正确使用该仪器的关键是,设计修正照明光源和探测器光谱特性的校正滤光器,使其达到规定要求。

通常光电色度计内部的照明光源是普通的白炽灯或卤钨灯,探测器是光电池或光电管等。为了模拟标准观测者在标准照明体下观察物体颜色特性,色度仪器的总光谱灵敏度必须符合卢瑟条件。卢瑟条件是校正滤光器设计的基础,用公式表示为

$$K_X s_A(\lambda)\tau_X(\lambda)v(\lambda) = s_C(\lambda)\bar{x}(\lambda)$$
$$K_Y s_A(\lambda)\tau_Y(\lambda)v(\lambda) = s_C(\lambda)\bar{y}(\lambda) \tag{4.29}$$
$$K_Z s_A(\lambda)\tau_Z(\lambda)v(\lambda) = s_C(\lambda)\bar{z}(\lambda)$$

式中,$s_A(\lambda)$是仪器内部光源的光谱功率分布函数;$s_C(\lambda)$是选定的 CIE 推荐的标准照明体的光谱功率分布函数;$\tau_X(\lambda)$,$\tau_Y(\lambda)$,$\tau_Z(\lambda)$分别为 3 种校正滤光器各自的光谱透射率;$\bar{x}(\lambda)$,$\bar{y}(\lambda)$,$\bar{z}(\lambda)$是标准色度观察者的光谱三刺激值;K_X,K_Y,K_Z 为比例常数;$v(\lambda)$是探测器的光谱灵敏度。

如果设计的校正滤光器的光谱透射率满足卢瑟条件,则色度计的光学模拟目的就达到了,仪器的各个探测器所测得的电信号值就正比于物体颜色的三刺激值。色度计的准确度与仪器的滤光器符合卢瑟条件的程度有关,实际情况越接近卢瑟条件,测量的准确度就越高。

由图 4.7 可以看出,$\bar{x}(\lambda)$曲线有两个尖峰:$\bar{x}_1(\lambda)$和 $\bar{x}_2(\lambda)$,而且 $\bar{x}_1(\lambda)$ 与 $\bar{z}(\lambda)$ 曲线很相似。因此,光电色度计有 4 个探测器和 3 个探测器之分。4 个探测器是用两个滤光器和探测器的组合分别模拟 $\bar{x}(\lambda)$ 曲线的两段曲线 $\bar{x}_1(\lambda)$ 和 $\bar{x}_2(\lambda)$。4 个探测器的光电色度计是最常用的一种色度计。另一种色度计是采用 3 个探测器,将 $\bar{z}(\lambda)$ 校正滤光器组合后探测的信号,按一定比例取出再与 $\bar{x}_2(\lambda)$ 探测的信号相加,就可以获得 X 值的读数。$\bar{y}(\lambda)$ 和 $\bar{z}(\lambda)$ 两个滤光器和探测器组合后探测信号,就可得到 Y 和 Z 值读数。

图 4.13 所示为某一种光电色度计的光学系统图。仪器的照明与探测条件是垂直入射/漫反射接收。照明光束的光轴和被测样品的法线之间的夹角不超过 $10°$,漫反射通量借助于积分球来收集。仪器的光源发出的光束经聚光镜和反射镜投射到被测反射样品上,由内壁涂有 MgO 或 BaSO$_4$ 的积分球收集被测样品反射的光通量。X,Y,Z 3 个带有校正滤光器的探测器分别在球壁的 3 个测试孔同时接收。测透射样品时,透射样品放置位置如图 4.13 所示,而在图示反射样品处改为放置与积分球内壁同样材料的中性白板,这时测得的就是透射样品的三刺激值。

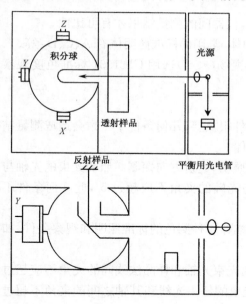

图 4.13　光电色度计的光学系统图

2. 测色分光光度计

利用测色分光光度计可以测量物体的透射色和反射色。这类仪器不直接测量颜色的三刺激值,而是测量物体的光谱反射率或光谱透射特性,再根据前述的 CIE 推荐的标准照明体和标准色度观察者的光谱三刺激值,利用公式计算求得被测颜色的三刺激值。与色度计方式测色比较,

测色分光光度计测量准确度更高,测色仪器更为复杂和昂贵,测色的数据处理也较复杂。图 4.14所示为日本的 U—3400 型分光光度计的光学系统原理图。

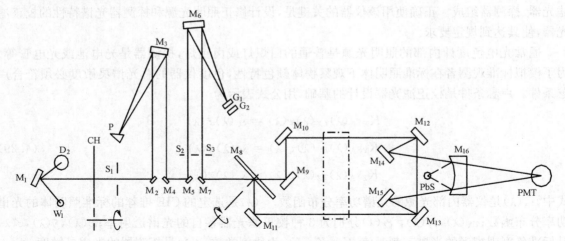

W₁—碘钨灯;D₂—重氢灯;CH—机械遮光器;S₁,S₂,S₃—狭缝;M—反射镜;M₇,M₉—柱面镜;
M₈—玻璃调制盘;P—色散棱镜;G₁,G₂—光栅;PbS—硫化铅探测器;PMT—光电倍增管

图 4.14　U—3400 型分光光度计的光学系统原理图

3. 颜色测量的标准化

由于颜色视觉的复杂性,颜色测量条件必须标准化,仪器间的测量结果才有可比性。

① 测量样品的三刺激值时,照明光源选择标准照明体,常用的标准照明体有 A、C、D₆₅ 等。

② 测量样品的三刺激值时,要选用标准观察者,小视场(<4°)选用 CIE1931 标准色度观察者,大视场时选用 CIE1964 标准补充色度观察者。

③ 标准照明观察条件

颜色测量时,光源照明和控制器收集光能的几何条件很重要,几何条件不一致会造成测量结果的差异。为统一测量结果,CIE 规定了统一的几何条件。

在透射样品测量中,一般采用对样品表面垂直方向照明,透射方向探测。照明光束的光轴与样品表面法线的夹角不超过 5°,照明光束中任一光线与光轴的夹角不应超过 5°,此几何条件不适合于漫透射物体。

在反射样品(不透明物体)测量中,CIE1931 年正式推荐 4 种测色的标准照明和观察条件,如图 4.15 所示。

① 垂直/45°(缩写 0/45)。样品被一束光照明,照明光束光轴和样品法线间的夹角不应超过 10°。在与样品表面法线成 45°±2°的方向观测。照明光束的任一光线和其轴之间的夹角不超过 8°。观测光束也应遵守同样的限制。如图 4.15(a)所示。

② 45°/垂直(缩写 45/0)。样品可被一束或多束光照明,照明光束轴线与样品表面法线成 45°±2°。观测方向和样品的法线之间的夹角不应超过 10°。照明光束的任一光线和共轴之间的夹角不应超过 8°,观测光束也应遵守同样的限制。如图 4.15 (b)所示。

③ 垂直/漫射(缩写 0/d)。样品被一束光照明,照明光束光轴和样品法线之间的夹角不超过 10°。漫反射通量借助于积分球来收集,镜面反射通量被吸收阱吸收。照明光束的任一光线和其轴之间的夹角不超过 5°。积分球的大小可以随意,但其开孔的总面积不应超过积分球内反射总面积的 10%。一般测色标准型积分球内径是 200mm。如图 4.15(c)所示。

④ 漫射/垂直(缩写 d/0)。样品被积分球漫射照明,样品法线和观测光束轴线间的夹角不应

超过 10°。积分球可是任意直径，但其开孔的总面积不应超过积分球内反射总面积的 10%。观测轴线和任意观测光线间的夹角不应超过 5°。如图 4.15(d)所示。

一些带有漫反射和镜面反射混合反射的样品，其镜面反射的影响可用光泽吸收阱来削减。照明光束和观测方向不应完全在样品的法线方向上，以避免照明器或探测器与样品之间的相互反射。根据 CIE 规定在 0/45，45/0，d/0 这 3 种条件下测得的光谱反射因数称为光谱辐亮度因数，分别记为，$\rho_{0/45}$，$\rho_{45/0}$，$\rho_{d/0}$。在 0/d 条件下测得的光谱反射因数称为光谱反射比 ρ。我国已制定了国家标准(GB 3978-1983)，与 CIE 1931 规定略有不同。

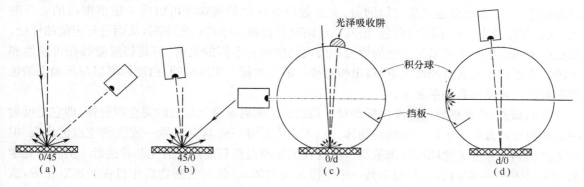

图 4.15　颜色测量的几何条件

反射测量中采用 45/0(0/45)更有利于目视观察样品，其比积分球法更有效地将镜面反射部分排除在外，所以常用于彩色图像的测量和彩色复制品的评价。虽然此条件比积分球更接近于目视观察条件，但更好的近似值可能是这两种情况的某种加权和，因为虽然大多数观察条件是由有方向性的光源组成的，但环境光则表现为漫射照明，在许多情况下它在总照明中可能相当重要。积分球照明或积分球探测的主要优点是几乎与样品表面结构无关。这一点对许多纺织品和纸张的测量特别有用，因为它们的毛面和光面有显著的差别。积分球几何条件可用作测量样品的漫反射或全反射(包括漫反射和镜面反射)特性。镜面反射部分可包括在内，只要不加光泽吸收阱去消除样品的第一次表面反射即可，此时测得的是全反射量。用光泽吸收阱消除样品的镜面反射则测得的是漫反射量。透射样品也能用积分球的几何条件测量，同样可测得漫透射量或全透射量(包括正透射量和漫透射量)。

4.3.2　有色光学玻璃的色度测量例

根据由测量得到的有色光学玻璃的光谱透射率 $\tau(\lambda)$，不仅可以计算出它的光学性能的各种质量指标，还可以根据前面介绍的 CIE 色度计算方法，计算出在某种光源照射下的颜色三刺激值和色品坐标，并进一步得到描述颜色的色品特征的两个指标，即主波长和色纯度。

由此可见，为了得到有色光学玻璃关于色度方面的性能，首先应测量出它的光谱透射率数据。

若采用如图 4.14 所示的双光束自动记录式分光光度计，则有色光学玻璃的光谱透射率测量就变得十分简单了，只要把被测玻璃样品放在仪器的测试光束中(另一束光是作为标准的比较光束)，开动仪器后，就可以自动画出光谱透射率曲线，甚至可以直接计算出表征颜色的三刺激值和色品坐标。

同一块有色玻璃，照射的光源不同，有色玻璃的色度计算结果也不相同。因此计算色度时，除了要知道光谱透射率外，还必须指明是什么光源照射的，也就是要知道光源的相对光谱功率分布。常用 CIE 推荐的标准照明体作为色度计算的"照明光源"。

假设测得某滤光片的光谱透射率见表 4.4,并选定标准光源 A 为计算的光源,将 $\tau(\lambda)s(\lambda)\bar{x}(\lambda)$, $\tau(\lambda)s(\lambda)\bar{y}(\lambda)$,$\tau(\lambda)s(\lambda)\bar{z}(\lambda)$ 计算值一并列于表 4.4。计算步骤参见 4.2.1 节,可得该滤光片的三刺激值($X=35.05,Y=35.58,Z=26.90$)及色品坐标($x=0.359,y=0.365$)。

4.3.3 白度的测量

在颜色世界里,人们遇到最多的是白色和近白色。"白"具有光反射比(明度)高和色饱和度(彩度)低的特殊颜色属性。基于目视感知而判断反射物体所能"显白的程度",称之为白度。与其他颜色一样,白色也是三维空间的量,大多数色觉正常的观察者可以将一定范围内的光反射比、色饱和度和主波长不同的白色,按其白度的高低排成一维的白度序列,从而进行定量的评价。虽然在不同的生产领域里对白度的评价和公式的应用有不同的见解,但是仍然能够在可靠性和准确性方面均使人满意的情况下,得出相对统一的白度标。实践证明,白度标可以与已确立的色度参数和色知觉参数联系起来。

人们知道,所谓理想的标准白板是对一切波长的辐射都是无吸收的完全漫射体,即它是反射率对任何波长都等于 1 的一种纯白物体。白雪或许是唯一的具有世界一致性的纯白色代表,但它无法长期保存亦无法随时随地取得。故现代的标准白板只能以反射比非常接近 1 的一些化学品作为代表——标准白,而且也不是一个全漫射反射体,以此对被测物质作目视的相对比较,这就是至今尚无一种白的自然物质来作为白色的缘由。

一般来说,当物体表面对可见光谱内所有波长的反射比都在 80% 以上,可认为该物体的表面为白色。有些专家用三刺激值 Y(明度)和兴奋纯度(P_e)来表征白色。伯杰(Berger)和麦克亚当(MacAdam)均认为:当样品表面 $Y>70$,$P_e<10\%$ 时可当作白色;格鲁姆(Grum)等人认为物质表面的 P_e 在 $0\sim12\%$ 且具有高反射比时就可看作白色。这些颜色位于色空间中相当狭窄的范围内。

为计算白度,曾提出过百种以上的白度公式,但是到目前为止还未能提出一个普遍使人满意的通用白度公式。合理的白度公式取决于白色试样的目视评定和色度学测量的相符合程度。但是白色程度高低的视觉评定很复杂,不仅受到人们爱好、习惯等复杂心理因素的影响,还与所从事的特殊职业和技术密切相关,与所评价对象质量相关的白色性质有关(例如与棉花和陶瓷相关的白色性质就大不相同)。因此要使白度公式统一起来十分困难。CIE 一直在力图解决白度的定量评价一致性问题,成立了"白度分委员会",并于 1983 年正式推荐 CIE 1983 白度公式。

CIE 1983 白度公式,将白度公式分为白度 W 和白色泽 T_W 两部分,即

$$\begin{cases} W = Y + 800(x_n - x) + 1700(y_n - y) \\ T_W = 1000(x_n - x) - 650(y_n - y) \end{cases} \tag{4.30}$$

$$\begin{cases} W_{10} = Y_{10} + 800(x_{n,10} - x_{10}) + 1700(y_{n,10} - y_{10}) \\ T_{W10} = 900(x_{n,10} - x_{10}) - 650(y_{n,10} - y_n) \end{cases} \tag{4.31}$$

式中,x、y、x_n、y_n 分别为样品和理想漫反射体的色品坐标(对应 2° 视场 CIE 标准观察者);x_{10}、y_{10}、$x_{n,10}$、$y_{n,10}$ 分别为样品和理想漫反射体的色品坐标(对应 10° 视场 CIE 标准观察者)。

CIE 推出的白度公式将白度的评价统一起来,供在 CIE 标准照明体 D_{65} 下评价和对比白度样品用,只限于通称为"白"的样品。这些公式提供的是相对而不是绝对白度的评价。W 值越高表示白度越高。T_W 为正时表示带绿色,数值越大则表示带绿的程度越大;T_W 为负时表示带红色,数值越大表示带红的程度越大。对于理想漫反射体,W 和 W_{10} 都等于 100,T_W 和 T_{W10} 都等于 0。对于带明显颜色的样品,使用白度公式评价白度没有意义。

利用仪器客观评价白度，以取代可能有争论的目视评价方法十分重要。用仪器测量白度可分为两步。

① 测量出样品的三刺激值：可用分光测量方法测出样品的光谱辐亮度因数，用计算的方法算出样品的三刺激值；也可用光电色度计直接读出三刺激值。一般白度测量都采用光电色度计的测量方法。

② 通过一定的白度计算公式计算出白度值：这些公式是建立在三刺激值的基础之上，知道三刺激值即可求出白度值。

思考题与习题 4

4.1 彩度（或饱和度）最高的颜色是什么？彩度最低的颜色是什么？当两辐射波长相同而彩度不同时，我们说它们什么相同？

4.2 何为三原色？三原色有多少种？三原色的定义有什么条件？

4.3 色度学中，CIE1931－XYZ 色度系统中 $X, Y, Z; x, y, z$ 和 $\bar{x}(\lambda), \bar{y}(\lambda), \bar{z}(\lambda)$ 的含义各是什么？它们有什么差异？

4.4 已知光源的相对光谱功率分布 $s(\lambda)$，有色玻璃的光谱透射比 $\tau(\lambda)$，试求该有色玻璃的色品坐标和积分透射比。

4.5 已知某光流的光通量为 5lm（流明），其色品坐标为 $x=0.1, y=0.5, z=0.4$，试求其三刺激值。若 $r=0.1, g=0.5, b=0.4$，相应的三刺激值是多少？

4.6 已知两种颜色的色品坐标和亮度为：颜色 1，$\lambda=560nm$，$x=0.37, y=0.62$，亮度为 $6.2cd/m^2$；颜色 2，$\lambda=490nm$，$x=0.05, y=0.29$，亮度为 $2.9cd/m^2$。求两种颜色的混合色色品坐标，并将此混合色标注在色品图上，再求出它的主波长和色纯度。

第5章 激光测试技术

自从 1960 年由梅曼(Maiman)研制成功世界上第一台红宝石固体激光器以来,激光技术发展极为迅速,并带动一大批相关学科和技术的发展,其应用遍布几乎所有的领域,如信息、医学、工农业和军事等领域,是具有里程碑意义的重要技术。激光是一种高亮度的定向能束,单色性好,发散角很小,具有优异的相干性,既是光电测试技术中的最佳光源,也是许多测试技术的基准。本章概要介绍激光的特点及其在准直、测速、测距等方面的应用,而应用更为广泛的激光干涉、衍射测试技术则在后面单独设两章介绍。

5.1 激光概述

5.1.1 激光的基本性质

1. 激光的方向性

光源发出光束的方向性通常用光束发散角或光束立体角来描述,如图 5.1 所示。发散角定义为:光源发光面所发出光线中任意两光线之间的最大角就是发散角,一般用 2θ 表示,单位为 rad。球冠曲面 S 对光源 O 所张的空间角 Ω 为光束立体角,单位为 sr,可用下式描述

$$\Omega = \frac{S}{R^2} \tag{5.1}$$

整个球面对球心所张的立体角是 $4\pi(\text{sr})$。

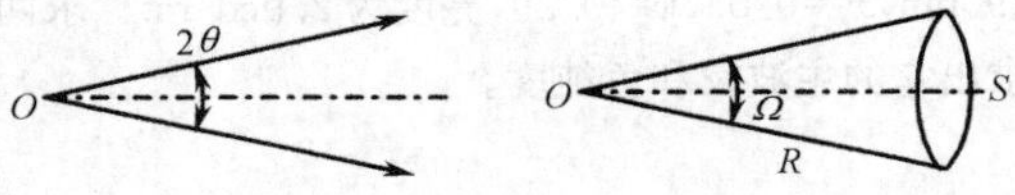

普通光源的发散角都比较大,而激光器的发

(a) 光束发散角　　**(b) 光束立体角**

图 5.1　光束的方向性示意图

光面仅仅是一个端面上的一个圆光斑,出射光束的发散角可小于 10^{-3}rad。一般来说,激光器的发散角都接近于该激光器的出射孔径所决定的衍射极限,即

$$2\theta = \frac{\lambda}{d} \tag{5.2}$$

式中,λ 是激光波长;d 是出射孔径。对氦氖激光器,若 $\lambda = 0.63\mu\text{m}, d = 3\text{mm}$,则光束发散角 $2\theta \approx 2 \times 10^{-4}\text{rad}$。当发散角较小时,发散角和立体角的关系可简化为

$$\Omega = \pi\theta^2 \tag{5.3}$$

不同类型激光器所发光束的方向性差别很大,这与增益介质的类型及均匀性、谐振腔的类型及腔长、激励方式和激光器的工作状态有关。气体激光器的增益介质有良好的均匀性,且腔长大,方向性最好,其发散角 2θ 为 $10^{-3} \sim 10^{-6}\text{rad}$,接近衍射极限,是普通光源中方向性很好的弧光的 $1/10^5 \sim 1/10^7$,是当前最好探照灯系统的 $1/1000$。固体激光器的方向性较差,一般为 10^{-2} rad。半导体激光器的方向性最差,一般为 $(5\sim10) \times 10^{-2}\text{rad}$,且两个方向的发散角不一样。

激光的方向性对其聚焦性能有重要影响。当一束发散角为 2θ 的单色光被焦距为 f 的透镜聚焦时,焦平面上光斑直径 $D = 2\theta f \approx f\lambda/d$。

2. 激光的高亮度

亮度为单位面积的光源在单位时间内向着其法线方向上的单位立体角范围内辐射的能量,

可表示为

$$L = \frac{Q}{S\Omega t} \tag{5.4}$$

式中，L 为亮度，单位是 $W/(m^2 \cdot sr)$；Q 为辐射出射能量；S 为光源表面积；Ω 为光束出射立体角。由式(5.4)可见，光源发光立体角 Ω 越小，发光时间 t 越短，亮度越高。

一般激光器的发光立体角大约为 $\pi \times 10^{-6}$ sr，其发光亮度比普通光源大百万倍。一个普通的调 Q 红宝石激光器发射的激光，其脉冲功率很容易达到 10^6 W，其亮度是太阳的 10^{10} 倍。目前的超短脉冲激光器能产生短至 4.6fs 的超短脉冲，光功率密度高达 10^{20} W/cm²，其亮度就更高了。

总之，正是由于激光能量在空间和时间上的高度集中，才使得激光具有普通光源所达不到的高亮度。

3. 激光的单色性

单色性是指光强按频率(波长)的分布状况。由于激光本身是一种受激辐射，再加上谐振腔的选模作用，所以激光发出的是单一频率的光。但是，激发态总有一定的能级宽度，以及受温度、振动、泵浦电源的波动的影响，造成谐振腔腔长的变化和谱线频率的改变，光谱线总有一定的能级宽度。所以，激光单色性的好坏可以用频谱分布的宽度(线宽)来描述。

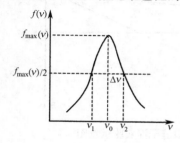

图 5.2　激光强度按频率分布曲线

在图 5.2 中，曲线 $f(\nu)$ 表示一条光谱线内光的相对强度按频率 ν 分布情况。$f(\nu)$ 称为光谱线型函数，不同的光谱线可以有不同形式的 $f(\nu)$。设 ν_0 为光谱线的中心频率，当 $\nu = \nu_0$ 时，$f(\nu)$ 的极大值为 $f_{max}(\nu)$。通常以 $f(\nu) = f_{max}(\nu)/2$ 时对应的两个频率 ν_2 和 ν_1 之差的绝对值作为光谱线的频率宽度，简称线宽，即

$$\Delta\nu = |\nu_2 - \nu_1| \tag{5.5}$$

由式 $\Delta\nu/\nu = \Delta\lambda/\lambda$ 可知，与频率宽度相对应，光谱线也有一定的波长宽度 $\Delta\lambda$。

一般地说，线宽 $\Delta\lambda$ 越窄，光的单色性越好。普通光源中，单色性最好的同位素 ^{86}Kr 放电灯在低温下发出波长 $\lambda = 0.6057\mu m$ 的光，在 1960 年第 11 届国际计量大会上被确定为长度基准，其谱线宽度和波长的比值 $\Delta\lambda/\lambda \approx 7.76 \times 10^{-7}$。而一台一般单模稳频 He-Ne 激光器，其发出的 $\lambda = 0.6328\mu m$ 谱线的线宽与波长的比值可达 $\Delta\lambda/\lambda \approx 10^{-11}$。目前被正式选做长度基准之一的甲烷吸收稳频 He-Ne 激光器的输出谱线为 $0.3392231397\mu m$，其 $\Delta\lambda/\lambda \approx 10^{-13}$。

4. 激光的时间相干性

激光的时间相干性指在一空间点上，由同一光源分割出来的两光波之间相位差与时间无关的性质，即光波的时间延续性。可以理解为，同一光源发出的两列光波经不同的路径，相隔一定时间 t_c 后在空间某点会合，尚能发生干涉，t_c 称为相干时间。

在迈克耳逊干涉仪中(见图 5.3)，激光器发出的激光被分光镜分成光束 1 和光束 2，它们经过不同路径被反射镜 M_1 和 M_2 反射后，在分光镜处重新相遇。当反射镜 M_2 每移动 $\lambda/2$，观察屏 P 处两束光干涉后光强度 I 将亮暗交替变化一次，若光强度亮暗交替变化 K 次，则反射镜 M_2 移动引起的光程差 $\Delta L = K\lambda/2$。当两光路光程差小于光振动波列本身的长度 L 时，在观察屏 P 处还有一部分干涉，可看到干涉条纹。当光程差大于振动波列本身的长度 L 时，两列波完全不相干，则看不到干涉条纹。把两波列间允许的最大光程差称为光源的相干长度，记为 L_c，它等于光振动的波列本身的长度。设振动波列在观察屏 P 处的延续时间为 Δt，则

$$L_c = c\Delta t = \frac{c}{\Delta\nu} = \frac{\lambda^2}{\Delta\lambda} \tag{5.6}$$

因为 $t_c = L_c/c = \lambda^2/c\Delta\lambda$，$\Delta\lambda/\lambda = \Delta\nu/\nu$，$\lambda\nu = c$，所以

$$t_c\Delta\nu = 1 \tag{5.7}$$

可以看出，光谱线宽 $\Delta\lambda$ 和 $\Delta\nu$ 越窄，光的相干长度 L_c 和相干时间 t_c 越长，光的时间相干性越好。所以激光的时间相干性比普通光源所发出的光好得多。

例如，用 ^{86}Kr 灯做光源的干涉仪，理论上其相干长度 $L_c = 77$cm，这与非受激发射的普通光源相比已是最长的了，但利用稳频 He-Ne 激光器（$\lambda = 0.6328\mu$m）做光源，若其频率稳定度为 10^{-11}，干涉仪的相干长度可达 6×10^6m。

5. 激光的空间相干性

空间相干性是指同一时间，由空间不同点发出的光波的相干性。在杨氏狭缝干涉实验中（见图 5.4），若光源为理想光源（点光源），则在观察屏 P 上将观察到等距排列的亮暗相间的条纹。但实际的光源 S 总有一定的宽度，设为 $2b$。下面分两种情况讨论。

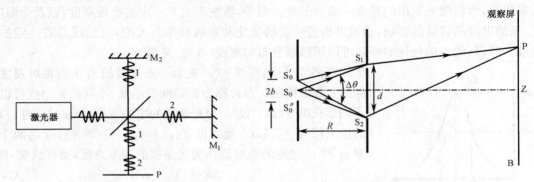

图 5.3 迈克耳逊干涉仪　　　　　　图 5.4　杨氏双缝干涉实验示意图

① 当两狭缝 S_1 和 S_2 的间距一定时，研究光源宽度对干涉条纹的影响。有限宽度的光源，可以看作点光源的集合。若光源发出波长为 λ 的单色光，光源 S_0' 到 S_0'' 范围内的每个点光源经狭缝 S_2 和 S_1 后各产生一组相同的余弦分布的亮暗干涉条纹，只不过在垂直条纹方向上相互错开以致相互重叠。叠加的结果是合成条纹对比度下降。实验表明，当光源宽度足够大时，干涉条纹将消失。可以证明，当满足条件 $2b < \lambda R/d$ 时，在观察屏 P 上亮暗条纹是相互错开的，能观察到干涉条纹。换言之，当 $2b \geq \lambda R/d$ 时，条纹模糊，不再产生干涉。光源的临界宽度为

$$2b_c = \lambda R/d = \lambda/\Delta\theta \tag{5.8}$$

式中，R 为光源到狭缝屏的距离；d 为狭缝 S_2 和 S_1 之间的距离。两个狭缝 S_1 和 S_2 对光源中心 S_0 的张角为 $\Delta\theta$。

② 当光源宽度 $2b$ 一定时，研究两狭缝之间距离对干涉条纹的影响。两狭缝之间的距离 d 越小，干涉条纹越清晰，随着 d 增大，干涉条纹对比度下降，直至条纹消失。两狭缝之间最大的允许距离为

$$d_c = \lambda R/2b = \lambda/\Delta\phi \tag{5.9}$$

式中，$\Delta\phi$ 为光源对两狭缝连线中心的张角（图中未画出）；d_c 又称为横向相干长度。

所以，空间相干性可以认为是研究来自空间任意两点的光束能够产生干涉的条件和干涉程度。表 5.1 列出光源宽度、空间相干性和条纹对比度之间的关系。

表 5.1　光源宽度、空间相干性和条纹对比度之间的关系

光源宽度 $2b$	两孔间距 d	空间相干性	条纹对比度 K
点光源	无限大	完全相干	1
b	$d \leqslant d_c$	部分相干	$0 < K < 1$
b	$d > d_c$	非相干	0
$b > b_c$	无限小	非相干	0

如果用单模激光器做光源,使激光束直接照在 S_1 和 S_2 上,由于这种激光光束在其截面不同点上有确定的相位关系,因此可产生干涉条纹,即单模激光光束的空间相干性很好。如用尺寸为 $100\mu m$ 的矩形汞弧灯做光源,当针孔屏距光源 $500mm$ 放置时,其横向相干长度大约为 $0.25mm$,而激光器的横向相干长度可达 $100mm$ 以上。

6. 激光的纵模与横模

(1)激光的纵模

光波是一种电磁波,每种光都是具有一定频率的电磁振荡。当谐振腔满足稳定条件时,在谐振腔内就构成一种稳定的电磁振荡。如图 5.5 所示,假设有一平行平面腔,对于沿轴线方向传播的光束,由于两平面镜反射而形成干涉,其干涉条件即谐振条件(或驻波条件)为

$$nl = q\frac{\lambda}{2} \qquad (5.10)$$

式中,n 为激光介质的折射率;l 为谐振腔长度;λ 为谐振波长;q 为正整数。

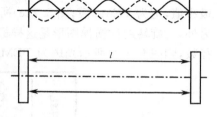

图 5.5　谐振腔中的驻波

式(5.10)表明,谐振腔的光学长度等于半波长的整数倍的那些光波,将形成稳定的振荡,因为这些光波在多次反射中相位完全相同而得到最有效的加强。式(5.10)写成频率形式为

$$\nu_q = \frac{c}{2nl}q \qquad (5.11)$$

式中,c 为真空中的光速。由于 q 可以取任意正整数,所以原则上谐振腔内有无限多个谐振频率。每一种谐振频率的振荡代表一种振荡方式,称为一个"模式"。对于上述沿轴向传播的振动,称为"轴向模式",或简称为"纵模"。

由式(5.11)可知,任意相邻两纵模间的频率之差为

$$\Delta\nu = \nu_{q+1} - \nu_q = \frac{c}{2nl} \qquad (5.12)$$

可见,纵模间的频率之差与谐振腔的光学长度成反比,与纵模序数 q 无关,在频谱上呈现为等间隔的分立谱线,称为谐振频率,因此也称谐振腔的纵模为谐振模。

上述一系列的分立频率只是谐振腔允许的谐振频率,但每一种激活介质都有一个特定的光谱曲线(或增益曲线)。又由于谐振腔存在着透射、衍射和散射等各种损耗,所以只有那些落在增益曲线范围内,并且增益大于损耗的那些频率才能形成激光。可见,激光器输出激光的频率并不是无限多个,而是由激活介质的光谱特性和谐振腔频率特性共同决定的。对于如图 5.6(b)所示的情况,落在增益曲线范围内,并且增益大于损耗(即达到阈值条件)的只有 $\nu_{q-2}, \nu_{q-1}, \nu_q, \nu_{q+1}$, ν_{q+2} 5 个频率,即 5 个纵模,其他频率的光波都不能形成激光振荡。在这里谐振腔起了一种频率

选择器的作用,正是由于这种作用,才使激光具有良好的单色性。

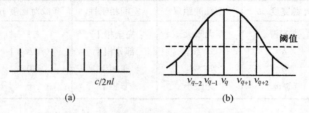

图 5.6　纵模的频谱分布及增益特性

（2）激光的横模

激光光束的截面形状除对称的圆形光斑以外,还会出现一些形状较为复杂的光斑,如图 5.7 所示。激光的纵模对应于谐振腔中纵向不同的稳定的光场分布。光场在横向不同的稳定分布,通常称为不同的横模。

激光的模式一般用 TEM_{mnq} 来标记,其中 q 为纵模序数,m 代表光强分布在 x 方向上的极小值数目,n 代表光强分布在 y 方向上的极小值数目。图 5.7(a),(e)所示的图形称为基模,记为 TEM_{00q},而图 5.7 所示其他的横模称为高阶（序）横模。图 5.7(a)所示光斑,在 x 方向及 y 方向都无光强的极小值,记为 TEM_{00} 模;图 5.7(b)所示光斑,在 x 方向有一个极小值,在 y 方向没有极小值,记为 TEM_{10} 模;图 5.7(c)所示光斑,记为 TEM_{13} 模;图 5.7(d)所示光斑,记为 TEM_{11} 模。另外,对旋转对称横模图形是这样标记的,即 m 表示在半径方向上出现的暗环数,n 表示暗环直径数,则图 5.7(f)所示光斑为 TEM_{03} 模,而图 5.7(g)所示光斑为 TEM_{10} 模。

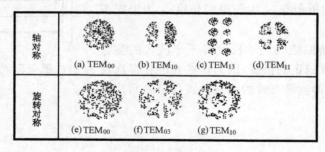

图 5.7　激光的各种横模

通常激活介质的横截面是圆形的,所以横模图形应是旋转对称的,但也常出现轴对称横模,这是由于激活介质的不均匀性,或谐振腔内插入元件（如布儒斯特（Brewster）窗）破坏了腔内的旋转对称性的缘故。

在实际应用中,总希望激光的横向光强分布越均匀越好,而不希望出现高阶模。造成光强分布不均匀性的原因是谐振腔的衍射效应。光束在谐振腔内振荡形成激光的过程,实际上就是光波在谐振腔的两个反射镜上来回反射的过程。因为反射镜的大小是有限的,光束在腔内来回反射时,镜面的边缘就起着光阑的作用。这样,如果腔内原来存在一束光强均匀分布的平行光,经过反射镜的多次反射和衍射后,就不再是平行光,改变为另一种光束,其光强分布也不再是均匀的,改变为非均匀的。

5.1.2　高斯光束

1. 高斯光束的描述

由凹面镜构成的稳定谐振腔产生的激光束既不是均匀平面光波,也不是均匀球面光波,而是一种结构比较特殊的高斯光束,如图 5.8 所示。

沿 z 轴方向传播的高斯光束的电矢量表达式为

$$E(x,y,z) = \frac{A_0}{\omega(z)}\exp\left[\frac{-(x^2+y^2)}{\omega^2(z)}\right] \cdot$$

$$\exp\left[-\mathrm{j}K\left(\frac{x^2+y^2}{2R(z)}+z\right)+\mathrm{j}\varphi(z)\right] \tag{5.13}$$

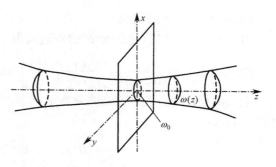

图 5.8　高斯光束

式中，$E(x,y,z)$ 是 (x,y,z) 点的电矢量；$A_0/\omega(z)$ 是光束在纵轴上 $(x=y=0)z$ 点的电矢量振幅；$\frac{A_0}{\omega(z)}\exp\left[\frac{-(x^2+y^2)}{\omega^2(z)}\right]$ 是光束在 z 处垂直于纵轴横截面内的振幅；$K=2\pi/\lambda$ 为波数；$\omega(z)$ 称为 z 点的光斑尺寸，它是 z 的函数，即

$$\omega(z) = \omega_0\left[1+\left(\frac{z\lambda}{\pi\omega_0^2}\right)^2\right]^{\frac{1}{2}} \tag{5.14}$$

式中，ω_0 是 $z=0$ 处的光斑尺寸，它是高斯光束的一个特征参量，称为光束的"束腰"；$R(z)$ 是在 z 处波阵面的曲率半径，它也是 z 的函数，即

$$R(z) = z\left[1+\left(\frac{\pi\omega_0^2}{\lambda z}\right)^2\right] \tag{5.15}$$

$\varphi(z)$ 是与 z 有关的相位因子，即

$$\varphi(z) = \arctan\frac{\lambda z}{\pi\omega_0^2} \tag{5.16}$$

2. 高斯光束的特性

(1) $z=0$ 的情况

将 $z=0$ 代入式(5.13)，得出 $z=0$ 处的电矢量表达式为

$$E(x,y,0) = \frac{A_0}{\omega_0}\exp\left(\frac{-\rho^2}{\omega_0^2}\right) \tag{5.17}$$

式中，$\rho^2 = x^2+y^2$。

从式(5.17)可以看出：

① 与 x，y 有关的相位部分消失，即 $z=0$ 的平面是等相面，它与平面波的波阵面一样；

② 振幅部分是一指数表达式，这种指数函数叫高斯函数，通常称振幅的这种分布为高斯分布。

图5.9(a)所示为 $z=0$ 处的电矢量 E 的分布曲线，由图可知，当 $\rho=0$（即光斑中心）处振幅最大，为 $A(0,0,0)=A_0/\omega_0$。在 $\rho=\omega_0$ 处有

$$A(\rho,0) = \frac{1}{\mathrm{e}}\frac{A_0}{\omega_0} = \frac{1}{\mathrm{e}}A(0,0,0) \tag{5.18}$$

即电矢量下降到极大值的 $1/\mathrm{e}$，而当 ρ 继续增大时，E 值继续下降而逐渐趋于零。可见，光斑中心最亮，向外逐渐减弱，但无清晰的轮廓。所以通常以电矢量振幅下降到中心值 $1/\mathrm{e}$（光强为中心值的 $1/\mathrm{e}^2$）处的光斑半径 ω_0 作为光斑大小的量度，称为束腰。

从以上分析看到，高斯光束在 $z=0$ 处的波阵面是一平面，这一点与平面波相同，但其光强分布是一种特殊的高斯分布，这一点不同于平面波。也正是由于这一差别，决定了它沿 z 方向传播时不再保持平面波的特性，而以高斯球面波的特殊形式传播，如图5.10所示。

（2）$z = z_0 > 0$ 的情况

当 $z = z_0 > 0$ 时,电矢量 E 的表达式为

$$E(x,y,z_0) = \frac{A_0}{\omega(z_0)} \exp\left[\frac{-(x^2+y^2)}{\omega^2(z_0)}\right] \exp\left[-jK\left(\frac{x^2+y^2}{2R(z_0)} + z_0\right) + j\varphi(z_0)\right] \qquad (5.19)$$

上式的相位部分表示高斯光束在 $z = z_0 > 0$ 处的波阵面是一球面,其曲率半径为 $R(z_0)$,由式(5.15)知

$$R(z_0) = z_0\left[1 + \left(\frac{\pi\omega_0^2}{\lambda z_0}\right)^2\right] > z_0 \qquad (5.20)$$

即波阵面的曲率半径 $R(z_0)$ 大于 z_0,且 R 随 z 而异,即作为波阵面的球面的曲率中心不在原点,而且不断变化,如图 5.10 所示。

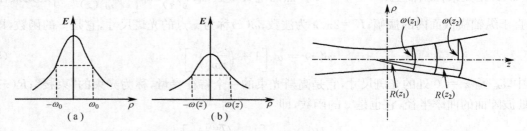

图 5.9 不同 z 处电矢量 E 的分布曲线　　　　图 5.10 高斯光束电矢量分布

电矢量 E 的振幅值与 $z = 0$ 处相仿,但仍然是中心的振幅值最大,同时按高斯函数形式向外逐渐减弱,此时光斑尺寸为

$$\omega(z_0) = \omega_0\left[1 + \frac{z_0^2\lambda^2}{\pi^2\omega_0^4}\right]^{\frac{1}{2}} > \omega_0 \qquad (5.21)$$

从式(5.21)可知,在 $z = 0$ 处的光斑尺寸最小,该点的光斑尺寸 ω_0 为束腰,而 $\omega(z)$ 随 z 增大,表示光束逐渐发散。通常以 2θ 来描述光束的发散角,其表达式为

$$2\theta = 2\frac{d\omega(z)}{dz} = \frac{2\lambda^2 z}{\pi\omega_0} \frac{1}{\sqrt{\pi^2\omega_0^4 + z^2\lambda^2}} \qquad (5.22)$$

当 $z = 0$ 时,$2\theta = 0$;当 $z = \pi\omega_0^2/\lambda$ 时,$2\theta = \sqrt{2}\lambda/\pi\omega_0$;当 $z \to \infty$ 时,$2\theta = 2\lambda/\pi\omega_0$。高斯光束的远场发散角 2θ 为 $2\lambda/\pi\omega_0$,而在 $z = 0$ 附近发散角很小。随 z 逐渐增大,到 $z = \pi\omega_0^2/\lambda$,才达到远场发散角的 $1/\sqrt{2}$。通常称 $z = 0$ 到 $z = \pi\omega_0^2/\lambda$ 的范围为准直距离,在此区间发散角最小。

（3）$z = -z_0$ 的情况

$z = -z_0$ 的高斯光束的振幅分布与在 $z = z_0$ 处完全一样,只是 $R(-z_0) = -R(z_0)$,在 z_0 处是一个沿 z 方向传播的发散球面波,而在 $-z_0$ 处,则是向 z 方向传播的会聚球面波,两者曲率半径的绝对值相等。

综上所述,高斯光束在 $z_0 < 0$ 处是沿 z 方向传播的会聚球面波,当它到达 $z = 0$ 处变成一个平面波,当继续传播时又变成一个发散的球面波。光束各截面上的光强分布均为高斯光束。

3. 高斯光束的变换

（1）高斯光束的复曲率半径

将式(5.13)改写为

$$E(x,y,z) = \frac{A_0}{\omega(z)} \exp\left\{-jK\frac{\rho^2}{2}\left[\frac{1}{R(z)} - j\frac{\lambda}{\pi\omega^2(z)}\right]\right\} \exp[-jKz - j\varphi(z)] \qquad (5.23)$$

下面引入一个新的参数 $q(z)$,其定义为

$$\frac{1}{q(z)} = \frac{1}{R(z)} - j\frac{\lambda}{\pi\omega^2(z)} \tag{5.24}$$

则式(5.23)可变换为

$$E(x,y,z) = \frac{A_0}{\omega(z)}\exp\left[-jK\frac{\rho^2}{2q(z)}\right]\exp[-jKz - j\varphi(z)] \tag{5.25}$$

参数 $q(z)$ 将高斯光束的两个基本参数 $\omega(z)$ 和 $R(z)$ 统一在一个表达式中,它是表征高斯光束的又一个重要参数,称为高斯光束的复曲率半径。一旦确定光束在某位置处的 $q(z)$ 值,便可由式(5.24)求出该位置处的 $\omega(z)$ 和 $R(z)$。

如果以 $q_0 = q(0)$ 表示 $z = 0$ 处的复曲率半径,并注意到 $R(0) \to \infty$, $\omega(0) = \omega_0$,则根据式(5.24)有

$$\frac{1}{q_0} = \frac{1}{R(0)} - j\frac{\lambda}{\pi\omega^2(0)} \tag{5.26}$$

由此得出

$$q_0 = j\frac{\pi\omega_0^2}{\lambda} \tag{5.27}$$

将式(5.14)和式(5.15)的 $\omega(z)$ 和 $R(z)$ 代入式(5.24),经适当运算可得

$$q(z) = j\frac{\pi\omega_0^2}{\lambda} + z = q_0 + z \tag{5.28}$$

这是高斯光束的复曲率半径在自由空间(或各向同性介质)中的传输规律。

(2)高斯光束通过薄透镜的变换

如图5.11所示,设束腰半径为 ω_0 的高斯光束投影到焦距为 f 的薄透镜上。高斯光束的轴线与透镜的轴线一致,图中 M 表示高斯光束入射在透镜表面上的波面,由于高斯光束的等相面为球面,经过薄透镜后将转变成球面波 M'。M 和 M' 的曲率半径 R 和 R' 的关系按薄透镜成像规律有

$$\frac{1}{R} - \frac{1}{R'} = \frac{1}{f} \tag{5.29}$$

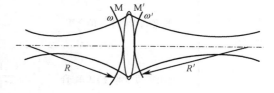

图 5.11　高斯光束通过薄透镜的变换

由于透镜很薄,波面 M 及 M' 上光斑的大小及光强分布都应该一致,则高斯光束的入射光斑半径 ω 和出射光斑半径 ω' 应相等,即 $\omega' = \omega$,所以高斯光束经薄透镜变换后,继续以高斯光束的传播规律传播。

若入射高斯光束的复曲率半径为 $q(z)$,经薄透镜变换后的复曲率半径 $q'(z)$ 由下式求得

$$\frac{1}{q'(z)} = \frac{1}{R'} - j\frac{\lambda}{\pi\omega^2} = \frac{1}{R} - j\frac{\lambda}{\pi\omega^2} - \frac{1}{f} = \frac{1}{q(z)} - \frac{1}{f} \tag{5.30}$$

对比式(5.29)和式(5.30)可知,高斯光束的复曲率半径 $q(z)$ 和普通球面波的曲率半径 $R(z)$ 有一样的作用。

(3)高斯光束通过复杂透镜的变换

高斯光束通过复杂透镜系统的变换关系,一般可以表示为

$$q_2 = \frac{Aq_1 + B}{Cq_1 + D} \tag{5.31}$$

式中,q_1 和 q_2 分别为高斯光束输入和输出光学系统的复曲率半径。式(5.31)即为复曲率半径之间的 ABCD 变换定律。

$\boldsymbol{M}=\begin{pmatrix} A & B \\ C & D \end{pmatrix}$ 为简化光学元件的光线变换矩阵。表 5.2 给出一些基本光学元件的光线变换矩阵 $\boldsymbol{M}$。

表 5.2　基本光学元件高斯光束光线变换矩阵

长度 l 的自由空间		$\begin{pmatrix} 1 & l \\ 0 & 1 \end{pmatrix}$
薄透镜（焦距 f）		$\begin{pmatrix} 1 & 0 \\ -1/f & 1 \end{pmatrix}$
平面介质界面折射率（n_1，n_2）		$\begin{pmatrix} 1 & 0 \\ 0 & n_1 \end{pmatrix}$
半径为 R 的凹面介质界面		$\begin{pmatrix} 1 & 0 \\ \dfrac{n_2-n_1}{n_2R} & \dfrac{n_1}{n_2} \end{pmatrix}$
半径为 R 的凹面镜		$\begin{pmatrix} 1 & 0 \\ -2/R & 1 \end{pmatrix}$
长度 l、折射率 n 的介质		$\begin{pmatrix} 1 & l/n \\ 0 & 1 \end{pmatrix}$
自由空间与薄透镜的组合		$\begin{pmatrix} 1 & l \\ -1/f & 1-l/f \end{pmatrix}$

对于由简单光学元件组成的光学系统的变换矩阵，可由这些光学元件的旁轴光线变换矩阵依次乘积求得。设光学系统由 n 个光学元件组成，相应的变换矩阵为 $\boldsymbol{M}_1,\boldsymbol{M}_2,\cdots,\boldsymbol{M}_n$，高斯光束在入射处和出射处的复曲率半径 q_0 和 q_n 有如下关系

$$q_n = \frac{Aq_0 + B}{Cq_0 + D} \tag{5.32}$$

式中，A,B,C,D 由下式确定

$$\boldsymbol{M} = \begin{pmatrix} A & B \\ C & D \end{pmatrix} = \boldsymbol{M}_n\boldsymbol{M}_{n-1}\cdots\boldsymbol{M}_2\boldsymbol{M}_1 \tag{5.33}$$

4. 高斯光束的聚焦

为使高斯光束获得良好的聚焦，通常采用短焦距透镜，或者使高斯光束束腰离透镜甚远。如图 5.12 所示，一高斯光束入射到短焦距透镜 L 上，设入射光束的腰斑半径为 ω_0，束腰与透镜的距离为 l，透镜焦距为 f，入射光束经透镜变换后的腰斑半径为 ω_0'，束腰与透镜的距离为 l'。在入射光束的束腰处，根据式(5.27)有

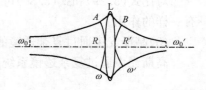

图 5.12　高斯光束的聚焦

$$q(\omega_0) = q_0 = \mathrm{j}\frac{\pi\omega_0^2}{\lambda} \tag{5.34a}$$

在 A 处(紧挨透镜的左方),根据式(5.28)有

$$q(A) = q_0 + l \tag{5.34b}$$

在 B 处(紧挨透镜的右方),根据式(5.30)有

$$\frac{1}{q(B)} = \frac{1}{q(A)} + \frac{1}{f} \tag{5.34c}$$

在出射光束束腰处有

$$q(\omega_0') = q(B) + l' \tag{5.34d}$$

综合考虑式(5.34),并考虑到在像方光束束腰处的等相位面为平面,$R(\omega_0') \to \infty$,即有 $\mathrm{Re}[1/q(\omega_0')] = 0$,因而可以得到

$$l' = f + \frac{(l-f)f^2}{(l-f)^2 + \left(\dfrac{\pi\omega_0^2}{\lambda}\right)^2}$$

$$\frac{1}{\omega_0'^2} = \frac{1}{\omega_0^2}\left(1 - \frac{l}{f}\right)^2 + \frac{1}{f^2}\left(\frac{\pi\omega_0^2}{\lambda}\right)^2$$

当 $l \gg f$ 时,由上式并根据式(5.21)有

$$l' \approx f \tag{5.35a}$$

$$\omega_0' = \left[\frac{l^2}{\omega_0^2 f^2} + \frac{1}{f^2}\left(\frac{\pi\omega_0^2}{\lambda}\right)^2\right]^{-1/2} \approx \frac{\lambda f}{\pi\omega(A)} \tag{5.35b}$$

即高斯光束经短焦距透镜会聚后,束腰的位置在透镜后焦点附近;而且从透镜射出的高斯光束在腰部最细,所以腰的粗细是聚焦后光斑的大小。

5.2 激光准直技术及应用

在大型设备、管道、建筑物等的测量、安装、校准中,往往需要给出一条直线作为基准线,以此来检查各零部件位置的准确性,如检查管道、导轨的直线性,高层建筑、钻井的垂直度等。随着光学技术的进步,自准直光管和准直望远镜广泛应用于大尺寸的测量。移动内调焦望远镜的内调焦镜组可以给出一条从几十厘米到几十米的瞄准直线,其直线性与内调焦镜组的设计、装配及移动导轨的制造准确度有关,还与望远镜的瞄准不确定度有关。准直仪(即平行光管)能给出一条准直光束,但在较长的工作距离上,亮度较低,影响其准直性的测量。一般可靠的工作距离小于30m,此外还存在空气扰动的干扰。

激光出现以后,由于激光具有很高的亮度、良好的方向性和相干性,因而是直线性测量的理想基准。同时还可以采用多种办法,进一步提高它的准直性,提高准直测试的准确度。

5.2.1 激光束的压缩技术

在普通应用中,可以把激光束看作平面波,直接作为直线性测量的基准。但是在高准确度应用中,必须考虑激光束的波面既非平面波也不是球面波,而是高斯光束,其发散的形式与球面波是不一样的。下面介绍 3 种压缩激光束的方法。

1. 用倒置望远镜压缩激光束

在实际应用中,要改善激光束的方向性,即要压缩光束的发散角,一般使用倒置望远系统,如图 5.13 所示。两透镜间的距离等于其焦距之和,而且 $f_2 \gg f_1$,高斯光束从左方入射到倒置望远系统,那么,当透镜 L_1 为短焦距的薄透镜时,则根据式(5.35)有

$$\omega_{20} = \frac{\lambda}{\pi\omega_2} f_1 = \frac{\lambda}{\pi\omega_1} f_1 \qquad (5.36)$$

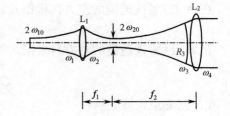

图 5.13　高斯光束发散角的压缩

同样,就透镜 L_2 而言有

$$\omega_{20} = \frac{\lambda}{\pi\omega_3} f_2 \qquad (5.37)$$

所以

$$\omega_3 = \frac{\lambda}{\pi\omega_{20}} f_2 = \frac{f_2}{f_1}\omega_1 \qquad (5.38)$$

而在透镜 L_2 处入射光束的曲率半径为 R_3,$R_3 \approx f_2$。从透镜 L_2 出射的高斯光束曲率半径 R_4 为

$$\frac{1}{R_4} = \frac{1}{f_2} - \frac{1}{R_3} \approx 0 \qquad (5.39)$$

即

$$R_4 \approx \infty$$

由此可见,高斯光束经过一个倒置望远系统后,从透镜 L_2 出射光束的曲率半径为无穷大,即出射光在透镜 L_2 处为一平面波,出射光的束腰位于透镜 L_2 处,其尺寸为

$$\omega_{40} = \omega_4 = \omega_3 = \omega_1 \frac{f_2}{f_1} \qquad (5.40)$$

所以出射光的发散角为

$$2\theta_4 = 2\frac{\lambda}{\pi\omega_{40}} = 2\frac{\lambda}{\pi\omega_1}\frac{f_2}{f_1} \qquad (5.41)$$

而入射光的发散角为

$$2\theta_0 = 2\frac{\lambda}{\pi\omega_{10}} \qquad (5.42)$$

此时发散角的压缩比为

$$M' = \frac{2\theta_0}{2\theta_4} = \frac{f_2}{f_1}\frac{\omega_1}{\omega_{10}} = \frac{\omega_1}{\omega_{10}} M \qquad (5.43)$$

式中,$M = f_2/f_1$,通常称为倒置望远镜系统的压缩比。如果高斯光束从半共焦腔的平面镜输出,$\omega_1 \approx \omega_{10}$,则系统的压缩比为

$$M' \approx M$$

即与倒置望远镜的压缩比一致。如果光束从半共焦腔的凹面镜输出,$\omega_1 = \sqrt{2}\omega_{10}$,则有

$$M' \approx \sqrt{2}M \qquad (5.44)$$

即发散角压缩比可以提高。如进一步增大 ω_1 值,还可以进一步压缩光束。需要注意的是,由于 ω_{20} 需要严格在透镜 L_2 的后焦点上,而透镜 L_1 只将光束近似聚焦在它的焦点附近,所以两透镜之间的距离不再严格是 $f_1 + f_2$,而是有所偏离。

2. 零阶贝塞尔(Bessel)光束

高斯光束经过任何线性光学系统的变换仍然是高斯光束,随着光束的传播,高斯光束截面上光强迅速衰减。但是激光器发出的光,经过特殊的会聚元件而形成的零阶贝塞尔光束的光强几乎不随传播距离而衰减,是一条亮而细的光束。

零阶贝塞尔光束是光束波动方程在无界空间的一个特解,其形式为

$$E = e^{j\beta z} J_0(\alpha r) \tag{5.45}$$

式中,E 是复数表示的电场强度;$J_0(\alpha r)$ 是自变量为 αr 的零阶贝塞尔函数,光束由此而得名;$\alpha^2 + \beta^2 = k^2$,k 为波数;$x^2 + y^2 = r^2$,光束沿 z 轴方向传播。

由式(5.45)可知,这是一个在垂直于传播方向 z 的横截面上具有相同光强分布 $J_0(\alpha r)$ 的光束,即光强分布不随 z 而变化,因而具有无发散传输的性质。必须指出,在有界空间中,零阶贝塞尔光束是波动方程的一个近似解,即在某一传输距离内延缓光束的衍射发散,使横截面上的光强分布近似不变。

图 5.14 所示为实现零阶贝塞尔光束的装置示意图。带有一个直径 $d = 2.5\text{mm}$,宽度 $\Delta d = 10\mu\text{m}$ 的环形狭缝的屏置于焦距 $f = 305\text{mm}$,口径 $D = 7\text{mm}$ 的薄透镜的前焦面上,环缝上每一点发出的光,经透镜变换为平行光束,环缝所有点产生的平行光的波矢位于一个锥面上。当照明环缝的光波长为 λ 时,得参数 $\alpha = 2\pi\sin\theta/\lambda$ 的贝塞尔光束,其中 $\theta = \arctan(d/2f)$。当缝宽 $\Delta d \ll 2\lambda F(F = f/D)$ 时,可以忽略衍射的调制效应(即宽 Δd 的光源经透镜衍射的光强分布与点光源经透镜衍射相同)。零阶贝塞尔光束无发散传输的最长距离为

$$Z_{\max} = \frac{D}{2\tan\theta} \approx \frac{\pi D}{\alpha \lambda} \tag{5.46}$$

图 5.15 所示为零阶贝塞尔光束在不同传播距离时的光强分布曲线。

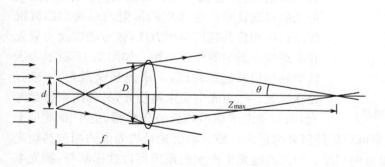

图 5.14 实现零阶贝塞尔光束的实验装置

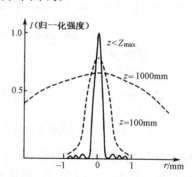

图 5.15 光束传输中的光强分布

3. 产生超细光束的新光源

1989 年美国密执安大学的科研人员发明出一种可产生超细光束的技术,其光束的直径可以小至 1nm。这项技术包括在一支内径仅 100nm 或更小的微小滴管的尖头内,生长一颗分子态晶体,通过用激光或其他手段对这颗晶体进行激发,光以分子态激子形式经晶体传播,并激发晶体,在滴管尖端产生细光束。使用不同晶体可产生不同波长的光。这种新装置是一种可产生极细光束的主动光源,而不是以某种小孔形式将光压缩变窄、被动限制地产生细光束,并且由于晶体可以放大信号,因此其亮度要大得多。这项技术最重要的特点是它能实现对极小区域成像(分子成像),预示着它将有重要应用。

5.2.2 激光准直测试技术

1. 激光自准直技术

激光束的自准直技术是指能实现反射波面与入射波面完全重合的技术,下面介绍目前常用的两种实现方法。

（1）平面镜反射实现自准直

激光器发射的激光束经倒置望远系统后成为发散角更小的激光束,经平面镜反射在距平面镜一定距离的四象限平面光电接收器或面阵 CCD 上,垂直光束移动光电接收器,当它的 4 个象限输出的电压或电流都相同时,认为激光斑中心与光电接收器中心重合,由此确定了激光斑的位置;若平面镜有小量倾斜,则反射光束的偏角为平面镜倾角的 2 倍,再移动光电接收器,又一次确定了激光斑中心的位置后,由其移动距离和平面镜到光电接收器的距离,即可求出平面镜的倾角。

若保持激光束的方向和光电接收器的位置不变,平面镜移至在激光束路径上的各个定位面上,如果在光电接收器上的激光斑中心位置都不变,就说明各定位面是彼此严格平行的。

（2）相位共轭技术实现自准直

一束发散光经平面镜反射后仍为发散光,且遵循反射定律。若光波入射到相位共轭镜上,不论是否垂直入射,都按原路反射回去,而且发散光变成了会聚光,产生的会聚光波称为相位共轭波。相位共轭光束的任意两点间的相位差与原入射光束相同两点之间的相位差大小相等、符号相反。改变相位符号的数学运算称为共轭,故称该现象为相位共轭。

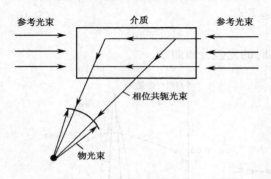

图 5.16　四波混频相位共轭原理图

受激布里渊(Brillouin)散射和四波混频是产生相位共轭的两种主要方法。一束高强度、高方向性的光束进入光学非线性材料时,只要光束功率大于某一阈值,光束就几乎全部向后反射回来,后向反射光的出现就是产生布里渊散射的结果。四波混频是产生相位共轭的常用方法,该方法涉及 4 束光在非线性介质中的相互作用。如图 5.16 所示为四波混频相位共轭原理图,三束光是输入光,一束光是输出光。三束光中一束是物光,另外两束是参考光,两参考光严格沿相反方向传播,它们通常是平面波,并与物光的频率相同。物光束可以从任何方向进入介质。输出光是物光束的相位共轭光束,它射出时与物光束重合,但传播方向相反。相位共轭光束产生的原因可以这样解释:物光束与一束参考光在介质中相交并产生干涉,介质中的干涉花样表现为一系列具有不同折射率的区域,区域的大小、形状和方位与干涉花样相同,因而有关物光束相位的所有信息就储存其中。这相当于记录了一幅相位全息图。第二束参考光"读出"储存在干涉花样中关于相位结构的信息,由于第二束参考光的传播方向与第一束参考光相反,所以其"再现"光束便是物光束的相位共轭光束。同样第二束参考光也与物光产生干涉花样,第一束参考光则为"再现"光束,也产生物光束的相位共轭光。由于记录的是相位全息图,衍射效率高,因而两束参考光都有相当多的能量转移到共轭光束。四波混频相位共轭与受激布里渊散射相位共轭不同,物光功率不需要超过某一阈值就能产生相位共轭光,因而较普遍采用。

2. 激光准直技术

根据现有激光准直仪测量原理的不同,可将激光准直的方法分为振幅测量法、干涉测量法和偏振测量法等。

（1）振幅（光强）测量法

振幅测量型准直仪以激光束的强度中心作为直线基准,在需要准直的点上用光电探测器接收。光电探测器一般采用光电池或 PSD(位置敏感探测器)。四象限光电池固定在靶标上,靶标放在需要准直的工件上,当激光束照射在光电池上时,产生电压 U_1,U_2,U_3 和 U_4,用两对象限输出电压的差值就能决定光束中心的位置。若激光中心与探测器中心重合时,由于 4 块光电池接收相同的光能量,其差值输出电信号为零;当激光束中心与探测器中心有偏离时,将产生偏差信号。

这种方法比用人眼通过望远镜瞄准方便,瞄准的不确定度也有一定的提高,但其准直度受到激光束漂移、光束截面上强度分布不对称、探测器灵敏度不对称,以及空气扰动造成的光斑跳动等的影响。为克服这些问题,以下几种方法可以提高激光准直仪的对准准确度。

① 菲涅耳波带片法:利用激光的相干性,采用方形菲涅耳波带片来获得准直基线。当激光束通过望远系统后,均匀地照射在波带片上,并使其充满整个波带片,则在光轴的某一位置出现一个很细的十字亮线,当将一屏放在该位置上,可以清晰地看到它。调节望远系统的焦距,则十字亮线就会出现在光轴的不同位置上,这些十字亮线中心点的连线为一直线,这条线可作为基准来进行准直测量。由于十字亮线是干涉的效果,所以具有良好的抗干扰性。同时,还可克服光强分布不对称的影响。

② 相位板法:在激光束中放一块二维对称相位板,它由 4 块扇形涂层组成,相邻涂层光程差为 $\lambda/2$(即相位差 π)。在相位板后面的光束任何截面上都出现暗十字条纹。暗十字线的中心连线是一条直线,利用这条直线做基准可直接进行准直测量。若在暗十字中心处插一方孔 P_A,在孔后的屏幕 P_B 上可观察到一定的衍射分布,如图 5.17 所示。假若方孔中心与光轴有偏移,那么在 P_B 上的衍射图像就不对称。这些亮点强度的不对称随着孔的偏移而增加。因此,这个偏移的大小和方向可以通过测量 P_B 上的 4 个亮点的强度来获得。在 P_B 处放一四象限光电池来探测,若 I_1,I_2,I_3,I_4 分别表示 4 个象限上 4 块光电池探测到的信号,则靶标的位移为

$$\Delta x = (I_1 + I_2) - (I_3 + I_4)$$
$$\Delta y = (I_1 + I_4) - (I_2 + I_3) \tag{5.47}$$

菲涅耳波带片和相位板准直系统都采用三点准直方法,即连接光源、菲涅耳波带片的焦点(或方孔中心)和像点,从而降低了对激光束方向稳定性的要求。这里任何中间光学元件(如波带片或方孔)的偏移都将引起像的位移,为消除像移的影响可以将中间光学元件装在被准直的工件上,而把靶标装在固定不动的位置上。

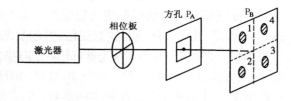

图 5.17　相位板法激光准直测量原理

③ 双光束准直法:双光束准直法使用一个复合棱镜将光束分为两束,当激光器的出射光束漂移时,经过棱镜以后的两个光束的漂移方向相反,采用两光束的平分线作为准直基准可以克服激光器的漂移和部分空气扰动影响。

(2) 干涉测量法

干涉测量法是在以激光束作为直线基准的基础上,又以光的干涉原理进行读数来进行直线度测量的。下面介绍一种光栅衍射干涉法测量直线度技术。

如图 5.18 所示,光栅衍射干涉法以光栅做敏感元件,以双面反射镜组两反射面夹角的中分线为直线基准。He-Ne 激光器发出的光经扩束系统、分光镜,射向光栅,光栅的刻线方向垂直于纸面,平行于拖板的底面。入射光经光栅调制,产生各级衍射光,其中 +1 和 -1 级衍射光分别垂直投射到双面反射镜组的两个反射面上(双面反射镜组的两个反射面之间的夹角设计成与 ±1 级衍射光之间的夹角互补)。这样,±1 级衍射光经双面反射镜组反射面反射后,沿原路返回到光栅,再次经光栅衍射,+1 级的 +1 级衍射光 (+1, +1) 与 -1 级的 -1 级衍射光 (-1, -1),沿

原入射光方向反向射出并产生干涉。光路中石英晶片的作用是利用石英晶体的双折射性能产生偏振方向相互垂直的两路偏振光,并使这两路偏振光发生移相,两路相干光经分光镜反射后投射到偏振分光镜上,由分光镜将偏振方向互相垂直且相移为 90°的两路相干光束分开,分别由光电探测器接收。测量时,可令光栅固定在拖板上,滑板匀速地从导轨的一端移向另一端,导轨在垂直平面内的直线度偏差使滑板及光栅随之有垂直于栅线方向的上下位移,即栅线相对于双面反射镜组的两反射面夹角的平分线上有上下位移,于是干涉光强信号发生变化。可以证明,当光栅位移量 x 等于一个光栅系数 d 时,光强信号有 4 个周期的变化,即干涉光强信号变化一个周期,相当于光栅上下位移 1/4 个光栅常数。根据这一关系,便可测得导轨在垂直平面的直线度的测量不确定度。这一方法测量范围为 0.1~8m,测量不确定度为 $0.3\mu m/m$。

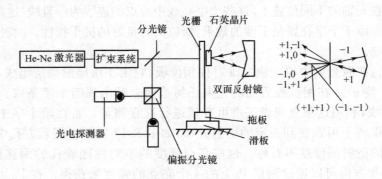

图 5.18　光栅衍射干涉法测量直线度原理图

3. 提高测试准确度的技术措施

激光准直仪大多采用单模(TEM$_{00}$)输出的 He-Ne 激光器,其功率为 1~2mW,波长为 $0.6328\mu m$。对这种激光器的要求,主要是光束方向的漂移要尽可能小。光束方向漂移的大小取决于组成谐振腔的两块反射镜的稳定性。由于谐振腔反射镜支架的变形、激光器的发热(一般可达 60~70℃)及周围环境温度的变化,引起激光器毛细管弯曲或谐振腔变形,都可能引起光束方向的漂移。普通的 He-Ne 激光器,光束方向稳定性为 10^{-4}~10^{-6}rad;性能良好的外腔式激光器,光束方向稳定性为 2.5×10^{-7}rad,这样的激光器对于 1m 长的测量光程,其光束漂移量为 0.1 至数微米。减小激光器输出光束的漂移,可以采取以下几项措施。

(1) 热稳定装置

热稳定装置如图 5.19 所示,在激光器外面放一个波形管,其作用是与激光器外表面保持良好的弹性接触。同时,波形管是用导热性比较好的金属材料做成的,如不锈钢或磷青铜。波形管周围填充着具有相当低的导热系数和相当高的比热容的绝热材

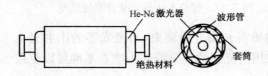

图 5.19　激光器热稳定装置示意图

料,如颗粒状的氧化镁。在氧化镁的外面是导热较好的材料做成的套筒。两端用绝热材料环将波形管与套筒之间的绝热材料封闭住。整个装置的作用是使激光器沿长度方向的温度梯度减少,同时使装置维持在较低的工作温度上,从而减少变形。

(2) 光束补偿装置

图 5.20 所示为外腔管的光束补偿装置。不透明管用来阻挡杂散光和灰尘;角锥棱镜使反射到激光谐振腔平面反射镜上的光束总是平行于布儒斯特窗上的入射光束。同样,在布儒斯特窗上的输出光束总是平行于出射窗的入射光束。因此,当有一个扭力使角锥棱镜变动时,它所反射

的激光束并不改变原来的路程。而且，凹面腔反射镜和平面腔反射镜的位置靠得很近，实际上具有相同的环境条件，因此两个面的相对运动是很小的。所以，当激光器壳体变形时，输出激光束对原来的位置只产生很小的横向位移和角度偏移。

（3）在激光管周围对称地放置自动温控加热器

若光束漂移，则四象限光电池将光信号输出给自动温控装置，使一组加热器开始工作，以使管壳形成微小变形来校正光点回到硅光电池零位，如图5.21所示。

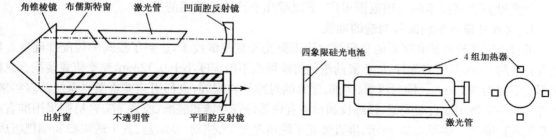

图 5.20　外腔管的光束补偿装置　　　　　图 5.21　温控补偿光束漂移装置

另外，采取激光器与其反射镜系统对周围环境隔热、用锥形腔代替圆柱形腔及增加毛细管的刚度等措施，都可以降低 He-Ne 激光器输出激光束的漂移。

除了激光器光束方向漂移影响激光准直仪的准直度外，激光器输出功率的不稳定及激光器的噪声也会影响准直的准确度。

激光准直光束在空气中的传播路径作为测量基准直线，大气的热流、风速、密度变化会引起大气折射率的变化，从而使激光束在传播过程中偏离直线。假设在垂直方向上空气折射率梯度保持常量，则沿水平方向传播的光束的弯曲量与传播距离的平方成比例，即

$$h = \frac{L^2}{2} \frac{dn}{dr} \tag{5.48}$$

式中，h 为弯曲量；L 为传播距离；dn/dr 为折射率梯度。这是一个静态模型，而实际情况要复杂得多。

大气扰动的折射率变化可以用结构函数描述为

$$D_n(l) = \langle [n(r_2) - n(r_1)]^2 \rangle \tag{5.49}$$

式中，r_1 和 r_2 表示空间位置；$n(r_1)$ 和 $n(r_2)$ 分别为相应位置的空气折射率；$l = r_2 - r_1$，代表两点间距离；$\langle \rangle$ 表示时间平均。由理论分析和实践经验知道，折射率的随机变化和距离的2/3次方成比例，即

$$D_n(l) = C_n^2 l^{2/3}, l_0 \leqslant l \leqslant L_0 \tag{5.50}$$

式中，C_n 称为 l_0 到 L_0 区间的结构参数，是折射率起伏变化的描述，它和大气参数如热流、风速、高度有关；l_0 为最小非均匀旋涡的尺寸，典型值为 $1 \sim 10 \text{mm}$；L_0 为最大非均匀旋涡尺度，它和离地面的高度有关，近地表面的干扰要大一些。

在消除大气扰动的影响方面，多年的研究已取得了一定的成果，采用的方法有机械方法和光学方法。机械方法主要有以下几种。

① 选择空气扰动最小的时间段工作，如在早晨太阳升起之前。另外，控制外界环境也能起到一定作用，如在光束传输路程上避免有热源、温度梯度及气流等的影响。

② 将光束用套管屏蔽，甚至将管子内抽成真空。

③ 沿着激光束前进的方向以适当流速的空气流喷射。因为空气流将提高空气扰动的频率，可用时间常数比较小的低通滤波器，消除输出信号的交变成分。

④ 对频率为 50~60Hz 的扰动可采取积分电路消除。

用光学方法消除大气扰动比较复杂，一般采用测量偏移量并实时补偿的办法。前苏联的直线度和平面度国家基准中建议采用实时补偿技术，直线基准的合成标准不确定度 $u_c = 0.006\mu m/m$。

5.2.3　激光准直测试技术的应用

激光准直测试技术的应用范围很广，下面举几个具体的应用例子。

1. 大尺寸设备的装配和制造的准直

波音 777 客机机翼和尾翼的装配首次使用激光准直测试技术，达到了很高的装配准确度。如机翼长度约 61m，其所有部件，如机翼前缘的对准标准不确定度小于 0.13mm，整个机翼装配合成标准不确定度为 0.76mm。同时机翼、尾部、尾翼的对准和装配等，也都用到准直激光系统。多年来，波音公司一直使用准直激光器、经纬仪和自准直仪等进行对准和装配，波音 777 客机则采用准直激光系统进行准直。如图 5.22 所示，准直激光系统由激光头、控制/显示盒、若干透明靶和端靶组成，激光头包括 670nm 的激光二极管及使激光束扩束准直的倒装望远镜。每个靶有一个位置灵敏探测器 PSD，输出与激光束在光敏表面 x、y 位置成正比的电流，可以以 0.025mm 的不确定度探测激光束的位置。若用平面反射镜代替 PSD 靶，用另一 PSD 探测器（图 5.22 中的自准直探测器）探测反射回来的激光束，则可用自准直的方法测量反射镜的角度变化。不论是机翼、机身和尾部结构的装配，均需用精密机架，机架上有许多参考点和基准面，以提供关键位置和关键角度的对准和定位。激光头、靶和自准直反射镜都装在机架基准面上，以保证装配符合规定公差。最近波音公司正在提高该系统的自诊断能力，以保证该系统的长期稳定性。

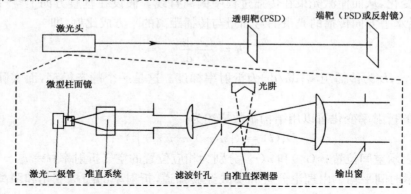

图 5.22　波音 777 客机装配用激光准直系统

2. 直线度的测试

图 5.23 所示为激光准直仪测量机床导轨直线度的示意图。将激光准直仪固定在机床身上或放在机床体外，在滑板上固定光电探测靶标，光电探测器件可选用四象限光电池或 PSD。测量时，先将激光准直仪发出的光束调到与被测机床导轨大体平行，再将光电靶对准光束。滑板沿机床导轨运动，光电探测器输出的信号经放大、运算处理后，输入到记录器记录直线度的曲线。该系统也可以对机床导轨进行分段测量，读出每个点相对于激光束的偏差值。

3. 多自由度准直测量

美国 Michigan University 研究了一种光学测量系统，用于同时测量机床五维几何偏差。如图 5.24 所示，该系统分为固定和可动两部分。其中，可动部分包括 3 个平面镜和 1 个角锥棱镜，并置于机床的工作台上随其一起在导轨上移动；固定部分包括 He-Ne 激光器、2 个分光镜、1 个平面反光镜和 3 个 PSD，它主要提供测量的基准和测量信号。角锥反射棱镜具有对光束方向（小

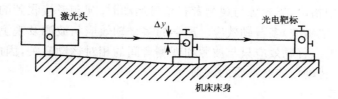

图 5.23　测量机床床身直线度的激光准直系统

角度内)不敏感的特性,因此从角锥反射棱镜反射回的光束被 PSD 接收,所得的位置信息可反映水平和垂直两方向上的直线度偏差。平面反射镜仅对光束的偏摆和俯仰敏感,因此从平面反射镜反射回的光束被 PSD 接收,所得的位置信息可反映两个角位移的偏差(俯仰角和偏摆角)。滚转角偏差由 PSD 获得的位置信息得出。该方法在可动部分和固定部分距离 0.5m 范围内的测试分辨率是:线位移为 $2\mu m$,角位移为 $0.05''$,但滚转角分辨率较低。

日本 Nihon University 和 Sophia University 研究了一种用于同时测量机床工作台六自由度偏差的激光测量系统。如图 5.25 所示,采用传统的激光干涉系统可以测量沿出射激光束方向的位置偏差 Δz,其他 5 个自由度的偏差通过对分光镜分得的 3 束光携带的位置信息进行计算而得到。该测量系统包括发出 3 束平行光束的固定部分和置于机床工作台上的可动部分。

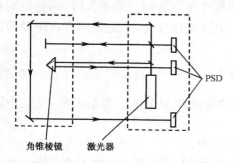

图 5.24　机床五维激光准直测量系统

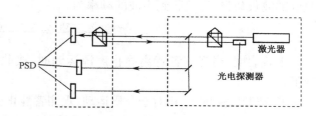

图 5.25　六自由度激光测量系统

以上两种测量系统在保证 3 个测量基准光束相互平行时,对 3 个线位移和偏摆、俯仰角偏差的测量有较高的分辨率。由于滚转角的测量与其他各自由度偏差都相关,所以其分辨率较低。

5.3　激光多普勒测速技术

1842 年奥地利科学家多普勒(Doppler)等人首次发现,任何形式的波传播,波源、接收器、传播介质或散射体的运动会使波的频率发生变化。1964 年,Yeh 和 Cummins 首次观察到水流中粒子的散射光有频移,证实了可用激光多普勒频移技术来确定粒子流动速度。随后有人又用该技术测量气体的流速。目前,激光多普勒频移技术已广泛地应用于流体力学、空气动力学、燃烧学、生物医学及工业生产中的速度测量。

5.3.1　激光多普勒测速技术基础

1. 多普勒效应

当波源与观测者之间有相对运动时,观测者所接收到的波的频率不等于波源振动频率,此现象称为多普勒效应。多普勒在其提出的声学理论中指出,在声源相对于介质运动、观测者静止,或者声源相对于介质静止、观测者相对于介质运动,或者声源和观测者相对于介质都运动的情况下,观测者接收到的声波频率与声源频率不相同的现象就是声学多普勒效应。爱因斯坦在《论物体的电动力学》论文中指出,当光源与观测者有相对运动时,观测者接收到的光波频率与光源频率不相同,即存在光(电磁波)多普勒效应。声学的多普勒效应与波源及观测者相对于介质运动有关,光学(电磁波)的多普勒效应只与波源和观测者间的相对运动有关,因此,声学(机械波)的多普勒效应和光学多普勒效应有本质的区别。

(1)声多普勒效应

声波是依赖于介质传播的,离开介质就谈不上波的存在。声波在介质中的传播速度与波源是否运动无关,而决定于介质的性质。波源振动的频率由波源本身的结构决定,而波的频率在数值上等于每秒钟通过介质中某一固定点的完整波形数目。显然,声波的多普勒效应与介质有关,下面分3种情况讨论。

首先设声源的频率为 f,声波在介质中的速度为 v,波长 $\lambda = v/f$。

① 声源不动,观测者相对于介质以速度 v_1 运动。

设声源相对于介质静止,观测者迎向声源运动,此情况下,声波相对于观测者的速度不再是 v,而是 $v+v_1$。于是观测者在每秒钟接收到的波长数目,即接收到声波的频率为

$$f' = \frac{v+v_1}{\lambda} = \frac{v+v_1}{v/f} = \frac{v+v_1}{v}f \tag{5.51}$$

上式表明,当观测者迎向静止声源运动时,接收到的振动频率变高。若是人听,感觉声调变高。同理,当观测者背离静止声源运动时,声波以 $v-v_1$ 的速度通过它,于是观测者在每秒钟接收到的波长数目,即接收到声波的频率为

$$f' = \frac{v-v_1}{\lambda} = \frac{v-v_1}{v/f} = \frac{v-v_1}{v}f \tag{5.52}$$

上式表明,当观测者背离静止声源运动时,接收到的振动频率变低。若是人听,感觉声调变低。

② 声源以速度 v_2 相对于介质运动,观测者静止于介质中。

假设声源 S 相对于介质以速度 v_2 迎着观测者 D 运动,如图5.26所示。波源在移动过程中按自己的频率振动,一个周期内完成一次全振动,并在介质中产生一个完整波形,即到达图中观测者 D 处。同时,时间 T 内波源的位置由 S_1 移到 S_2,前进了 v_2T 距离,于是这个波被"压"在 S_2、D 之间,波长"缩短"为 λ',即

$$\lambda' = \lambda - v_2T = vT - v_2T = (v-v_2)T \tag{5.53}$$

于是观测者每秒钟接收到的声波数目,即频率为

$$f' = \frac{v}{\lambda'} = \frac{v}{(v-v_2)T} = \frac{v}{v-v_2}f \tag{5.54}$$

上式表明,声源迎向静止观测者运动时,观测者收到的频率为声源振动频率的 $v/(v-v_2)$ 倍,观测者接收到的频率升高。

当声源以速度 v_2 背离观测者运动时,观测者每秒钟接收到的声波数目,即频率为

$$f' = \frac{v}{\lambda'} = \frac{v}{(v+v_2)T} = \frac{v}{v+v_2}f \tag{5.55}$$

因此,声源向着静止的观测者运动时,即收到的频率为声源振动时频率的 $v/(v+v_2)$ 倍,观测者接收到的频率降低。

③ 声源与观测者同时相对于介质运动,声源速度为 v_2,观测者速度为 v_1。

结合上述的两种情况,可以得到观测者接收到的频率为

$$f' = \left(\frac{v \pm v_1}{v \mp v_2}\right) f \qquad (5.56)$$

式中,观测者向着声源运动时 v_1 前取正号,反之取负号;声源向着观测者运动时 v_2 前取负号,反之取正号。

总之,当声源和观测者相向运动时,接收到的频率升高;当声源和观测者背离运动时,接收到的频率降低。可以证明,当声源或观测者运动方向垂直于二者连线时,接收频率不发生变化。即声学只有纵向多普勒效应,没有横向多普勒效应。对于声源和观测者之间的一般运动,可把上述公式中的速度看成实际速度在二者连线上的分量。

日常生活中,声学多普勒效应也很普遍。例如,蝙蝠利用回声定位法捕捉昆虫,海豚利用声波捕捉食物及联络同伴等。

(2)光多普勒效应

当光源和观测者相对运动时,观测者接收到的光波频率不等于光源频率,这就是光(电磁波)多普勒效应。光多普勒效应与声多普勒效应本质上是不同的,声波依赖于介质传播,而光不依赖于任何介质传播。对于任何惯性系,光在真空中的传播速度都相同,所以,光源和观测者谁相对于谁运动是等价的,只取决于相对运动的速度。下面按照狭义相对论的观点对光学多普勒效应进行分析。

如图 5.27 所示,设观测者 D 固定在惯性坐标系 K 中的 O 点,单色光源 S 固定在另一惯性坐标系 K' 中,K' 系相对于 K 系沿 x 轴以速度 v 运动,光源 S 位于 y' 轴上某点,速度 v 和观测者 D 到光源 S 的连线夹角为 θ,而 θ 角会随时间的改变而变化。

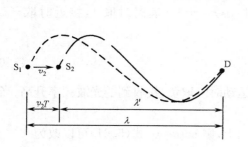

图 5.26　声源向静止的探测器
运动时多普勒效应示意图

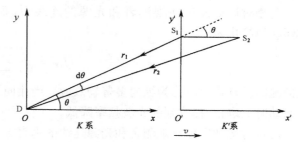

图 5.27　光多普勒效应示意图

相对于 K' 系静止的光源从 K' 系的 t_1' 时刻开始发出一列光波,这个波列的发射截止时间为 t_2',于是在 K' 系中此波列发射的时间为 $(t_2' - t_1')$,在这段时间内发射的波数为 N,即光源的频率为

$$f_s = \frac{N}{t_2' - t_1'} \qquad (5.57)$$

在观测者坐标系 K 中来看,此波列发射始于 t_1 时刻,相应这一时刻光源位于 S_1 处(参见图 5.27)。此波列以光速 c 向观测者传过来,传到观测者处所需要的时间是 r_1/c,所以接收到这个波列的时刻是

$$\tau_1 = t_1 + \frac{r_1}{c}$$

在 K 系中来看,该波列发射截止于 t_2 时刻,相应这一时刻光源位于图中 S_2 处,从 t_1 到 t_2 这段时间内光源沿轴向移动了 $v(t_2 - t_1)$。设 $(t_2' - t_1')$ 很小,即 $(t_2 - t_1)$ 很小,以至于这段时间内 θ 角基本不变。因此

$$r_2 = r_1 + v(t_2 - t_1)\cos\theta \qquad (5.58)$$

t_2 时刻光源发出的光波传到观测者的时刻为

$$\tau_2 = t_2 + \frac{r_2}{c} = t_2 + \frac{r_1}{c} + \frac{v}{c}(t_2 - t_1)\cos\theta$$

观测者 D 收到这 N 个波共用的时间为

$$\tau_2 - \tau_1 = (t_2 - t_1) + \frac{v}{c}(t_2 - t_1)\cos\theta = (t_2 - t_1)\left(1 + \frac{v\cos\theta}{c}\right)$$

根据时间相对性有

$$t_2 - t_1 = \frac{t'_2 - t'_1}{\sqrt{1 - v^2/c^2}} \qquad (5.59)$$

观测者接收的频率为

$$f_D = \frac{N}{\tau_2 - \tau_1} = \frac{N}{(t_2 - t_1)\left(1 + \frac{v\cos\theta}{c}\right)} = \frac{N\sqrt{1 + v^2/c^2}}{(t'_2 - t'_1)\left(1 + \frac{v\cos\theta}{c}\right)} \qquad (5.60)$$

而 $f_s = \dfrac{N}{t'_2 - t'_1}$,故

$$f_D = \frac{\sqrt{1 - v^2/c^2}}{1 + v\cos\theta/c^2} f_s \qquad (5.61)$$

式中,v 是光源和观测者之间相对速度的绝对值;$v\cos\theta$ 是相对速度 v 在连线方向上的投影。这就是光学多普勒效应公式。

若相对运动发生在观测者和光源的连线上,则 $\cos\theta = \pm 1$(远离时取 1,接近时取 -1),式(5.61)简化为

$$f_D = \sqrt{\frac{c - v}{c + v}} f_s \qquad (5.62)$$

此情况的多普勒效应称为纵向多普勒效应。当相向运动时 v 取负,接收到的光波频率升高;当背离运动时 v 取正,接收到的光波频率降低。

若相对运动发生在观测者和光源连线的垂直方向上,则 $\cos\theta = 0$,式(5.61)可以改为

$$f_D = \sqrt{1 - \frac{v^2}{c^2}} f_s \qquad (5.63)$$

此情况的多普勒效应称为横向多普勒效应。当 v/c 很小时,横向多普勒效应公式近似为

$$f_D = \left[1 - \frac{1}{2}\left(\frac{v}{c}\right)^2\right] f_s \qquad (5.64)$$

比较可见,同样的 v 值下,横向频移比纵向频移小得多,一般实验中很难察觉横向多普勒效应。在 1960 年,科学家通过用 γ 射线(穆斯堡尔效应)做实验,才证实了光的横向多普勒效应的存在。

光学多普勒效应的应用很广泛,例如,雷达利用反射回来的电磁波确定飞机的方位和速度、微波监视仪用此原理测定来往车辆的速度等。

2. 激光多普勒测速原理

(1)测速原理

激光多普勒测速原理图如图 5.28 所示,从激光器 L 发出的单色光束,经分光镜 S,一部分被反射到流体中的 Q 处,另一部分透过分光镜后再由反射镜 R 反射到 Q 处。这两束光都在流经 Q 处的杂质微粒上发生散射(有时需在流体中人为掺入某种细小杂质)。散射时运动的微粒 Q 先

作为"接收器"感受到入射光,由于随流体一起在运动,所以,它接收的频率不等于激光器的频率f_s。然后粒子以"接收"的频率发出散射光。第一路入射光 SQ 和流体速度分量 $v\cos\alpha_1$ 方向相同,而第二路光 RQ 和流体速度分量 $v\cos\alpha_2$ 方向相反,所以两种散射光的多普勒频移是不同的,其频率分别为 f_1 和 f_2。应用纵向多普勒效应公式,由于 v/c 非常小,只取级数展开式的前两项,即得

$$f_D = \left(1 - \frac{v}{c}\right)f_s \tag{5.65}$$

考虑到光在流体中的速度为 c/n,其中 n 为流体折射率,将 v 换成纵向分量 $v\cos\alpha_1$ 和 $v\cos\alpha_2$,可得

$$f_1 = f_s\left(1 - \frac{v\cos\alpha_1}{c/n}\right) \qquad f_2 = f_s\left(1 + \frac{v\cos\alpha_2}{c/n}\right)$$

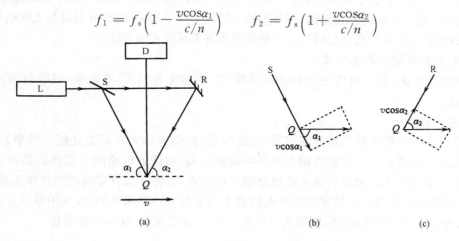

图 5.28　激光多普勒测速原理图

用光电探测器 D 接收 QD 方向的散射光,由于 QD 垂直于流速 v,微粒散射的频率为 f_1、f_2 的光对探测器 D 不再发生多普勒频移(忽略横向效应)。探测器接收到的两束散射光频率之差为

$$\Delta f = f_2 - f_1 = \frac{v}{c/n}f_s(\cos\alpha_2 + \cos\alpha_1) \tag{5.66}$$

因为 $c = f_s\lambda_0$(λ_0 是该激光在真空中的波长),若 $\alpha_1 = \alpha_2 = \alpha$,则得

$$\Delta f = \frac{v}{\lambda_0}2n\cos\alpha \tag{5.67}$$

于是,流速为

$$v = \frac{\lambda_0}{2n\cos\alpha}\Delta f \tag{5.68}$$

频率相近的两散射光在探测器上相互作用而产生拍,光电探测器测出每秒钟光强的变化频率,即拍频,就可以得到 Δf,也就可以得到 v。

(2)频移信号的检测

频移信号的检测办法是利用光混频技术,具体过程是将两束频率有一定差别的光同时作用于探测器光敏表面上。由于光电检测器对光频(高达 $10^{14}\,\mathrm{Hz}$ 的频率)不能响应,光电流只与光的电场矢量平方成正比,因此,检测出来的信号是按 Δf 变化的光电流信号。

设入射光场为 $E_1 = A_1\cos(2\pi f_1 + \varphi_1)$ 和 $E_2 = A_2\cos(2\pi f_2 + \varphi_2)$,则其混频电流为

$$i = k(E_1 + E_2)^2 \tag{5.69}$$

式中,k 是与光电检测器量子效率有关的常数,称为光电转换系数。经过三角运算,同时由于光频太高,在一个探测器扫描时间内,含有接近光频率的余弦项的幅值平均值为零,可进一步得

$$i(t) = k\left[\frac{1}{2}A_1^2 + \frac{1}{2}A_2^2 + A_1 A_2 \cos(2\pi\Delta ft + \Delta\varphi)\right] \tag{5.70}$$

式中，$\Delta\varphi = \varphi_1 - \varphi_2$，表示相移；$\Delta f$ 是两束光的频差。由此可知，在检测到的光电流中含有直流电流和交流信号电流，即拍频电流。这样，经过滤波器隔直后，即可测定 Δf 值。

与普通干涉仪一样，此处亦有零差和外差之分。若入射至物体前，两束光频率相同，称为零差干涉。因为当物体运动速度为零时，$f_1 = f_2 = f_0$，输出信号为直流。若入射至物体前两束光频率不等，相差 f_m，则即使物体运动速度为零，两束光混频后输出的信号频率仍为 f_m，成为交流信号。前者当物体运动时，多普勒信号可以看成载在零频上，称为零差；后者是载在一个固定的频率 f_m 上，称为外差。由上述公式可见，零差不能判断物体运动的方向，换言之，零差对两个运动速率相同、方向相反的运动会给出相同的测量结果；而外差则可以区分这一差异，同时可利用与无线电外差技术相同的手段抑制噪声，从而提高信噪比。一般的装置都采用外差的方法。

3. 激光多普勒测速基本模式

在激光测速仪中，有 3 种常见的检测基本模式，即参考光模式、单光束-双散射模式和双光束-双散射模式。

（1）参考光模式

参考光模式的一种光路布置方案如图 5.29 所示，也称为参考光束型光路。频率为 f_0 的激光束经分光镜分成两束。一束经透镜会聚照明被测点 Q，被该处以速度 v 运动的微粒向四面八方散射。另一束经滤光片衰减后也由透镜会聚于被测点，并有一部分穿越被测点作为参考光束。经过光阑，由透镜会聚到光电倍增管的光电阴极上的是两束频率相近的光，其中参考光束频率仍为 f_0，散射光发生了多普勒频移，频率为 $f = f_0 + \Delta f$。参考式(5.66)，可推导得

$$v = \frac{\lambda}{2\sin\dfrac{\theta}{2}}\Delta f \tag{5.71}$$

式中，θ 是照明光束入射方向和探测器接收到的散射光方向的夹角；λ 是激光束在介质中的光波波长。

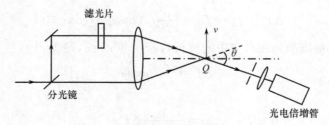

图 5.29　多普勒外差参考光模式图示

由式(5.70)可知

$$i_{max} = 0.5(A_1 + A_2)^2$$
$$i_{min} = 0.5(A_1 - A_2)^2$$

当 $A_1 = A_2$ 时，i 具有最佳的强弱对比。图 5.29 中，在反射镜和透镜之间加一个滤光片来削弱参考光束，目的就在于此。

实现外差检测，在参考光模式中关键是将与照明光取自同一相干光源的一束参考光直接照射到光探测器中，同散射光进行光学外差。参考光不一定要与照明光束相交，图 5.29 所示光路中，参考光束通过被测点并与照明光束相交，是为了易于实现参考光束与散射光束的共轴对准。

此方式的特点：①由式(5.71)知 Δf 与 θ 有关，所以探测器位置受限；②光束准直要求高，参

考光与测量光在探测器上要严格重合,故仪器调整和外部环境要求高;③散射角的角扩散会引起多普勒频差的频带加宽并影响测量准确度,加上孔径光阑虽然可以有效地解决这一问题,但同时降低了接收光强,从而降低了信噪比;④信号接收距离不受接收透镜焦距的限制;⑤适于流体粒子浓度高的测量。

（2）单光束-双散射模式

单光束-双散射光路模式如图5.30所示,它是将激光束会聚在透镜焦点处,把焦点作为被测点。用双缝光阑从运动微粒 Q 的散射光中选取以入射轴线为对称的两束,通过透镜,反射镜与分光镜使之会合到光电倍增管的光电阴极上,产生拍频。可以得到与式(5.71)相同的表达式,其中 θ 是所选取的两束散射光的交角,Δf 是两束散射光之间的多普勒频差,v 为垂直于两散射光束角平分线方向上速度。

此方式的特点:①可以用来接收两个相互垂直平面的两对散射光,方法是旋转光阑至两相互垂直位置;②孔径光阑的孔径角很小,故光能利用率低,光路对接收方向很敏感,调整较困难,使用不方便。

（3）双光束-双散射模式

这种模式也称干涉条纹型,特点是利用两束不同方向的入射光在同一方向上的散射光汇集到光探测器中混频而获得两束散射光之间的频差。如图5.31所示,被测点处微粒 Q 的运动速度 v 与照明光束1、2的夹角不同,Q 所接收到的两束光频率不同,光电倍增管所接收到的两束散射光频率也就不同。经推导可以得到与式(5.71)一样的表达式。

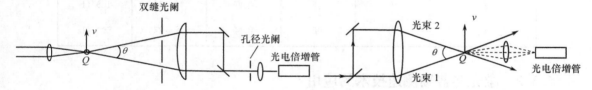

图 5.30　多普勒外差单光束-双散射模式图示　　　图 5.31　多普勒外差双光束-双散射模式图示

此方式的特点:①因为此处 θ 与进入光电倍增管的散射光方向无关,使用时可以根据现场条件,选择便于配置光探测器的方向;②可以使用大口径透镜收集散射光,充分利用在被测点由微粒 Q 散射的光能量,提高信号的信噪比,比参考光模式提高1～2个数量级;③进入光探测器的双散射光束来自于在被测点交汇的两束强度相同的照明光,不同尺寸的散射微粒都对拍频的产生有贡献,可以避免参考光束型光路中那种因散射微粒尺寸变动可能引起的信号脱落,便于进行数据处理。

双光束-双散射模式在目前激光测速仪中是应用最广的一种光路模式。图5.31中所示光路按接收散射光的方向,是前向散射光路,光源与光探测器居于被测点两侧。实际上,光源和光探测器也可以居于被测点的同侧,也即可以采用后向散射光路。后向散射的优点是:①结构紧凑,从待测运动物体的侧面测量,有利于仪器配置;②所利用的散射属于反射类型,可用于测量不透明物体的速度分布。但对常用尺寸的微粒,后向散射所收集的散射光强度只有前向散射所收集光强的百分之一。因此,目前在两种光路均可使用的场合,多用前向散射光路。单光束-双散射模式也可以构成后向散射光路,情况是相似的。

4. 激光多普勒信号处理

包含待测速度信息的多普勒信号是不连续的、变频和变幅的随机信号,信噪比比较小,一般不能直接用传统的测频仪器进行测量。

常见的多普勒信号处理方法有频谱分析法、频率跟踪法、计数型信号处理法、滤波器组分析法、光子计数相关法、扫描干涉法等。目前应用较为广泛的是前 3 种。

频谱分析法是用频谱分析仪对多普勒信号进行扫描分析,由多普勒信号频谱求得待测的流体流动参数。该方法适合于稳定的流速测量。在流场比较复杂、信噪比很差的情况下,频谱分析仪可以用来帮助搜索信号。

频率跟踪法应用最为广泛,是通过频率反馈回路自动跟踪一个具有频率调制的信号,并把调制信号用模拟电压解调出来。频率跟踪器输出的模拟电压能给出瞬时流速和流速随时间变化过程的情况。

计数型信号处理法近年发展较快,其主要工作过程是测量规定数目的多普勒信号周期所对应的时间,由此测出信号频率和对应的微粒瞬时速度。

表 5.3 列出了几种信号处理器的若干主要性能,以供了解这些处理器的特点。

表 5.3 信号处理器性能比较

	可否得到瞬时速度	可否接收间断信号	提取微弱信号能力	典型不确定度	可测信号频率上限
频谱分析仪	否	可	好(但费时)	1%	1GHz
频率跟踪器	可	差	好	0.5%	50MHz
计数型处理器	可	可	差	0.5%	200MHz
滤波器组	可	可	很好	2%~5%	10MHz
光子相关器	否	可	很好	1%~2%	50MHz

5.3.2 激光多普勒测速技术的应用

激光多普勒测速技术具有较高的空间和时间分辨率,具有非接触测量、不干扰测量对象、测量仪器可以远离被测目标等优点,在许多领域得到广泛应用。尤其在研究边界层、湍流、两相流等特殊场合,具有很大技术优势。下面列举几个典型应用例子。

1. 管道内水流的测量

应用图 5.32(a)所示的装置可以测量圆管和矩形管道内水流速度的分布。应用 He-Ne 激光器,在雷诺实验装置上对直径 $d = 27$mm 的圆管内的水速进行精确的层流测量实验,测量结果示于图 5.32(b)。结果表明管中水流符合完全层流条件,即

$$\frac{1}{d \cdot Re} \geqslant 0.065$$

并且满足平均流速 $\bar{v} = v_{中心}$ 的条件。实验中借助微调机构,使测点在垂直和水平方向的位移均准确到 0.01mm,用以仔细观察沿壁面的边界层的速度分布。将所得结果和流量计及称重法进行比较,均符合得很好。实验还表明,在离壁面 1mm 处可获得测点达 10 个左右,证实此法有极高的空间分辨率。

2. 血液流速测量

激光多普勒测速技术具有极高的空间分辨率,再配合一台显微镜可用以观察毛细血管内血液的流动。图5.33所示为激光多普勒显微镜光路图,将多普勒测速仪与显微镜组合起来,显微镜用视场照明光源照明观察对象,用以捕捉目标。测速仪经分光棱镜将双散射信号投向光电接收器,被测点可以是 $60\mu m$ 的粒子。

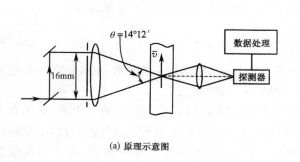

(a) 原理示意图

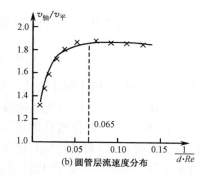

(b) 圆管层流速度分布

图 5.32　管道水流多普勒测速

由于被测对象是生物体,光束不易直接进入生物体内部,且要求测量探头尺寸小。光纤测量仪探头体积小,便于调整测量位置,可以深入到难以测量的角落,并且抗干扰能力强,密封型的光纤探头可直接放入液体中使用。光纤测速仪的这些优点正适合对血液的测量。

3. 湍流的研究

有湍流的情况下,必须测量瞬时速度。利用频率跟踪器就能得出与瞬时速度成正比的瞬时电压。测量湍流中非常接近的两点之间的速度相关对描述湍流大小是很有用的。图 5.34 所示为测量湍流中两点横向速度分量之间相关系数的装置。

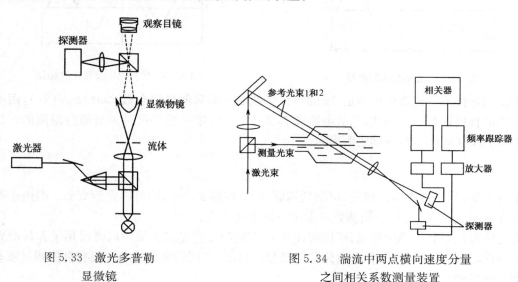

图 5.33　激光多普勒
显微镜

图 5.34　湍流中两点横向速度分量
之间相关系数测量装置

5.4　激光测距技术

利用激光进行远距离(几千米)测量的技术,通常有激光相位测距和脉冲激光测距两种。

5.4.1　激光相位测距

1. 激光相位测距原理

相位测距是通过对光的强度进行调制来实现的。设调制频率为 f,调制波形如图 5.35 所示,波长 $\lambda = c/f$,c 为光速。光波从 A 点传播到 B 点的相移 φ 可表示为

$$\varphi = 2m\pi + \Delta\varphi = 2\pi(m + \Delta m) \qquad m = 0,1,2,\cdots \qquad (5.72)$$

式中，$\Delta m = \dfrac{\Delta\varphi}{2\pi}$。若光从 A 点传到 B 点所用时间为 t，则 A 和 B 两点之间的距离为

$$L = ct = c\frac{\varphi}{2\pi f} = \lambda(m + \Delta m) \tag{5.73}$$

式（5.73）为激光相位测距公式。只要测出光波相移 φ 中周期 2π 的整数 m 和余数 Δm，便可求出被测距离 L。所以，调制光波的波长是相位测距的一把"光尺"。

实际上，用一台测距仪直接测量 A 和 B 两点光波传播的相移是不可能的。因此，采用在 B 点设置一个反射器（即测量靶标），使从测距仪发出的光波经靶标反射再返回到测距仪，由测距仪的测相系统对光波往返一次的相位变化进行测量。图 5.36 所示为光波传播 $2L$ 距离后相位变化示意图。为分析方便，假设测距仪的接收系统置于 A' 点（实际上测距仪的发射和接收系统都在 A 点），并且有 $AB = BA'$，$AA' = 2L$。由式（5.73）可得

$$2L = \lambda(m + \Delta m)$$

则

$$L = \frac{\lambda}{2}(m + \Delta m) = L_s(m + \Delta m) \tag{5.74}$$

式中，L_s 为半波长度，$L_s = \lambda/2$。这时，L_s 作为度量距离的光尺。

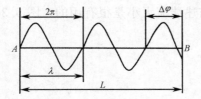

图 5.35　相位的调制波形

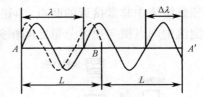

图 5.36　传播 $2L$ 后的光波相位

相位测量技术只能测量出不足 2π 的相位尾数 $\Delta\varphi$，即只能确定余数 $\Delta m = \Delta\varphi/(2\pi)$，而不能确定相位的整周期数 m。因此，当被测距离 L 大于 L_s 时，用一把光尺是无法测定距离的。当距离小于 L_s 时，即 $m = 0$ 时，可确定距离为

$$L = \frac{\lambda}{2}\frac{\Delta\varphi}{2\pi} \tag{5.75}$$

由此可知，如果被测距离较长，可降低调制频率，使得 $L_s > L$，即可确定距离 L。但由于测相系统存在测相偏差，增大 L_s 会使测距的标准不确定度增大。

为能实现长距高准确度测量，可同时使用 L_s 不同的几把光尺。最短的光尺用于保证必要的测距准确度，最长的光尺用于保证测距仪的量程。目前，采用的测距技术主要有直接测尺频率和间接测尺频率两种。

2. 激光相位测距技术

（1）直接测尺频率

由测尺量度 L_s 可得光尺的调制频率为

$$f_s = c/2L_s \tag{5.76}$$

这种方法所选的测尺频率 f_s 直接和测尺长度 L_s 相对应，即测尺长度直接由测尺频率决定，所以这种方式称为直接测尺频率方式。如果测距仪测程为 100km，要求精确到 0.01m，相位测量系统的测量不确定度为 0.1%，则需要 3 把光尺，即 $L_{s1} = 10^5\text{ m}$，$L_{s2} = 10^3\text{ m}$，$L_{s3} = 10\text{m}$，相应的光调制频率分别为 $f_{s1} = 1.5\text{kHz}$，$f_{s2} = 150\text{kHz}$，$f_{s3} = 15\text{MHz}$。显然，要求相位测量系统在这么宽的频带内都保证 0.1% 的测量不确定度很难做到。所以直接测尺频率一般应用于短程测距，如 GaAs 半导体激光短程相位测距仪。

(2)间接测尺频率

在实际测量中,由于测程要求较大,大都采用间接测尺频率方式。若用两个频率 f_{s1} 和 f_{s2} 调制的光分别测量同一距离 L,由式(5.74)可得

$$L = L_{s1}(m_1 + \Delta m_1) \tag{5.77}$$

$$L = L_{s2}(m_2 + \Delta m_2) \tag{5.78}$$

将式(5.77)两边乘以 L_{s2},式(5.78)两边乘以 L_{s1} 后做相减运算,可得

$$L = \frac{L_{s1}L_{s2}}{L_{s2} - L_{s1}}[(m_1 - m_2) + (\Delta m_1 - \Delta m_2)] = L_s(m + \Delta m) \tag{5.79}$$

式中

$$L_s = \frac{L_{s1}L_{s2}}{L_{s2} - L_{s1}} = \frac{1}{2}\frac{c}{f_{s1} - f_{s2}} = \frac{1}{2}\frac{c}{f_s}, f_s = f_{s1} - f_{s2}, m = m_1 - m_2$$

$$\Delta m = \Delta m_1 - \Delta m_2 = \Delta \varphi / (2\pi), \Delta \varphi = \Delta \varphi_1 - \Delta \varphi_2$$

式(5.79)中,L_s 是一个新的测尺量度,f_s 是与 L_s 对应的新的测尺频率。这样,用 f_{s1} 和 f_{s2} 分别测量某一距离时,所得相位尾数 $\Delta \varphi_1$ 和 $\Delta \varphi_2$ 之差,与用 f_{s1} 和 f_{s2} 的差频频率 $f_s = f_{s1} - f_{s2}$ 测量该距离时的相位尾数 $\Delta \varphi$ 相等。这是间接测尺频率法测距的基本原理,即通过 f_{s1} 和 f_{s2} 频率的相位尾数并取其差值来间接测定相应的差频频率的相位尾数。通常把 f_{s1} 和 f_{s2} 称为间接测尺频率,而把差频频率称为相当测尺频率。表 5.4 列出了间接测尺频率、相当测尺频率、相对应的测尺长度及测距不确定度。

表 5.4　间接测尺频率、相当测尺频率及测尺长度

	间接测尺频率	相当测尺频率 $f_s = f - f_i$	测尺长度 L_s	测距不确定度
f_{s1}	$f = 15\text{MHz}$	15MHz	10m	1cm
f_{s2}	$f_1 = 0.9f$	1.5MHz	100m	10cm
	$f_2 = 0.99f$	150kHz	1km	1m
	$f_3 = 0.999f$	15kHz	10km	10m
	$f_4 = 0.9999f$	1.5kHz	100km	100m

由表 5.4 可知,这种测距方式的各间接测距频率非常接近,最高的和最低频率之差仅为 1.5MHz,5 个间接测尺频率都集中在较窄的频率范围内,故间接测尺频率又称为集中测尺频率。这样,不仅可使放大器和调制器能够获得相接近的增益和相位稳定性,而且各相对应的石英晶体也可统一。

3. 相位测量技术

相位测量一般采用差频测相技术。差频测相的原理如图 5.37 所示。设主控振荡器的信号为

$$e_{s1} = A\cos(\omega_s t + \varphi_s)$$

经过调制器发射后经 $2L$ 距离返回光电接收器,接收到的信号为

$$e_{s2} = B\cos(\omega_s t + \varphi_s + \Delta \varphi)$$

$\Delta \varphi$ 表示相位变化。设基准振荡器信号为

$$e_1 = C\cos(\omega_1 t + \varphi_1)$$

把 e_1 送到混频器分别与 e_{s1} 和 e_{s2} 混频,在混频器的输出端得到差频参考信号 e_r 和测距信号

e_s,它们可分别表示为

$$e_r = D\cos[(\omega_s - \omega_1)t + (\varphi_s - \varphi_1)]$$

$$e_s = E\cos[(\omega_s - \omega_1)t + (\varphi_s - \varphi_1) + \Delta\varphi] \tag{5.80}$$

用相位检测电路测出这两个混频信号相位差 $\Delta\varphi' = \Delta\varphi$。可见,差频后得到的两个低频信号的相位差 $\Delta\varphi'$ 和直接测量高频调制信号的相位差 $\Delta\varphi$ 是一样的。通常选取测相的低频频率为几千赫兹到几十千赫兹。

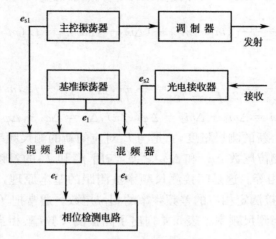

图 5.37 差频测相原理图示

差频后得到的低频信号进行相位比较,可采用平衡测相法,也可采用自动数字测相法。平衡测相法结构简单、性能可靠、价格低,但准确度较低,通常会有 $15' \sim 20'$ 或更大的测相不确定度。此外,平衡测相法还有机械磨损、测量速度低、并难以实现信息处理等缺点。自动数字测相法测相速度高、测相过程自动化、便于实现信息处理、测相不确定度高,可达 $2' \sim 4'$。

相位测距仪既能保证大的测量范围,又能保证较高的绝对测量准确度,因此得到了广泛的应用。相位测距仪的测量不确定度要受到大气温度、气压、湿度等方面的影响。

5.4.2 脉冲激光测距

脉冲激光测距是利用激光脉冲连续时间极短、能量在时间上相对集中、瞬时功率很大(一般可达到兆瓦级)的特点,在有靶标的情况下,脉冲激光测量可达极远的测程。在进行几千米的近程测距时,如果测量不确定度要求不高,即使不用靶标,只利用被测目标对脉冲激光的漫反射取得反射信号,也可以进行测距。目前,脉冲激光测距方法已获得了广泛的应用,如地形测量、战术前沿测距、导弹运行轨道跟踪,以及人造卫星、地球到月球距离的测量等。

脉冲激光测距原理如图 5.38 所示。由脉冲激光器发出一持续时间极短的脉冲激光,称为主波。经过待测距离 L 后射向被测目标,被反射回来的脉冲激光称为回波,回波返回测距仪,由光电探测器接收,根据主波信号和回波信号之间的时间间隔,即激光脉冲从激光器到被测目标之间的往返时间 t,就可算出待测目标的距离为

$$L = ct/2 \tag{5.81}$$

式中,c 为光速。

图 5.38(a)所示为脉冲激光测距仪的原理图。它主要由脉冲激光发射系统、光电接收系统、门控电路、时钟脉冲振荡器以及计数显示电路组成。其工作过程是:首先开启复位开关 S,复原

电路给出复原信号,使整机复原,准备进行测量;同时触发脉冲激光发生器,产生激光脉冲。该激光脉冲有一小部分能量由参考信号取样器直接送到接收系统,作为计时的起始点。大部分光脉冲能量射向待测目标,由目标反射回测距仪的光脉冲能量被接收系统接收,这就是回波信号。参考信号和回波信号先后由光电探测器转换成为电脉冲,并加以放大和整形。整形后的参考信号能使触发器翻转,控制计数器开始对晶体振荡器发出的时钟脉冲进行计数。整形后的回波信号使触发器的输出翻转无效,从而使计数器停止工作。图 5.38(b)所示为原理图中各点的信号波形。这样,根据计数器的输出即可计算出待测目标的距离为

$$L = \frac{cN}{2f_0} \tag{5.82}$$

式中,N 为计数器计到的脉冲个数;f_0 为计数脉冲的频率。

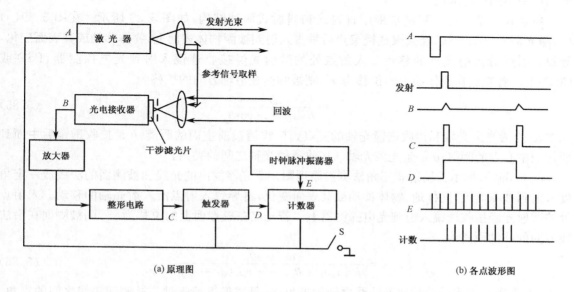

图 5.38 脉冲激光测距原理图示

在图 5.38(a)中,干涉滤光片和小孔光阑的作用是减少背景光及杂散光的影响,降低探测器输出信号的背景噪声。

测距仪的分辨率 P_L 取决于计数脉冲的频率,根据式(5.82)可知

$$f_0 = \frac{c}{2P_L} \tag{5.83}$$

若要求测距仪的分辨率 $P_L = 1$m,则要求计数脉冲的频率为 150MHz。由于计数脉冲的频率不能无限制提高,脉冲测距仪的分辨率一般较低,通常为数米的量级。

脉冲测距的合成标准不确定度由式(5.81)可得出

$$u_c(L) = \frac{t}{2}u_c + \frac{c}{2}u_t \tag{5.84}$$

光速 c 的不确定度 u_c 取决于大气折射率 n 的测定,由 n 值测量不确定度而带来的不确定度一般为 10^{-6}。所以对短距离脉冲激光测距仪(几到几十千米)来说,测距准确度主要取决于时间 t 的测量不确定度 u_t。影响 u_t 的因素很多,如激光的脉宽、反射器和接收系统对脉冲的展宽、测量电路对脉冲信号的响应延迟等。

5.5 激光三角法测试技术

激光三角法是激光测试技术的一种,也是激光技术在工业测试中的一种较为典型的测试方法。因为该方法具有结构简单、测试速度快、实时处理能力强、使用灵活方便等特点,在长度、距离及三维形貌等的测试中有广泛的应用。

5.5.1 激光三角法测试技术基础

激光三角法早期使用 He-Ne 激光器做光源,体积庞大,环境适应性差。近年来,随着半导体技术、光电子技术等的发展,尤其是计算机技术的迅猛发展,三角法测试技术在位移和物体表面的测试中得到广泛应用。

单点式激光三角法测量常采用直射式和斜射式两种结构,如图 5.39 所示。在图 5.39(a)中,激光器发出的光线,经会聚透镜聚焦后垂直入射到被测物体表面上,物体移动或其表面变化,导致入射点沿入射光轴的移动。入射点处的散射光经接收透镜入射到光电探测器(PSD 或 CCD)上。若光点在成像面上的位移为 x',则被测面在沿轴方向的位移为

$$x = \frac{ax'}{b\sin\theta - x'\cos\theta} \tag{5.85}$$

式中,a 为激光束光轴和接收透镜光轴的交点到接收透镜前主面的距离;b 是接收透镜后主面到成像面中心点的距离;θ 是激光束光轴与接收透镜光轴之间的夹角。

图 5.39(b)所示为斜射式三角法测量原理图。激光器发出的光线和被测面的法线成一定角度入射到被测面上,同样地,物体移动或其表面变化,将导致入射点沿入射光轴的移动。入射点处的散射光经接收透镜入射到光电探测器上。若光点在成像面上的位移为 x',则被测面在沿法线方向的移动距离为

$$x = \frac{ax'\cos\theta_1}{b\sin(\theta_1 + \theta_2) - x'\cos(\theta_1 + \theta_2)} \tag{5.86}$$

式中,θ_1 是激光束光轴与被测面法线之间的夹角;θ_2 是成像透镜光轴与被测面法线之间的夹角。从图中可以看出,斜射式入射光的光点照射在被测面的不同点上,无法知道被测面中某点的位移情况,而直射式却可以。因此,当被测面的法线无法确定或被测面面形复杂时,只能采用直射式结构。

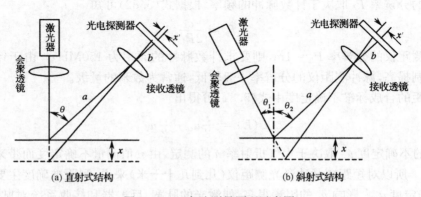

(a) 直射式结构　　　　　　　　　　(b) 斜射式结构

图 5.39　三角法测量原理示意图

在上述的三角法测量原理中,要计算被测面的位移量,需要知道距离 a,而在实际应用中,一般很难知道 a 的具体值,或者知道其值但准确度也不高,影响系统的测试准确度。实际应用中,

可以采用另一种表述方式,如图 5.40 所示,有下列关系

$$z = b\tan\beta \qquad \tan\beta = f'/x'$$

被测距离为

$$z = bf'/x' \qquad (5.87)$$

式中,b 为激光器光轴与接收透镜光轴之间的距离;f' 为接收透镜焦距;x' 为接收光点到透镜光轴的距离。其中,b 和 f' 均已知,只要测出 x' 的值,就可以求出距离 z。只要高准确度地标定 b 和 f' 值,就可以保证一定的测试不确定度。

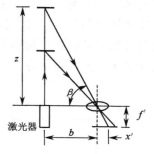

图 5.40　三角法原理示意图

激光三角法测量技术的测量准确度受传感器自身因素和外部因素的影响。传感器自身影响因素主要包括光学系统的像差、光点大小和形状、探测器固有的位置检测不确定度和分辨率、探测器暗电流和外界杂散光的影响、探测器检测电路的测量准确度和噪声、电路和光学系统的温度漂移等。测量准确度的外部影响因素主要有被测表面倾斜、被测表面光泽和粗糙度、被测表面颜色等。这几种外部因素一般无法定量计算,而且不同的传感器在实际使用时会表现出不同的性质,因此在使用之前必须通过实验对这些因素进行标定。

根据三角法原理制成的仪器称为激光三角位移传感器。一般采用半导体激光器(LD)做光源,功率为 5mW 左右,光电探测器可采用 PSD 或 CCD。商品化的三角位移传感器比较常见的有:日本 Keyence 公司斜射式的 LD 系列、直射式的 LC 系列和 LB 系列;Renishaw 公司的 OP2 型;美国 Medar 公司的 2101 型等。表 5.5 列出了常用激光三角位移传感器的主要技术指标。

表 5.5　常用激光三角位移传感器的主要技术指标

厂　　家	型　号	工作距离 /mm	测量范围 /mm	分辨率 /μm	线　　性 /μm
Medar	2101	25	±2.5	2	15
Keyence	LC—2220	30	±3.0	0.2	3
Keyence	LB72	40	±10	2	±1%
Renishaw	OP2	20	±2.0	1	10
Panasonic	3ALA75	75	±25	50	±1%

5.5.2　激光三角法测试技术的应用

1. 测距仪及其在自动调焦照相机中的应用

利用三角法原理可以制成测距仪装置。分析图 5.40 可知,被测距离 z 越长,在接收透镜焦面上的移动量 x' 越小,测量灵敏度越低。而通过增加基线长度 b,可以提高灵敏度。实际的测距仪系统如图 5.41 所示。图中,L_1 和 L_2 为两个望远镜的物镜,L_e 为公用的目镜,两个反射镜 M_1 和 M_2 的间距为基线距离 b。被测点经两个望远系统所成的像间距为 x',则根据式(5.87)就可以计算出被测距离。

实际装置在测定时,为提高测试准确度可以采用像符合法(零位法)。即在 L_2 的后面插入一个棱镜,通过调节棱镜的位置来使像 B 重叠在 A 上,由棱镜所转动的角度 ω 就可以求出 x',继而求出被测距离,如图 5.42 所示。

像符合法在照相机的自动调焦装置中被广泛地采用。自动调焦照相机采用两个图像传感器来判定像的重合,其光学系统如图 5.43 所示。成像透镜(图中未画出)的移动与可动反

射镜的转动互相连动,当目标通过固定反射镜和可动反射镜到达图像传感器组的像重合时,成像透镜就调整好了,此时就是可曝光状态,即照相机的焦距调整好了。实际上,目标通过固定反射镜和可动反射镜到达图像传感器组时分别成像,通过输出信号的重合度(或称为相关函数)的计算来判断像的重合。

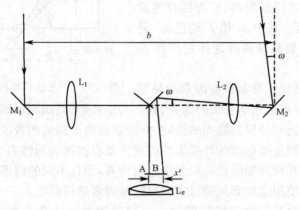

图 5.41 测距仪原理图

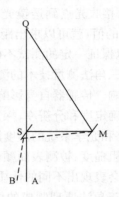

图 5.42 像符合法示意图

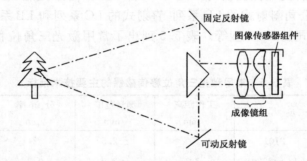

图 5.43 自动调焦照相机自动调焦光学系统

在用三角测量法自动调焦的过程中,有的照相机是直接利用自然光作为图像传感器的入射光;有的照相机是自身具有发射红外光能力,通过接收来自被测物的反射光来判断距离;也有其他自动调焦方式,这里就不介绍了。

2. 计算机视觉三维测试

在非接触三维形貌测量中,激光三角法由于其结构简单、测量速度快、使用灵活、实时处理能力强,得到广泛采用。计算机视觉测试技术就是以激光三角法为其基础的。计算机视觉技术具有非接触、速度快、精度适中、可在线测量等特点,目前已被广泛地应用于航空航天、生物医疗、物体识别、工业自动化检测等领域,特别是对大型物体及表面形状复杂的物体形貌测量方面。随着反求工程和快速成形制造技术的迅速发展,对三维物体形貌进行快速精密测量的需求越来越大。

在汽车工业中,快速、准确获取车身模型表面三维信息是引入计算机技术的现代车身开发领域的关键环节。目前,美、日、德等国一些大汽车公司在车身研究、开发、换代和生产过程中,逐渐开始重视非接触激光测量技术的实际应用。图 5.44 所示为应用激光三角法测量汽车车身曲面装置的原理图。采用以激光三角法为基础的激光等距测量,其基本思路是,控制非接触光电测头与被测曲面保持恒定的距离对曲面进行扫描,这样测头的扫描轨迹就是被测曲面的形状。为了实现这种等距测量,系统采用两束等波长激光,每束激光经聚焦准直系统后,分别被与水平面成一个 θ 角对称地反射到被测面上,当两束激光在被测曲面上形成的光点相重合并通过 CCD 传感器轴线时,CCD中心像元将监测到成像信号并输出到控制计算机。光电测头安装在一个能在Z向随动的由计算机控制的伺服机构上,伺服控制系统会根据CCD传感器的信号输出控制伺服机构带动测头做Z向随动,以确保测头与被测曲面在Z方向始终保持一个恒定的高度。测量系统采用半导体激光器做光源,线阵CCD做光电接收器件,配以高精密导轨装置,对图像进行处理及曲面最优拟合,使系统的合成标准不确定度达到0.1mm。

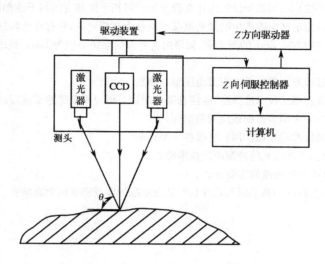

图 5.44　激光三角法测量汽车车身曲面装置的原理图

图 5.45 所示为汽车白车身视觉检测系统图。该系统由多个视觉传感器、机械传送机构、机械定位机构、电气控制设备、计算机等部分组成,其中视觉传感器是测量系统的核心。传送机构和定位机构将车身送到预定的位置,每个传感器对应车身上的一个被测点(或区域),全部视觉传感器通过现场网络总线连接在计算机上。汽车车身视觉测量系统测量效率高,精度适中,测量过程为全自动化,通常情况下,一个包含几十个被测点的系统能在几分钟内完成,检测不确定度可达 2mm。此外,车身测量系统的组成非常灵活、柔性好,传感器的空间分布可根据不同的车型进行不同的配置,适应具体的应用要求,在很大程度上减少了车身视觉检测系统的使用和维护费用,同时也适合现代汽车产品更新换代速度快的特点。

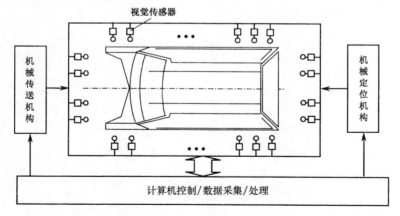

图 5.45　汽车白车身视觉检测系统

思考题与习题 5

5.1 与普通光源相比,激光光源有什么特点和优点?

5.2 激光的纵模和横模是怎样形成的? 怎样表达激光的模式?

5.3 什么是时间相干性和空间相干性? 为什么激光的时间相干性和空间相干性都优于其他光源?

5.4 由凹面镜构成的稳定谐振腔产生的激光束又可以称为高斯光束,它有什么特征? 何为束腰?

5.5 He-Ne 激光器发射 632.8nm 的激光束,如果出射光束的束腰半径为 1mm,试求其远场发散角及 100m 处的光束半径。

5.6 试述用倒置望远镜方式进行激光束散角压缩的原理。

5.7 为了提高激光准直测试技术准确度,应注意哪些问题? 可以采取哪些措施以减小测试误差?

5.8 光学多普勒效应与声学多普勒效应的差别何在?

5.9 激光差动多普勒技术的原理如何? 有哪些主要作用?

5.10 比较激光相位测距和激光脉冲测距的技术特点。

5.11 归纳提高激光测距准确度的主要方式。

5.12 激光三角法测量技术的基本原理是什么? 其测量准确度受哪些因素影响?

第6章 激光干涉测试技术

激光干涉测试技术是以光干涉原理为基础进行测试的一门技术。与一般的光电测试技术相比,激光干涉测试技术具有测试灵敏度高、准确度高、非接触、测试速度快等特点,在精密测量、精密加工和实时测控等诸多领域获得广泛应用。

另外,还可以利用有关干涉图的接收和数据处理技术计算出点扩散函数、中心点亮度、光学传递函数等综合光学像质评价指标。

6.1 激光干涉测试技术基础

6.1.1 干涉原理与干涉条件

1. 干涉原理

光干涉的基础是光波的叠加原理。由波动光学知道,两束相干光波在空间某点相遇而产生干涉条纹的光强分布为

$$I = I_1 + I_2 + 2\sqrt{I_1 I_2}\cos\delta \tag{6.1}$$

$$\delta = \frac{2\pi}{\lambda}\Delta L \tag{6.2}$$

式中,ΔL 是两光束到达某点的光程差;I_1 和 I_2 分别为两光束的光强;λ 是光波长。

显然,满足 $\Delta L = m\lambda$ 的光程差相同的点形成的亮线叫亮纹,满足 $\Delta L = (m+1/2)\lambda$ 的光程差相同的点形成的暗线叫暗纹,亮纹和暗纹组成干涉条纹。其中,m 是干涉条纹的干涉级次。对等厚干涉,如果相干空间介质折射率 $n=1$,两干涉波面的夹角 $2i$ 很小,都在 $5'$ 以内,则条纹间距可以近似表示为

$$e = \frac{\lambda}{2i} \tag{6.3}$$

当光源可以看作点光源时,此干涉条纹为非定域条纹;当光源为扩展光源时,条纹一般定域于空气楔的附近。通常把能观察到干涉条纹的平面称为干涉场。

2. 干涉条件

两束光波叠加后相干生成稳定的干涉条纹,通常该两列光波必须满足3个基本相干条件:频率相同、振动方向相同和恒定的相位差。

显然,必须利用同一发光原子(点)发出的光波分离成的两束相干光波在波列长度范围内重叠才能满足上述基本条件。各种不同光源发出的光波的波列长度是不同的,普通单色光源的波列长度为 100~200mm,则其光程差不能超过 100~200mm,否则得不到干涉条纹。激光的波列长度比普通单色光源要长得多,所以用激光作光源可以在很大的光程差下得到干涉条纹。

在实际应用中,有时需要有意识地破坏上述条件。比如在外差干涉测量技术中,在两束相干光波中引入一个小的频率差,引起干涉场中的干涉条纹不断扫描,经光电探测器将干涉场中的光信号转换为电信号,由电路和计算机检出干涉场的相位差。

6.1.2 影响干涉条纹对比度的因素

干涉测量中除了要求有高质量的条纹外,还希望条纹的对比度良好。干涉条纹对比度可定

义为

$$K = \frac{I_{\max} - I_{\min}}{I_{\max} + I_{\min}} \tag{6.4}$$

式中，$I_{\max}$ 和 $I_{\min}$ 分别为静态干涉场中光强的最大值和最小值，也可以理解为动态干涉场中某点的光强最大值和最小值。

对于式(6.4)，当 $I_{\min} = 0$ 时 $K = 1$，对比度有最大值；而当 $I_{\max} = I_{\min}$ 时 $K = 0$，条纹消失。在实际应用的干涉仪中，由于种种原因，所观察到的干涉图样对比度都小于 1。对目视干涉仪可以认为，当 $K > 0.75$ 时，对比度就算是好的；而当 $K > 0.5$ 时，可以算是满意的；当 $K = 0.1$ 时，条纹尚可辨认，而在这样的干涉仪上工作，已经相当困难了。而对动态干涉测试系统，对条纹对比度的要求就比较低。对于所有类型的干涉仪，干涉条纹图样对比度降低的普遍原因是：

- 光源的时间相干性和空间相干性；
- 相干光束的光强不相等；
- 杂散光的存在；
- 各光束的偏振状态有差异。

另外还有一些因素，如振动、空气扰动及干涉仪结构的刚性不足等，都有可能导致干涉图样的消失。在下面的讨论中，在分析一个因素的影响时将另外的因素看成理想的。

1. 光源的单色性与时间相干性

干涉测量中实际使用的光源都不是绝对单色，而有一定的谱线宽度，记为 $\Delta\lambda$。如图 6.1 所示，实线 1 和实线 2 分别对应 λ 和 $\lambda + \Delta\lambda$ 两组条纹的强度分布曲线，其他波长对应的条纹强度分布曲线居于两曲线之间。干涉场中实际见到的条纹是这些干涉条纹叠加的结果，如图 6.1 中实线 3 所示。由图 6.1 可见，在零级时，各波长的极大值重合，之后慢慢错开，干涉级越高，各波长极大值错开的距离越大，合强度峰值逐渐变小，对比度逐渐下降。当 $\lambda + \Delta\lambda$ 的第 m 级亮纹与 λ 的第 $m + 1$ 级亮纹重合后，所有亮纹开始重合，而在此之前则是彼此分开的。以上条件可作为尚能分辨干涉条纹的限度，即

$$(m + 1)\lambda = m(\lambda + \Delta\lambda) \tag{6.5}$$

由此得最大干涉级 $m = \lambda/\Delta\lambda$，与此相应的尚能产生干涉条纹的两支相干光的最大光程差（或称光源的相干长度）为

$$L_{\mathrm{M}} = \frac{\lambda^2}{\Delta\lambda} \tag{6.6}$$

上式表明，光源的相干长度与光源的谱线宽度成反比。例如，用镉红光作为光源时，如果其波长 $\lambda = 643.8\,\text{nm}$，光谱宽度 $\Delta\lambda = 0.0013\,\text{nm}$，就可以算出其相干长度为

$$L_{\mathrm{M}} = \frac{\lambda^2}{\Delta\lambda} \approx 300\,\text{mm}$$

在普通光源中，镉红光是一种比较好的光源，但与激光相比，则相差甚远。一个单模稳频 He-Ne 激光器发出波长 $\lambda = 632.8\,\text{nm}$ 的激光，其光谱宽度 $\Delta\lambda < 10^{-8}\,\text{nm}$，则可得

$$L_{\mathrm{M}} = \frac{\lambda^2}{\Delta\lambda} > 4 \times 10^{13}\,\text{nm} = 40\,\text{km}$$

可见，利用 He-Ne 激光器做光源时，其相干长度可达几十千米。由于激光光源有足够长的相干长度，故不必调整两支光路的相干光程相等。而对其他单色性较差的光源，则必须调整两支相干光程尽量一致。为此，需要在干涉仪中采取相应的技术措施，称其为保证时间相干性。在物理光学中，把光通过相干长度所需的时间称为相干时间，其实质就是可以产生干涉的波列持续时间。因此，激光光源的时间相干性比普通光源好得多，一般在激光干涉仪的设计和使用时，不

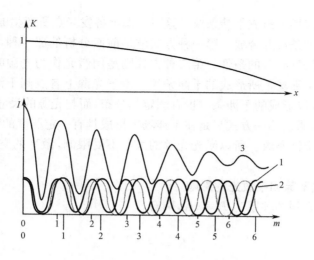

图 6.1　各种波长干涉条纹的叠加

用考虑其时间相干性。当然,在某些应用场合,作为影响干涉条纹对比度的因素之一也不能忽略。

2. 光源大小与空间相干性

干涉图样的照度,在很大程度上取决于光源的尺寸,而光源的尺寸大小又会对各类干涉仪的干涉图样的对比度有不同的影响。由平行平板产生的等倾干涉,无论多么宽的光源尺寸,其干涉图样都有很好的对比度。而杨氏干涉实验只在限制狭缝宽度的情况下才能看清干涉图样。由楔形板产生的等厚干涉图样,则是介于以上两种情况之间。如图 6.2 所示,光源是被均匀照明的直径为 $2r$ 的光阑孔,光阑孔上不同点 S 经准直物镜后形成与光轴不同夹角 θ 的平行光束。不同 θ 角的平行光束经干涉仪形成彼此错位的等厚干涉条纹,经叠加后形成的干涉条纹如图 6.3 所示。当光阑孔较小时,干涉条纹的对比度较好(见图 6.3(a));随着光阑孔增大,干涉条纹的对比度下降(见图 6.3(b)),直至对比度趋于零(见图 6.3(c))。如取对比度为 0.9,可得光源的许可半径为

$$r_{\mathrm{m}} \leqslant \frac{f'}{2}\sqrt{\frac{\lambda}{h}} \tag{6.7}$$

可见,光源的许可半径正比于准直物镜的焦距 f',反比于等效空气层厚度 h 的开方。空气层厚度越小,光阑孔越可设置较大,干涉条纹也有较高的亮度。在干涉测量中,采取尽量减小光源尺寸的措施,固然可以提高条纹的对比度,但干涉场的亮度也随之减弱,也不利于观测。如能设法改变参考光路或测量光路的光程,使两支光的等效空气层厚度减薄,可以达到适当开大光阑孔的目的。为此,在干涉仪中采取的相应技术措施,称为保证空间相干性。

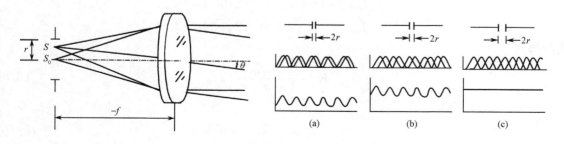

图 6.2　等厚干涉仪中的扩展光源　　　图 6.3　光阑孔大小对干涉条纹对比度的影响

当采用激光作为光源时,因为光源上各点所发出的光束之间有固定的相位关系,它们通过光

学系统之后可以在干涉场上形成干涉条纹。这时光源上各发光点所产生的光束以两种不同的方式在干涉场上形成干涉条纹并合成。第一种方式就是前面分析的那一种,为了得到这种干涉条纹,要求光源尺寸满足式(6.7)的条件。第二种方式则是用激光作为光源时所特有的,即光源上不同点发出的光束在干涉场上所形成的干涉条纹。由于光源上各点到干涉场的距离是固定的,其光程差是一定的,所以形成的干涉条纹也有固定的分布,而与光源的尺寸无关。因此用激光作为干涉装置的光源时,通过第一方式只是在干涉场上形成具有一定照度的背景,而由第二种方式则在这一背景上形成干涉条纹。所以激光光源的大小不受限制,激光的空间相干性比普通光源好得多。

3. 相干光束光强不等和杂散光的影响

设两支相干光的光强的关系为 $I_2 = n I_1$,则有

$$K = \frac{2\sqrt{n}}{n+1} \tag{6.8}$$

图 6.4 中所示实线表示了干涉条纹对比度 K 随两支光束强度比 n 的变化。当 $n = 2.5$ 时,对比度仅降低 10%。这种情况,如柯氏干涉仪和林尼克干涉显微镜,一支光束从镀铝的镜面(反射率为 90%)上反射,另一支光束从抛光的钢零件表面(反射率约 40%)上反射,形成的干涉条纹的对比度是好的。经验表明,当 $n = 5$ 时,对比度仍是好的($K = 0.75$)。

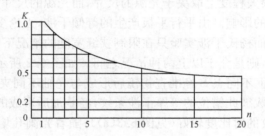

图 6.4 对比度 K 与两支干涉光强比 n 的关系

可见,没有必要追求两支相干光束的光强严格相等。尤其在其中一支光束光强很小的情况下,人为降低另一支光束的光强,甚至是有害的。因为这会导致不适当地降低干涉图样的照度,从而提升了人眼的对比度灵敏阈值,不利于目视观测。

另外,必须指出在干涉测试中,常伴有非期望的杂散光进入干涉场。例如,干涉光束在干涉仪光学零件表面上的有害反射,或者外界环境的漫射光均有可能进入干涉场。设混入两支干涉光路中杂散光的强度均为 $I' = m I_1$,在这种情况下,有

$$I_{\max} = (1 + n + m + 2\sqrt{n}) I_1$$
$$I_{\min} = (1 + n + m - 2\sqrt{n}) I_1$$

由此得到

$$K = \frac{2\sqrt{n}}{1 + n + m} \tag{6.9}$$

当 $n = 1$ 时,有

$$K = \frac{2}{2 + m} \tag{6.10}$$

可见,在两支光强比 n 较小时,杂散光对条纹对比度的影响远比两支干涉光的光强不相等的影响要严重得多。如容许 K 值降低 10%,则杂散光的强度不得超过干涉光束之一的强度的

20%。因此,必须重视在干涉仪中采取抵制和消除非期望的杂散光的技术措施。

有趣的现象是,在指定的 m 值下,K 不是在 $n = 1$ 时具有最大值,而是当 $n=1+m$ 时,具有最大值,也就是说,在 $I_2 > I_1$ 时,才有最大值。这样,例如 $m = 1$,则在 $n = 1$ 时,对比度 $K=0.67$;而当 $n = 1+m = 2$ 时,对比度 $K=0.70$。因此可以考虑,依靠增大光束之一的强度的办法来增大 n 值,从而提高干涉图样的总照度,以达到减小其强度为一常量的漫射光作用的目的。

在干涉仪中,各光学零件的每个界面上都产生光的反射和折射,其中非期望的杂散光线,能以多种可能的路径进入干涉场。尤其是在用激光做光源的干涉测量中,由于激光具有极好的空间相干性,使系统中存在的杂散光很容易形成寄生条纹。解决杂散光的主要技术措施有:

① 光学零件表面正确镀增透膜;

② 适当设置针孔光阑;

③ 正确选择分束器。

其中尤以第三点为问题的关键。

4. 干涉光束偏振状态不同的影响

在大多数干涉仪中,光束都要经过一系列的反射,所以都是部分偏振光。如果两支干涉光束的偏振情况不一样,干涉图样的对比度就会降低。从实验得知:在许多情况下,如果在干涉仪的出口安装一个偏振镜或偏振片,就能提高条纹对比度。下面简略讨论其偏振面为任意角度的两束线偏振光的干涉。其实,实践中常常遇到的一些情况,也都可以归结到自然光与线偏振光的干涉和两支线偏振光的干涉这两类情况中来,例如,两束椭圆偏振光的干涉。

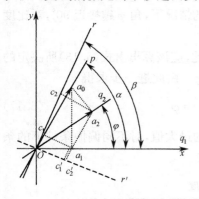

图 6.5　两支线偏振光干涉示意图

两束振幅为 a_1 和 a_2 的线偏振光的振动分别位于平面 q_1 和 q_2 上,两个振动面之间的夹角为 φ,同时,q_1 与直角坐标系的 x 轴相重合(见图 6.5)。为了简化计算,可以认为角 φ 可取从零到 90° 的任意值。首先,假设两相干光束都来自偏振光,它们都在一个平面 p 内振动,并且具有相同的振幅 a_0。这时,两束光在平面 q_1 和 q_2 内的振幅,将分别为

$$a_1 = a_0\cos\alpha$$
$$a_2 = a_0\cos(\alpha - \varphi)$$

式中,α 是平面 p 与 q_1 之间的夹角。如果在干涉仪的出光孔处安装一个检偏片,并使其振动面 r 与平面 q_1 之间的夹角为 β,则两支干涉光束的振幅分别为

$$c_1 = a_1\cos\beta$$
$$c_2 = a_2\cos(\beta - \varphi)$$

合振动的光强为

$$I = c_1^2 + c_2^2 + 2c_1c_2\cos\delta \tag{6.11}$$

式中,δ 是两个振动之间的相位差。取 $\cos\delta$ 分别等于 $+1$,-1,可得到干涉图样的对比度为

$$K_1 = \frac{2c_1c_2}{c_1^2 + c_2^2} = \frac{2\cos\alpha\cos\beta\cos(\alpha - \varphi)\cos(\beta - \varphi)}{\cos^2\alpha\cos^2\beta + \cos^2(\alpha - \varphi)\cos^2(\beta - \varphi)} \tag{6.12}$$

从上式可以得出这样的结论:当 $\alpha=90°$ 和 $\alpha=90°+\varphi$ 时,以及当 $\beta=90°$ 和 $\beta=90°+\varphi$ 时,$K_1=0$,因为在这些情况下,产生干涉振动之一的光束的振幅等于零。当 $c_1=c_2$ 或 $\alpha+\beta=\varphi$ 时,对比度具有最大值($K=1$)。在特殊情况下,$\alpha+\beta=\varphi/2$,即平面 p 和平面 r 与平面 q_1 和平面 q_2 之间夹角的等分线相重合。可见,在采用以适当的方式定向偏振片和检偏片的情况下,可以在平

面 q_1 与 q_2 之间的夹角 φ 为任意值时,得到高对比度的干涉图样。

假设去掉检偏片,这时无论是 a_1 还是 a_2,都可以分解为分别位于平面 r 和 r' 上的两个相互垂直的振动,即分解为 c_1,c_1' 和 c_2,c_2'。经过类似上面的推导,得到的图样对比度为

$$K_2 = \frac{2a_1a_2\cos\varphi}{a_1^2 + a_2^2} = \frac{2\cos\alpha\cos(\alpha-\varphi)\cos\varphi}{\cos^2\alpha + \cos^2(\alpha-\varphi)} \qquad (6.13)$$

K_2 的量值与 β 无关。这意味着,在计算 K_2 时,可以采用两个相互间呈任意配置(但要相互垂直)的平面 r 和 r'。也像前面那种情况一样,如果 $\alpha=90°$ 和 $\alpha=90°+\varphi$,则干涉图样将消失。当 $\alpha=\varphi/2$ 时,干涉图样具有最大的对比度。这时有

$$K_2 = \cos\varphi \qquad (6.14)$$

由此可见,只有当 $\varphi=0$ 时,也就是当平面 q_1 和 q_2 相重合的时候,才有 $K_2=1$。

假设检偏片安装在最有利的位置($\beta=\varphi/2$)上,这时有

$$K_1 = \frac{2\cos\alpha\cos(\alpha-\varphi)}{\cos^2\alpha + \cos^2(\alpha-\varphi)} \qquad (6.15)$$

假如去掉偏振片(保留检偏片),也就是说,如果平面 q_1 和 q_2 上的振动来自自然光线的话,则角 α 的任意值都是等概率的,眼睛或其他接收器所感受到的图样对比度,取决于 K_1 的平均值。为了求得这一平均值,需要在 α 从零到 π 的区间上,对式(6.15)求积分,并将积分结果除以 π。结果为

$$K_3 = \frac{1}{\pi}\int_0^\pi K_1 \mathrm{d}\alpha = \frac{1-\sin\varphi}{\cos\varphi} \qquad (6.16)$$

K_3 是两个干涉振动面之间的夹角 φ 的函数。在改变 α 值的情况下,角 φ 越接近 $90°$,对比度 K_3 就越小。如果 $\varphi=90°$,则 $K_3=0$。

没有偏振片且没有检偏片的情况下,对比度会怎样呢?为此,应该算出由式(6.13)所决定的对比度 K_2 的平均值。由式(6.13)和式(6.15)可得 $K_2=K_1\cos\varphi$。由此进一步求得

$$K_4 = \frac{1}{\pi}\int_0^\pi K_2 \mathrm{d}\alpha = K_3\cos\varphi = 1-\sin\varphi \qquad (6.17)$$

利用上述公式所求得的 K_3 和 K_4 的量值,以及 K_1 和 K_2 的最大值,对不同偏振条件下的条纹对比度的计算结果见表 6.1。

表 6.1　不同偏振条件下的条纹对比度

$\varphi/°$	0	15	30	45	60	75	90	备注
K_1	1	1	1	1	1	1	1	前后均有偏振片
K_2	1	0.966	0.866	0.707	0.500	0.259	0	前有偏振片
K_3	1	0.77	0.58	0.41	0.27	0.13	0	后有偏振片
K_4	1	0.74	0.50	0.29	0.13	0.03	0	无偏振片

由上面计算结果可以看出,把偏振片安装在干涉仪之前(K_2)比安装在干涉仪之后(K_3)效果更好。可是,当角 φ 的量值相当大时,只有采用两个偏振片(其中一个安装在干涉仪的前面,而另一个安装在干涉仪的后面)的情况下,才可能得到好的图样对比度。

上述结论是针对干涉光束为全偏振光线的极限情况而言的。而在干涉仪中通常存在着部分偏振的情况下,安装偏振片虽然不是必须的,但在许多情况下,可以显著地提高干涉图样的对比度。

6.1.3　共程干涉和非共程干涉

在普通干涉仪中,由于参考光束和测试光束沿着分开的光路行进,故这两束光受机械振动和温度起伏等外界条件的影响是不同的。因此,在干涉测量过程中,必须严格限定测量条件,采取适当的保护措施,否则干涉场中的干涉条纹是不稳定的,因而不能进行精确的测量。这类干涉仪,称为非共程干涉仪。

若参考光路和测试光路经过同一光路,这类干涉仪称为共程干涉仪。这种干涉仪具有如下的特点:

① 抗环境干扰;

② 在产生参考光束时,通常不需要尺寸等于或大于被测光学系统通光口径的光学标准件;

③ 在视场中心两支光束的光程差一般为零,因此可以使用白光光源。

共程干涉仪大致可分为两类。

① 使参考光束只通过被检光学系统的小部分区域,因而不受系统像差的影响,当此参考光束和经过该光学系统全孔径的检验光束相干时,就可直观地获得系统的缺陷信息。这类干涉仪有散射板干涉仪、点衍射干涉仪等。

② 大多数的共程干涉仪中,参考光束和测试光束都受像差的影响,干涉是由一支光束相对于另一支光束错位产生的。这时,得到的信息不是直观的,需要做某些计算才能确定被测波面形状,如各种类型的剪切干涉仪。

共程干涉仪常常借助于部分散射面、双折射晶体、半反射面或衍射实现分束。

6.1.4　干涉条纹的分析与波面恢复

在静态干涉系统中,干涉测量的关键是获得清晰稳定的干涉条纹图样,然后对其进行分析、处理和判读计算,以获得有关的被测量的信息。其中,最基本的信息是被测波面相对于参考标准波面的波面偏差及实际波面的轮廓形状。

1. 波面偏差的表示

为了评价和分析干涉条纹图,首先必须定量地读出代表实际波面的干涉条纹与代表标准参考波面的理想最适条纹的偏差。实际波面的面形轮廓相对于理想参考波面的几何偏差定义为波面偏差。如图 6.6(a)所示,由条纹之间的偏差所表示的波面偏差为

$$\Delta W = \frac{h}{H}\frac{\lambda}{n} \tag{6.18}$$

式中,H 是最适条纹间隔;n 是干涉仪的通道数(光束通过样品次数)。

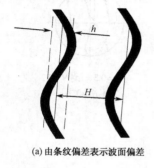　　　　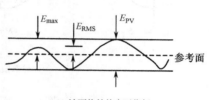

(a) 由条纹偏差表示波面偏差　　　　(b) 波面偏差的表示指标

图 6.6　波面偏差的表示

整个波面的偏差可以用下述几种综合指标表示(见图6.6(b))：

峰谷偏差 E_{PV}　被测波面相对于参考波面的峰值与谷值之差；

最大偏差 E_{max}　被测波面与参考波面的最大偏差值；

均方根偏差 E_{RMS}　被测波面相对于参考波面的各点偏差值的均方根值,可表示为

$$E_{RMS} = \sqrt{\frac{1}{N-1}\sum_{i=1}^{N}E_i^2} \tag{6.19}$$

2. 光学零件面形偏差

在光学车间广泛使用玻璃样板来检验球面(包括平面)光学零件的面形偏差,GB2813—81国家标准规定了光圈的识别方法,包括以下3个方面。

① 半径偏差(N),是被检光学表面的曲率半径相对参考表面曲率半径的偏差,以所对应的光圈数 N 来表示,如图6.7(a)所示。在面形偏差较大($N \geqslant 1$)的情况下,以有效检验范围内直径方向上最多干涉条纹数的一半来度量光圈数 N;在面形偏差较小($N < 1$)的情况下,光圈数 N 以通过直径上干涉条纹的弯曲量(h)相对于条纹的间距(H)的比值来度量,即 $N = h/H$。

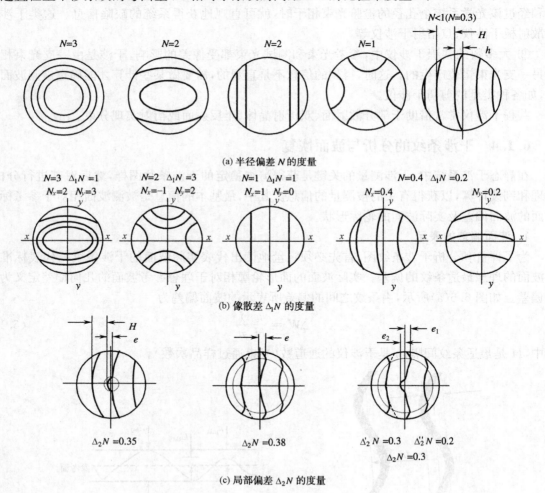

(a) 半径偏差 N 的度量

(b) 像散差 $\Delta_1 N$ 的度量

(c) 局部偏差 $\Delta_2 N$ 的度量

图 6.7　面形偏差的度量

② 像散差($\Delta_1 N$),是指被检光学表面与参考表面在两个互相垂直方向上的光圈数不等所对应的偏差。$\Delta_1 N$ 是以两个互相垂直方向上干涉条纹数(N_x,N_y)的最大代数差的绝对值来度量,

$\triangle_1 N = |N_x - N_y|$，如图 6.7(b)所示。当 $N_x \neq N_y$，而且 N_x 和 N_y 又都小于 1，则根据两个方向的干涉条纹的弯曲度来确定 N_x 和 N_y，仍有 $\triangle_1 N = |N_x - N_y|$。

③ 局部偏差($\triangle_2 N$)，是指被检光学表面与参考光学表面在任一方向上产生的干涉条纹的局部不规则程度。$\triangle_2 N$ 以局部不规则干涉条纹相对理想平滑干涉条纹的偏离量(e)与两相邻条纹间距(H)的比值来度量，即 $\triangle_2 N = e/H$，如图 6.7(c)所示。对不同位置均有局部偏差的，应分别求出并取大值来表征。

值得指出的是，半径偏差在一定程度上会使光学成像关系、像面和放大倍率等产生微量变化，但这些变化可经适当调整各光学零件间的相对位置而得到一定程度的补偿。而光学零件的面形不规则引起的像散差 $\triangle_1 N$ 和局部偏差 $\triangle_2 N$，则将直接影响到光学系统的成像质量，而且难以补偿。

3. 被测波面的恢复

要正确求出被测波面的轮廓，首先要判断干涉条纹图的零级条纹位置和被测波面相对于标准波面的凸凹情况。

(1)零级条纹的判断

使产生干涉的两波面间的光程差减小，则条纹移动的方向是离开零级条纹的方向；反之，增加光程差，则干涉条纹朝着零级条纹的方向移动。

(2)凸凹面的判断

如图 6.8 所示，由于被测表面为非平面，它反射的波面 W_2 则是曲面，因此与参考波面 W_1 形成的干涉条纹也是弯曲的，如果移动 W_2，减小波面 W_1 与 W_2 间的光程差，条纹移动的方向与弯曲方向相同，则被测表面为凸起的(工厂通称为"高光圈")，如图 6.8(a)所示；反之，若条纹移动方向与弯曲方向相反，则被测表面为凹陷的(工厂通称为"低光圈")，如图 6.8(d)所示；若增加光程差，情况正好与上述情况相反，分别如图 6.8(b)，(c)所示。

(3)求被测波面轮廓

图 6.9 所示为一旋转对称波面与倾斜平面波相干涉得到的干涉图样。若采用图解法求其波面轮廓，只需求出通过干涉图中心与平面波倾斜方向相同的截面上的波面轮廓就可以了。其步骤如下：

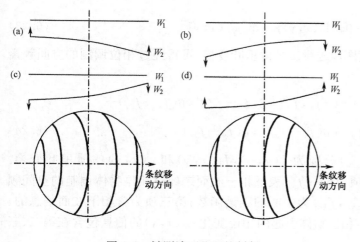

图 6.8　被测波面凸凹的判断

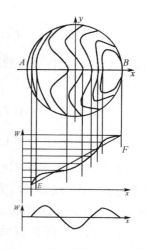

图 6.9　由干涉图恢复波面轮廓

① 首先在干涉图上作截面 AB,然后用前述方法确定干涉条纹零级的位置。如本例中零级条纹在干涉图左边,且干涉级从左往右递增。

② 在干涉图的上(下)方作若干条等间距的与截面 AB 相平行的直线,相邻两平行线间距表示光程差为 λ/n(n 为干涉仪的通道数)的变化量。

③ 将干涉条纹与截面 AB 相交的各点垂直引直线到平行线上,从左至右依次到与各对应平行线相交,然后把这些点连成曲线。此曲线就表示了 AB 这一截面上的波面轮廓。

④ 为了得到真实的波面轮廓,必须减去倾斜因子。为此,在曲线上作一拟合直线 EF,然后把曲线上与某一横坐标点对应的纵坐标值减去该拟合直线的纵坐标值,就可以得到减去倾斜后的真实波面轮廓。

上述波面的恢复方法可以用作图的方法实现,这种方法简单、灵活、方便,但是受人为因素的影响较大,准确度不是很高。如果使用 CCD 摄像机采集条纹图样,采用数字图像处理技术来恢复波面,效率高,而且具有较高的准确度。

下面介绍一种相位展开方法,优点在于只需要一幅完整的、无波面缺损的干涉图即可实现波面恢复,全面获取相位差信息。该方法的本质是在分析干涉图的光强分布特征的基础上,对表征光强的灰度图像运用傅里叶变换获得干涉图的等相位面信息,以无相位变化的波面产生的干涉条纹(空间载波)的相位分布为参照,对由相位物体产生的波面变化进行恢复。干涉条纹强度空间分布为

$$I(x,y)=I_0(x,y)[1+\gamma_0\cos\varphi(x,y)] \tag{6.20}$$

式中,$\varphi(x,y)$ 为两相干波面的相位差,将其写为空间载波频率与经过相位物体调制的相位差的形式为

$$I(x,y)=I_0(x,y)\{1+\gamma_0\cos[2\pi(f_{0x}x+f_{0y}y)+\varphi_0(x,y)]\} \tag{6.21}$$

式中,f_{0x},f_{0y} 为空间载波频率;$\varphi_0(x,y)$ 为相位物体引起的相位变化。将上式表述为复数形式为

$$I(x,y)=I_0(x,y)+c(x,y)\exp[j2\pi(f_{0x}x+f_{0y}y)]+$$
$$c^*(x,y)\exp[-j2\pi(f_{0x}x+f_{0y}y)] \tag{6.22}$$

式中

$$c(x,y)=0.5I_0(x,y)\gamma_0\exp[j\varphi_0(x,y)] \tag{6.23}$$

对表征式(6.22)光强分布的灰度图像进行二维傅里叶变换,可得经过相位调制的空间频谱函数为

$$G(f_x,f_y)=A(f_x,f_y)+C(f_x,f_y)*\delta(f_x-f_{0x})*\delta(f_y-f_{0y})+$$
$$C^*(f_x,f_y)*\delta(f_x+f_{0x})*\delta(f_y+f_{0y}) \tag{6.24}$$

式中,$G(f_x,f_y)$,$A(f_x,f_y)$,$C(f_x,f_y)$ 分别为 $I(x,y)$,$I_0(x,y)$ 和 $c(x,y)$ 的傅里叶变换。式(6.24)中包含 3 部分的内容:第一项 $A(f_x,f_y)$ 表征相干波面未经过相位物体调制的空间频谱;第二项为含相干波面信息的、以 (f_{0x},f_{0y}) 为中心的频谱函数;第三项为含相干波面信息的、以 $(-f_{0x},-f_{0y})$ 为中心的频谱函数。相位物体引起的相位变化 $\varphi_0(x,y)$ 的信息包含在第二、三项中。

由以上的分析可知,波面的相位变化 $\varphi_0(x,y)$ 包含在以 (f_{0x},f_{0y}) 和 $(-f_{0x},-f_{0y})$ 为中心的频谱函数中,在频域内选用以 (f_{0x},f_{0y}) 和 $(-f_{0x},-f_{0y})$ 为中心的滤波函数即可提取相位变化

$\varphi_0(x,y)$ 的信息。下面提取以 (f_{0x},f_{0y}) 为中心的频谱 $C(f_x-f_{0x},f_y-f_{0x})$，即式(6.24)中的第二项。使用的滤波函数为

$$H(f_x,f_y)=\text{rect}\left[\frac{f_x-f_{0x}}{f_{0x}}\right]*\text{rect}\left[\frac{f_y-f_{0y}}{f_{0y}}\right] \tag{6.25}$$

$$G(f_x,f_y)\otimes H(f_x,f_y)=C(f_x-f_{0x},f_y-f_{0y}) \tag{6.26}$$

将提取的频谱函数 $C(f_x-f_{0x},f_y-f_{0y})$ 平移至频率平面中心，利用傅里叶变换平移定理可得

$$c(x,y)=F^{-1}[C(f_x-f_{0x},f_y-f_{0y})]=F^{-1}[C(f_x,f_y)] \tag{6.27}$$

由式(6.23)可得 $0\sim2\pi$ 之间的波面相位变化为

$$\overline{\varphi}_0(x,y)=\varphi_0(x,y)\,\text{mod}(2\pi) \tag{6.28}$$

当 $\text{Re}[c(x,y)]>0$ 时，有

$$\overline{\varphi}_0(x,y)=\arctan\frac{\text{Im}[c(x,y)]}{\text{Re}[c(x,y)]} \tag{6.29}$$

当 $\text{Re}[c(x,y)]<0$ 时，有

$$\overline{\varphi}_0(x,y)=\pi+\arctan\frac{\text{Im}[c(x,y)]}{\text{Re}[c(x,y)]} \tag{6.30}$$

式中，$\text{Im}[c(x,y)]$，$\text{Re}[c(x,y)]$ 分别为 $c(x,y)$ 的虚部和实部，由式(6.28)、式(6.29)可得实域内波面变化的等相位分布曲线。

如何由 $\overline{\varphi}_0(x,y)$ 恢复波面相位 $\varphi_0(x,y)$ 是解决问题的关键。以未经过相位物体的相干波面为参考，假设波面的相位变化是连续的，由于 $\varphi_0(x,y)$ 为正表示相位滞后，$\varphi_0(x,y)$ 为负表示相位超前，因此，对 $0\sim2\pi$ 之间的 $\overline{\varphi}_0(x,y)$ 进行如下处理：若扰动部分相对于未扰动部分为光密介质，则相位图上发生 $2\pi\rightarrow0$ 相位跃变处的相位面的各点的相位增加 2π，发生 $0\rightarrow2\pi$ 相位跃变处后的各点的相位减少 2π；若扰动部分相对于未扰动部分为光疏介质，则相位图上发生 $2\pi\rightarrow0$ 相位跃变处的相位面的各点的相位减少 2π。发生 $0\rightarrow2\pi$ 相位跃变处后的各点的相位增加 2π。按上述过程进行相位累加的过程称为相位展开。

6.1.5 提高分辨率的方法和干涉条纹的信号处理

在动态干涉系统中，通过测量干涉场上指定点的干涉条纹的移动或光程差的变化量，进而求得被测物理量的信息。比如，激光干涉测长仪是将测量反射镜与被测对象固定连接，通过测量反射镜相对于参考镜的位移来反映被测长度的。该相对位移导致两支光束产生光程差，而光程差的大小是根据干涉条纹的多少来确定的。

在双光路干涉系统中，通常光程每变化 $\lambda/2$，干涉条纹变化一个级次，得到一个计数脉冲。为了提高分辨本领，就需要在光程改变 $\lambda/2K$ 时(K 取 $2,4,\cdots$)，也得到一个脉冲。采用光学倍频和相位细分的技术，就可以实现这个目的。

1. 光学倍频技术

如图 6.10(a)所示的光学倍频原理图中，M_1 为测量反射镜。当 M_1 移动 $\lambda/2$ 时，由于入射光经过 M_1 反射到 M_2 上，再反射回来，等于光程增大了一倍，所以在分光板 B 上发生干涉时，相当于光程差变化了 λ，出现两个条纹变化。如果将图 6.10(a)的装置改成图 6.10(b)的形式，又加

进一个直角棱镜，使测量光束在 M_1 和 M_4 之间形成 K 次反射（K 为偶数），那么，棱镜 M_1 的移动，反映在 M_3 和 M_4 之间的干涉光程差是棱镜 M_1 移动距离的 K 倍，即当 M_1 移动的距离为 $\lambda/2K$ 时，干涉场中就有一个条纹变化。这种技术称为光程差放大技术，也称为光学倍频技术。在这种光学倍频的布局中，M_2 对 M_1 平移错开的距离为 a/K（a 为棱镜底边长）。

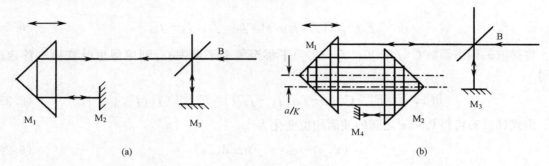

图 6.10 光学倍频原理图

2. 光学相位细分技术

提高干涉仪分辨率，除了用光学倍频技术之外，还可利用干涉条纹的相位细分技术。可以将干涉条纹每变化一个级次，看作相位变化了 360°。从一个干涉条纹变化中得到多个计数脉冲的技术称为相位细分技术，相位细分的方法有机械相位细分、阶梯板相位细分、翼形板相位细分、金属膜相位细分和分偏振法相位细分等。

（1）机械法相位细分

产生 90° 相移信号的最简单方法是倾斜参考镜 M_1，如图 6.11 所示。当参考镜倾斜 6″ 时，条纹间隔为 10mm，调节两光电接收器 D_1 和 D_2 间隔为条纹中心距离的 1/4，便可获得相移 90° 的两个输出信号。但这种方法容易因反射镜的稍微失调而改变条纹间隔，使输出信号的相位关系发生变化，引起计数误差。

（2）阶梯板相位细分

图 6.12 所示为采用阶梯板相位细分的例子，它是在反射器 M_1 的半边蒸镀一层厚度为 d 的透明介质，造成 $\lambda/8$ 的阶梯，使光束的左右两边产生 $\lambda/4$ 的初程差。当两光电接收器 D_1 和 D_2 同时对准狭缝中心时，便能获得相移为 $\pi/2$ 的信号输出。移相层厚度为

$$(n-1)d = \frac{\lambda}{8}$$

3. 处理电路细分方法

电路细分方法有多种，如四细分辨向、计算机软件细分、鉴相法细分等。综合来看，鉴相法细分的不确定度最小，使用灵活、方便、集成度高，适合于激光干涉信号的细分。

鉴相是在参考光和测量光之间进行的。由干涉原理可知，当被测物体产生位移时，测量光和参考光之间的相位差将随之按比例变化。只要精确测出参考光和测量光之间的相位差，就能精确得出光程差的变化量。

鉴相方法主要有数字式、锁相倍频式和模拟式 3 种。数字式鉴相有较高的分辨率，工作频率 1MHz 时，可达 0.1° 的分辨率，但其响应速度很低。由于受到元器件等方面因素的限制，锁相倍频数难以做得很高（一般多采用 10 倍），因此，该种方法的鉴相分辨率不可能做得很高。模拟鉴相是将测量光信号和参考光信号之间的相位差转换成调宽脉冲信号，调宽脉冲信号的宽度代表了两个信号之间的相位差。将调宽脉冲信号通过低通滤波器后，输出代表两信号的直流电压。鉴相器输出的是模拟信号，分辨率高，一般可达 2π/1000，但是鉴相范围较小（±2π）。为了扩大

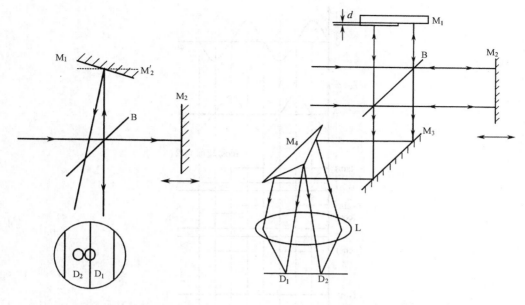

图 6.11 机械法相位细分示意图   图 6.12 阶梯板相位细分示意图

量程,增大鉴相范围,经常先对干涉信号进行分频,然后再做相位检测。这种方法虽然可以扩大量程范围,但鉴相分辨率将随分频数的增加而降低。可以采用将模拟鉴相与数字计数结合的模拟数字混合鉴相器。在 $\pm 2\pi$ 范围内采用模拟鉴相,当鉴相范围超出 $\pm 2\pi$ 时,利用相位整数检测电路对超过的整数相位进行加减计数,从而保证了整个测量范围内都有很高的鉴相分辨率。

4. 干涉条纹计数与判向

干涉仪在实际测量过程中,由于测量反射镜可能需要正反两个方向的运动,或由于外界震动、导轨误差等干扰,使反射镜在正向移动中,偶尔有反向移动,所以,干涉仪中需要设计判向电路,将计数脉冲分为加和减两种,用可逆计数器进行可逆计算以获得真正的脉冲数据。

图 6.13 所示为判向计数原理框图,图 6.14 所示为判向计数的电路波形图。通过前述的移相方法获得两路相差 $\pi/2$ 的干涉条纹的光强信号。该信号经由两个光电探测器接收,便可获得与干涉信号相对应的两路相差 $\pi/2$ 的正弦和余弦信号,经放大、整形、倒相及微分等处理,可以获得 4 个相位依次相差 $\pi/2$ 的脉冲信号。若将脉冲排列的相位顺序在反射镜正向移动时定为 1,2,3,4,反向移动时定为 1,4,3,2,由此,后续的逻辑电路便可以根据脉冲 1 后的相位是 2 还是 4 判断脉冲的方向,并送入加脉冲的"门"或减脉冲的"门",这样便实现了判向的目的。同时,经判向电路后,将一个周期的干涉信号变成 4 个脉冲的输出信号,使一个计数脉冲代表 1/4 干涉条纹的变化,实现了干涉条纹的四倍频计数。

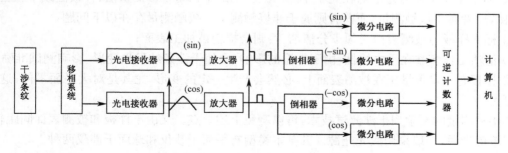

图 6.13 条纹移动判向计数原理框图

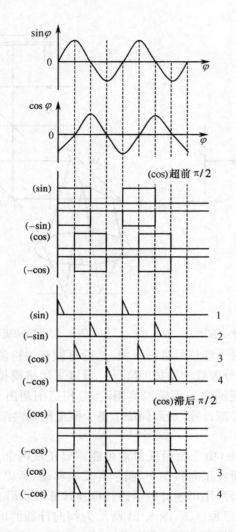

图 6.14　干涉条纹计数判向电路波形图

6.2　激光斐索型干涉测试技术

　　光学干涉测试技术最初在光学零件和光学系统的检验中获得广泛应用,本节首先介绍相对简单但应用广泛的激光斐索(Fizeau)型干涉测试技术。在光学零件的面型、平行度、曲率半径等的测量中,斐索型干涉测量法与在光学车间广泛应用的牛顿型干涉测量法(样板法或牛顿型干涉法)相比,后者属于接触测量,而前者则属于非接触测量。接触测量存在以下问题:

　　① 标准样板与被测表面必须十分清洁,否则会损伤被加工表面;

　　② 清洁工作多拿在手中擦拭,由于体温的影响,会使干涉条纹发生变形,影响测试准确度;

　　③ 样板有一定重量压在被测表面上,必然会产生一定的变形,尤其是对大平面零件,这种影响就更大。

　　非接触测量的斐索型干涉测试技术,可以避免上述缺点。又由于样板和被测表面间距较大,必须用单色光源,一般采用激光光源。其基本类型有平面干涉仪和球面干涉仪两种。

6.2.1 激光斐索型平面干涉测量

1. 激光斐索型平面干涉仪的基本光路和原理

图 6.15 所示为激光斐索型平面干涉仪的基本光路图。激光束被聚光镜(显微物镜)会聚于

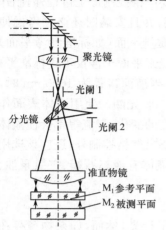

图 6.15 激光斐索型平面
干涉仪的基本光路图

小孔光阑 1 处,小孔光阑 1 位于准直物镜的焦点上,光线透过分束器向下通过准直物镜以平行光束射出,用自准直法调整平面参考镜,使出射的平行光垂直入射到参考平面上。其中有一部分光从参考表面反射,而另一部分光透过参考表面射到被测平面上,由被测平面又反射回一部分光线。这两部分反射回去的光线再经物镜后,由分束器反射,在光阑 2 处形成两个被照亮的小孔像,调整被测零件,在光阑 2 处见到两个小孔像互相重合时,表明反射回去的两束光基本重合而产生双光束干涉,此时观察者眼睛位于光阑 2 处可以看到位于参考平面附近的干涉条纹。通过改变空气楔的方位,干涉条纹的疏密和方位会做相应变化。若要记录干涉条纹图样,只要在光阑 2 处放置一架照相机,并调焦在标准平面和被测平面之间的干涉条纹定域面上,就可以将干涉图拍摄下来。

2. 影响测试准确度的因素

(1)光源大小和空间相干性

斐索型干涉仪是利用振幅分割的等厚干涉,可以看成在空气楔形薄板之间进行的。由于 M_1 和 M_2 间的空气隙 h 比较大,为了使测量满足空间相干条件,以保证得到满意的干涉条纹对比度,其尺寸必须满足

$$\theta^2 \leqslant \frac{\lambda}{4h} \tag{6.31}$$

对于上式,若 $h=5\text{mm}$,$\lambda=546.1\text{nm}$,则 $\theta<17'$。为了保证光源角尺寸 θ,可以通过适当选择准直物镜焦距和小孔光阑 1 的直径来实现。为满足 $\theta<17'$ 的要求,只要选择准直物镜焦距 $f'=500\text{mm}$,小孔光阑 1 的直径 $D\leqslant5\text{mm}$ 就可以。如果空气间隙再大,也可以把小孔的直径缩小一些。如果采用激光作光源,就不必要苛求减小空气隙 h,即使光源尺寸小一些,条纹的亮度也是足够的。

(2)光源的单色性和时间相干性

在检验被测平面的面形时,可以将被测面和标准平面之间的空气隙 h 调整得相当小,例如不超过几个毫米,使两支相干光束的光程差不超过普通单色光源的相干长度,就能形成良好的干涉条纹。在某些不能调整空气隙 h 的场合,采用普通单色光源就无法满足时间相干性的要求。这时,必须使用单色性优良的激光器,常用的是 mW 级 He-Ne 激光器,其相干长度较大,亮度也足够强。因此,现代斐索干涉仪大多采用激光作为光源。

(3)杂散光的影响

由图 6.15 可以看出,平行光在标准参考平板的上表面和被测件的下表面都会反射一部分光而形成非期望的杂散光。由于激光的相干性能非常好,这些杂散光叠加到干涉场上会产生寄生条纹和背景光,影响条纹的对比度。消除该杂散光的措施是,将标准参考平板做成楔形板,以使标准平板上表面反射回来的光线不能进入干涉场。同样,将被测件做成楔形板或在其背面涂抹油脂,也能消除或减小被测件下表面产生的杂散光影响。整个系统的所有光学面上均应镀增透膜。

（4）标准参考平板的影响

标准参考平板的参考面 M_1 在干涉仪中是作为测量基准使用的，对它的面形误差当然有极严格的要求，同时要求它的口径必须大于被测件。这时，当标准平板口径大于 200mm 时，对其加工和检验都很困难。为了保证参考平面具有一定的精度，除了要严格控制加工过程外，制作标准参考平板的材料应选用线膨胀系数较小和残余应力很小的玻璃，并且安装时还必须考虑使之不产生装夹应力。为了尽量减小标准参考平面的误差影响，在高质量平面（如标准参考平面）的面形测量中，可以考虑用液体的表面作为参考平面。此时的激光裴索平面干涉仪不用标准平板，被测平面 M_2 向下对着液体表面。地球的曲率半径约为 6370km，当液面口径为 1000mm 时，液面中心才高出约 0.1 光圈，当口径为 250mm 时，液面才高出约 0.005 光圈。使用液体表面作为参考平面的关键是要使液体处于静止状态。环境的微小震动、温度的变化、气流等都会使液体表面处于不断的"波动"中，使测量无法进行。所以除了对测量环境要求严格控制外，还应该选用黏度较大、本身比较均匀和清洁的液体。常常用作标准参考平面的液体有液态石蜡、扩散泵油、精密仪表油和水银等。

（5）准直物镜的影响

干涉仪中的准直物镜主要是为了给出一束垂直于空气隙的平行光，然而，如果物镜存在像差，则出射光不再是平行光。为了保证一定的测试准确度，必须对准直物镜的角像差加以控制。例如，要求激光裴索型平面干涉仪由于像差所引起的测量不确定度不超过 0.01 光圈，并假定此干涉测量极限情况下的空气隙厚度达 $h = 50mm$，则可求得对物镜的角像差要求为：$\theta' < 0.33\text{mrad}(\theta' < 1')$。显然，这样要求的物镜设计起来并不困难。

3. 激光斐索型平面干涉仪用于测量平行平板平行度

（1）测量原理

在图 6.15 中，去掉标准平板，将被测平行平板玻璃放在准直物镜的下面，使平行光垂直照射在被测平板玻璃上。光线经平板玻璃的上、下表面反射，形成等厚干涉条纹。假设平板玻璃材料均匀，表面面形质量又好，则如果平板玻璃的上、下表面严格平行，将得到亮度均匀的干涉场，没有条纹，如果平板玻璃上、下表面有一定的倾角，则可以得到平行的等间距直条纹，如图 6.16 所示。

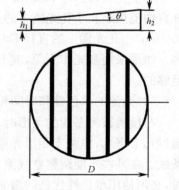

设干涉场的口径为 D，条纹数目为 m，长度 D 两端对应的厚度分别为 h_1 和 h_2，有

$$2n(h_2 - h_1) = m\lambda \quad (6.32)$$

则平板玻璃的平行度为

$$\theta = \frac{h_2 - h_1}{D} = \frac{m\lambda}{2nD}(\text{rad}) \quad (6.33\text{a})$$

或

$$\theta = \frac{h_2 - h_1}{D} = \frac{m\lambda}{2nD}206265('') \quad (6.33\text{b})$$

图 6.16　测试平板玻璃
平行度图示

式中，n 是平板玻璃的折射率。

（2）测试范围的讨论

容易得知，当干涉场内的干涉条纹数 $m < 1$ 时，上述方法就不能测量平板玻璃的平行度。例如，对直径 $D = 60mm$ 的被测平板玻璃，$n = 1.5147$，$\lambda = 632.8nm$，当 $\theta < 0.72''$ 时，平行度就测量不出来。另一方面，当干涉场中的条纹数目太密时，分辨条纹比较困难，也无法进行测量。假设

用人眼来识别条纹,一般人眼的分辨能力为 0.33mm,当 $n = 1.5147, \lambda = 632.8$nm时,容易算出 $\theta_{max} = 131'' \approx 2'$。

(3)测量不确定度

根据间接测量不确定度的传递公式,由式(6.33)可知

$$u_c(\theta) = \theta \sqrt{\left(\frac{u_m}{m}\right)^2 + \left(\frac{u_D}{D}\right)^2 + \left(\frac{u_n}{n}\right)^2} \tag{6.34}$$

由上式可见,在 θ 的测量中引起误差的主要因素是:

① 宽度 D 的测量不确定度;

② 干涉条纹数 m 计数的不确定度;

③ 折射率 n 的测量不确定度。

在 θ 的测量中,干涉条纹数计数的不确定度影响最大。激光斐索型平面干涉仪测量平板玻璃平行度的标准不确定度约为 $0.2''$。

6.2.2 斐索型球面干涉仪

1. 激光斐索型球面干涉仪基本原理

图 6.17 所示为激光斐索型球面干涉仪的基本光路图。图中标准物镜组的最后一面与出射的高质量的球面波具有同一个球心 C_0,即该面作为测量的参考球面。为了获得需要的干涉条纹,必须仔细调整被测球面,使被测球面的球心 C 与 C_0 精确重合。

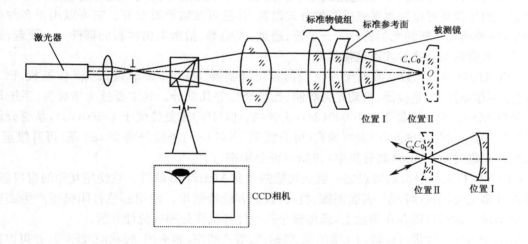

图 6.17 激光斐索型球面干涉仪光路图

观察者通过目镜可以观察到分别由标准参考面和被测面反射回来的两束光所形成的等厚干涉条纹,也可以由 CCD 相机或摄像机摄取干涉图样,由计算机中的专业软件进行波面恢复和信息处理。

2. 激光斐索型球面干涉仪用于测量球面面形误差

测量系统光路如图 6.17 所示。仔细调整光路,使被测球面的球心 C 与标准波面球心 C_0 精确重合。如果干涉场中得到等间距的直条纹,表明没有面形误差;若条纹出现椭圆形或局部弯曲,则可按前述方法予以判读。

激光斐索型球面干涉仪在测量过程中,利用轴向移动被测件,就可以实现以一组标准物镜检测一定曲率半径范围内的许多球面,大大提高了仪器的适用范围。

3. 激光斐索型球面干涉仪用于测量曲率半径

在图 6.17 所示光路图中，将被测球面的顶点 O 和球心 C 先后调整到与标准参考球面的球心 C_0 精确重合，这时被测零件从位置 Ⅰ 移动到位置 Ⅱ 的距离就是被测球面的曲率半径，它可由精密测长机构测出。

若被测球面曲率半径较大，则标准参考球面也应有较大的曲率半径，为了使仪器导轨不太长，通常干涉仪备有一套具有不同曲率半径参考球面的标准半径物镜组。

但当被测球面的曲率半径太大，超出仪器测长机构的量程时，可采用下述方法：如图 6.18 所示，首先调节使 C 与 C_0 重合（位置 Ⅰ），接着使被测球面向标准参考球面慢慢移动，直到使两者在顶点处相接（位置 Ⅱ），则两位置之间距离为标准参考面半径与被测球面半径之差。于是可得

$$R_凸 = R_标 - (R_标 - R_凸) \qquad (6.35)$$

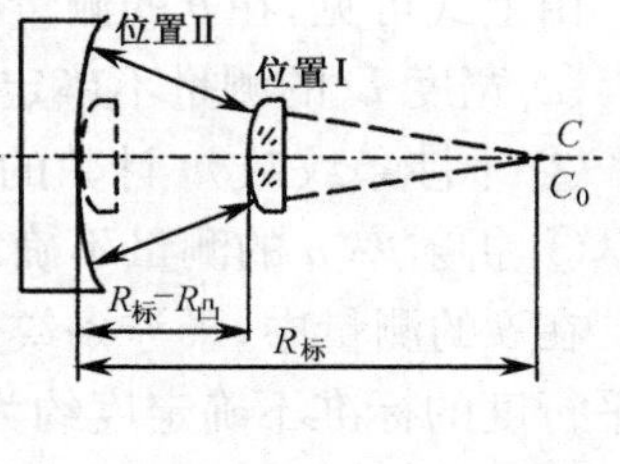

图 6.18　测量大曲率半径光路图示

同样道理可以测量凹面镜的曲率半径。

由上述可见，激光斐索型干涉测量法的用途是非常广泛的，它还可以用于屋脊棱镜屋脊角误差和高质量反射棱镜光学平行度的测量。

Zygo 公司推出的系列数字波面干涉仪代表了当前波面干涉仪的最高水平，已被公认为光学工业和研究室中的标准光学检测仪器。

Zygo 系列数字波面干涉仪能完成基本的测量——平面或球面光学元件的表面面形的非接触测量。测量设备可以以水平或垂直的方式设置，并且可在需要时改变。它可以用于多种样品的测量，如玻璃或塑料的光学器件——平镜、透镜、棱镜等，精密金属材料的器件——硬盘、光滑表面等及镀膜镜头和接触式透镜模具等。

GPI XP/D 型激光数字波面干涉仪包括相位调制器、MetroPro 软件、Zygo 仪器板、PCI 总线、高速图像捕捉卡、监视器、自动光强控制、孔径聚焦等几部分。其主要技术指标为：系统均方根差值（RMS）的重复性优于 $\lambda/10000(2\sigma)$；系统峰谷值（PV）重复性优于 $\lambda/300(2\sigma)$；系统分辨率大于 $\lambda/1000$；空间分辨率 640×480 像素（可升级至 1K×1K）；条纹分辨率 180 条（可升级至 340 条）；数据采集时间 173ms（高分辨率）、93ms（低分辨率）。

GPI XP/D 系统最大的特点之一就是功能强大的 MetroPro 软件。它使用互动的窗口显示，同时在屏幕上提供仪器控制、表面图像、曲线、数据和统计结果。使用彩色打印机可产生高质量的数据图像。数据可以存在磁盘上，或传输至其他计算机作处理或统计分析。

MetroPro 软件提供可旋转的三维图像、等轴图、等高线图、斜率图、线状曲线图等，并可以进行数据编辑；MetroPro 有计算以下参数的功能：36 个 Zernike 参数、峰谷值、标准偏差、Strehl 系数、variance(range)、RMS 误差和剩余 RMS，并可以对 Zernike 系数进行编辑；可计算 PSF、MTF、环绕能（Encircled Energy），结果可以在相同屏幕上同时观察到；以及其他大量功能。

6.3　波面剪切干涉测试技术

波面剪切干涉是利用待测波面自身的干涉。它具有一般光学干涉测试技术的优点，如非接触性、灵敏度高和精度高。同时剪切干涉仪属于等程干涉，对光源无特殊要求，容易得到对比度高的剪切干涉图。剪切干涉仪无须参考光束，干涉条纹稳定，对环境要求低。大部分剪切干涉仪不受口径的限制，从原理讲可以检验任意尺寸的镜面或系统，加上一定的辅助元件可使检验范围十分广泛。剪切干涉仪结构简单，加工、制造容易，成本低廉，携带方便。理论上，剪切干涉测试

技术可以从单幅干涉图中得到光波面的相关信息。因此,剪切干涉技术在光学零件面形检测、光学系统像差测量、激光输出波前实时测试、液晶电视的相位调制特性研究、气体和液体中的流动、扩散现象等研究领域获得了广泛的应用。

前述斐索干涉技术等的干涉条纹可以视为被测光束波面与标准波面间光程差相等点的连线,也就是说,干涉条纹直接反映的是被测波面相对于参考波面的波像差,一般可以方便地解出被测波面的形状。剪切干涉是一种共光路干涉技术,不用标准参考光束,参与干涉的光束均来自被测光束,因而其干涉条纹与被测波面的关系比较复杂,求解被测波面在数学处理上比较烦琐,发展利用计算机处理剪切干涉图技术成为剪切干涉测试技术发展的热点。

自 20 世纪 40 年代起,就有人开始研究不需要标准参考波面的剪切干涉技术,并出现了各种剪切干涉方式的干涉仪。本节介绍剪切干涉的基本原理、干涉图样的数据处理、典型剪切干涉仪及其应用等。

6.3.1 波面剪切干涉技术基本原理

所谓波面剪切干涉技术,就是通过某种一定的装置将一个空间相干的波面分裂为两个完全相同或相似的波面,两者彼此间产生一个小的空间位移,因为波面上各点是相干的,则在两个波面的重叠区形成一组干涉条纹,通过分析和处理干涉图样,可以获得原始波面的信息。

1. 波面剪切的方式

波面剪切的方式很多,图 6.19 所示分别为横向、径向、旋转和翻转剪切的示意图。图中 $ABCD$ 为原始波面,$A'B'C'D'$ 为剪切波面,原始波面和剪切波面的重叠区即为干涉区。其中,横向剪切与径向剪切应用较广泛。

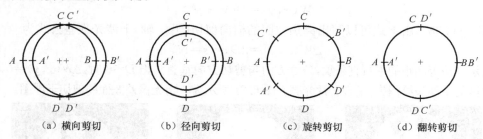

(a) 横向剪切　　(b) 径向剪切　　(c) 旋转剪切　　(d) 翻转剪切

图 6.19　波面剪切的方式

2. 波面剪切干涉原理

图 6.20 所示为横向剪切时的原始波面、剪切波面及对应的剪切干涉图样。假定此波面接近平面波,其相对于平面的波差可表示为 $W(x,y)$,其中 (x,y) 为波面上任意点 P 的坐标。当波面在 x 方向上的剪切量为 s 时,在同一点上,剪切波面的波差为 $W(x-s,y)$。因此,原始波面与剪切波面在 P 点的光程差为

$$\Delta W(x,y)=W(x,y)-W(x-s,y) \qquad (6.36)$$

因为 $\Delta W(x,y)$ 以干涉条纹的形式表示出来,所以干涉亮条纹方程为

$$\Delta W(x,y)=W(x,y)-W(x-s,y)=N\lambda \qquad (6.37)$$

式中,N 为干涉条纹的级次;λ 为光波波长。

在剪切量 s 比较小,且剪切方向与 x 轴一致的情况下,近似地有

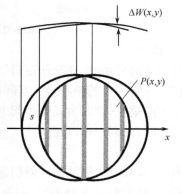

图 6.20　横向剪刀干涉示意图

$$\Delta W(x,y) = \frac{\partial W(x,y)}{\partial x} s = N\lambda \tag{6.38}$$

由上式可知,剪切干涉条纹对应的是被测波面的斜率,而斐索型干涉仪的干涉条纹直接给出的是波面的等高线。因此,必须利用上述方程求解波面面形与干涉条纹形状的对应关系。

在构建剪切干涉仪时,剪切量 s 应比较小,因为 s 越小,式(6.38)就越正确,波面复原精度就越高,但同时也可看出,当 $s \to 0$ 时,灵敏度将减小。所以,必须选择适当的 s 值,以兼顾两者。需要说明的是,式(6.38)给出的剪切干涉图样仅仅与 x 轴方向的波面变化有关,而且对接近剪切量 s 整数倍的波面谐波成分也变得不敏感。因此,对横向剪切干涉来说,一般至少还需要采集另一幅正交方向剪切的干涉图。

3. 典型情况的横向剪切干涉条纹

剪切干涉图样与波面的关系不够直观,识别比较复杂是剪切干涉仪的主要弱点。了解典型的初级像差的剪切干涉图样的特征,有助于判断被检验波面存在哪些主要缺陷,对实际工作是很有意义的。

一个带有初级像差的波面相对于中心位于高斯像点的球面波的偏差量,可表示为

$$W(x,y) = A(x^2+y^2)^2 + By(x^2+y^2) + C(x^2+3y^2) + D(x^2+y^2) + Ex + Ey \tag{6.39}$$

式中,A,B,C,D 分别表示球差、彗差、像散和离焦系数;E 为绕 y 轴的倾斜系数;F 为绕 x 轴的倾斜系数。

根据式(6.39)就可以讨论各种像差和误差对应的横向剪切干涉图。

(1)离焦

当被测波面存在离焦误差时,它相对参考波面的波像差可以表示为

$$W(x,y) = D(x^2+y^2) \tag{6.40}$$

根据式(6.38),由上式可以写出离焦波面的横向剪切(沿 x 轴)干涉光程差公式为

$$\Delta W(x,y) = 2Dx \cdot s = N\lambda \tag{6.41}$$

上式即表示一组等间距的平行直条纹,条纹方向与剪切方向垂直。当 $D=0$ 时,$\Delta W(x,y)=0$,即表示波面重叠区的干涉条纹消失,呈现一片光亮。图 6.21 所示为一组无像差波面的剪切干涉图。

(a)焦前离焦　　　　　　　(b)焦点　　　　　　　(c)焦后离焦

图 6.21　仅有离焦波面的横向剪切干涉图

(2)倾斜

波面横向剪切时,通常假定剪切波面对原始波面不倾斜。可是在某些装置中,两波面之间可能存在有一定大小的倾斜量。实际横向剪切干涉仪中,剪切波面相对原始波面的倾斜方向通常与剪切方向垂直,这时由倾斜引起的光程差显然是 y 的线性函数。因此,当两波面只存在倾斜而无像差时,光程差可以写成

$$\Delta W(x,y) = Ey = E\lambda \tag{6.42}$$

由式(6.42)可见,波面倾斜引起的剪切干涉条纹也是一组等间距的平行直条纹。在 y 方向倾斜时,条纹方向与 x 轴平行,如图 6.22 所示。

当离焦与倾斜同时存在时,则干涉区的光程差为

$$\Delta W(x,y)=2Dx\cdot s+Ey=E\lambda \tag{6.43}$$

式(6.43)表示的是一组既不与 x 轴平行,也不与 y 轴平行的等间距平行直条纹,如图 6.23 (a),(b)所示。由图可见,当存在一定量的波面倾斜时,有可能更准确地检测出波面是否离焦。因为这时判断的是条纹的方向有无倾斜,而不是有无条纹。

(3)初级球差

根据式(6.39),初级球差的横向剪切干涉光程差公式为

$$\Delta W(x,y)=4A(x^2+y^2)x\cdot s=N\lambda \tag{6.44}$$

 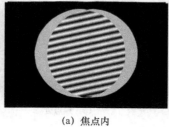 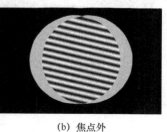

(a) 焦点内　　　　　　　　　(b) 焦点外

图 6.22　剪切波面与原始波面垂直　　　　　图 6.23　两波面有倾斜且离焦的剪切干涉图
于剪切方向倾斜的剪切干涉图

当同时存在离焦时,则为

$$\Delta W(x,y)=4A(x^2+y^2)x\cdot s+2Dx\cdot s=N\lambda \tag{6.45}$$

式(6.44)和式(6.45)都是 x 的三次幂函数,因此,干涉条纹是 x 的三次曲线。图 6.24 所示即为原始波面具有初级球差并存在不同离焦量时的横向剪切干涉图。

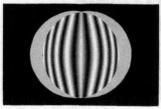  

(a) 焦点前　　　　　　　　(b) 焦点处　　　　　　　　(c) 焦点后

图 6.24　原始波面具有初级球差并存在不同离焦量时的横向剪切干涉图

如果波面除存在初级球差和离焦外,同时还存在倾斜,则干涉条纹方程为

$$\Delta W(x,y)=4A(x^2+y^2)x\cdot s+2Dx\cdot s+Ey=N\lambda \tag{6.46}$$

当初级球差比较小,而且没有离焦但存在倾斜时,对于 x 轴附近的中央条纹,则干涉条纹方程为可以近似地表示成

$$\Delta W(x,y)=4Ax^3\cdot s+Ey=N\lambda \tag{6.47}$$

式(6.47)表明, x 轴附近的条纹具有积分符号 $\int$ 的特征,如图 6.25 所示。

(4)初级彗差

初级彗差的波像差可表示为

$$W(x,y)=By(x^2+y^2) \tag{6.48}$$

由于彗差不是轴对称的,所以其横向剪切干涉条纹的形状随剪切方向的不同而不同。当在 x 方向剪切时,则有

$$\Delta W(x,y)=2Bxy\cdot s=N\lambda \tag{6.49}$$

式(6.49)表示的是一组分别以 x 轴和 y 轴为渐近线的等轴双曲线型干涉条纹,如图 6.26 所示。当在 y 方向剪切时,则有

$$\Delta W(x,y)=B(x^2+3y^2)\cdot s=N\lambda \qquad (6.50)$$

式(6.50)表示的则是一组椭圆形干涉条纹,其长短轴之比为 $\sqrt{3}$,方向与 x 轴和 y 轴一致,如图 6.27 所示。

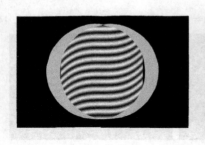

(a) 焦点处   (b) 有小量离焦

图 6.25　有初级球差及少量
倾斜时的横向剪切干涉图

图 6.26　有初级彗差时的
横向剪切干涉图(弧矢方向剪切)

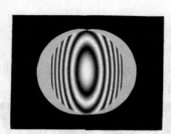

(a) 焦点处   (b) 有离焦

图 6.27　有初级彗差时的横向剪切干涉图(子午方向剪切)

(5)初级像散

初级像散的波像差表示式为

$$W(x,y)=C(x^2+3y^2) \qquad (6.51)$$

当横向剪切方向与 x 轴或 y 轴一致时,分别有

$$\Delta W(x,y)=2Cx\cdot s=N\lambda \qquad (6.52)$$

$$\Delta W(x,y)=6Cy\cdot s=N\lambda \qquad (6.53)$$

由式(6.52)和式(6.53)可以看出,当剪切量相同时,在弧矢方向和子午方向(即 x 和 y 方向)剪切将分别得到不同密度的干涉直条纹,如图 6.28 所示。当同时存在离焦时,有

$$\Delta W(x,y)=(2D+2C)x\cdot s=N\lambda \qquad (6.54)$$

$$\Delta W(x,y)=(2D+6C)y\cdot s=N\lambda \qquad (6.55)$$

由式(6.54)和式(6.55)可以看出,如果沿 x 和 y 方向的剪切量相同,则当离焦量 D 分别等于 $-C$ 和 $-3C$ 时,将分别得到 $\Delta W(x,y)=0$,即表明有两个能使横向剪切干涉图不显示干涉条纹的离焦位置。这两个位置分别对应于像散波面的子午焦点和弧矢焦点,两焦点之间的轴间距离即为像散值。

如果剪切方向是子午、弧矢方向之间的某个方向,剪切量 $p=\sqrt{s^2+t^2}$,s,t 分别为弧矢、子午方向的剪切量,剪切干涉图样公式为

$$\Delta W(x,y)=2(C+D)x\cdot s+2(D+3C)y\cdot t=N\lambda \qquad (6.56)$$

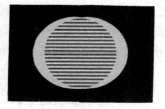

(a) 弧矢方向剪切　　　　　　　　　　(b) 子午方向剪切

图 6.28　有初级像散时近轴焦点处的横向剪切干涉图

式(6.56)表示斜率为 $(D+3C) \cdot t/(C+D) \cdot s$ 的一组直条纹。当 $C=-D$ 时,条纹垂直于 y 轴;当 $3C=-D$ 时,条纹垂直于 x 轴。可见,从弧矢焦点到子午焦点连续离焦时,产生干涉条纹旋转的现象。条纹从垂直于 y 轴转到垂直于 x 轴的离焦距离就等于像散值。

像面弯曲虽然不破坏波面结构,但它相当于像面在纵向上的位移,因此可以当作离焦来处理,剪切干涉条纹完全等同于波面只存在离焦时的条纹,是垂直于 x 轴的等距直条纹。而纵向色差,是由不同波长产生的焦点位置变化形成的,其情况也与离焦类同。

4. 波面求解方法

剪切干涉图是被测波面在剪切方向上的微分,利用干涉图来恢复原始波面是剪切干涉技术的一个重要环节。由于形成剪切的方式很多,在求解波面的具体应用中算法很多,这里介绍其中的两种。

(1)径向剪切波前的数值迭代法波面重构

为了讨论问题的方便,在极坐标系中来分析。对波面径向剪切干涉的光程差可表示为

$$\Delta W(\rho,\theta)=W(\rho,\theta)-W(\beta\rho,\theta) \tag{6.57}$$

式中,β 是径向剪切波前的有效径向剪切比,且为

$$\beta=\frac{r_c}{r_e}=\frac{1}{M^2} \tag{6.58}$$

式中,M 为径向剪切光学系统的轴向放大率,入射原始波面的半径为 r_0,则扩束波面半径 $r_e=Mr_0$,而缩束波面半径为 $r_c=r_0/M$,如图 6.29 所示。

不断放大这两个波面,则有

$$\begin{cases} \Delta W(\beta\rho,\theta)=W(\beta\rho,\theta)-W(\beta^2\rho,\theta) \\ \Delta W(\beta^2\rho,\theta)=W(\beta^2\rho,\theta)-W(\beta^3\rho,\theta) \\ \vdots \\ \Delta W(\beta^n\rho,\theta)=W(\beta^n\rho,\theta)-W(\beta^{n+1}\rho,\theta) \end{cases} \tag{6.59}$$

式(6.57)和式(6.59)左、右侧分别累加,可以得到

$$W(\rho,\theta) = \sum_{i=0}^{n} \Delta W(\beta^i\rho,\theta) + W(\beta^{n+1}\rho,\theta) \tag{6.60}$$

由式(6.60)可以看出,当迭代次数 n 大到一定程度时,波面接近于平面波,即 $W(\beta^{n+1}\rho,\theta)$ 趋于 0,而 $\Delta W(\beta^i\rho,\theta)$ 可通过由干涉条纹所获得的最初数据不断迭代而得到,这样便可求得真正的被检波面 $W(\rho,\theta)$。

以上迭代过程的物理意义解释如图 6.30 所示,在进行一次剪切后,把缩小波前视为被检波前,由图 6.29 可见,它的光程差大小不变,把放大波前视为参考波前,不断放大,每放大一次,该波前便更加接近于平面波前,同时还存在额外的光程差 $\Delta W(\beta^i\rho,\theta)$,同时该额外光程差也随迭代次数的增加不断地减小,并逐步趋于零。此时,扩束波前相当于扩展至无穷大,从而变成平面波。这样经过多次迭代后,径向剪切干涉就转换成类似泰曼-格林型的干涉,相当于获得了缩小

· 219 ·

波前与平面波前之间的光程差,从而得到被检波前的真正相位信息。

迭代算法的最大特点是:不管是什么形状的波前,均可以利用数值计算的方法求取扩展波面,因此对于圆形出瞳及矩形出瞳的波面均可适用。

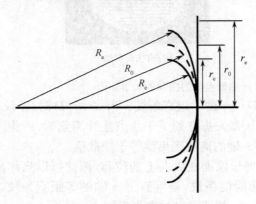
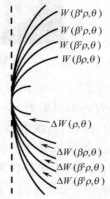

图 6.29　径向剪切波面　　　　　　　图 6.30　迭代法的物理解释

（2）径向剪切波前的解析法波面重构

一般被检波面总是趋于平滑和连续的,这样的波面函数一定可以表达成一个完备的基底函数的线性组合。在众多类似的研究中,许多研究者曾选择过许多不同类型的基底函数拟合光学干涉波面。不过,在光学测量问题中,最终都选择了 Zernike 多项式作为对被测光学波面拟合的基底函数,原因是 Zernike 多项式具有以下特点:①Zernike 多项式在单位圆上正交,使得拟合多项式的系数相互独立,从而避免了系数之间的耦合造成其物理意义的混淆不清;②Zernike 多项式自身所特有的旋转对称性,使之对光学问题的求解过程一般具有良好的收敛性;③Zernike 多项式与初级像差有着一定的对应关系,并且和光学设计者惯用的 Seidel 像差很容易建立起关系。

Zernike 多项式的极坐标具体表达式为

$$Z_n^l(\rho,\theta) = R_n^l(\rho) \cdot \Theta_n^l(\theta) \tag{6.61}$$

式中,n 为多项式的阶数,取值为 $0,1,2,\cdots$;l 为与阶数 n 有关的序号,其值恒与 n 同奇偶性,且绝对值小于或等于阶数 n。令 $l=n-2m(m=0,1,2,\cdots,n)$,则

$$R_n^l(\rho) = R_n^{n-2m}(\rho) = \begin{cases} \sum_{i=0}^{m}(-1)^i \dfrac{(n-i)!}{i!(m-s)!(n-m-i)!} \cdot \rho^{n-2!} & (n-2m) \geqslant 0 \\ R_n^{|n-2m|} & (n-2m) < 0 \end{cases} \tag{6.62}$$

$$\Theta_n^l(\theta) = \Theta_n^{n-2m}(\theta) = \begin{cases} \cos(n-2m)\theta & (n-2m) \geqslant 0 \\ -\sin(n-2m)\theta & (n-2m) < 0 \end{cases} \tag{6.63}$$

Zernike 多项式与 Seidel 像差的对应关系如表 6.2 所示。

表 6.2　Zernike 多项式与 Seidel 像差的对应关系

序号	阶数	多项式表达式	像差含义
1	0	1	常数
2	1	$\rho\cos\theta$	x 向倾斜
3	1	$\rho\sin\theta$	y 向倾斜
4	2	$2\rho^2-1$	离焦
5	2	$\rho^2\cos2\theta$	与轴成 0°或 90°像散
6	2	$\rho^2\sin2\theta$	与轴成 45°像散
7	3	$(3\rho^2-2)\rho\cos\theta$	x 轴三级彗差
8	3	$(3\rho^2-2)\rho\sin\theta$	y 轴三级彗差
9	4	$6\rho^4-6\rho^2+1$	三级球差
...			

将被检波面用 Zernike 多项式展开,有

$$W(\rho,\theta)=Z_0+Z_1\rho\sin\theta+Z_2\rho\cos\theta+Z_3\rho^2\sin2\theta+\cdots \tag{6.64}$$

将径向剪切的缩束波面也按 Zernike 多项式展开为

$$W(\beta\rho,\theta)=Z_0+Z_1\beta\rho\sin\theta+Z_2\beta\rho\cos\theta+Z_3\beta^2\rho^2\sin2\theta+\cdots \tag{6.65}$$

那么,径向剪切干涉的光程差可表示为

$$\Delta W(\rho,\theta)=W(\rho,\theta)-W(\beta\rho,\theta)$$
$$=Z_1(1-\beta)\rho\sin\theta+Z_2(1-\beta)\rho\cos\theta+Z_3(1-\beta^2)\rho^2\sin2\theta+\cdots \tag{6.66}$$

式中,常数项平移由于相减而消失,令

$$A_i=Z_i(1-\beta^n) \tag{6.67}$$

式中,n 是多项式阶数。这样式(6.66)可写成

$$\Delta W(\rho,\theta)=A_1\rho\sin\theta+A_2\rho\sin\theta+A_3\rho^2\sin2\theta+\cdots=\sum_{i=1}^{l}A_iU_i \tag{6.68}$$

式中,l 为多项式项数,A_i 为剪切波面的 Zernike 多项式系数,U_i 为多项式。

由式(6.68)可见,一个径向剪切波面也可以表示成一个普通波面的 Zernike 多项式的线性组合。首先可以进行剪切波面的拟合,求出拟合系数 A_i,再与式(6.67)的系数相比较,从而解得原始波面的 Zernike 系数 Z_i,再代入式(6.64)中,就可以求得原始波面,并可得出其像差特征。至于拟合系数 A_i 的算法有多种,这里不再赘述。

实际上,对于由不同的剪切方式获得的干涉图,都可以用 Zernike 多项式方式来拟合。例如,用由互相垂直剪切获得的两幅横向剪切干涉图拟合原始波面。

6.3.2 横向剪切干涉仪及应用

一种最简单的横向剪切干涉仪是默蒂(Murty)1964 年设计的平行平板干涉仪,图 6.31 是该干涉仪的示意图。He-Ne 激光器发出的光束由显微物镜聚焦于准直透镜焦点处的针孔上。准直光束投射在通常两边都不镀膜的平行平板上,光束从玻璃板的前、后两表面反射。由于玻璃板有一定的厚度,因此在玻璃板前、后反射光束产生横向剪切。厚度为 t,折射率为 n 的玻璃板对入射角为 i 的光束产生的横向剪切量 s 为

$$s=t\sin2i(n^2-\sin^2i)^{-1/2} \tag{6.69}$$

玻璃板的两表面面形和光学材料的均匀性均应优良。在玻璃板的前、后表面镀上反射膜,可以增加条纹的强度,但会使两次以上的反射光叠加在原剪切的干涉条纹上,这是有害的。因此,玻璃板一般不镀膜。如玻璃板稍带楔形,则会在准直的剪切波面中引入一个固定不变的线性光程差;当在准直光束中旋转平板,只会改变条纹的方向,但不会引起条纹疏密的变化。在光学实验中,常用此法准直扩束后的激光光束。

由于剪切用的玻璃板有一定的厚度,因此两个剪切波面不是等光程的。用诸如高压汞灯等准单色光源不能产生良好的干涉图形,而必须用时间相干性良好的激光光源。图 6.31 中加入小针孔作为空间滤波器,是为了滤去非零频的衍射噪声,减小激光散斑效应的干扰。如靠近小针孔的前方加入电机带动旋转的毛玻璃屏,还会更有效地改善激光干涉图形的质量。

图 6.32 所示为检验大凹面镜的改进型横向剪切干涉仪。如果被检镜面不是球面,则可在系统内插入一个适当的补偿系统。如果把玻璃平板做成稍带楔形,则可以在垂直于剪切方向引入一个固定的波面倾斜量,即相当于加入载波,这时光楔两面的交线平行于图示平面。

Hariharan 于 1975 年提出一种改进型的平行板干涉仪,原理如图 6.33 所示。激光聚焦系统包括 He-Ne 激光器、显微扩束系统和针孔滤波器。剪切部件包括两玻璃板及平移与偏摆后板

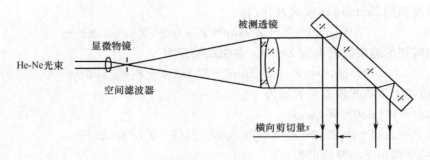

图 6.31　平行平板横向剪切干涉仪

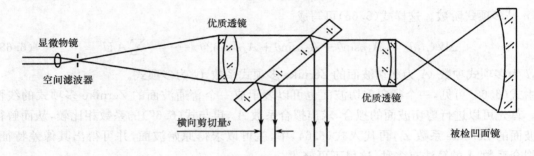

图 6.32　检验大凹面镜的平行平板横向剪切干涉仪

的微调机构。前板的前表面镀增透膜,后板背面为毛面,使这两个面尽量减少光反射;前板材料的均匀性和面形、后板的前表面面形的缺陷均会直接带入被检波面中,要保证其高质量。采用两块玻璃平板,由前一块平板的后表面与后一块平板的前表面之间的"空气隙"构成一个剪切元件,被测波面被两块平板的后、前表面反射后,形成两剪切波面。后平板沿入射光束的光轴前后移动,改变两平板间的空气隙,或刚性转动两平板与光轴的夹角,均可以改剪切位置;后平板绕垂直于纸面的轴线偏摆时,可引入变化的倾斜量,以实现对干涉条纹疏密与方向的调整。

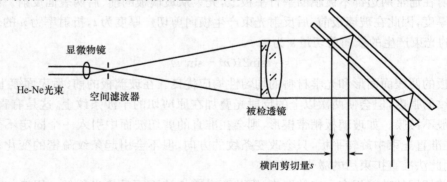

图 6.33　双平板横向剪切干涉仪

　　图 6.34 所示为用于检测激光晶体材料的光学均匀性的剪切干涉系统原理图。在未放入试样前,调出便于观察的等间距平行直条纹,然后将圆形激光晶体棒料放入,棒料的两端面已严格磨平抛光。这时,比较穿过棒料形成的剪切干涉条纹与原背景条纹的差异,灵敏地显示出被检棒料的光学均匀程度。图 6.35(a) 所示工件的条纹与背景条纹比较一致,表明该工件的均匀性好;图 6.35(b) 所示工件的条纹明显变形且疏密不一,表明该工件的均匀性不好。通过干涉图处理系统,还可以输出表征均匀性的定量指标。与一些工厂所使用的泰曼干涉仪检测激光晶体材料均匀性的情况相比,可以大大降低仪器成本,并且利于对激光棒在工作状态下做实时检测。

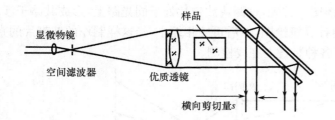
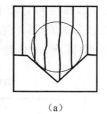
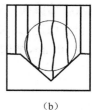

图 6.34　检验激光晶体均匀性的横向剪切干涉仪　　　图 6.35　激光晶体均匀性剪切干涉条纹

上述平行平板和双平板剪切元件均用于检测接近平行的波面，如果被检的是有一定孔径角的会聚波面，则因剪切的光程差过大而变得无能为力了。会聚波面接近一个球面，在其曲率中心附近放置适于会聚光的横向剪切元件，显然剪切元件的尺寸可以做得很小。图 6.36 是一种适用于会聚光的剪切干涉组件。它由分束棱镜和两块平面反射镜组成，被测系统的后焦点 F' 应与反射镜 1 与 2 重合。当反射镜 2 绕点 F' 转动一个小角度，便得到横向剪切干涉图；而当反射镜 2 沿其法线方向移动，由于两反射镜距分束镜的出射面距离不等，则可得到径向剪切干涉图。能获得两种剪切波面（径向、横向），并且剪切量皆可改变，是这种干涉仪的突出优点。

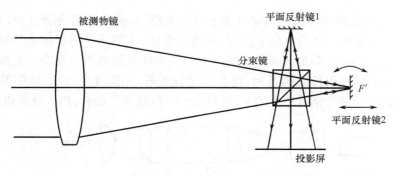

图 6.36　会聚光横向剪切组件

这种剪切干涉仪的一个重要应用是，检验大型天文望远镜的补偿器波前的形状。图 6.37 是检验口径 160mm 的三透镜补偿器波前用的装置原理图，该补偿器曾用于检验直径为 6m 的抛物面反射镜的面形。

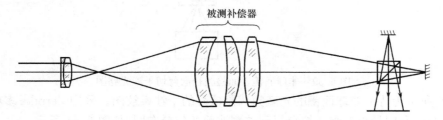

图 6.37　检验补偿器的会聚光横向剪切干涉仪

6.3.3　径向剪切干涉仪及应用

构成径向剪切的方式有多种。图 6.38 所示为一个利用两块波带片的径向剪切干涉原理图，其径向剪切干涉是由两块波带片形成的，波带片同时起着透镜和分光器的作用。被检波前经过第一块波带片时，参考光透过后被第二块波带片衍射会聚于光轴。被检光波被第一块波带片衍射后，透过第二块波带片衍射再会聚于光轴上，这样分别被两块波带片衍射的两束光形成了扩展波面及收缩波面,从而形成径向剪切干涉图。首先,这两块波带片处于同光路上,形成共路干涉,系统非常稳定;其次,波带片的图样先由计算机绘图,然后再照相缩小,经这样制作的波带片的直径约为10mm,结构非常紧凑,适合置于各种装置上在线检测。

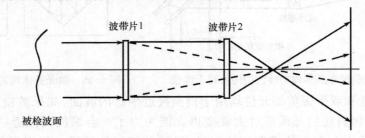

图 6.38　两波带片形成的径向剪切干涉原理

为了得到高精度的检测,只要将其中一块波带片略微横向位移一下,就可以形成空间相位调制的线性载波条纹,然后利用傅里叶变换的光学信息处理方法重构波前。该方法可以达到 $0.06\mu m$ 峰谷值的精度。这种系统非常适合在线及瞬态波前的检测。这种检测方法的关键是制作形成径向剪切干涉的专用波带片,波带片须精心计算并经成像处理,并需要一个严密的制作过程。

图 6.39 所示为利用波带片法检测非球面表面的光路图,光束由激光器发出,经过扩束、滤波,被透镜准直。分束器将一部分光向上反射,分离出系统,一部分光透射进入检测系统。将凸面镜置于被测非球面镜后,并满足凸面镜的曲率中心与非球面镜的焦点重合。光束经过非球面后携带其信息,被凸面镜反射按原路返回,再次经过分束器,光路改变90°。波带片将包含被测镜面信息的光束剪切,通过光阑后产生的干涉图样由 CCD 摄像机接收,传入计算机进行处理。

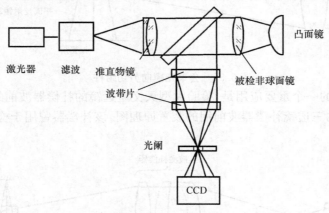

图 6.39　非球面镜表面检验径向剪切干涉光路图

图 6.40 所示为待测非球面镜的光载频调制信号的干涉条纹图。采用 Zernike 多项式的前 6 阶 27 项表达式,利用最小二乘法拟合得到被测波前相位分布图,如图 6.41 所示。

图 6.42 所示为 Murty 于 1964 年提出的基于开普勒望远系统的环形径向剪切干涉系统原理光路。图中的 BS 表示分束镜,M_1,M_2 表示反射镜,它因此又被称为三平板径向剪切干涉仪。L_1,L_2 是正透镜,它们在光路中共同构成一开普勒望远系统,对待测光束进行扩束和缩束。准直入射的待测光束经分束镜 BS 反射(虚线)和透射(实线)后,被 L_1,L_2 组成的望远系统在相反方向上分别被扩大和缩小,再汇合于分束镜的表面并在它们相互重叠的区域内产生干涉,得到待测波前的干涉条纹图,对该干涉条纹图采用适当的处理方法,即可恢复出待测的畸变波前。如果在该光路系统调整好之后,将图中的分束镜略微倾斜,首先获得一组高频直条纹,当波前存在畸变的光束进入该状态下

的干涉仪后,畸变波前将对这组高频直条纹进行调制,此即形成空间相位调制环路径向剪切干涉仪。该光路中并没有设置专门的参考光路,且物光束和参考光束严格共光路,所以能获得相当稳定的干涉条纹,可在白光下操作。若组成望远系统的 L_1,L_2 的焦距比值发生变化,两光束重叠区域的大小也将发生变化。据报道,利用图 6.42 所示的环形径向剪切干涉系统在瞬态波前检测中,波面偏差的测量不确定度可达 $\lambda/10 \sim \lambda/15$ 的水平。

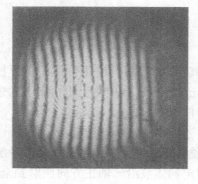

图 6.40　光载频调制信号的干涉条纹图

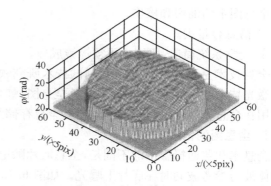

图 6.41　非球面镜表面的波前相位分布

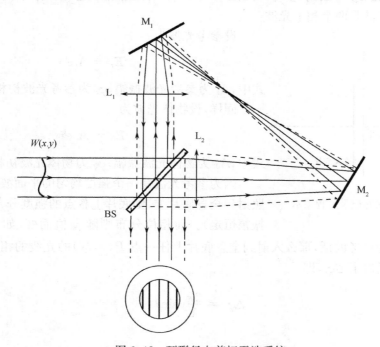

图 6.42　环形径向剪切干涉系统

6.4　激光全息干涉测试技术

6.4.1　全息术及其基本原理

全息的概念早在 1948 年就由英国的 Gabor 提出,但真正形成应用还是 20 世纪 60 年代中期以后。所谓全息,就是在摄影底片上同时记录物光波的振幅和相位的全部信息,通过再现,可以获得物光波的立体像。普通照相仅仅记录了物光波的光强信息而丢失了与光强有关的相位信息,因此其记录的是物光波的平面像。

全息术是一种不需要透镜成像,而用相干光干涉得到物体全部信息的两步成像技术。第一步是记录,即以干涉条纹的形式在底片上存储被摄物体的光强和相位;第二步是再现,即用光衍射原理来重现被记录物体的三维形状。全息术与普通照相相比具有以下几个特点。

① 三维性。全息术能获得物体的三维信息,成立体像。

② 抗破坏性。全息图的一部分就可以再现出物体的全貌,仅成像的亮度降低、分辨率下降,而且全息图不怕油污和擦伤。

③ 信息容量大。

④ 光学系统简单,原则上无须透镜成像。

全息技术是现代光学及精密测试技术研究领域中极其活跃的、很有应用价值的重要技术。随着激光技术的发展,相继出现了彩色全息图、虹全息、白光全息等。在应用上更是突飞猛进,主要应用在全息干涉计量、全息无损检测、全息存储及全息器件等方面。

1. 全息图的记录

全息术和普通摄影术的不同是,全息底片除记录来自物体的散射波外,还要记录参考波,即把物体波与参考波同时在底片上曝光。如图 6.43 所示,假定物体波沿 z 轴正方向照射到全息底片上,全息底片放在 xy 平面内,参考光束是以入射角 θ 对全息底片进行照射的平面波,同时假定参考光波和物体光波是两个相干光波。

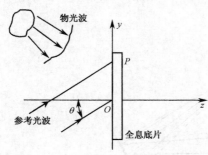

图 6.43 全息图的记录过程图示

设参考光波为

$$E_r = A_r e^{j\varphi_r} \tag{6.70}$$

式中,A_r 为参考光波振幅;φ_r 为参考光波初相位。

同样,设物体光波为

$$E_0 = A_0 e^{j\varphi_0} \tag{6.71}$$

式中,A_0 为物体光波振幅;φ_0 为物体光波初相位。

因为参考光波是一个强度均匀的平面波,它以入射角 θ 照射到全息底片上,则底片上各点的强度分布是相同的(即振幅恒定)。而相位分布则随 y 值而变,如果以入射到 O 点的光线的相位为参考的话,那么入射到全息底片上任一点 $P(x,y)$ 的光线的相位将比入射到 O 点光波的相位延迟了 $\Delta\varphi_r$,即

$$\Delta\varphi_r = \frac{2\pi}{\lambda} y \sin\theta \tag{6.72}$$

令

$$\alpha = \frac{2\pi\sin\theta}{\lambda}$$

则在任一点 $P(x,y)$,参考光波的电场分布可写为

$$E_r = A_r e^{j\alpha y} \tag{6.73}$$

对于物体光波,由于入射到全息底片上各点的振幅和相位均为 (x,y) 的函数,故 $P(x,y)$ 点物体光波电场分布为

$$E_0 = A_0(x,y) e^{j\varphi_0(x,y)} \tag{6.74}$$

于是参考光波和物体光波的合成电场分布是

$$E = E_r + E_0 \tag{6.75}$$

全息底片仅对光强起反应,而光强可表示为光波振幅的平方,即

$$I(x,y) = |E|^2 = EE^* = (E_r + E_0)(E_r + E_0)^* \qquad (6.76)$$

其中,* 表示复数共轭。于是有

$$I(x,y) = [A_r e^{j\alpha y} + A_0(x,y)e^{j\varphi_0(x,y)}][A_r e^{-j\alpha y} + A_0(x,y)e^{-j\varphi_0(x,y)}]$$

$$= A_r^2 + A_0^2(x,y) + A_r A_0(x,y)e^{j[\alpha y - \varphi_0(x,y)]} + A_r A_0(x,y)e^{-j[\alpha y - \varphi_0(x,y)]} \qquad (6.77)$$

式(6.77)表明,全息底片上的光强分布按正弦规律分布。由于参考光波是固定不动的,所以 A_r 和 αy 是不变的。全息底片上的干涉条纹主要由物光束调制,即干涉条纹的亮度和形状主要由物体光波决定,因此,物体光波的振幅和相位以光强的形式记录在全息底片上。全息底片经过显影和定影处理后,就成为全息图(又称全息干板)。

2. 物光波的再现

由式(6.77)所决定的全息图经过处理后具有一定的振幅透过率分布 $\tau(x,y)$,它是记录时曝光光强的非线性函数,曝光量 H 和振幅透过率 $\tau(x,y)$ 之间的关系如图 6.44 所示,一般称为 τ-H 曲线。当全息底片的曝光使用 τ-H 曲线的线性部分时,所得到的透过率和曝光光强成线性关系。这时有

$$\tau(x,y) = mI(x,y) \qquad (6.78)$$

式中,m 为一个常数。

物光波再现时,如果用和参考光一样的光波作为照明光波来照明全息图,则得到的透射光波为

$$E_t = \tau(x,y)E_r = mI(x,y)A_r e^{j\alpha y}$$

$$= mA_r[A_r^2 + A_0^2(x,y)]e^{j\alpha y} + mA_r^2 A_0(x,y)e^{j\varphi_0(x,y)} + mA_0(x,y)e^{-j\varphi_0(x,y)}A_r^2 e^{j2\alpha y} \qquad (6.79)$$

式(6.79)就是再现时的光波表达式。可以看出,如果参考光波是均匀的,A_r^2 在整个全息图上近似为常数,则方程第二项正好是一个常数乘以一个物体光波 $A_0(x,y)e^{j\varphi_0(x,y)}$,它表示一个与物体光波相同的透射光波,这个光波具有原始光波所具有的一切性质。如果迎着该光波观察,就会看到一个和原来一模一样的"物体",该光波就好像是"物体"发射出的似的。所以,这个透射光波是原始物体波前的再现。由于再现时实际物体并不存在,该像只是衍射光线的反向延长线所构成,所以称为原始物体的虚像或原始像,如图 6.45 所示。

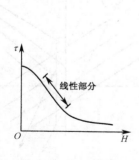

图 6.44 τ-H 曲线

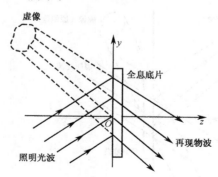

图 6.45 物光波的再现过程图示(一)

式(6.79)中,第三项也含有物体光波的振幅和相位信息,但是它和物体光波的前进方向不同,这可以从相位项中看出。第三项所表示的光波是比照明光波更偏离 z 轴的光束波前,偏角比

θ 大一倍左右。$\varphi_0(x,y)$ 前的负号表示再现光波与原始物体光波在相位上是共轭的,即从波前来讲,若原来物体光波是发散的话,则该光波将是会聚的。此处,原始物体光波是发散的,所以,这一项所表示的光波在全息图后边某处形成原始物体的一个实像。

式(6.79)中,第一项是在照明光束方向传播的光波,它经过全息图后不偏转。A_r^2 仅造成一种均匀的背景,$A_0^2(x,y)$ 包含物体上各点在记录时所发射光波的自相干和互相干分量,一般使得全息图表面出现一种均匀颗粒分布或斑点图像。再现时,产生"晕状雾光",当物体亮度较小时,该项作用不明显,并且物体较小时,这种物体光束本身的相互调制并不产生在像的方向上的衍射光束,所以,一般情况下可忽略不计。

有时在再现过程中,还可以用另一个方向的光束作为照明光波,即与原参考光波正好相反方向传播的平面波,如图6.46所示。此时,照明光波和原参考光波在光学相位上是共轭的,用它照明全息图,则透射光波为

$$E_t = \tau(x,y)E_r^* = mI(x,y)A_r e^{-j\alpha y}$$

$$= mA_r[A_r^2 + A_0^2(x,y)]e^{-j\alpha y} + mA_r^2 A_0(x,y)e^{-j\varphi_0(x,y)} + mA_0(x,y)e^{j\varphi_0(x,y)}A_r^2 e^{-j2\alpha y} \tag{6.80}$$

式(6.80)中,第一项是沿照明光波方向传播的透射波,不带有物体信息;第三项是比照明光波传播方向更加偏转的衍射波,除了偏转因子 $e^{-2\alpha y}$ 之外,它的相位部分和原物体光波的相位分布类似,它形成物体的一个原始像,即一个虚像,如图6.46所示;第二项是一个和原物体光波相位共轭的衍射波,它相当于在原来的物体位置处得到一个没有像差的实像。这个实像有一种特殊的深度反演特性,也就是说,沿深度方向物体像的空间排列次序和原来物体的深度方向排列次序恰好相反。

当然,如果照明光束的位置相对于全息图是从与参考光束成镜像关系的方向射出的,如图6.47所示,也能得到一个实像和一个虚像,不过实像位置与前者相比,正好对称于全息图,而且也是深度反演的。

假定照明光束从任意方向照明全息图,对"薄"全息图来讲,也会得到两个像,像的位置也可以从数学分析中表达出来,不过这时一般会出现像的畸变或亮度减弱。

由上面的论述可知,由于全息图记录的是物体光波和参考光波产生的干涉条纹,它分布于整个全息图上,因此,如果全息图缺损一部分,仅减少了干涉条纹所占的面积,降低了再现像的亮度和分辨率,而对再现像的位置和形状是毫无影响的。这就是说,全息图对缺损、划伤、油污、灰尘等没有严格要求,这一点在应用中具有重要意义。

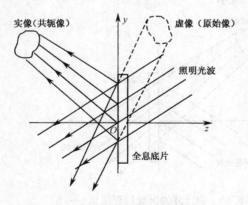

图 6.46　物光波的再现过程图示(二)

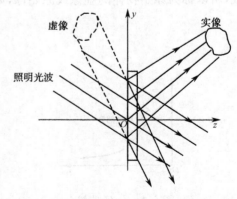

图 6.47　物光波的再现过程图示(三)

3. 全息术对光源的要求

由全息术的原理知道，全息图的记录和再现依赖于光的干涉和衍射效应。因此，全息术对所用光源的要求不仅同普通照相一样具有能使底片得以曝光的光能输出，而且应具有为满足光束的干涉和衍射所必须的时间相干性和空间相干性。

在全息图的记录中，为使物体光束和参考光束产生干涉，两光束必须来自同一光源。为了在全息底片上得到清晰的干涉图像，光源的时间相干性一定要好，即相干长度一定要大于物体光束和参考光束的最大光程差。另外，被记录物体大都是具有漫射表面的三维物体，记录时物体上每一点衍射或漫射的光波要与参考光波中任一点的光波进行干涉，这实际上是光束截面内不同空间点间光场的干涉问题，因此又需要光源有很好的空间相干性。被摄物体横向范围越大，空间相干性要求越高。一般来说，光源的时间相干性决定了能够记录的物体最大景深，空间相干性决定了能够记录的物体最大横向范围。

一般的热光源从时间相干性、空间相干性和输出功率上不能同时满足全息术的要求。而激光器在上述三方面都能满足要求，所以很适用于全息术。实际应用中，最好用单模激光器，He-Ne 气体激光器稳定性好、可单模输出、相干长度大、价格低廉，广泛应用于全息术中。其缺点是功率不大，一般不超过 100mW。要求功率大时，可使用氩离子激光器，功率可达 1W 左右。功率再大可用脉冲式调 Q 红宝石激光器。一般来说，连续激光器有利于全息系统的调整，从调整光学系统的角度来看，尽可能不用脉冲激光器，但脉冲激光器对工作平台及环境要求可大为降低，可适用于现场工作。

对一般的全息图，若曝光时间足够长，1mW 的激光器就可使用了。但曝光时间过长，增加了工作平台对隔震的要求，通常要避免曝光时间超过 1min。对绝大多数全息术，激光器的输出功率在 5～50mW 就足够了。激光器不必放在精密工作台上，只要放在稳定的桌子上就可以了。

4. 全息底片

全息底片一般采用在玻璃板基片上涂敷一层光敏卤化物膜层（俗称照相乳胶）制成的全息干板。对全息底片的主要要求是它的分辨率。全息底片的分辨率取决于物体光束和参考光束的夹角 θ，θ 角越大，干涉条纹越密，全息底片的分辨率要求越高。$\theta=30°$ 时，干涉条纹的密度是 800lp/mm（对线每毫米）。因此，全息底片的分辨率要求是很高的，普通底片不能满足要求。

全息底片除上述的干板外，目前还发展了不用湿处理（不宜显影或定影）的实时全息记录材料，如光导热塑底片、电光材料（$LiNbO_3$ 或 $LiTaO_3$）及硫砷玻璃等。这些新的全息记录材料除实时性外，衍射效率高（可达 30% 以上），可多次记录反复使用。不足之处是记录尺寸不大，成本高。

6.4.2 全息干涉测试技术

全息干涉测试技术是全息术应用于实际最早也是最成熟的技术，它把普通的干涉测试技术同全息术结合起来，具有许多独特的优势。

① 一般干涉技术只可以用来测量形状比较简单的抛光表面工件，全息干涉技术则能够对任意形状和粗糙表面的三维表面进行测量，测量不确定度可达光波波长数量级。

② 全息图的再现像具有三维性质，因此，全息干涉技术可以从不同视角观察一个形状复杂的物体，一个干涉全息图相当于用一般干涉进行多次观察。

③ 全息干涉技术是比较同一物体在不同时刻的状态，因此，可以测试该段时间内物体的位置和形状的变化。

④ 全息干涉图是同一被测物体变化前后状态的记录，不需要比较基准件，对任意形状和粗糙表面的测试比较有利。

全息干涉测试技术的不足是其测试范围较小,变形量仅几十微米。

全息干涉包括单次曝光法(实时法)、二次曝光法、多次曝光法、连续曝光法(时间平均法)、非线性记录、多波长干涉和剪切干涉等多种方法和形式。下面介绍几种常用的全息干涉测试方法。

1. 静态二次曝光全息干涉法

一般干涉仪的干涉原理是使标准波面与检验波面在同一时间内干涉,从而获得能观察到的干涉条纹。而二次曝光全息干涉法是将两个具有一定相位差的光波分别与同一参考光波相干涉,分两次曝光记录在同一张全息底片上,并得到包含有这两个具有一定光程差的光波的全部信息的全息图。当用与参考光波完全相同的再现光照射该全息图时,就可以再现出两个互相重叠的具有一定相位差的物体光波。当迎着物体光波观察时,就可以观察到在再现物体上产生的干涉条纹。

设第一次曝光时物体光波为 $A_1(x,y)=A_0(x,y)e^{j\varphi_0(x,y)}$,参考光波 $R(x,y)=R_0(x,y)e^{j\varphi_R(x,y)}$,则第一次曝光全息在底片上的曝光量为

$$I_1(x,y) = |A_1(x,y)+R(x,y)|^2 \tag{6.81}$$

设第二次曝光时,物体光波变为 $A_2(x,y)=A_0(x,y)e^{j[\varphi_0(x,y)+\delta(x,y)]}$,即物体光波发生了 $\delta(x,y)$ 的相位变化,参考光波仍为 $R(x,y)=R_0(x,y)e^{j\varphi_R(x,y)}$,则第二次曝光在全息底片上的曝光量为

$$I_2(x,y) = |A_2(x,y)+R(x,y)|^2 \tag{6.82}$$

两次曝光后,全息底片上总的曝光量分布为

$$\begin{aligned}
I(x,y) &= I_1(x,y)+I_2(x,y)\\
&= |A_1(x,y)|^2+2|R(x,y)|^2+|A_2(x,y)|^2+R(x,y)A_1^*(x,y)+\\
&\quad A_1(x,y)R^*(x,y)+R(x,y)A_2^*(x,y)+A_2(x,y)R^*(x,y)
\end{aligned} \tag{6.83}$$

式中,* 表示复数共轭。

若把曝光时间取为1,并假设底片工作在线性区,比例系数取为1,则底片经过显影、定影处理后,得到全息图的振幅透射率分布为

$$\begin{aligned}
\tau_H(x,y) &= [2|R(x,y)|^2+|A_1(x,y)|^2+|A_2(x,y)|^2]+\\
&\quad R^*(x,y)[A_1(x,y)+A_2(x,y)]+R(x,y)[A_1^*(x,y)+A_2^*(x,y)]
\end{aligned} \tag{6.84}$$

现在若用与参考光波完全相同的光波照射在全息图上,则透射全息图的光波复振幅分布为

$$\begin{aligned}
W(x,y) &= R(x,y)\tau_H(x,y)\\
&= R(x,y)[2|R(x,y)|^2+|A_1(x,y)|^2+|A_2(x,y)|^2]+\\
&\quad |R(x,y)|^2[A_1(x,y)+A_2(x,y)]+R^2(x,y)[A_1^*(x,y)+A_2^*(x,y)]
\end{aligned} \tag{6.85}$$

式(6.85)由三项组成,其中,第二项是两次曝光时两个物体光波相干叠加的合成波,第三项则是上述合成波的共轭波。可见,在再现时所出现的原始像和共轭像中,均有干涉条纹出现,这一组干涉条纹反映了两次曝光时物体形状的变化。

现在将两物体光波的复振幅分布代入式(6.85)中的第二项,则有

$$\begin{aligned}
W_2(x,y) &= |R(x,y)|^2[A_0(x,y)e^{j\varphi_0(x,y)}+A_0(x,y)e^{j[\varphi_0(x,y)+\delta(x,y)]}]\\
&= |R(x,y)|^2A_0(x,y)(1+e^{j\delta(x,y)})e^{j\varphi_0(x,y)}
\end{aligned} \tag{6.86}$$

其相应的强度分布为

$$\begin{aligned}
I_2(x,y) &= W_2(x,y)W_2^*(x,y)\\
&= |R(x,y)|^4A_0^2(x,y)[e^{j\varphi_0(x,y)}+e^{j[\varphi_0(x,y)+\delta(x,y)]}][e^{-j\varphi_0(x,y)}+e^{-j[\varphi_0(x,y)+\delta(x,y)]}]\\
&= 2C[1+\cos\delta(x,y)] = 4C\cos^2\frac{\delta(x,y)}{2}
\end{aligned} \tag{6.87}$$

式中，$C = |R|^4 A_0^2$ 为常数。因此，透射光波中出现条纹是由于物体在前后两次曝光之间变形引起相位分布 $\delta(x,y)$ 的变化之故。当相位差满足

$$\delta(x,y) = 2n\pi \quad (n = 0, \pm 1, \pm 2, \cdots)$$

时，则在相应的位置上出现亮条纹。而当

$$\delta(x,y) = (2n+1)\pi \quad (n = 0, \pm 1, \pm 2, \cdots)$$

时，出现暗条纹。由于两物光波之间的相位差完全是因为物体变形引起的，根据光程差和相位差之间的关系，通过干涉条纹的测量就可以计算出物体在各处位置上的微小变形。

由于二次曝光法的干涉条纹是两个再现光波之间的干涉，故不必考虑物体与全息图的位置准确度，而且获得的是物体两个状态变化的永久记录。二次曝光法已经用来研究许多材料的特性，如检查材料内部的缺陷。若采用脉冲激光，二次曝光技术就可以应用于瞬态现象的研究，如冲击波、高速流体、燃烧过程等，可以计量到 1/10 波长的微小变化。

另外，二次曝光中干涉条纹往往是由两个因素引起的，一个因素是两次曝光中间物体状态的变化，另一个因素是两次曝光时光波频率的变化。后一种因素往往使问题复杂化，有时频率的变化甚至使条纹消失。所以为保证测试的准确性，要严格控制激光器输出光波频率的稳定性。

2. 实时法全息干涉

实时法全息干涉，是对物体曝光一次的全息图，经显影和定影处理后，在原来摄影装置中精确复位，再现全息图时，再现像就重叠在原来的物体上。若物体稍有位移或变形，就可以看到干涉条纹。

设物体光波和参考光波在全息底片上形成的光场分布分别为

$$A(x,y) = A_0(x,y)e^{i\varphi_0(x,y)}$$
$$R(x,y) = R_0(x,y)e^{i\varphi_R(x,y)} \tag{6.88}$$

经过曝光、显影和定影处理后得到全息图底片，如图 6.48(a)所示。其透射率分布为

$$\tau_H(x,y) = |A(x,y)|^2 + |R(x,y)|^2$$
$$+ A(x,y)R^*(x,y) + A^*(x,y)R(x,y) \tag{6.89}$$

将经过处理后获得的全息图复位，并用原参考光波 R 和变形后的物体光波 A_1 同时照射全息图，如图 6.48(b)所示。设变形后的物体光波 $A_1(x,y) = A_0(x,y)e^{i\varphi_1(x,y)}$，则照射到全息图上的光波的复振幅为

$$C(x,y) = R(x,y) + A_1(x,y) \tag{6.90}$$

那么透过全息图的光场复振幅分布是

$$
\begin{aligned}
W(x,y) &= C(x,y)\tau_H(x,y) \\
&= [A_1(x,y) + R(x,y)][|A(x,y)|^2 + |R(x,y)|^2 + \\
&\quad A(x,y)R^*(x,y) + A^*(x,y)R(x,y)] \\
&= R_0(x,y)[R_0^2(x,y) + A_0^2(x,y)]e^{i\varphi_R(x,y)} + A_0(x,y)R_0^2(x,y)e^{i\varphi_0} + \\
&\quad A_0(x,y)R_0^2(x,y)e^{-i[\varphi_0(x,y) - 2\varphi_R(x,y)]} + A_0(x,y)[R_0^2(x,y) + A_0^2(x,y)]e^{i\varphi_1(x,y)} + \\
&\quad A_0^2(x,y)R_0(x,y)e^{i[\varphi_0(x,y) + \varphi_1(x,y) - \varphi_R(x,y)]} + A_0^2(x,y)R_0(x,y)e^{-i[\varphi_0(x,y) - \varphi_1(x,y) - \varphi_R(x,y)]}
\end{aligned}
\tag{6.91}
$$

由式(6.91)可见，透射光场由 6 个光波组成，它们的传播方向均不相同。其中，第二项是再现产生的物体未改变时的虚像，沿原物体光波方向射出。第四项是变形后的物体光波 $A_1(x,y)$。这两个光波干涉形成的条纹图正是我们感兴趣的，它直接反映了物体的表面变形。

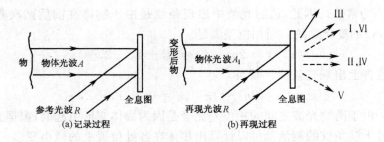

图 6.48　实时法全息图的记录与波面再现

由第二项和第四项光叠加后,光的复振幅分布为

$$W_{2,4}(x,y)=A_0(x,y)R_0^2(x,y)e^{j\varphi_0(x,y)}+$$
$$A_0(x,y)[R_0^2(x,y)+A_0^2(x,y)]e^{j\varphi_1(x,y)} \tag{6.92}$$

叠加后的光强分布是

$$I_{2,4}=W_{2,4}(x,y)W_{2,4}^*(x,y)$$
$$=A_0^2(x,y)R_0^4(x,y)+A_0^2(x,y)[R_0^2(x,y)+A_0^2(x,y)]^2+$$
$$2R_0^2(x,y)A_0^2(x,y)[R_0^2(x,y)+A_0^2(x,y)]\cos[\varphi_0(x,y)-\varphi_1(x,y)] \tag{6.93}$$

在上述的推导过程中,假设全息底片工作在线性区,且取系数为 1。由上式可以看出,干涉后的光强分布仅仅与原物体光波和变形后的物体光波的相位差有关。当这一相位差分别等于 π 的偶数倍或奇数倍时,就分别得到亮条纹或暗条纹。

实时法全息干涉技术在实际工作中要求全息图必须严格复位,否则直接影响测试准确度。应该指出,实时法和二次曝光法一样,研究物体在两个状态之间的变化时,变化量不能太大也不能太小,要在全息干涉分析的限度之内。

3. 时间平均法

多次曝光全息干涉技术的概念可以推广到连续曝光这一极限情况,结果得到所谓的时间平均全息干涉测试技术。这种方法是对周期性振动物体做一次曝光而形成的。当记录的曝光时间大于物体振动周期时,全息图上就会有效地记录许多像的总效果,物体振动的位置和时间平均相对应。当这些光波又重新再现出来时,它们在空间上必然要相干叠加。由于物体上不同点的振幅不同而引起的再现波相位不同,叠加结果是再现像上必然会呈现和物体的振动状态相对应的干涉条纹,即产生和振动的振幅相关的干涉条纹。

设振动物体的振幅为 A_0,并沿 z 轴方向振动,则其再现像上的干涉条纹的光强分布为

$$I(x,y)=|A_0|^2 J_0^2(Cz) \tag{6.94}$$

式中,J_0 为零阶贝塞尔函数;C 为一常数。

式(6.94)表明,再现像上的干涉条纹的光强度与振动物体的振幅的平方成正比,与零阶贝塞尔函数的平方成正比。

时间平均全息干涉技术是研究正弦振动的最好工具,也可以用于研究非正弦运动,是振动分析的基本手段。

4. 计算全息干涉技术

全息图是具有黑度连续变化的照片。如果不用实际物体来形成黑度变化,而是用数字计算机来实现这些连续的黑度变化,那么,就有可能利用计算机人为地制造一个想像中的物体。所谓的计算全息,就是利用计算机产生的全息图。

由全息理论可知,一个物体的形状是全息图上许多黑度呈浓淡变化的干涉条纹所决定的。这些条纹经过再现照明光照射形成衍射,衍射光的集合就构成物体的再现像。反过来,如果利用

数学方法计算出这些衍射光,用计算结果描画出浓淡变化的图形,然后用照相方法把这个图形缩小就形成了计算全息图。当用激光照射这个计算全息图时,和普通全息图一样可以再现出物体。计算全息技术为精密测试提供了一个制作标准的崭新途径。例如,非球面的检测、各种复杂三维形状的检测等,可以人为地制作一个标准的非球面波面来检验工件,为大型精密加工、汽车、航空航天、造船等工业的轮廓检验提供了新手段。同时,计算全息技术也为光学滤波、信息存储等光学信息处理提供了新途径。

全息图记录的物体光波包括其振幅和相位,计算全息图也要计算标准物体光波的振幅和相位。因此,计算全息的第一步工作是要设计出物理上能代表物光波振幅和相位的编码方法。下面以罗曼型傅里叶变换二元计算全息图为例说明计算全息的制作方法。

计算全息的整个过程共分 4 步。

(1)对物体抽样

假定待再现物体是二维的,例如一个用复函数 $A_0(x,y)e^{j\varphi(x,y)}$ 表示的非球面波,则在制作二元全息图时,首先按照抽样理论对波面在等间隔的二维网格点上进行抽样。抽样距离 δx 必须小于或等于 $1/\Delta u$,其中 Δu 为抽样方向波面的空间带宽。具体地说,就是把物波面分成 $M \times N$ 个小块,根据物波面的复振幅分布,对每一个取样点赋以相应的值。小方块的位置在 (x,y) 坐标系统中用标号 (j,k) 表示。因此,物波面 $u(x,y)$ 可用它的抽样值 $u(j\delta x,k\delta y) \rightarrow u(j,k)$ 表示。这样,经过抽样以后有

物体的尺寸:$\Delta x = M\delta x, \Delta y = N\delta y$

抽样数:$M \times N$

分辨率:$\delta x = 1/\Delta u, \delta y = 1/\Delta v$

根据空间带宽积在变化传递过程中的不变性可以确定,全息图平面上的空间带宽积和物体的空间带宽积相等。即全息图上的抽样数(可分辨单元)至少要等于物场的抽样数。按抽样定律对物函数抽样时,抽样总数 $MN = \Delta x\Delta y/\delta x\delta y = \Delta x\Delta y\Delta u\Delta v$。其中,$\Delta x\Delta y$ 是物场的尺度,$\Delta u\Delta v$ 是物场的带宽。

(2)计算波面的传播(傅里叶变换)

对傅里叶全息图,从物面到全息图,平面波的传播过程在数学上表示为傅里叶变换。即

$$\tilde{u}(u,v) = \iint u(x,y)\exp[-2\pi j(xu + yv)]dxdy \qquad (6.95)$$

计算机仅能进行离散型傅里叶变换的计算,即

$$u(x,y) \rightarrow u(j\delta x,k\delta y) \rightarrow u(j,k)$$
$$\tilde{u}(u,v) \rightarrow \tilde{u}(m\delta u,n\delta v) \rightarrow \tilde{u}(m,n)$$

其中,$\delta u = 1/\Delta x$ 和 $\delta v = 1/\Delta y$ 分别为频谱面上 x,y 方向的抽样间隔。

离散傅里叶变换可写为

$$\tilde{u}(m,n) = \sum_j \sum_k u(j,k)\exp[-2\pi j(jm/M + kn/N)] \qquad (6.96)$$

通常,计算结果 $\tilde{u}(m,n)$ 是二维复数阵列,即

$$\tilde{u}(m,n) = a(m,n) + jb(m,n) \qquad (6.97)$$

可以进一步改写成用振幅和相位表示的复数形式为

$$\tilde{u}(m,n) = A(m,n)e^{j\varphi(m,n)} \qquad (6.98)$$

(3)编码

所谓编码,就是设计一种在物理上可以实现的将振幅和相位记录下来的方法,布朗和罗曼采用迂回相位的办法来实现的。

下面对迂回相位方法实现编码的原理进行详细解释。当用平面波照射线光栅时,假定栅距恒定,每一级衍射波都是平面波,等相位面是垂直该衍射方向的平面。若栅距为 d,第 m 级的衍射角为 θ_m,由光栅方程可知,在 θ_m 方向上相邻光线的光程差为

$$L_m = d\sin\theta_m = m\lambda \tag{6.99}$$

如图 6.49 所示,如果光栅的栅距有误差,设某位置栅距增大 δd,在该处沿 θ_m 方向相邻光线的光程差变为

$$L_m' = (d + \delta d)\sin\theta_m \tag{6.100}$$

θ_m 方向的衍射波在该位置引入相应相位延迟为

$$\varphi_m = \frac{2\pi}{\lambda}(L_m' - L_m) = \frac{2\pi}{\lambda}\delta d\sin\theta_m = 2\pi m\frac{\delta d}{d} \tag{6.101}$$

在式(6.101)中,通常称 φ_m 为迂回相位。由于光栅不规则错位栅缝的衍射光波和其他同方向衍射光波在相位上产生差异的效应称为迂回相位效应。迂回相位值与入射光波波长 λ 无关,而与栅缝错位量 δd 成正比。当需要在某个衍射方向上得到所需的相位调制时,只需要根据这个相位函数调节空间栅缝的位置就可以了。

根据前面的讨论知道,全息图和物平面具有相同的抽样单元 $M \times N$,每一个单元都具有一个振幅值 $A(m, n)$ 和相位值 $\varphi(m, n)$,采用迂回相位效应来描述 $\tilde{u}(m, n)$。对每一个取样单元来讲,在单元上开一个矩形孔,让矩形孔的高度代表该取样单元的振幅,让矩形孔的中心相对于取样单元中心的距离正比于相位。如图 6.50 所示,这个矩形孔有 3 个参数,分别取值为

$$h_{m,n} = \overline{A}_{m,n}\mathrm{d}y', W = 1/2\mathrm{d}x', C_{m,n} = \overline{\varphi}_{m,n}\mathrm{d}x'/2\pi k \tag{6.102}$$

式中,m,n 分别代表取样单元在全息图平面上的位置;$\mathrm{d}x'$ 和 $\mathrm{d}y'$ 为在全息图上沿两个坐标方向的取样间隔;$\overline{A}_{m,n}$ 和 $\overline{\varphi}_{m,n}$ 是波面在 $(x' = m\mathrm{d}x', y' = n\mathrm{d}y')$ 点上归一化的振幅和相位;参数 k 用来控制再现波的中心位置,所以 $k/\mathrm{d}x'$ 相当于离轴全息图中的载频,k 取大值时,从全息图中再现波面所成的像比 k 取小值时离零级组更远。

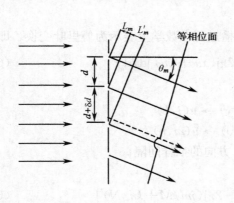 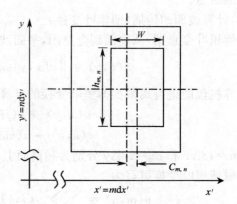

图 6.49　迂回相位效应图示　　　　图 6.50　迂回相位法计算全息编码图示

对全息图上所有取样单元重复执行这一编码过程,把整个全息图各取样点上的振幅和相位编码成对应的小矩形孔。

(4)绘图和精缩

在确定了全息图的编码方式以后,就可以按照程序进行计算、绘图或控制激光束偏转直接在底片上记录。画在纸上的全息图一般较大,然后用精缩机缩小到要求尺寸,就可以得到二元计算全息图。

6.4.3　全息干涉测试技术应用

全息技术是一门正在蓬勃发展的光学分支,其应用渗透到很多领域,已成为近代科学研究、工业生产、经济生活中十分有效的测试手段,广泛应用于位移测量、应变测量、缺陷检测、瞬态测试等方面,在某些领域里的应用具有很大优势。下面介绍几种全息干涉技术在不同领域的应用实例。

1. 缺陷检测

全息干涉技术,不仅可以对物体表面上各点位置变化前后进行比较,而且对结构内部的缺陷也可以探测。由于检测具有很高的灵敏度,利用被测件在承载或应力下表面的微小变形的信息,就可以判定某些参量的变化,发现缺陷部位。

图 6.51 所示为用全息干涉法同时检测复合材料的两表面的光路原理图。当叶片两面在某些区域中存在不同振型的干涉条纹时,表示这个区域的结构已遭到破坏。如果振幅本身还有差异,则表示这是一个可疑区域,表明这个叶片的复合材料结构是不可靠的。

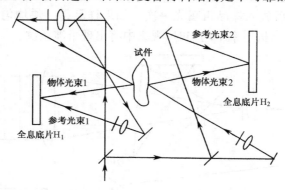

图 6.51　全息干涉法检测复合材料两表面缺陷光路图

用全息干涉法测试复合材料是基于脱胶或空隙易产生振动这一现象的,由振型情况可区别这种缺陷。此法的优点是不仅能确定脱胶区的大小和形状,而且可以判定其深度,这对改进生产工艺是有意义的。另外,全息干涉法比超声测试法有优势的一点是全息干涉法可以在低于100Hz 的频率下工作。同时,在低频区工作,一次检测的面积要大得多,提高了效率,简化了全息图的夹持方法。

全息干涉技术在缺陷检测方面的成功应用还有:断裂力学研究中采用实时全息干涉法监测裂纹的产生和发展,用于应力裂纹的早期预报;利用二次曝光全息干涉技术采用内部真空法对充气轮胎进行检测,可以十分灵敏和可靠地检测外胎花纹面、轮胎的网线层、衬里的剥离、玻璃布的破裂、轮胎边缘的脱胶及各种疏松现象。

2. 振动的测量

振动的测量是由振动物体拍摄的全息图再现后观测到的,最基本的方法是时间平均法。由式(6.94)可知,振动物体再现时,其光强与其零阶贝塞尔函数 J_0 的平方有关,即条纹位置对应物体的运动并与 J_0 的平方有关。振动时,找到物体上一个距离最近的静止点来计算,静止点是以最亮的 J_0 条纹为标志的。这样就可以确定灵敏度矢量方向上物体运动的振幅。设振动方向垂直于物体表面,物体的运动总量为

$$L = \frac{\lambda J_{0n}}{4\pi \sin\alpha_1 \cos\alpha_2} \tag{6.103}$$

式中,J_{0n} 为 J_0 的 n 次根;α_1 为照明矢量与观察矢量之间夹角的一半;α_2 为灵敏度矢量与物体位移矢量之间的夹角。

通过观测振动物体全息图再现像的照片,由式(6.103)就可以测量物体在记录全息图期间的振动状态。由于准确度和灵敏度都很高,特别是利用三维信息来研究振动物体的振型,是振动测量从来没有达到过的。因此,在工业和科学研究上得到很多应用,全息测振已经成为解决振动问题的一种工具。

3. 透明介质测量

全息术对粒子尺寸、流场三维分布等可以进行很有效的测量,是获得整个流场定量信息的理想方法。目前已在空气动力现象、气动传输、蒸汽涡轮机测试、雾场水滴微粒尺寸分布、透明体的均匀性分布、温度分布、流速分布等方面的测量中得到应用。

图6.52所示为测量光学玻璃均匀性的全息干涉原理图。其中,M_1,M_2,M_3,M_4是反射镜,B_1,B_2是分光镜,L_1是准直物镜,L_2,L_3是扩束镜,H是全息底片,G是待测玻璃样品。从L_2扩束的光线经L_1准直后由M_1反射回到B_1,再反射到H上,这是物体光束。从B_2反射,经M_4,再由L_3扩束后直达H的光束是参考光束。在H上获得全息图。测量方法是:首先在样品G未放入光路时,曝光一次;然后放入样品再曝光一次。如果样品是一块均匀的平行平板,那么,再现时,视场中无干涉条纹。当折射率不均匀时,视场中将出现干涉条纹。

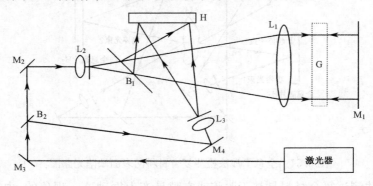

图6.52　测量光学玻璃均匀性的全息干涉原理图

拍摄全息图时,也可以不用M_1,而直接利用样品G的前后两个表面的反射光。此时,二支物体光束之间的光程差ΔL为

$$\Delta L = 2nh = m\lambda \tag{6.104}$$

式中,n为样品的折射率;h为样品的厚度;m为干涉级次。

由干涉条纹的移动,用式(6.104)可求得样品上厚度的不均匀性及折射率的不均匀性。

4. 瞬态过程的测量

瞬态过程是指过程短暂且参量随空间和时间迅速变化的过程。用光学干涉方法测量瞬态物理量(如位移、速度、压力、密度等)随时间和空间的分布,随着激光技术和计算机图像处理技术的发展,开拓了一个崭新的精密定量测试研究领域。瞬态过程常伴随着高温、强震动等恶劣环境条件,因此,测试瞬态过程必须满足4个要求:

① 严格定量;

② 按时间序列测试;

③ 三维空间测试;

④ 抗恶劣环境干扰等。

现代干涉仪如脉冲全息干涉仪、激光散斑干涉仪等,不仅能用于测量非透明介质(如金属和其他固体构件)的表面形变或位移,而且在透明介质的干涉计量中还具有经典干涉仪所不具有的独特优点。

用于测量风洞、激波管中可压缩气体密度场的实验研究比较多,主要采用马赫-泽德型干涉仪、全息干涉法、莫尔偏折法及激光散斑干涉法等。图 6.53 所示为在超音速拐角气流中测量非对称复杂密度场的全息干涉系统。模型绕自身的轴线旋转,以大约 11°的间隔在 180°的观察角范围内记录各自的全息干涉图,由所记录的多方向全息干涉图对一个横截面再现,可得到气体密度分布场和三维激波结构图。

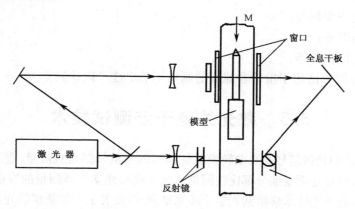

图 6.53　测量超音速气流非对称密度场的全息干涉系统

图 6.54 所示为膛口冲击波显示的 F-P 型干涉仪示意图。F-P 干涉仪的口径为 $\phi200mm$,双镜 M_1 和 M_2 之间的距离为 20m,记录装置为旋转直角棱镜内鼓轮扫描式高速摄影机,光源为序列脉冲 He-Ne 激光器,其脉宽为 $10\mu s$,间隔为 $200\mu s$。通过控制点火与高速摄影快门同步,获得膛口冲击波建立过程的时间序列干涉图。利用计算机图像处理技术,经过条纹细化,冲击波波阵面的获取和配准,可获得膛口冲击波的波面发展图。此外,脉冲全息干涉技术还广泛应用于各种温度场及等离子体的瞬态测量。

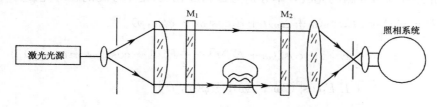

图 6.54　膛口冲击波 F-P 型干涉仪光路原理图

5. 计算全息用于检测非球面

用计算机全息图检验非球面的典型光路如图 6.55 所示。这是一修正型的泰曼-格林干涉仪的光路图。被检非球面镜的顶点曲率中心与发散透镜 D 的焦点重合于 O。

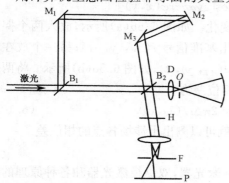

图 6.55　检验非球面的典型光路图

准直的 He-Ne 激光束经分束器后分为参考和测试两支光路。计算全息图时,置于图中 H 位置上,因两支光路均通过 H,可以抵消全息图底版厚度变化所引入的相位误差。全息图需要精确地定位在被检非球面镜的像平面上。滤波器 F 的作用是遮断计算全息图再现的高级和零级衍射波,而只让 1 级衍射波(样板波面)和测试光路的零级波面(实际波面)通过。样板波面和实际波面在干涉平面 P 上给出干涉条纹，其变形就是被检波面误差的直接反映。

用计算全息图检验非球面的主要误差源有：

① 计算时的相位量化误差；

② 全息图缩小率的误差；

③ 绘图仪误差；

④ 照相精缩时产生畸变；

⑤ 全息图定位误差；

⑥ 被检面的定位误差等。

通常，计算全息图方法用于检验非球面的测量不确定度可以达到 $\lambda/10 \sim \lambda/20$。

6.5 激光外差干涉测试技术

单频激光干涉仪的光强信号及光电转换器件输出的电信号都是直流量，直流漂移是影响测量准确度的重要原因，信号处理及细分都比较困难。为了提高光学干涉测量的准确度，20 世纪 70 年代起，有人将电通信的外差技术移植到光学干涉测量领域，发展了一种新型的光外差干涉技术。光外差干涉是指两只相干光束的光波频率产生一个小的频率差，引起干涉场中干涉条纹的不断扫描，经光电探测器将干涉场中的光信号转换为电信号，由电路和计算机检出干涉场的相位差。该方法不仅克服了单频干涉仪的漂移问题，而且使细分变得容易，显著提高了抗干扰性能。无论在几何量测量，还是干涉测波差及其他物理量测量等方面，均得到成功的应用。

6.5.1 激光外差干涉测试技术原理

1. 外差干涉技术原理

设测试光路和参考光路的光波频率分别为 ω 和 $\omega+\Delta\omega$，则干涉场的瞬时光强为

$$I(x,y,t) = \{E_r\cos(\omega+\Delta\omega)t + E_t\cos[\omega t + \varphi(x,y)]\}^2$$

$$= \frac{1}{2}E_r^2[1+\cos 2(\omega+\Delta\omega)t] + \frac{1}{2}E_t^2\{1+\cos 2[\omega t + \varphi(x,y)]\}$$

$$+ E_r E_t \cos[(2\omega+\Delta\omega)t + \varphi(x,y)]$$

$$+ E_r E_t \cos[\Delta\omega t - \varphi(x,y)]$$

由于光电探测器的频率响应范围远远低于光频 ω，它不能跟随光频变化，所以上式中含有 2ω 的交变项对探测器的输出响应无贡献。故探测器的输出为

$$i(x,y,t) \propto E_r^2/2 + E_t^2/2 + E_r E_t \cos[\Delta\omega t - \varphi(x,y)]$$

上式表明，干涉场中某点光强以低频 $\Delta\omega$ 随时间呈余弦变化。如图 6.56(a) 所示，放入两个探测器，一个放在基准点 (x_0,y_0) 处，称为基准探测器，其输出基准信号 $i(x_0,y_0,t)$；另一个放在干涉场某探测点 (x_i,y_i) 处，称为扫描探测器，输出信号为 $i(x_i,y_i,t)$，如图 6.56(b) 所示。将两信号相比，测出信号的过零时间差 Δt，便可知二者的光学相位差为

$$\varphi(x,y) - \varphi(x_0,y_0) = \Delta\omega\Delta t = 2\pi\Delta t/(1/\Delta v) \tag{6.105}$$

则由控制系统控制扫描探测器对整个干涉场扫描，就可以测出干涉场各点的相位差。

2. 激光外差干涉仪的光源

常用的双频激光光源有纵向塞曼、横向塞曼 He-Ne 激光器，双纵模激光器和各种原理的移频双频光源。

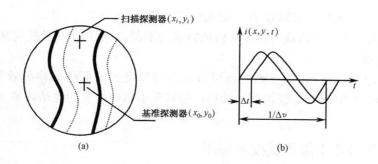

图 6.56 外差干涉图样和电信号

（1）塞曼效应 He-Ne 激光器

当原子被置于弱磁场中时，其能级发生塞曼分裂，因而其辐射和吸收谱线也产生相应分裂，一条谱线被几条塞曼谱线替代，这些谱线和原谱线有较小的频差。

m 为磁量子数，对于 $\Delta m=0$ 的跃迁产生 π 偏振光，对于 $\Delta m=\pm 1$ 的跃迁分别产生 σ_+ 和 σ_- 偏振光。π 偏振光和分裂前的中心频率相等，σ_+ 和 σ_- 偏振光和原中心频率之差为

$$\Delta \nu_Z = 1.30 \frac{\mu_B}{h} H \tag{6.106}$$

式中，μ_B 为玻尔磁子；h 为普朗克常数；H 为磁场强度。

根据 He-Ne 激光器光辐射方向和外磁场方向的关系，可以构成纵向塞曼激光器和横向塞曼激光器。当所加磁场和光辐射方向一致时，迎光线方向观察到 σ_+ 和 σ_- 偏振光为左、右旋圆偏振光，而观察不到振动方向平行于光传播方向的 π 偏振光，称为纵向塞曼激光器。当所加磁场垂直于光辐射方向时，迎光线方向观察到 π 偏振光是平行于磁场的线偏振光，σ_+ 和 σ_- 偏振光是垂直于磁场的线偏振光，称为横向塞曼激光器。

纵向塞曼激光器辐射的左、右旋圆偏振光，由于介质的频率牵引效应，产生一定的频差。如果采取稳频措施，以两频率的光强相等为稳频依据，则激光器辐射 ν_1 和 ν_2 频率的左、右旋圆偏振光。当磁场强度约为 0.03T 时，可得到 1～2MHz 的频差。

（2）双纵模 He-Ne 激光器

激光器谐振腔的选频作用可以得到模间隔为 $\Delta \nu_L = c/2nL$ 的一系列纵模，选择并控制腔长，可以得到较大功率的双纵模。例如，选用 250mm 长的 He-Ne 激光器，可以得到频差约为 600MHz 的双频激光，以二者光强相等为稳频条件，二者频率对称于中心频率，幅值和中心幅值相差不大，可用于外差干涉仪。但是由于频差太大，不利于光电检测和信号处理，需要和稳定的本机振荡信号混频，取其差频进行计数和鉴相。另外，它可以为测距提供合成波长。

（3）光学机械移频

当干涉仪中的参考镜以匀速 v 沿光轴方向移动时，则垂直入射的反射光将产生 $\Delta \nu = 2v/\lambda$ 的频移。

如果圆偏振光通过一个旋转中的半波片，则透射光将产生两倍于半波片旋转频率 f 的频移，即 $\Delta \nu = 2f$。

在参考光束中放入一个固定的 1/4 波片和一旋转的 1/4 波片，如果固定 1/4 波片的主方向定位合适，它可以把入射的线偏振光转变为圆偏振光。该圆偏振光两次穿过旋转的 1/4 波片，使其产生 $2f$ 的频移。圆偏振光再次穿过固定 1/4 波片后又恢复为线偏振光，但频率已发生了 $\Delta \nu = 2f$ 的偏移。

垂直于入射光束方向移动（匀速）光栅的方法也可以使通过光栅的第 n 级衍射光产生 $\Delta \nu =$

nvf 的频移,此处 f 是光栅的空间频率,v 是光栅移动速度。

上述光学机械方法产生频移的频差受机械转速的限制,只能用于一些特殊场合。

（4）声光调制器

利用布拉格盒(BraggCell)声光调制器可以起到与移动光栅同样的移频效果。这时超声波的传播就相当于移动光栅,其一级衍射光的频移量就等于布拉格盒的驱动频率 f,而与光的波长无关。

6.5.2　激光外差干涉测试技术应用

双频激光干涉仪由美国 HP 公司研制并获专利,1970 年首批投入市场的是 HP5500A,以后陆续有多种型号双频激光干涉仪投放市场,获得广泛应用。双频激光干涉仪是一种精密的、多功能的激光检测系统。可以测量多种几何量,如位移、角度、垂直度、平行度及直线度、平面度等,因此,可以用于装配、制造、非接触测量及精密计量等方面的研究和开发。它作为参考标准,对于装配车间和计量部门尤其具有吸引力。下面介绍几种典型应用。

1. 激光外差干涉测长

如图 6.57 所示,塞曼效应和牵引效应使 He-Ne 双频激光器发出包含左旋和右旋的圆偏振光束 f_1 和 f_2,其频差约为 1.5MHz。激光束经 1/4 波片后,变成两个振动方向互相垂直的线偏振光,再经准直系统扩束后,被分束镜分为两部分,其中一部分(约 4%)被反射到振动方向 45° 放置的检偏器,按马吕斯定律合成新的线偏振光,产生多普勒效应的拍频,其频率为 $f_2 - f_1$,作为参考信号被光电探测器接收。透射的大部分光束被偏振分光镜分为两束,f_2 被反射到固定的角隅棱镜后返回,f_1 透过偏振分束镜射向可动角隅棱镜并返回。由于可动角隅棱镜的运动,使反射回来的光束频率发生移动,变为 $f_1 \pm \Delta f$。这两束光在偏振分光镜处再次会合,投射到振动方向 45° 放置的检偏器,按马吕斯定律合成新的线偏振光,也产生多普勒效应的拍频,其频率为 $f_2 - (f_1 \pm \Delta f)$,作为测量信号被另一个光电探测器接收。以上两支信号分别经过交流前置放大器后被送入混频器,可以解调出被测信号 $\pm \Delta f$,用可逆计数器对 $\pm \Delta f$ 信号累计干涉条纹的变化数 N,可以计算出可动角隅棱镜的位移量为

$$L = \pm N \frac{\lambda}{2} = \pm \frac{\lambda}{2} \int_0^t \Delta f \mathrm{d}t \tag{6.107}$$

由于两路信号均采用前置交流放大,避免了直流放大器遇到的直流电平漂移的棘手问题,即使光强衰减 90%,仍可以得到合适的电信号。

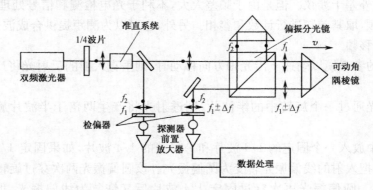

图 6.57　双频激光器外差干涉测长原理图

2. 激光外差干涉测量微振动

从 20 世纪 70 年代开始,出现了一种用于测量现场随机振动的双频激光干涉仪。如图 6.58 所示,单频激光器发出频率为 f_0 的偏振激光,经声光调制器分成两束光,一束频率为 f_0,另一束频率为 f_0+f_s(f_s 是声光调制器的调制频率,为 25MHz)。两束光之间有 0.6° 的偏角,并再用楔形棱镜使其分得更开一些。f_0 光作为测量光束,经反射镜、方解石棱镜、1/4 波片、会聚透镜、反射镜及可调光束的中继望远镜后射向被测振动体,并被后向散射回来,由光电探测器接收。设物体振动产生的多普勒频移为 f_D,则测量光束被接收的光频为 f_0+f_D。而频率为 f_0+f_s 的参考光束,经楔形棱镜、1/2 波片及分束镜后也射向光电探测器。两束光在分束镜汇合后,获得的拍频信号为

$$\Delta f = f_0 + f_s - (f_0 \pm f_D) = f_s \mp f_D \tag{6.108}$$

只要 $f_s > f_D$,拍频信号就与多普勒频移信号完全一致。该拍频信号 Δf 经交流前置放大后进入混频器及频率跟踪器。同时,频率 f_s 信号由声光调制器的信号源直接输入混频器与拍频信号混频,把多普勒频移 f_D 解调出来。频率跟踪器的作用是跟踪随时间变化的 f_D,求出并记录 f_D。方解石棱镜及 1/4 波片的作用是使测量光束的光路既作为发射光路,又作为接收光路,通过 o 光和 e 光在方解石中光路的不同,起到"光学定向耦合"作用,使发射与接收的光无损失地通过方解石棱镜(不考虑光吸收损失)。会聚透镜及中继望远镜作为发射与接收天线(光学天线),既能最大限度地接收在不同的测量环境下来自漫反射振动体的返回光,又可以尽可能地减少测量光束的波面变形,以保证获得较大的拍频信号。1/2 波片的作用是调节参考光强,使与测量光束的光强大致相等,改善拍频信号的对比。

这种仪器可以测量漫射面,也可以测量镜面。仪器可以给出振动速度曲线,振动频率范围为 1～100kHz。

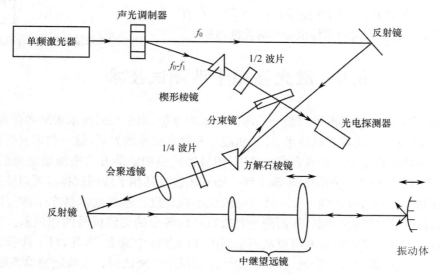

图 6.58 双频激光测量振动光路示意图

3. 激光外差干涉在精密定位中的应用

如图 6.59 所示,使用平面反射镜作为测量镜,由激光器射出的一束振动方向相互垂直的线偏振光 f_1 和 f_2 在偏振分光镜的 A 点分开。垂直于纸面振动的 f_2 光反射到上面参考角隅棱镜后又反射回来,在 B 点反射出偏振分束镜。平行于纸面振动的 f_1 光自 A 点透过偏振分束镜,射向平面反射镜后又被反射回来,该反射光因反射镜的移动,产生多普勒频移 Δf。因为它两次透过 1/4 波片,振动方向转过 90°,使 $f_1 \pm \Delta f$ 光在偏振分光镜的分束面上不能通过,而反射至下面

的角隅棱镜后又反射回 B 点。$f_1\pm\Delta f$ 光经分束镜再次射向平面反射镜后,变成 $f_1\pm2\Delta f$。同样因两次通过 1/4 波片,振动方向再转过 $90°$,$f_1\pm2\Delta f$ 光在分束面上就由反射变成透射。这时,$f_1\pm2\Delta f$ 与 f_2 汇合在一起,回到激光头的接收系统中去。

该干涉仪系统有以下两个特点:

① 仪器分辨率由于多普勒频差增加一倍而增加一倍;

② 平面反射镜相对于光轴的任何偏斜只会使反射回的光束偏移,而不会偏斜。如图 6.60 所示,光束的第一次反射偏斜完全被第二次的反射偏斜补偿了。

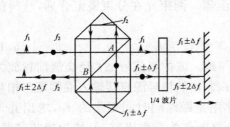

图 6.59　平面镜干涉系统光路图

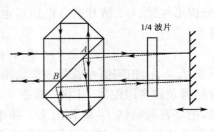

图 6.60　平面反射镜干涉系统偏斜光路图

上述干涉系统具有的对平面反射镜偏斜不敏感的特性,大大放宽了对平面反射镜的失调要求,可以将其应用于双轴精密定位台上,如图 6.61 所示。其优点是:允许 x 方向的反射镜在 y 方向运动而不影响信号的强度和 x 方向的测量,因而两坐标测量的两块反射镜可以安装在同一个部件上,便于在双轴测量系统中消除阿贝偏移误差。这种系统在测量 x 方向的位移时,因导轨存在直线性误差,测量台的 y 方向的偏移也能同时监测出来。

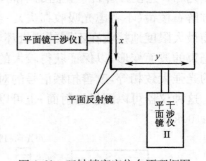

图 6.61　双轴精密定位台原理框图

6.6　激光移相干涉测试技术

早在 1966 年,人们就提出了移相干涉测试技术的思想,由于当时技术水平和设备的限制,未能得到进一步的发展。随着光电技术、计算机技术和激光技术的发展,这一技术又得到了快速发展,并在许多领域得到应用。在双光束干涉中,用目视或照相记录方式来测量波面的误差,一般只能达到 1/20 到 1/30 波长的测试不确定度。而利用激光移相干涉测试技术可以快速而高准确度地检测波面面形误差,可达到 1/100 波长的测试不确定度。这种技术是在干涉仪的参考臂中引入一个随时间变化的相位调制,从而测量有效口径内各点的交流信号的相位差。通过计算机存储相位信息,干涉仪的系统误差可以从测量到的波面数据中减去,因此,对干涉仪本身的各光学元件的加工精度要求可大大降低。同时,由于采用最小二乘法拟合来确定被检波面,因此可以消除大气湍流、振动及漂移的影响。

6.6.1　激光移相干涉测试技术原理

图 6.62 所示为移相干涉仪的原理图,图中泰曼干涉仪的参考镜与一压电晶体固定连接,该压电晶体与一正弦振动的激励系统相连,以使压电晶体带动参考镜以一定的振幅和频率作正弦振动。设振动的瞬时振幅为 l_i,则参考波前为

$$E_1 = a\exp[2\mathrm{j}k(L+l_i)] \tag{6.109}$$

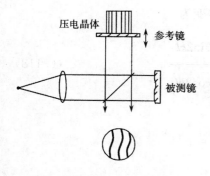

压电晶体 参考镜

被测镜

图 6.62　激光移相干涉光路原理图

被测波面的波前为

$$E_2 = b\exp[2\mathrm{j}k(L + W(x,y))] \tag{6.110}$$

式(6.109)和式(6.110)中，a 为参考波前的振幅；b 为被测波前的振幅；L 是参考面和被测面到分束板的距离；$W(x,y)$ 是被测波面(相位)。

当参考波前与被测波面波前干涉以后，干涉条纹的光强分布为

$$I(x,y,l_i) = a^2 + b^2 + 2ab\cos 2k[W(x,y) - l_i] \tag{6.111}$$

式(6.111)表明，对被测波面上所有的点，$I(x,y,l_i)$ 是 l_i 的余弦函数，因此可以写出它的傅里叶级数形式为

$$I(x,y,l_i) = a_0 + a_1\cos 2kl_i + b_1\sin 2kl_i \tag{6.112}$$

式中，a_0 是傅氏级数的直流项；a_1，b_1 分别是傅氏级数基波分量的系数。将式(6.111)的三角函数展开

$$
\begin{aligned}
I(x,y,l_i) = {}&(a^2 + b^2) + 2ab\cos 2kW(x,y)\cos 2kl_i + \\
&2ab\sin 2kW(x,y)\sin 2kl_i
\end{aligned} \tag{6.113}
$$

比较式(6.112)和式(6.113)可得

$$
\begin{cases}
a_0 = a^2 + b^2 \\
a_1 = 2ab\cos 2kW(x,y) \\
b_1 = 2ab\sin 2kW(x,y)
\end{cases} \tag{6.114}
$$

由式(6.114)可以看出，被测表面的面形是由傅里叶系数的比值求得

$$W(x,y) = \frac{1}{2k}\arctan\frac{b_1}{a_1} \tag{6.115}$$

由于式(6.114)中存在 $a,b,W(x,y)$ 3 个未知量，要从方程中解出 $W(x,y)$，至少需要移相 3 次，采集 3 幅干涉图。

对每一点 (x,y) 的傅里叶级数的系数，还可以用三角函数的正交性求得

$$
\begin{cases}
a_0 = \dfrac{2}{T}\displaystyle\int_0^T I(x,y,l_i)\mathrm{d}l_i \\[3mm]
a_1 = \dfrac{2}{T}\displaystyle\int_0^T I(x,y,l_i)\cos 2kl_i\mathrm{d}l_i \\[3mm]
b_1 = \dfrac{2}{T}\displaystyle\int_0^T I(x,y,l_i)\sin 2kl_i\mathrm{d}l_i
\end{cases} \tag{6.116}
$$

为了便于实际的抽样检测，用和式代替积分，有

$$
\begin{cases}
a_0 = \dfrac{2}{n}\displaystyle\sum_{i=1}^n I(x,y,l_i) \\[3mm]
a_1 = \dfrac{2}{n}\displaystyle\sum_{i=1}^n I(x,y,l_i)\cos 2kl_i \\[3mm]
b_1 = \dfrac{2}{n}\displaystyle\sum_{i=1}^n I(x,y,l_i)\sin 2kl_i
\end{cases} \tag{6.117}
$$

式中，n 为参考镜振动一个周期中的抽样点数。于是，式(6.115)变为

$$W(x,y) = \frac{1}{2k}\arctan\frac{\dfrac{2}{n}\sum_{i=1}^{n}I(x,y,l_i)\sin2kl_i}{\dfrac{2}{n}\sum_{i=1}^{n}I(x,y,l_i)\cos2kl_i} \tag{6.118}$$

特殊地，取四步移相，即 $n=4$，使

$$2kl_i = 0, \frac{\pi}{2}, \pi, \frac{3\pi}{2}$$

则

$$W(x,y) = \frac{1}{2k}\arctan\frac{I_4(x,y) - I_2(x,y)}{I_1(x,y) - I_3(x,y)} \tag{6.119}$$

由于式(6.119)中含有减法和除法，干涉场中的固定噪声和面阵探测器的不一致性影响可以自动消除。这是移相干涉技术的一大优点。

为了提高测量的可靠性，消除大气湍流、振动及漂移的影响，可以测量傅里叶级数的系数在 p 个周期中的累加数据，即

$$\begin{cases} a_0 = \dfrac{2}{np}\sum_{i=1}^{np}I(x,y,l_i) \\[2mm] a_1 = \dfrac{2}{np}\sum_{i=1}^{np}I(x,y,l_i)\cos2kl_i \\[2mm] b_1 = \dfrac{2}{np}\sum_{i=1}^{np}I(x,y,l_i)\sin2kl_i \end{cases} \tag{6.120}$$

从最小二乘法意义上看，式(6.118)所表达的傅里叶系数是波面轮廓的最好拟合。再由式(6.115)可得

$$W(x,y) = \frac{1}{2k}\arctan\left[\frac{\dfrac{2}{np}\sum_{i=1}^{np}I(x,y,l_i)\sin2kl_i}{\dfrac{2}{np}\sum_{i=1}^{np}I(x,y,l_i)\cos2kl_i}\right] \tag{6.121}$$

因此，在被测表面上任意点(x,y)的波面 $W(x,y)$ 的相对相位是由在该点的条纹轮廓函数的 $n \times p$ 个测定值计算得到的。

部分求和的形式要求数据无限地积累，通过最小二乘法拟合，使相位误差或波面误差减少至原来的 $\dfrac{1}{\sqrt{np}}$。因此，傅里叶级数表示法是一种同步相位检测技术，被测定的系数代表着 $I(x,y,l_i)$ 的近似值。对被测面上的每一点 (x,y)，由每次所累加的数据 (a_0, a_1, b_1)，可按式(6.121)求出 $W(x,y)$，并画出相位图，该图就代表着被测波面的真实面形。

6.6.2 激光移相干涉测试技术的特点

激光移相干涉测试技术由于采用最小二乘法拟合来确定被测波面，因此，可以消除随机的大气湍流、振动及漂移的影响，这是这种测试技术的一大优点。

这种技术的第二个优点是可以消除干涉仪调整过程中及安置被测件过程中产生的位移、倾斜及离焦误差。干涉仪及被测件在装调以后，被测波面可表示为

$$W(x,y) = W_0(x,y) + A + Bx + Cy + D(x^2 + y^2) \tag{6.122}$$

式中，$W(x,y)$为被测波面上任意点的相位；$W_0(x,y)$为消除了位移(A)、倾斜(B 和 C)及离焦

(D)后的波面。为了求出 $W_0(x,y)$,就必须确定并减去含有 A,B,C,D 的各项。这可以在孔径范围内对所有点用最小二乘法求取对应于 A,B,C,D 各项的最小 $W(x,y)$ 来得到。当波面的数据存储在计算机中,然后对积累的数据进行处理,就很容易做到这一点。既然安装误差能够用分析方法除去,则被测件在干涉仪中就无须严格地安装和调整。

这种技术的第三个优点是可以大大降低对干涉仪本身的准确度要求。在目视观察测量或照相记录测量时,为了保证测试准确度,对干涉系统各光学元件有很高的准确度要求,但是,在激光移相干涉测试技术中,波面相位信息是通过计算机自动计算、存储和显示的。这就在实际上有可能先把干涉仪系统本身的波面误差存储起来,而后在检测被测波面时从后续的波面数据中自动减去。这样,就使干涉仪制造时元件所需的加工精度可以放宽。当要求总的测量不确定度达到 1/100 波长时,干涉仪系统本身的波面误差小于一个波长就可以了。这是一个很宽的容限。很明显,如果不用波面相减方法,在干涉仪中要用一个波长不确定度的仪器去检验 1/100 波长的被测表面是完全不可能的。

6.6.3 激光移相干涉测试技术应用

图 6.63 所示为 1974 年美国贝尔实验室研制的用于测量光学零件表面面形的激光移相干涉仪光路图。该干涉仪实际上是一台改进型的泰曼-格林型双光束干涉仪。采用压电晶体驱动参考镜,探测系统采用 32×32 的光电二极管阵列,用一台小型电子计算机 PDP－8 及一系列外部设备,并应用软件程序对测量过程进行自动控制。计算机自动计算并显示等高线图,以实现对被检表面(平面或球面)及光学镜头的 1024 点的相位测量。测量平面的最大直径为 125mm,测量不确定度达 1/100 波长。

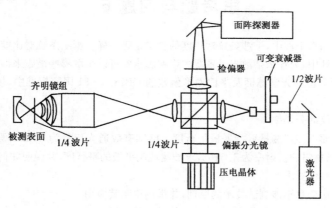

图 6.63 激光移相干涉系统光路图

图 6.63 所示的干涉系统采用分光路的结构布局,对机械振动等外界环境干扰敏感,需要采取隔振、恒温等技术措施,而且还需要高质量的参考镜。下面介绍一种采用移相干涉技术的微分干涉仪,采用共光路布局,在一般的环境条件下可使垂直分辨率达到 0.1nm。

如图 6.64 所示,由光源发出的光经扩束、准直后,经起偏器变成单一方向的线偏振光,经半反半透镜射向渥拉斯顿(Wollaston)棱镜,棱镜将其分成两束具有微小夹角并且振动方向互相垂直的两支线偏振光,通过显微镜后,产生剪切量为 Δx 的平行光入射到被测表面。从被测表面返回的两束正交偏振光再经原路返回,由渥拉斯顿棱镜重新共线,然后通过 1/4 波片和检偏器后产生干涉,被 CCD 接收。

设渥拉斯顿棱镜的剪切方向为 x,则干涉场上的光强分布为

$$I(x,\theta) = I_1 + I_2 \sin[2\theta + \varphi(x)] \qquad (6.123)$$

式中,I_1 和 I_2 分别为直流背景光强和交流背景光强;θ 为检偏器方位与光轴的夹角;$\varphi(x)$ 为被测相位,它与被测表面轮廓有关。

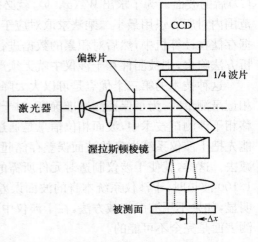

从式(6.123)可以看出,微分干涉图像中的光强不仅与被测相位 $\varphi(x)$ 有关,而且还与检偏器方位角 θ 有关,因此,可以通过旋转检偏器对微分干涉图像进行调制,采用移相干涉技术直接测量被测相位的分布。与压电晶体移相干涉方法相比,这种旋转检偏器移相的方法不存在非线性、滞后和漂移等问题,具有很高的测量准确度。

被测表面的轮廓 $H(x)$ 满足下面方程

$$\frac{\mathrm{d}H(x)}{\mathrm{d}x} = \frac{\lambda}{4\pi}\frac{\varphi(x)}{\Delta x} \qquad (6.124)$$

图 6.64 采用移相干涉技术的微分干涉仪

由于采用 CCD 和计算机组成的数字图像采集系统,表面轮廓的坐标变量被量化了,可以用数值积分的方法计算表面轮廓。将积分区间分成 n 等分,则积分步长为 $\Delta = l/n$,积分点为 $x_i = i \times \Delta l$,设起始点轮廓高度为 $H(x_0) = 0$,则

$$H(x_i) = \frac{\lambda}{8\pi}\frac{\Delta l}{\Delta x}\sum_{k=1}^{i}[\varphi(x_{k-1}) + \varphi(x_k)] \qquad (6.125)$$

思考题与习题 6

6.1 在静态干涉和动态干涉中,干涉条纹对比度的含义是否一样? 影响条纹对比度的因素有哪些?

6.2 在干涉仪的设计中,为什么杂散光是重要的影响因素? 可以采取哪些措施来抑制杂散光的影响?

6.3 用等厚干涉原理检验光学球面及平面面形偏差的 GB2813—81 国家标准中,规定的面形偏差分哪几项来度量?

6.4 如何提高干涉仪的分辨率?

6.5 用激光斐索平面干涉仪测量平行平板平行度。已知有效通光口径为 40mm,测得有效口径范围内的干涉条纹数为 10 条,玻璃材料的折射率为 1.5163,求被测玻璃平板的平行度,并说明如何判断楔角的薄端。

6.6 全息术对光源有何要求?

6.7 试述二次曝光法全息干涉测试技术的原理,并举例说明其应用。

6.8 举例说明计算全息测试技术的原理,并举一例说明其应用。

6.9 激光外差干涉与普通干涉仪相比,具有什么优点?

6.10 用于激光外差干涉仪的光源有哪些? 各有什么特点? 适用条件和范围怎么样?

6.11 激光移相干涉测试技术有什么特点?

第7章　激光衍射测试技术

激光衍射测试技术是一种高准确度、小量程的精密测量技术,应用比较广泛。本章将介绍与衍射测试有关的基本原理和测试方法,并给出一些典型的应用。此外,还介绍了衍射光栅和其他类型光栅的原理及应用。

7.1　激光衍射测试技术基础

光波在传播过程中遇到障碍物时,会偏离原来的传播方向,绕过障碍物的边缘而进入几何阴影区,并在障碍物后的观察屏上呈现光强的不均匀分布,这种现象称为光的衍射。使光波发生衍射的障碍物或者其他能使入射光波的振幅或相位分布发生某种变化的光屏称为衍射屏。激光出现后,由于它具有高亮度、相干性好等优点,使光的衍射现象在测试技术中得到了实质性应用。

根据观察方式的不同,通常把衍射现象分为两类。一类是菲涅耳(Fresnel)衍射,光源和观察屏(或二者之一)离开衍射屏距离有限,又称为近场衍射;另一类是夫朗和费(Fraunhofer)衍射,光源和观察屏距离衍射屏都相当于无限远,因而又称为远场衍射。

7.1.1　惠更斯-菲涅耳原理

惠更斯(Huggens)为了说明波在空间各点逐步传播的机理,曾提出一种假设:波前(波阵面)上的每一点都可以看作一个次级扰动中心,发出球面子波;在后一时刻这些子波的包络面就是新的波前。利用惠更斯原理虽然可以说明衍射的存在,但不能确定光波通过衍射屏后沿不同方向传播的振幅,因而就无法确定衍射图样中的光强分布。

菲涅耳在研究了光的干涉现象后,考虑到惠更斯子波来自同一光源,它们应该是相干的,因而波前外任一点的光振动应该是波前上所有子波相干叠加的结果。用"子波相干叠加"的思想补充的惠更斯原理称为惠更斯-菲涅耳原理。

基尔霍夫(Kirchhoff)从微分波动方程出发,利用场论中的格林(Green)定理,弥补了菲涅耳理论的不足,给惠更

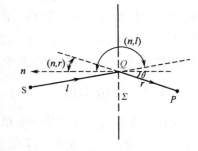

图 7.1　球面波在孔径Σ上的衍射

斯-菲涅耳原理找到了较完善的数学表达式。考察单色点光源 S 发出的球面波照明透明屏上孔径Σ的情况,如图 7.1 所示,Q 是Σ上的一点,l 和 r 分别是光源 S 和 P 点到 Q 点的距离,n 是Σ的外法线方向,则在屏后任意点 P 处产生的光振动(复振幅)可表示为

$$E(P) = \frac{A}{j\lambda} \iint\limits_{\Sigma} \frac{\exp(jkl)}{l} \frac{\exp(jkr)}{r} \left[\frac{\cos(n,r) - \cos(n,l)}{2} \right] d\sigma \qquad (7.1)$$

此式称为菲涅耳-基尔霍夫衍射公式。若令

$$C = \frac{1}{j\lambda}, E(Q) = \frac{A\exp(jkl)}{l}, \quad K(\theta) = \frac{\cos(n,r) - \cos(n,l)}{2}$$

式(7.1)可以表示为

$$E(P) = C \iint_{\Sigma} E(Q) \frac{\exp(jkr)}{r} K(\theta) d\sigma \qquad (7.2)$$

该式的物理意义是:P 点的场是由孔径 Σ 上无穷多个虚设的子波源共同作用产生的,子波源的复振幅与入射波在该点的复振幅 $E(Q)$ 和倾斜因子 $K(\theta)$ 成正比,与波长 λ 成反比;并且因子 $\frac{1}{j}\left[=\exp\left(-j\frac{\pi}{2}\right)\right]$ 表明子波源的振动相位超前于入射波 $90°$。如果点光源离开孔径足够远,使入射光可以看成垂直入射到孔径的平面波,那么对于孔径上各点都有 $\cos(n,l)=-1$,$\cos(n,r)=\cos\theta$,因而

$$K(\theta) = \frac{1+\cos\theta}{2}$$

当 $\theta=0$ 时,$K(\theta)=1$,有最大值;而当 $\theta=\pi$ 时,$K(\theta)=0$。

7.1.2 巴俾涅原理

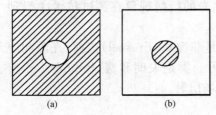

图 7.2　两个互补屏

由菲涅耳-基尔霍夫衍射公式可以得到关于互补屏衍射的一个有用原理。所谓互补屏,是指这样两个衍射屏,一个屏的通光部分正好对应另一个屏的不透明部分,如图 7.2 所示。设 $E_1(P)$ 和 $E_2(P)$ 分别表示两个互补屏单独放在光源和考察点之间时的复振幅,$E(P)$ 表示没有屏时 P 点的复振幅。那么,按照式(7.2),$E_1(P)$ 和 $E_2(P)$ 可分别表示成对两个互补屏各自通光部分的积分,而两个屏的通光部分合起来正好和不存在屏时一样,故有

$$E(P) = E_1(P) + E_2(P) \qquad (7.3)$$

式(7.3)表示两个互补屏单独产生的衍射场的复振幅之和等于没有屏时光束的复振幅,这一结论称为巴俾涅(Babinet)原理。由此原理可知,如 $E(P)=0$,则有 $E_1(P)=-E_2(P)$。这表示在 $E(P)=0$ 的那些点,$E_1(P)$ 和 $E_2(P)$ 的相位差 π,强度 $I_1=|E_1(P)|^2$ 和 $I_2=|E_2(P)|^2$ 相等,也就是在 $E(P)=0$ 的那些点,两个互补屏单独产生的强度相等。

7.1.3 单缝衍射

夫朗和费衍射的计算比较简单,特别是对于简单形状孔径的衍射,通常能够以解析形式求出积分,并且夫朗和费衍射是光学仪器中最常见的衍射现象。激光衍射测量的基本原理是利用激光的夫朗和费衍射。

观察夫朗和费衍射现象需要把观察屏放在离衍射屏很远的地方,一般用透镜来缩短距离,通常采用如图 7.3 所示实验装置,S 为点光源或与纸面垂直的狭缝光源,它位于透镜 L_1 的焦面上,观察屏放在物镜 L_2 的焦面上,衍射屏或被测物放在 L_1 和 L_2 之间,这样,在观察屏上将看到清晰的衍射条纹。

用振幅矢量法或衍射积分法都可以得到缝宽为 b 的单缝夫朗和费衍射光强分布表达式为

$$I = I_0 \left(\frac{\sin\alpha}{\alpha}\right)^2 \qquad (7.4)$$

式中,I_0 是中央亮条纹中心处的光强;α 可以表示为

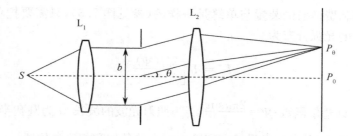

图 7.3　单缝夫朗和费衍射的实验装置

$$\alpha = \frac{\pi b \sin\theta}{\lambda} \qquad (7.5)$$

图 7.4 所示的相对强度分布曲线就是根据式(7.4)画出的。由式(7.4)和式(7.5)可求出光强极大和极小的条件及相应的角位置。

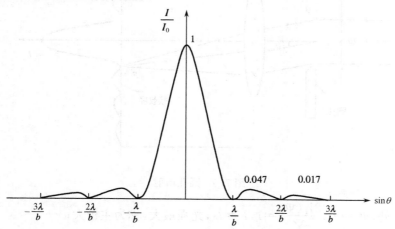

图 7.4　单缝夫朗和费衍射的相对光强分布

① 主极大：$\theta = 0$ 处，$\alpha = 0$，$\frac{\sin\alpha}{\alpha} = 1$，$I = I_0$，光强最大。

② 极小：$\alpha = k\pi$，$k = \pm1, \pm2, \pm3, \cdots$ 时，$\sin\alpha = 0$，$I = 0$，光强最小，其条件为

$$b\sin\theta = k\lambda \qquad (k = \pm1, \pm2, \pm3, \cdots) \qquad (7.6)$$

③ 次极大：令 $\dfrac{\mathrm{d}}{\mathrm{d}\alpha}\left(\dfrac{\sin\alpha}{\alpha}\right)^2 = 0$，可求得次极大的条件为

$$\tan\alpha = \alpha$$

用图解法可求得与各次极大相应的 α 值为

$$\alpha = \pm1.43\pi, \pm2.46\pi, \pm3.47\pi, \cdots$$

相应地有

$$b\sin\theta = \pm1.43\lambda, \pm2.46\lambda, \pm3.47\lambda, \cdots$$

以上结果表明，次极大差不多在相邻两暗纹的中点，但朝主极大方向稍偏一点。把上述 α 值代入式(7.4)，可求得各次极大的强度。计算结果表明，次极大的强度随着级次 k 值的增大迅速减小。第一级次极大的光强还不到主极大光强的 5%。

7.1.4　圆孔衍射

当平面波照射到圆孔时，其远场夫朗和费衍射像是中心为圆形亮斑、外面绕着明暗相间的环行条纹。

观察圆孔夫朗和费衍射的装置与单缝是一样的(参见图7.3),只需要把单缝换成圆孔。观察屏上的衍射条纹的光强分布为

$$I_p = I_0 \left[\frac{2J_1(\Psi)}{\Psi}\right]^2 \tag{7.7}$$

式中,$J_1(\Psi)$为一阶贝塞尔函数;$\Psi = \frac{2\pi a \sin\theta}{\lambda}$,$\lambda$为照射光波的波长,$a$为圆孔半径,$\theta$为衍射角,如图7.5所示。由式(7.7)可求出光强极大和极小产生的条件和相应角位置。

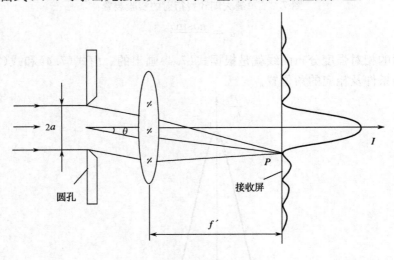

图7.5　圆孔衍射

① 在$\theta = 0$处,$\Psi = 0$,$\frac{2J_1(\Psi)}{\Psi} = 1$,$I = I_0$,光强最大,称为主极大;

② 当$\Psi = 3.83, 7.02, 10.17, 13.32, \cdots$时,$J_1(\Psi) = 0$,$I = 0$,光强最小;

③ 当$\Psi = 5.14, 8.46, 11.62, \cdots$时,光强为次极大。

表7.1列出了圆孔夫朗和费衍射条纹的极值位置及光强分布。由此可以看出,中央亮斑又称艾里斑(Ariy),它集中了近84%的光能量。艾里斑的直径(即第一暗环的直径)为d,因为

$$\sin\theta \approx \theta = \frac{d}{2f'} = 1.22\frac{\lambda}{2a}$$

所以

$$d = 1.22\frac{\lambda f'}{a} \tag{7.8}$$

表7.1　圆孔夫朗和费衍射条纹的极值位置及光强分布

条纹序数	Ψ	$\sin\theta$	$[2J_1(\Psi)/\Psi]^2$ 或(I_p/I_0)	光能分布
中央亮纹	0	0	1	83.78%
第一暗纹	$1.22\pi = 3.832$	$1.22\lambda/2a$	0	0
第一亮纹	$1.635\pi = 5.136$	$1.635\lambda/2a$	0.0175	7.22%
第二暗纹	$2.233\pi = 7.016$	$2.233\lambda/2a$	0	0
第二亮纹	$2.679\pi = 8.417$	$2.679\lambda/2a$	0.0042	2.77%
第三暗纹	$3.283\pi = 10.174$	$3.283\lambda/2a$	0	0
第三亮纹	$3.699\pi = 11.620$	$3.699\lambda/2a$	0.0016	1.46%

式中，f' 为透镜的焦距。当已知 f' 和 λ 时，测定 d 就可以由上式求出圆孔半径 a。因此，测定或研究艾里斑的变化，可以精确地测定或分析微小内孔的尺寸。

7.2　激光衍射测量方法

激光衍射测量主要依据单缝衍射和圆孔衍射的原理，通过测量单缝衍射暗条纹之间的距离或艾里斑第一暗环的直径来确定被测量。根据不同的被测对象，测量方法主要有以下几种。

7.2.1　间隙测量法

间隙测量法是基于单缝衍射原理，是衍射测量的基本方法，主要用于以下几个方面。

① 作尺寸的比较测量，如图 7.6(a) 所示。先用标准尺寸的工件相对参考边的间隙作为零位，然后放上工件，测量间隙的变化量而推算出工件尺寸。

② 作工件形状的轮廓测量，如图 7.6(b) 所示。同时转动参考物和工件，由间隙变化得到工件轮廓相对于标准轮廓的偏差。

③ 作应变传感器使用，如图 7.6(c) 所示。当试件上加载力 P 时，将引起单缝的尺寸变化，从而可以用衍射条纹的变化来得出应变量。

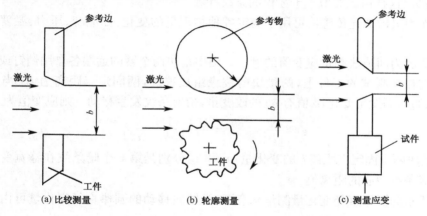

(a) 比较测量　　　　　　(b) 轮廓测量　　　　　　(c) 测量应变

图 7.6　间隙测量法的应用

图 7.7 所示为间隙测量法的基本装置。激光器发出的光束，经柱面扩束透镜形成一个激光亮带，并以平行光的方式照明由工件和参考物组成的狭缝，衍射光束经成像透镜射向观察屏，在实际应用中可用光电探测器代替，如线阵 CCD。微动机构用于衍射条纹的调零或定位。

间隙测量法可按式 $b=kL\lambda/x_k$ 进行，通过测量 x_k 来计算 b。实际应用中，也可通过测量两个暗条纹之间的间隔值 s 来确定 b。因为 $s=x_{k+1}-x_k=\dfrac{L\lambda}{b}$，则

$$b = \frac{L\lambda}{s} \tag{7.9}$$

用间隙测量法测量位移，即要测量狭缝宽度 b 的改变量 $\delta b=b'-b$，可以采用下面两种方法。

(1)绝对法

在这种情况下，只需将变化前后的两个缝宽 b 和 b' 求出，然后相减，即

$$\delta b = b' - b = \frac{kL\lambda}{x'_k} - \frac{kL\lambda}{x_k} = kL\lambda\left(\frac{1}{x'_k} - \frac{1}{x_k}\right) \tag{7.10}$$

式中，x_k 和 x'_k 分别是第 k 个暗条纹在缝宽变化前和变化后距中央零级条纹中心的距离。

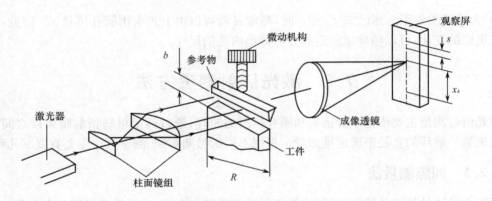

图 7.7　间隙测量法的基本装置示例

（2）增量法

增量法所用公式为

$$\delta b = b' - b = \frac{k\lambda}{\sin\theta} - \frac{k'\lambda}{\sin\theta} = (k-k')\frac{\lambda}{\sin\theta} = \Delta N \frac{\lambda}{\sin\theta} \tag{7.11}$$

式中，$\Delta N = k' - k$，是通过某一固定的衍射角来记录条纹的变化数目。因此，只要测定 ΔN，就能求出位移值 δb。这种情况类似于干涉仪的条纹计数。

间隙法作为灵敏的光传感器可用于测定各种物理量的变化，如应变、压力、温度、流量、加速度等。

图 7.8 所示为间隙法测量应变值的例子。图中量块两个臂的远端各自用销钉或通过焊接浇铸等方法固定在被测试的工件上，两量块的棱缘组成狭缝，两固定点距离为 l。当工件被加载时，量块棱缘的间隔发生变化，b 值有 δb 的改变量，衍射条纹发生移动。则应变值为

$$\varepsilon = \frac{\Delta l}{l} = \frac{\delta b}{l} = \frac{kL\lambda}{l}\left(\frac{1}{x'_k} - \frac{1}{x_k}\right) \tag{7.12}$$

式中，Δl 为量块两个固定点距离 l 的变化量；x_k 和 x'_k 分别是第 k 个暗条纹在缝宽变化前和变化后距中央零级条纹中心的距离值。

图 7.9 所示为圆棒直径变化量测量示意图，沿轴向移动的圆棒直径变化量可由上下两个棱缘和圆棒组成的间隙变化量求出。

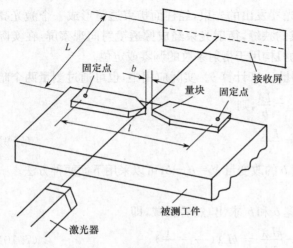

图 7.8　间隙法测量应变

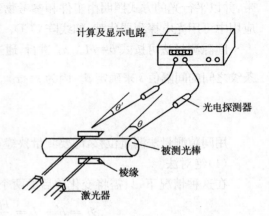

图 7.9　间隙衍射测量圆棒直径

7.2.2 反射衍射测量法

反射衍射法是利用试件棱缘和反射镜构成的狭缝来进行衍射测量的。图 7.10 所示为反射衍射法的原理图,狭缝是由棱缘 A 与反射镜组成。反射镜的作用是用来形成 A 的像 A'。这时,相当于光束以 i 角入射,缝宽为 $2b$ 的单缝衍射。显然,若在 P 处出现第 k 级暗条纹,则光程差满足下列条件

$$2b\sin i - 2b\sin(i-\theta) = k\lambda$$

式中,i 为激光对平面反射镜的入射角;θ 为光线的衍射角;b 为试件边缘 A 和反射镜之间的距离。$2b\sin i$ 为光线射到边缘前在 A 与 A' 处的光程差,而 $2b\sin(i-\theta)$ 是 A 与 A' 处两条衍射光线在衍射角为 θ 的 P 点的光程差,此时应为负值。将上式展开进行三角运算得

$$2b\left(\cos i\sin\theta + 2\sin i\sin^2\frac{\theta}{2}\right) = k\lambda \tag{7.13}$$

又因为 $\sin\theta \approx x_k/L$,则

$$\frac{2bx_k}{L}\left(\cos i + \frac{x_k}{2L}\sin i\right) = k\lambda$$

或

$$b = \frac{kL\lambda}{2x_k\left(\cos i + \dfrac{x_k}{2L}\sin i\right)} \tag{7.14}$$

由式(7.14)可知:

① 由于反射效应,测量 b 的灵敏度可以提高 1 倍;

② i 角一般是任意的,测得某一入射角 i 位置的两个 x_k 值代入式(7.14),联立解出 i 值和 b 值。

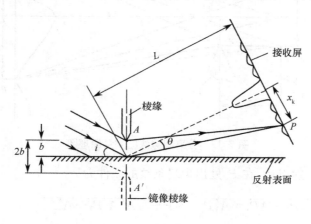

图 7.10 反射衍射法测量原理图

反射衍射技术主要应用在表面质量评价、直线性测定、间隙测定等方面。

图 7.11 所示为反射衍射法测量的实例。图 7.11(a)是利用标准的刃边评价工件的表面质量;图 7.11(b)是利用反射衍射的方法测定计算机磁盘系统的间隙;图 7.11(c)是利用标准的反射镜面(如水银面、液面等)测定工件的直线性偏差。从以上实例可见,利用反射衍射法进行测量易于实现检测自动化,对生产线上的零件自动检测有重要的实用价值,其检测灵敏度可达2.5～0.025μm。

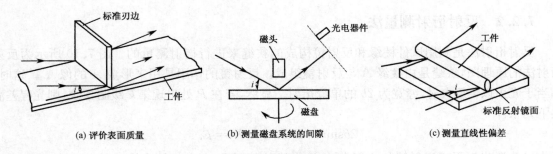

图 7.11 反射衍射法测量实例

7.2.3 分离间隙法

在实际测量中,常会遇到组成狭缝的两棱边不在同一平面内,即存在一个间隔 z,此时衍射图形出现不对称现象。利用参考物和试件不在一个平面内所形成的衍射条纹进行精密测量的方法称为分离间隙法。

分离间隙法的测量原理如图 7.12 所示。棱缘 A 和 A_1 不在同一平面内,分开的距离为 z。狭缝 AA_1 的缝宽为 b,A_1' 是 A_1 的假设位置并和 A 在同一平面内。在接收屏上 P_1 点,两棱边 1 和 2 之间的衍射角为 θ_1,P_2 点两棱边的衍射角为 θ_2。

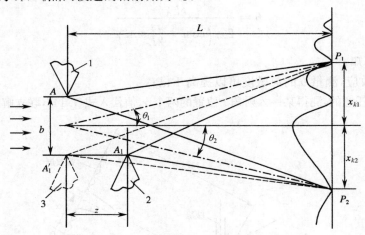

图 7.12 分离间隙法的测量原理图

激光束通过狭缝衍射以后,在 P_1 处出现暗条纹的条件为

$$\overline{A_1'A_1P_1} - \overline{AP_1} = \overline{A_1'P_1} - \overline{AP_1} + (\overline{A_1'A_1P_1} - \overline{A_1'P_1})$$

$$= b\sin\theta_1 + (z - z\cos\theta_1) = k_1\lambda$$

因此

$$b\sin\theta_1 + 2z\sin^2\left(\frac{\theta_1}{2}\right) = k_1\lambda \tag{7.15}$$

同理,对于 P_2 点呈现暗条纹的条件为

$$b\sin\theta_2 - 2z\sin^2\left(\frac{\theta_2}{2}\right) = k_2\lambda \tag{7.16}$$

将 $\sin\theta_1 = \dfrac{x_{k_1}}{L}$,$\sin\theta_2 = \dfrac{x_{k_2}}{L}$ 代入式(7.15)和式(7.16),可得

$$\begin{cases} \dfrac{bx_{k_1}}{L} + \dfrac{zx_{k_1}^2}{2L^2} = k_1\lambda \\[3mm] \dfrac{bx_{k_2}}{L} - \dfrac{zx_{k_2}^2}{2L^2} = k_2\lambda \end{cases} \tag{7.17}$$

由式(7.17)可求出分离间隙衍射的缝宽公式为

$$b = \frac{k_1 L\lambda}{x_{k_1}} - \frac{zx_{k_1}}{2L} = \frac{k_2 L\lambda}{x_{k_2}} + \frac{zx_{k_2}}{2L} \tag{7.18}$$

只要测得 x_{k_1} 和 x_{k_2}，由式(7.18)即可求出缝宽 b 和偏离量 z。显然,根据式(7.17),对同样级次的暗点,即 $k_1 = k_2$ 时,有

$$\frac{bx_{k_1}}{L} + \frac{zx_{k_1}^2}{2L^2} = \frac{bx_{k_2}}{L} - \frac{zx_{k_2}^2}{2L^2}$$

化简得

$$x_{k_1}\left(b + \frac{zx_{k_1}}{2L}\right) = x_{k_2}\left(b - \frac{zx_{k_2}}{2L}\right)$$

因为 $\left(b + \dfrac{zx_{k_1}}{2L}\right) > \left(b - \dfrac{zx_{k_2}}{2L}\right)$,故有 $x_{k_1} < x_{k_2}$。所以狭缝的两个棱边不在同一平面上,会使中心亮条纹两边的衍射图样出现不对称现象。在接收屏棱边较近的方向,条纹间距增大。

图 7.13 所示为利用分离间隙法测量折射率或液体变化的原理图。此装置中,用一束激光通过直径 2～3mm 的玻璃棒照射时,产生一条亮带照在被测试样上。两个棱缘组成一对狭缝,用分离间隙法形成衍射条纹。衍射条纹由透镜成像在光电探测器件上,并进行测量。当变换试样或改变试样中的液体时,衍射条纹的位置就灵敏地反应了折射率或折射率的变化,测量不确定度可达 $10^{-6} \sim 10^{-7}$。

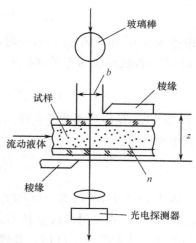

图 7.13　分离间隙法测量折射率

7.2.4　互补测量法

激光衍射互补测量法的原理是基于巴俾涅原理,当用平面光波照射两个互补屏时,它们产生的衍射图形的形状和光强完全相同,仅相位差为 π。利用该原理,可以对各种细金属丝和薄带的尺寸进行高准确度的非接触测量。

图 7.14 所示为测量细丝直径的原理图,利用透镜将衍射条纹成像于透镜的焦平面上,则细丝直径为

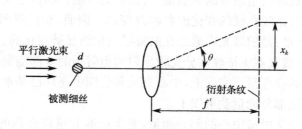

图 7.14　互补法测量细丝直径原理图

$$d = \frac{k\lambda \sqrt{x_k^2 + f'^2}}{x_k} = \frac{\lambda \sqrt{x_k^2 + f'^2}}{s} \qquad (7.19)$$

式中，s 为暗条纹间距；x_k 为 k 级暗条纹的位置；f' 为透镜焦距。互补测量法测量细丝直径的范围一般为 $0.01\sim0.1$mm，测量不确定度可达 0.05μm。

7.2.5 艾里斑测量法

艾里斑测量法是基于圆孔的夫朗和费衍射原理。依据衍射原理，可进行微小孔径的测量。假设待测圆孔后的物镜焦距为 f'，则屏上各级衍射环的半径为

$$r_m = f'\tan\theta \approx f'\sin\theta = \frac{m\lambda}{a}f' \qquad (7.20)$$

m 取值为 $0.61,1.116,1.619,\cdots$ 时，为暗纹；m 取值为 $0,0.818,1.339,1.850,\cdots$ 时，为亮环。若用 D_m 表示各级环纹的直径，则

$$D_m = \frac{4m\lambda}{D}f' \qquad (7.21)$$

式中，$D=2a$，是待测圆孔的直径。只要测得第 m 级环纹的直径，便可算出待测圆孔的直径。对上式求微分，得

$$|\mathrm{d}D_m| = \frac{4m\lambda}{D^2}f'\mathrm{d}D = \frac{D_m}{D}\mathrm{d}D \qquad (7.22)$$

因为 $D_m \gg D$，所以 $D_m/D \gg 1$。这说明圆孔直径 D 的微小变化可以引起环纹直径的很大变化。换句话说，在测量环纹直径 D_m 时，若测量不确定度为 $\mathrm{d}D_m$，则换算为衍射孔径 D 之后，其测量不确定度将缩小 D_m/D 倍。显然 D 越小，则 D_m/D 会越大。当 D 值较大时，用衍射法进行测量就没有优越性了。一般仅对 $D<0.5$mm 的孔应用此法进行测量。

依据衍射理论进行微小孔径的测量，应取较高级的环纹，才有利于提高准确度。但高级环纹的光强微弱，检测器的灵敏度应足够高。为了充分利用光源的辐射能，采用单色性好、能量集中的激光器最为理想。若采用光电转换技术来自动地确定 D_m 值，既可以提高测量不确定度，又可以加快测量速度。

图 7.15 所示为用艾里斑测量人造纤维或玻璃纤维加工中的喷丝头孔径的原理图。测量仪器和被测件做相对运动，以保证每个孔顺序通过激光束。通常不同的喷丝头，其孔的直径为 $10\sim90\mu$m。由激光器发出的激光束照射到被测件的小孔上，通过孔以后的衍射光束由分光镜分成两部分，分别照射到光电接收器 1 和 2 上，两接收器分别将照射在其上的衍射图案转换成电信号，并送到电压比较器中，然后由显示器进行输出显示。电压比较器和显示器也可以是信号采集卡和计算机。

通过微孔衍射所得到的明暗条纹的总能量，可以认为不随孔的微小变化而变化，但是明暗条纹的强度分布（分布面积）是随孔径的变化而急剧改变的。因而，在衍射图上任何给定半径内的光强分布，即所包含的能量，是随激光束通过孔的直径变化而显著变化的。

因此，需设计使光电接收器 1 接收被分光镜反射的衍射图的全部能量，它所产生的电压幅度可以作为不随孔径变化的参考量。实际上，中心亮斑和前四个亮环已基本包含了全部能量，所以光电接收器 1 只要接收这部分能量就可以了。

光电接收器 2 只接收艾里斑中心的部分能量，通常选取艾里斑面积的一半，因此，随被测孔径的变化和艾里斑面积的改变，其接收能量发生改变，从而输出电压幅值改变。电压比较器将光电接收器 1 和 2 的电压信号进行比较从而得出被测孔径值。

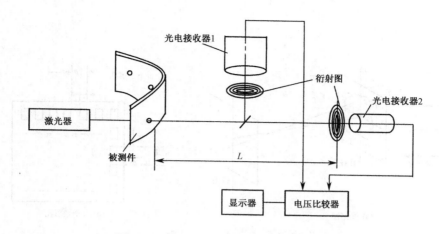

图 7.15　喷丝头孔径的艾里斑测量原理图

7.2.6　衍射频谱检测法

激光衍射频谱检测法是利用衍射条纹傅里叶变换面上的频谱变化,对工件表面缺陷进行检测,可应用于金属筛孔、集成电路掩模、纤维和线材及硅片等表面的检测上。

图 7.16 所示为激光衍射频谱检测的原理图。图 7.16(a)中,当孔径面上被一束平行光照射,其振幅透射率分布为 $g(\xi,\eta)$,孔面上的衍射在 L 远比孔径尺寸大时,像面上的振幅分布为

$$A(x,y) = c \iint\limits_{-\infty}^{+\infty} g(\xi,\eta) \exp\left\{-\frac{\mathrm{j}k}{L}(x\xi + y\eta)\right\} \mathrm{d}\xi \mathrm{d}\eta \qquad (7.23)$$

式中,$k = 2\pi/\lambda$ 是波数;λ 为入射波长。

当孔径与像面间插入透镜,使孔径面成为透镜的前焦面,像面是其后焦面,则后焦面上的振幅分布为

$$G(u,v) = c \iint\limits_{-\infty}^{+\infty} g(\xi,\eta) \exp\{-\mathrm{j}2\pi(u\xi + v\eta)\} \mathrm{d}\xi \mathrm{d}\eta \qquad (7.24)$$

式中,$u = \dfrac{x}{\lambda f}, v = \dfrac{y}{\lambda f}$ 为光分布的空间频率;x,y 为后焦面的光轴坐标值;f 为透镜焦距。

式(7.24)是 $g(\xi,\eta)$ 在透镜后焦面上的二维傅里叶变换,当孔径面的图形是图 7.16(b)所示的规则二维矩形时,则一维方向上的光强分布如图 7.16(c)所示。利用衍射频谱检测各种缺陷就是检测图 7.16(c)所示的光强变化。其主要检测方法有两种:傅里叶变换检测法和二次傅里叶变换检测法。

1. 傅里叶变换检测法

直接利用透镜的傅里叶变换特性,用光电探测器探测物体的频谱,对信号进行分析和处理,然后判定是否有缺陷。

图 7.17 所示为频谱检测的代表性方法,称为硅光阵列检测法。当散射的频谱对称于光轴而且被测物在照明光源范围内做垂直于光轴方向的移动时,频谱没有变化。这个光探测阵列对称于光轴,内圆的一半是 32 个同心圆,另一半圆内是 32 个呈放射状分布的阵列,用硅片制成。用此仪器可以检测出按式(7.24)分布的频谱空间频率。将此频谱空间频率送计算机处理,就可判断是否存在缺陷。这种方法应用的实例很多,如注射针的针头检查、笔迹鉴定、指纹判别、表面粗糙度及医学摄影检查等。

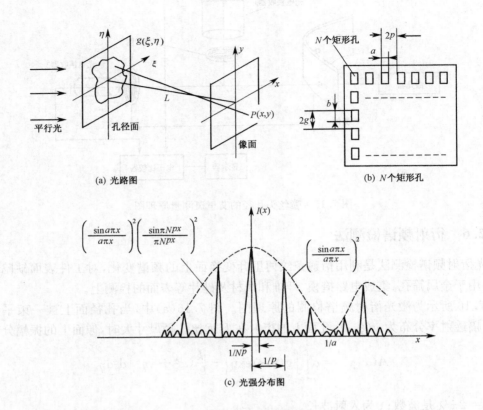

(a) 光路图

(b) N个矩形孔

$$\left(\frac{\sin a\pi x}{a\pi x}\right)^2\left(\frac{\sin \pi Npx}{\pi Npx}\right)^2$$

$$\left(\frac{\sin a\pi x}{a\pi x}\right)^2$$

(c) 光强分布图

图 7.16　衍射频谱检测法原理图

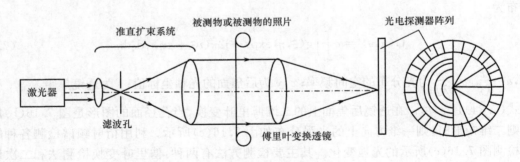

图 7.17　硅光阵列检测原理图

图 7.18 是细丝表面缺陷检测的装置图。当激光束以 i 角的方向来照射运动中的细丝，照射光直径为 0.2mm，扫描频率为 2.5kHz 时，可检测细丝上宽约 0.1mm、长 2mm 的表面缺陷。

2. 二次傅里叶变换检测法

利用透镜衍射的二次傅里叶变换，获得被检缺陷的像，用目视或光电检测直接判定缺陷大小及缺陷的位置。

图 7.19 是二次傅里叶变换检测法原理图。检测过程如下：首先将一块标准试样（或合格品）放在被测件的位置上，获得傅里叶变换图，摄取在照片上，其负片是一张空间滤波器。这种滤波器的制作是这种检测方法的关键。检测时，将这张滤波器置于空间滤波器的位置上。如果置于

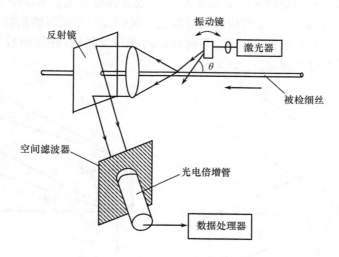

图 7.18　细丝表面缺陷检测装置图

被测件位置上的试件有缺陷,通过逆傅里叶变换(透镜)后就能在观察屏上看到亮点。亮点表示试件在这个对应位置上存在缺陷。

应用二次傅里叶变换法检测大规模集成电路掩模缺陷时,可以达到 $0.8\mu m$ 的检测分辨率。

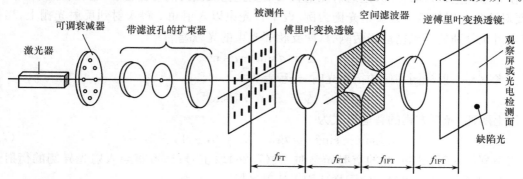

图 7.19　二次傅里叶变换检测法原理图

7.3　衍射光栅及其应用

能够使入射光的振幅或相位,或者两者同时产生周期性空间调制的光学元件称为衍射光栅。根据利用的是反射光还是透射光,衍射光栅可分为反射光栅和透射光栅两类;按它对入射光的调制方式,又可分为振幅光栅和相位光栅。此外,还有矩形光栅和余弦光栅,一维、二维、三维光栅等。光栅种类虽然较多,但其主要应用是作为分光元件,在光谱测试、光通信系统等领域有广泛的应用。

7.3.1　衍射光栅的基本特性

1. 光栅方程

光栅的分光原理可以从多缝夫朗和费衍射图样中亮线位置的公式得出

$$d\sin\theta = k\lambda \qquad k = 0, \pm 1, \pm 2, \cdots \tag{7.25}$$

如图 7.20 所示,设光栅的透光部分宽度为 a,不透光部分宽度为 b,$d(d=a+b)$ 称为光栅常数,是光栅的空间周期性表示,k 是对应的衍射级次。式(7.25)中亮线的衍射角 θ 与波长 λ 有关,对于给定 d 的光栅,当用多色光照明时,不同波长的同一级亮线,除零级外,均不重合,即发生"色散"。这就是光栅的分光原理。

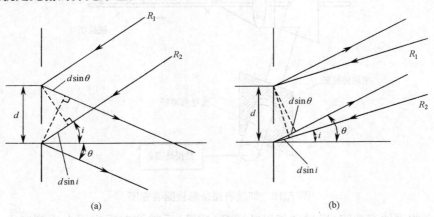

图 7.20　光束斜入射到反射光栅上发生的衍射

在光栅理论中,式(7.25)是入射光垂直入射到光栅表面时的光栅方程,对更普遍的斜入射情况,要对该式加以修正。以反射光栅为例,设平行光束以入射角 i 斜入射到反射光栅上,当衍射光与入射光分别处于光栅法线两侧时,两支相邻光束的光程差为

$$\Delta = d\sin i - d\sin\theta$$

当考察与入射光同一侧的衍射光时,光程差为

$$\Delta = d\sin i + d\sin\theta$$

综上所述,光栅方程的普遍形式为

$$d(\sin i \pm \sin\theta) = k\lambda \qquad k = 0, \pm 1, \pm 2, \cdots \tag{7.26}$$

当考察与入射光同一侧的衍射光谱时,式(7.26)取正号;当考察与入射光异侧的衍射光谱时,式(7.26)取负号。式(7.26)同样适用于透射光栅。

2. 光栅的色散本领和色分辨本领

光栅性能的主要标志有色散本领和色分辨本领,两者都是要说明最终仪器能够分辨的最小波长间隔。

(1)色散本领

对有一定波长差 $\delta\lambda$ 的两条谱线,其角间隔 $\delta\theta$ 或在透镜焦平面上的距离 δl 有多大,这就是色散本领的问题。光栅的色散本领通常用角色散和线色散来表示。角色散定义为 $\delta\theta/\delta\lambda$,线色散定义为 $\delta l/\delta\lambda$。由光栅方程可得

$$\frac{\delta\theta}{\delta\lambda} = \frac{k}{d\cos\theta} \tag{7.27}$$

若物镜的焦距为 f,则

$$\frac{\delta l}{\delta\lambda} = f\frac{\delta\theta}{\delta\lambda} = f\frac{k}{d\cos\theta} \tag{7.28}$$

上面的结果表明,光栅的角色散本领与光栅常数 d 成反比,与级数 k 成正比,此外线色散还与焦距 f 成正比。

（2）色分辨本领

光栅能将不同波长的光分辨开，但能否将很接近的两条谱线分辨开，不仅取决于色散本领，还与谱线的宽度有关。考察两条波长分别为 λ 和 $\lambda+\Delta\lambda$ 的谱线。根据瑞利判据，如果一条谱线的中心恰与另一条谱线的距谱线中心最近的一个极小位置重合时，两条谱线刚能分辨。

如图 7.21 所示，$\delta\theta$ 表示波长相近的两条谱线的角间隔（两个主极大之间的角距离），$\Delta\theta$ 表示谱线本身的半角宽度（某一主极大的中心到相邻极小的角距离），当 $\delta\theta=\Delta\theta$ 时，两条谱线刚能分辨。这时的波长差 $\Delta\lambda$ 就是光栅所能分辨的最小波长差，而光栅的色分辨本领定义为

$$A=\frac{\lambda}{\Delta\lambda}$$

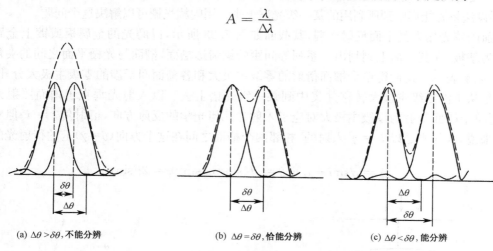

(a) $\Delta\theta>\delta\theta$，不能分辨 (b) $\Delta\theta=\delta\theta$，恰能分辨 (c) $\Delta\theta<\delta\theta$，能分辨

图 7.21　光栅分辨本领

对于每个光栅，谱线的半角宽度 $\Delta\theta$ 为

$$\Delta\theta=\frac{\lambda}{Nd\cos\theta}$$

式中，N 是衍射单元总数。由角色散的表达式（7.27），与角距离 $\Delta\theta$ 对应的波长差为

$$\Delta\lambda=\left(\frac{\partial\lambda}{\partial\theta}\right)\Delta\theta=\frac{d\cos\theta}{k}\cdot\frac{\lambda}{Nd\cos\theta}=\frac{\lambda}{kN}$$

因此，光栅的色分辨本领为

$$A=\frac{\lambda}{\Delta\lambda}=kN \qquad\qquad (7.29)$$

式（7.29）表明，光栅的色分辨本领正比于衍射单元总数 N 和光谱的级次 k，与光栅常数 d 无关。

（3）量程与自由光谱范围

由于入射角和衍射角最大不超过 $90°$，根据光栅方程，最大待测波长 λ_M 不能超过 $2d$，即

$$\lambda_M<2d$$

因此，工作于不同波段的光栅光谱仪要选用光栅常数适当的光栅备件。

图 7.22 所示是一种光源在可见光区的光栅光谱。除零级谱线外，各级光谱都是按紫色谱线在内，红色谱线在外排列。可以看出，从 2 级光谱开始，发生了邻级光谱之间的重叠现象。这一情况在应用光栅来进行光谱分析时是不能允许的。将光谱不发生重叠的区域称为自由光谱范围。

在波长 λ 的 $k+1$ 级谱线和波长 $\lambda+\Delta\lambda$ 的 k 级谱线重叠时，是不会发生波长在 λ 到 $\lambda+\Delta\lambda$ 之内的不同级谱线重叠的。因此，光谱不重叠区 $\Delta\lambda$ 可由下式确定

$$k(\lambda + \Delta\lambda) = (k+1)\lambda$$

得

$$\Delta\lambda = \frac{\lambda}{k} \tag{7.30}$$

由于光栅使用的光谱级 k 很小,所以它的自由光谱范围比较大。

(4)闪耀光栅

由前面的分析可知,光谱的级次越高,分辨本领和色散本领也越好,但是光强度的分布是级次越低光强度越大。特别是没有色散的零级占了总能量的很大一部分,这对于光栅的应用是很不利的,需要设法将光能集中到所利用的某一级光谱上来。用闪耀光栅可以解决这个问题。

目前闪耀光栅多是平面反射光栅,其截面如图 7.23 所示,以磨光的金属板或镀上金属膜的玻璃作为基板,在其表面上刻划出一系列等间距的锯齿形槽面,槽面与光栅平面之间的夹角称为闪耀角,以 γ 表示。这使得单个槽面衍射的零级主极大和各槽面间干涉的零级主极大分开,从而使光能量从干涉零级主极大转移并集中到某一级光谱上去。以入射光垂直于槽面照射光栅为例,这时单个槽面衍射的零级主极大对应于入射光几何光学的反射方向,衍射角 $\theta = i$。但对于光栅平面来说,入射光是以 $i = \gamma$ 入射的,相邻两个槽面之间在这个方向($\theta = \gamma$)上的衍射光的光程差为

$$\Delta = d\sin i + d\sin\theta = d(\sin\gamma + \sin\gamma) = 2d\sin\gamma$$

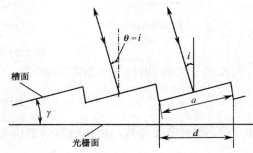

图 7.22 可见光区内的光栅光谱　　　　图 7.23 闪耀光栅截面图

根据光栅方程,当上述光程差等于 $m\lambda_B$,即

$$2d\sin\gamma = m\lambda_B \tag{7.31}$$

此时光栅的单槽衍射零级主极大正好落在波长 λ_B 的 m 级谱线上。一般取 $m=1$,则波长 λ_B 称为一级闪耀波长,一级光谱获得最大的光强度。又因光栅的槽面宽度 $a \approx d$,波长 λ_B 的其他级次(包括零级)几乎都落在单槽衍射的暗线位置形成缺级(见图 7.24)。这样 $80\% \sim 90\%$ 的光能集中到了 λ_B 的一级谱线上。显然,λ_B 波长的闪耀方向不可能严格地又是其他波长的闪耀方向,不过由于单槽衍射零级主极大有一定的宽度,它可容纳 λ_B 附近一定波段内其他波长的一级谱线,使它们也有较大的强度,同时这些波长的其他级谱线也都很弱。此外,用同样的办法可以将光强集中到 2 级和 3 级闪耀波长 $\lambda_B/2$ 和 $\lambda_B/3$ 上。总之,可以通过闪耀角 γ 的设计,使光栅适用于某一特定波段的某级光谱。

7.3.2 衍射光栅的典型应用

光栅作为衍射分光元件广泛地被用来将光分离为不同波长的单色光,在光谱仪和光通信中有着广泛的应用。

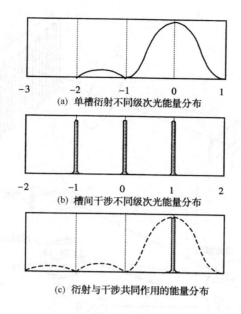

(a) 单槽衍射不同级次光能量分布

(b) 槽间干涉不同级次光能量分布

(c) 衍射与干涉共同作用的能量分布

图 7.24　闪耀光栅光能量的分布

1. 光谱仪

光谱仪是一种利用光学色散原理设计制作的光学仪器,主要用于研究物质的辐射、光与物质的相互作用、物质结构、物质含量分析,探测星体和太阳的大小、质量、运动速度和方向等。从应用范围分类,有发射光谱分析用和吸收光谱分析用的光谱仪,前者包括看谱仪、摄谱仪和光电直读光谱仪,后者包括各种分光光度计。从光谱仪的出射狭缝分类,有单色仪(一个出射狭缝)、多色仪(两个以上出射狭缝)、摄谱仪(没有出射狭缝)。按其应用的光谱范围分为真空紫外光谱仪、近紫外和可见光谱仪、近红外光谱仪、红外和远红外光谱仪。最近问世的微型光纤光谱仪属于光电直读式光谱仪。

光谱仪主要由 3 个部分组成:光源和照明系统、分光系统、接收系统。分光系统有 3 类:一类是棱镜分光,这类光谱仪称为棱镜光谱仪,现已很少使用;另一类用衍射光栅分光,称为光栅光谱仪,目前广泛使用;第三类是频率调制的傅里叶变换光谱仪,这是新一代的光谱仪。

利用光栅作为分光元件的光栅光谱仪多使用反射光栅,尤其是闪耀光栅。闪耀光栅的装置通常采用利特罗(Littrow)方式,如图 7.25 所示。在图 7.25(a)中,透镜 L 起着准直和会聚双重作用,光栅 G 的槽面受准直平行光垂直照明。图 7.25(b)与图 7.25(a)类似,只是采用凹面反射镜代替透镜聚焦,既可避免吸收和色差,又可缩短装置的长度,使得光谱仪可用于红外和紫外光谱区。在像面上既可一次曝光获得光谱图,也可采用出射狭缝来提取不同的谱线。为了操作方便,实际应用中,狭缝、光源和光电元件都固定不动,而光栅平面的方位是可调的。通过光栅平面的转动,将不同波长的谱线调节至出射狭缝。与棱镜光谱仪一样,光栅光谱仪既可以用于分析光谱,也可以当作一台单色仪使用,即将它的出射狭缝当作具有一定波长的单色光源。

2. 光波分复用器

利用光栅的分光原理,在光通信中可以用光栅来做光波分复用技术中的光滤波器和光波分复用器。光波分复用(WDM)技术是在一根光纤中同时传播多个波长光信号的一项技术。其基本原理是在发送端将不同波长的光信号组合起来(复用),并耦合到光缆线路上的同一根光纤中进行传播,在接收端又将组合波长的光信号分开(解复用),并做进一步处理,恢复出原信号后送入不同的终端,因此将此项技术称为光波长分割复用技术,简称光波分复用技术。

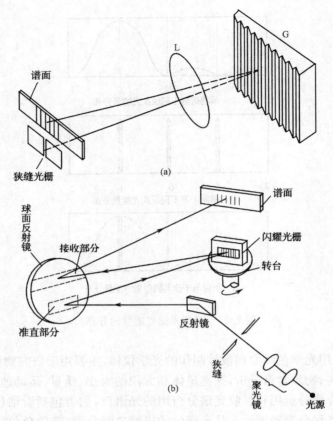

图 7.25　利特罗准直装置

光波分复用器和解复用器是 WDM 技术中的关键器件。光栅型光波分复用器是利用衍射光栅的角色散特性,使输入光波中不同波长成分以不同角度输出,从而将它们分开。其典型结构是由闪耀光栅、自聚焦透镜及输入、输出光纤列阵组成。图 7.26 所示为光栅型波分复用器的示意图。输入光纤将 $\lambda_1 \sim \lambda_5$ 的光信号送入 $T/4$ 自聚焦透镜,准直后成为平行光束,垂直射向光栅的槽面。由于光栅的色散作用,不同波长的光以不同的角度衍射,经自聚焦透镜聚焦后进入对应的输出光纤。

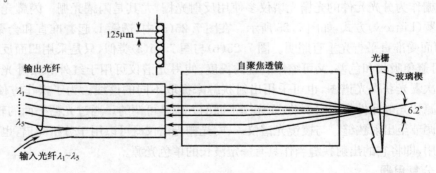

图 7.26　光栅型波分复用器的结构示意图

上述结构反过来使用就成为复用器,从 1～5 输入光纤端分别注入 $\lambda_1 \sim \lambda_5$ 的光信号时,从输出光纤可得到 $\lambda_1 \sim \lambda_5$ 的混合光。

3. 光栅分束器

在光谱学中,衍射角随着波长而变当然是最重要的。光栅还可以用作分束器,将入射波分为两个或多个分量,有时很方便。使用光栅而不用半反射镜等器件的主要优点是,它可以完全用于反射情况,因此适用于没有透明材料可用的波长,或适用于常规分束器因吸收而损耗功率的情况。有关后者的一个例子是对功率十分高的激光束,需要"虹吸"出一小部分光束用于诊断的目的。在这种情况下,所需要的是一个效率很低的光栅,第一级衍射效率也许是千分之几,并未严重降低主光束功率。在其他应用中,要求分出来的光束具有比较相近的强度。例如,图 7.27 所示为一个用于研究非光学表面平坦度的掠入射干涉仪。该干涉仪使用了两块光栅,一个将光束分裂,另一个将它们重新结合在一起。第一个光栅将波阵面分成两个分量,零级衍射未受扰动,但第一级衍射被待测的表面斜方向反射。然后在第二块光栅上再与零级衍射重新合成,产生干涉条纹,条纹图反应了待测表面的形状特性。在掠入射时,由偏离平坦度 Δh 所引入的光程差等于 $\Delta h \cos i$。干涉级次的改变为

$$\Delta m = \frac{2\Delta h \cos i}{\lambda} \tag{7.32}$$

入射角由光栅方程决定,在这种情况下,有

$$\cos i = \sin\theta = \lambda/d \tag{7.33}$$

因而 $\Delta m = 2\Delta h/d$,在正入射时,与斐索干涉仪中类似,$\Delta m = 2\Delta h/\lambda$。

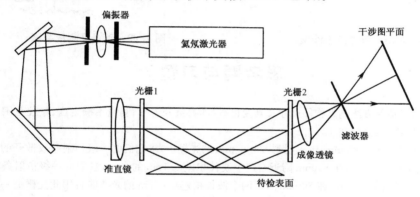

图 7.27　掠入射干涉仪光路图

这样一来,在正入射时,一条干涉条纹相当于平坦度偏离了半个波长。在掠入射时,一条干涉条纹相当于平坦度偏离了光栅周期的一半。这时,干涉条纹图可以用与斐索干涉图相同的方式来解释,所用的等价波长等于光栅周期。这种类型的干涉仪特别适用于研究工程表面:第一,这是因为灵敏度可以或多或少地随意选择(而正入射干涉仪一般都太灵敏);第二,因为在掠入射时,从非光学表面可以获得足够的反射率,因此甚至有可能研究磨毛的或机械加工过的表面;第三,因为倾斜的缘故,有可能研究比光栅要宽 5~20 倍的表面。如果光栅近似为方形,样品被照明的面积是一条长带,但将一系列长带的测量结果关联起来之后,就有可能研究较大的面积,比如一台使用宽 70mm(刻槽长度)、高 100mm 光栅的干涉仪,曾用于检验花岗岩平台的平坦度等任务。

4. 用于测试的光栅元件

光栅除了用于做分光元件外,还可以用来组成光栅式干涉仪或其他测试装置。图 7.28 所示为光栅式双光束干涉仪(相当于用一块衍射光栅代替两块反射镜的迈克尔逊干涉仪)。两块等腰直角棱镜胶合面镀半透半反膜,轴线 OO 与反射光栅 G 的法线重合,光栅周期为 d,入射光经 OO 分别以 i 角入射到光栅上,按相反方向的衍射光(即光栅在自准状态下应用)经半透半反膜及透镜 L 后,在焦点 F 处发生干涉。将光栅按箭头方向平移 Δd,两光束的相位差随之变化为

$$\Delta\varphi_{AB} = 4\,\frac{\Delta d}{d}2\pi \tag{7.34}$$

即当光栅移动一个光栅常数 $\Delta d = d$ 时,在 F 点处发生 4 个干涉条纹的移动。因此用这种装置可以进行微小位移的测量。

图 7.29 所示为用光栅作直线度测量的传感元件的系统。经准直的激光垂直照射到光栅 G 上,正、负一级衍射光分束垂直入射到双面反射镜上,并按原路返回,再经光栅之后,重新组合成一路光。当光栅沿双箭头方向在导轨上移动时,由光电探测器记录的信号的强度变化可以检测导轨的直线度。

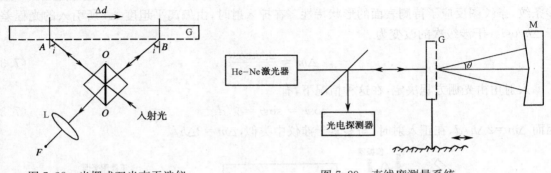

图 7.28 光栅式双光束干涉仪   图 7.29 直线度测量系统

思考题与习题 7

7.1 利用激光衍射方法测量物件尺寸及其变化时,其测量分辨率、测量不确定度、量程范围由哪些因素决定? 在实际测量时应注意什么?

7.2 用白光(400nm~800nm)正入射到 800lp/mm 的光栅上,求它们的一级衍射条纹散开的角度。若光栅后面放置的透镜焦距 $f = 1m$,在 800nm 附近有两个波长相差 0.1nm 的光波,它们的一级衍射条纹在光屏上分开多大距离? 若此光栅宽 30mm,在 800nm 附近两个波长相差 0.05nm 的光波能否用此光栅的一级衍射条纹把它们分辨出来?

7.3 当射到光栅上的光束改变入射角时,其分辨率是否变化?

7.4 试证明,本章图 7.28 所示光栅式双光束干涉仪在焦点 F 处发生干涉时,若将光栅箭头方向平移 Δd,两光束的相位差为

$$\Delta\varphi_{AB} = 4\,\frac{\Delta d}{d}2\pi$$

用这种装置可以进行微小位移的测量(可用傅里叶变换的平移定理证明)。

7.5 试分析本章图 7.29 所示系统,当光栅沿双箭头方向在导轨上移动时,由接收元件记录的信号的强度变化可以检测导轨的直线度。

第8章　其他典型光电测试技术

本章主要介绍应用非常广泛的莫尔测试技术、图像测试技术、光纤传感技术、光学层析探测技术、光学共焦显微技术以及微纳技术中的光电测试技术等内容。随着相关技术的发展，尤其是光电子技术和计算机技术的发展，上述几种技术的应用领域不断拓展，测试准确度、自动化程度、工作效率以及使用的灵活性和方便性等不断得到提高。

8.1　莫尔测试技术

莫尔(Moire)一词在法语中的原意是水波纹或波状花纹。当薄的两层丝绸重叠在一起并做相对运动时，则形成一种漂动的水波形花样，当时就将这种有趣的花样称为莫尔条纹。一般来说，任何两组(或多组)有一定排列规律的几何线簇的叠合，均能产生按新规律分布的莫尔条纹图案。1874 年英国物理学家瑞利首次将莫尔图案作为一种计测手段，根据条纹形态来评价光栅尺各线纹间的间隔均匀性，从而开创了莫尔测试技术。随着光刻技术和光电子技术水平的提高，莫尔技术获得较快发展，在位移测试、数字控制、伺服跟踪、运动比较等方面有广泛的应用。

8.1.1　莫尔测试技术基础

任何两组(或多组)几何线簇的叠合均能产生按新规律分布的莫尔条纹。在莫尔测试技术中，通常利用两块光栅(称为光栅副)或光栅的两个像的重叠产生莫尔条纹，以获取各种被测量的信息。因此，有必要先讨论莫尔条纹的形成原理，即讨论什么样的光栅在什么样的叠合情况下，会形成什么样的莫尔条纹。

1. 几何光学原理

莫尔条纹的形成，实质是光通过光栅时光的衍射和干涉的结果。但是，如果在莫尔测试技术中所用的光源为非相干光源，光栅为节距较大的黑白光栅，光栅副栅线面之间间隙较小时，通常可以按照光是直线传播的几何光学原理，利用光栅栅线之间的遮光效应来解释莫尔条纹的形成，并推导出光栅副结构参数与莫尔条纹几何图形的关系。

(1) 栅线遮光原理

当两块黑白线光栅相互叠合时，如果两线光栅的节距不同，或栅线方向不同，或节距与栅线方向均不同时，均可形成莫尔条纹。如图 8.1 所示为两节距较大的粗线光栅重叠形成莫尔条纹的原理图，图 8.1(a)中光栅节距不同，栅线方向相同；图 8.1(b)中栅线方向不同。当一块光栅的栅线(不透光部分)叠合在另一块光栅的缝隙位置时，在这个位置上将没有或很少有光线透过，此位置最暗。而在两个线光栅栅线互相叠合的区域或两个线光栅栅线交点区域，光栅透光部分没有遮挡，则透光面积最大，此位置最亮。若将最暗位置和最亮位置分别连起来，则形成最暗或最亮带，即莫尔条纹。原则上莫尔条纹可用亮纹表示，也可用暗纹表示，但实际莫尔条纹常用亮纹表示。由以上遮光原理的分析可见，莫尔条纹的分布，其几何形态、条纹间距及条纹方位等均可由两光栅栅线交点的轨迹确定。如果在观察时，光栅的相邻栅线对于人眼的张角小于视网膜的角分辨率，所观察到的将仅仅是莫尔条纹。

图 8.1(a)中，两光栅节距不同、栅线方向相同，所形成莫尔条纹的方向与栅线方向相同，称

为纵向莫尔条纹。在图 8.1(b)中,两光栅栅线有一小夹角,其莫尔条纹方向几乎与栅线方向垂直,称为横向莫尔条纹。

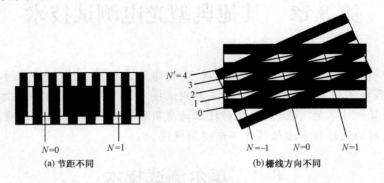

图 8.1　两粗线光栅重叠形成莫尔条纹的原理

在图 8.1 中,N 表示所形成的莫尔条纹亮纹的序数,N' 为另一组莫尔条纹亮纹的序数。在多数实际情况下,N' 较密,不被人眼所分辨和注意,而 N 则较宽、较显眼。因此,通常认为 N 就是莫尔条纹的序数。

应用遮光原理求解莫尔条纹的几何形态、条纹间距及条纹方位时,最常采用的是几何法和序数方程法。前者适用于局部范围,比较直观简便;后者适用于全场,且能导出莫尔条纹的方程式。由于莫尔条纹的几何形态、条纹间距及条纹方位仅取决于两光栅的栅线间距及叠合时的相对位置,而与栅线的实际宽度无关,因此,在分析、确定莫尔条纹的间距、方位等参数时,对黑白线光栅可用栅线(黑遮光部分)的几何中心线表示具有一定宽度的实际栅线。

(2)几何法

图 8.2(a)表示一对粗光栅所产生的莫尔效应。图中用细线勾出了局部区域的 4 根栅线,其中两根是 G_1 栅的,另外两根属于 G_2 栅。这 4 根栅线组成一个平行四边形 $ABCD$,如图 8.2(b)所示。显然,平行四边形的长对角线 AD 的跨度为 3 条亮带(或两倍条纹宽度),即莫尔条纹宽度 W 等于 A 点到 BC 线的垂直距离 AE(E 为垂足)。由图 8.2(b)中的 $\triangle ABC$ 可知,它的面积 S、3 个边及 P_1,P_2,W 和 θ 之间存在如下关系

$$\overline{AB} \times P_1 = \overline{AC} \times P_2 = \overline{BC} \times W = 2S \tag{8.1}$$

$$\overline{BC^2} = \overline{(AB)^2} + \overline{(AC)^2} - 2\,\overline{AB} \times \overline{AC}\cos\theta \tag{8.2}$$

由式(8.1)分别解出 $\overline{AB}$,$\overline{AC}$ 和 $\overline{BC}$,并代入式(8.2),可得

$$\left(\frac{1}{W}\right)^2 = \frac{1}{P_1^2} + \frac{1}{P_2^2} - 2\frac{\cos\theta}{P_1 P_2} \tag{8.3}$$

或

$$W = \frac{P_1 P_2}{\sqrt{P_1^2 + P_2^2 - 2P_1 P_2\cos\theta}} \tag{8.4}$$

这就是莫尔条纹节距(或宽度)公式。

实际应用中,两栅的节距往往相同,即 $P_1 = P_2 = P$。此时,式(8.4)可简化为

$$W = \frac{P}{\sqrt{2(1 - \cos\theta)}} = \frac{P}{2\sin(\theta/2)} \tag{8.5}$$

若两栅的叠合交叉角也很小,式(8.5)分母中的正弦值可用 θ 的弧度值代替,于是

$$W = \frac{P}{\theta} \tag{8.6}$$

若以条纹对于 Y 轴的夹角 φ 表示其方位,并注意到方位角只取锐角的规定(按图 8.2 所示

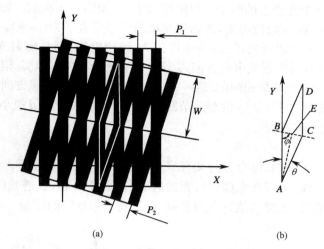

(a)   (b)

图 8.2　莫尔条纹的几何关系

的条纹位置，φ 为负值），φ 的函数可在 $\triangle ABC$ 中求解。

$$\overline{(AB)}\sin(-\varphi) = W \tag{8.7}$$

$$\overline{(AB)}\sin\theta = P_2 \tag{8.8}$$

由式(8.7)和式(8.8)得

$$\sin\varphi = -\frac{W\sin\theta}{P_2} = -\frac{P_1}{\sqrt{P_1^2 + P_2^2 - 2P_1P_2\cos\theta}} \tag{8.9}$$

当 $P_1 = P_2 = P$ 时，有

$$\sin\varphi = -\frac{\sin\theta}{\sqrt{2(1-\cos\theta)}} = -\cos\frac{\theta}{2} = -\sin\left(90° - \frac{\theta}{2}\right) \tag{8.10}$$

由式(8.10)解得 $\varphi = -(90° - \theta/2)$。显然，两栅节距相等时，莫尔条纹垂直于线纹交叉角 θ 的角平分线。如果两栅不仅节距相同，而且 θ 角也很小，则条纹宽度 W 将是栅距 P 的 $1/\theta$ 倍。例如，$\theta = 0.004\text{rad}$ 时(即 $14'$)，$W = 250P$，节距放大倍率达 250 倍。

2. 衍射原理

利用几何光学原理分析莫尔条纹的方法直观易懂，且有一定适用性。然而，几何光学原理本身是波动光学理论在某些条件下的近似。因此，单纯利用几何光学原理，不可能说明许多在莫尔测试技术中出现的现象。例如，在使用相位光栅时，这种光栅处处透光，它对入射光波的作用仅仅是对其相位进行调制，然而，利用相位光栅也能产生莫尔条纹，这就不可能用栅线的遮光作用予以说明。又如，当使用细节距光栅时，在普通照明条件下就很容易观察到彩色衍射条纹。在两块细节距光栅叠合形成的莫尔条纹中，往往会出现暗弱的次级条纹，这些现象必须应用衍射原理才能解释。再如，在莫尔测量技术中用到的光栅自成像现象也是无法用几何光学原理解释的，因此，有必要研究光栅的衍射现象，以深入讨论莫尔条纹的形成原理。

(1)光栅付的衍射

由物理光学可知，当一束单色平面光波入射到光栅 G_1 上时，将产生传播方向不同的各级平面衍射光，如图 8.3 所示。若在这块光栅后面再放置一块光栅，这两块光栅便形成一光栅付。一束单色平行光先入射到第一光栅上，由第一光栅产生的每一级的衍射光对第二光栅来说又是一入射光束，此入射光束通过第二光栅后又将产生不同级的衍射光束。因此，由光栅组合出射的每

一衍射光束应由它在两个光栅上的两个衍射级序数表示,如图8.3所示。如果第一光栅 G_1 的第 n 级衍射光经 G_2 后产生第 m 级衍射光,此衍射光束的级序可表示为 (n,m)。

若 G_1 最多可产生 N 级衍射光,G_2 最多可产生 M 级衍射光,则总出射光束数为 $N \times M$。尽管衍射光束有 $N \times M$ 个,但衍射光束的方向远小于 $N \times M$ 个,在 G_1 和 G_2 相同时,衍射级序满足 $n+m=r$ 的出射光束的方向总是相同的,这一方向称为光栅付的第 r 级方向,在每个方向上包含多个衍射光束。当光栅付中 G_1 和 G_2 的栅线节距相差很小且栅线夹角 θ 很小时,在同一级组光束中,各光束的出射方向基本相同。

(2)衍射光的干涉

光栅付衍射光有多个方向,每个方向又有多个光束,它们之间相互干涉形成的条纹很复杂,形成不了清晰的莫尔条纹,可以在光栅付后面加透镜 L(见图8.4),在透镜的焦点处用一光阑只让一个方向的衍射光通过,滤掉其他方向的光束,以提高莫尔条纹的质量。

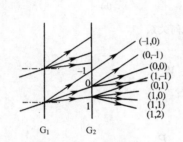

图8.3 双光栅的衍射级

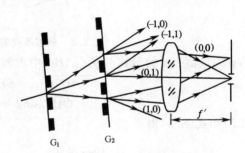

图8.4 衍射光的干涉

在同一方向上的光束中,由于它们的衍射级次不同,相位和振幅不同,它们相干的结果仍很复杂。通常光栅低级次衍射的光能量要比高级次的大得多,因此实际应用中,常选用衍射级序 $r=1$ 的一级组工作。在一级组中,两相干衍射光束的选定则应按照"等效衍射级次"最低的原则确定。所谓等效衍射级次,是指每一束光两衍射级次绝对值之和 $|n|+|m|$。衍射级次越低,则光能量越大,例如在 $r=1$ 的一级组中,$(0,1)$ 和 $(1,0)$ 这两束光的能量最大,为一级组中的主要分量,一级组的干涉图样主要由此两分量相干决定。

由一级组 $(0,1)$ 和 $(1,0)$ 两光束相干所形成的光强分布按余弦规律变化,其条纹方向和宽度与用几何光学原理分析的结果相同。在考虑同一组中各衍射光束干涉相加的一般情况下,莫尔条纹的光强分布的数学表达式不再是简单的余弦函数。通常,在其基本周期的最大值和最小值之间出现次最大值和次最小值,即在其主条纹之间出现次条纹、伴线。在许多应用场合,例如,对莫尔条纹信号做电子细分时,要求莫尔条纹光强分布的数学表达式为较严格的正弦或余弦函数。此时,应当采取空间滤波或其他措施,以去除莫尔条纹光强变化中的谐波周期变化成分。

3. 傅里叶分析方法

莫尔条纹的形成基于光栅付的叠合作用。光栅可被看作一种对入射光波振幅和相位进行调制的装置。在数学上,光栅可被描述为一种空间周期函数,由此,可用傅里叶分析的方法分析光栅的特性及讨论莫尔条纹的形成原理。傅里叶分析方法既可分析莫尔条纹的方向和宽度,又可计算出莫尔条纹的光强分布,并且分析过程灵活、简便。

(1)单光栅的透射特性及其傅里叶表达式

① 标准表达式:设 X,Y 平面为光栅栅线所在平面,取直角坐标系如图8.5所示。设 X 轴垂直于栅线的方向,栅线结构对称于 Y 轴分布。此透射光栅透过率的傅里叶级数表达式为

$$T(x) = \sum_{n=-\infty}^{\infty} A_n \exp(\mathrm{j}2\pi n f x) \tag{8.11}$$

式中，f 是光栅的空间频率，$f=1/P$；A_n 是傅里叶系数，为

$$A_n = \alpha\,\mathrm{sinc}(n\alpha) = \frac{\sin(\pi n\alpha)}{\pi n} \tag{8.12}$$

式中，α 是光栅的孔栅比，$\alpha=a/P$，即光栅上透光的孔宽与栅节距之比。

② 平移光栅表达式：设光栅栅线沿 X 轴方向平移 s，如图 8.6 所示。此时，光栅透过率的傅里叶级数为

$$T(x-s) = \sum_{n=-\infty}^{\infty} A_n \exp[\mathrm{j}2\pi n f(x-s)] \tag{8.13}$$

③ 旋转光栅表达式：设光栅绕垂直于光栅自身平面的轴转动 θ 角，如图 8.7 所示，光栅透过率的傅里叶级数表达式为

$$T(x,y) = \sum_{n=-\infty}^{\infty} A_n \exp[\mathrm{j}2\pi n(xf_y + yf_x)]$$

将 $f_x=f\cos\theta$，$f_y=f\sin\theta$ 代入上式，则表达式变为

$$T(x,y) = \sum_{n=-\infty}^{\infty} A_n \exp[\mathrm{j}2\pi n f(x\cos\theta + y\sin\theta)] \tag{8.14}$$

若光栅沿 X 轴位移 s，又绕光栅自身平面转 θ 角，则其透过率的傅里叶级数表达式为

$$T(x-s,y) = \sum_{n=-\infty}^{\infty} A_n \exp\{\mathrm{j}2\pi n f[(x-s)\cos\theta + y\sin\theta]\} \tag{8.15}$$

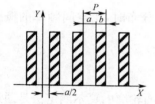

图 8.5 光栅透过率分布

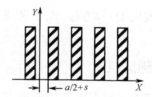

图 8.6 光栅平移

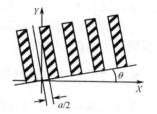

图 8.7 光栅旋转

（2）莫尔条纹的光强分布

设 G_1 和 G_2 两光栅的空间频率分别为 $f_1=1/P_1$，$f_2=1/P_2$。G_2 为旋转平移光栅，G_1 和 G_2 的透过率傅里叶级数分别为

$$T_1(x,y) = \sum_{n=-\infty}^{\infty} A_n \exp(\mathrm{j}2\pi n f_1 x)$$

$$T_2(x-s,y) = \sum_{n=-\infty}^{\infty} B_m \exp\{\mathrm{j}2\pi m f_2[(x-s)\cos\theta + y\sin\theta]\}$$

当 G_1 与 G_2 叠合，两栅间无间隙或间隙很小时，其透过率为

$$\begin{aligned} T &= T_1(x,y)T_2(x-s,y) \\ &= \sum_{n=-\infty}^{\infty}\sum_{m=-\infty}^{\infty} A_n B_m \exp[\mathrm{j}2\pi(nxf_1 + mxf_2\cos\theta - msf_2\cos\theta + myf_2\sin\theta)] \end{aligned} \tag{8.16}$$

如果入射到光栅付 G_1 和 G_2 的入射光强为 $I_0(x,y)$，出射光的光强为 $I(x-s,y)$，取 $m=-n$，则

$$\begin{aligned} I(x-s,y) &= I_0(x,y)\cdot T \\ &= I_0 \sum_{n=-\infty}^{\infty} A_n B_{-n} \exp\{\mathrm{j}2\pi n[x(f_1 - f_2\cos\theta) + sf_2\cos\theta - yf_2\sin\theta]\} \end{aligned} \tag{8.17}$$

已知两不同频率的正弦波以加或乘的形式叠加时，产生和频项和差频项。任一光栅均可视

为具有一定空间频率的周期性结构,两光栅叠合时,其组合透过特性可表达为两个具有不同空间频率函数的乘积,由此即产生空间频率概念上的和频与差频(拍频)项。一般认为,莫尔条纹的空间频率低于原光栅的空间频率,所以莫尔条纹即为两光栅叠合产生的拍频部分,莫尔条纹的频率就是拍频的频率,空间频率最低(周期最大)的成分即为莫尔条纹的基波。莫尔条纹的形状由基波决定,其他谐波频率成分则只影响莫尔条纹的光强分布。

由以上分析,令式(8.17)中 $f_1 - f_2\cos\theta = F_x$,$-f_2\sin\theta = F_y$,则式(8.17)变为

$$I(x-s,y) = I_0 \sum_{n=-\infty}^{\infty} A_n B_{-n} \exp[\mathrm{j}2\pi n(xF_x + yF_y + sf_2\cos\theta)] \tag{8.18}$$

式中,F_x 和 F_y 为莫尔条纹在 X,Y 轴上的分量。

用傅里叶分析方法分析两光栅叠合所产生的莫尔条纹时,可先将两光栅的频率分别在所选定的坐标轴上分解,然后在相应的坐标轴上做它们的差频,从而得到莫尔条纹在各坐标轴上的频率分量 F_x 和 F_y,则莫尔条纹的频率和方位分别为

$$F = \sqrt{F_x^2 + F_y^2} \tag{8.19}$$

$$\varphi = \arctan\frac{F_y}{F_x} \tag{8.20}$$

如果两光栅的频率分别为 $f_1 = 10\mathrm{lp/mm}$,$f_2 = 9\mathrm{lp/mm}$,纵向莫尔条纹($\theta = 0$)的频率为

$$f = f_1 - f_2 = 10 - 9 = 1$$

莫尔条纹宽度 $W = 1/f = 1\mathrm{mm}$。

可见,在分析莫尔条纹的频率(或周期)和方位,而不考虑其强度分布时,用空间频率的概念分析则更为方便、简单。

8.1.2 莫尔形貌(等高线)测试技术

莫尔形貌(等高线)测试是莫尔技术最重要的应用领域之一。表面轮廓的莫尔测定法是通过一块基准光栅来检测轮廓面上的影栅或像栅,并依据莫尔图案分布规律推算出轮廓形状的全场测量方法。

主要有两类不同布局的莫尔装置。其中一类将试件光栅和基准光栅合一,测量时观察者(或摄像机)透过光栅观察其空间阴影,这种方法称为实体光栅照射法(简称照射型);另一类装置是实体光栅投影法(简称投影型)。它的投影侧类似于一台幻灯机,用以在待测表面上产生试件光栅的变形像,而接收侧则是一架照相机或摄像机。光栅投影法是将空间变形像栅成像在基准光栅面上,以产生莫尔轮廓条纹。

除了照射型和投影型两种基本形式外,又派生出所谓光栅全息型、光栅衍射型和全景莫尔型等。这些方法在原理和光路布局上并无实质性变化,但扩大了莫尔形貌测试技术的性能和适用范围。

1. 照射型莫尔法

(1)几何原理

如图 8.8 所示,在待测物体前面放置一块光栅,在光栅前方用一点光源 S 以 α 角照明光栅。在光源的另一侧为观察点 K,可用肉眼也可用照相机和摄像机拍摄。设光源点和相机透镜离光栅平面距离相等,试件表面最高点与光栅可接触也可不接触。

光源将光栅上 B 点的栅线投影到试件表面上的 E 点,在相机位置将看到 B 栅线的影子恰与光栅上 D 栅线重合,由此在 D 点处可以看到一条莫尔条纹,设 $OB = nP$,$OD = mP$,则

$$BD = OB - OD = (n-m)P = NP$$

$$BD = h(\tan\alpha + \tan\beta)$$

$$h = \frac{NP}{\tan\alpha + \tan\beta} = \frac{NP}{\dfrac{\overline{OB}}{l} + \dfrac{\overline{DF}}{l}} = \frac{NP}{\dfrac{d - NP}{l}} = \frac{lNP}{d - NP} \qquad (8.21)$$

由式(8.21)可见,所得莫尔条纹为试件离光栅高度 h 的等高线簇,但相邻条纹间高差不等。

(2)视差修正

在运用以上方法时,由于视线斜对光栅而莫尔条纹在光栅平面形成,这就造成对试件表面各点坐标的透视差。在图 8.8 中,相机所摄莫尔条纹在 D 点,坐标为(x', y'),而实际上此条纹应代表试件表面上 E 点的高度,E 点坐标为(x, y)。因此,应对坐标的视差进行修正。由图 8.8 可知

$$\frac{x' - x}{h} = \frac{d - x'}{l}$$

因此得

$$\begin{cases} x = x' - \dfrac{h}{l}(d - x') \\[2mm] y = y' - \dfrac{h}{l}(d - y') \end{cases} \qquad (8.22)$$

获得莫尔条纹图后,应根据式(8.22)进行坐标修正。

2. 投影型莫尔法

照射型莫尔法虽然具有测定装置简单、使用方便、准确度高等特点,但要求光栅面积较大,至少能覆盖待测轮廓面,而且必须紧靠着它,这是该方法的两个主要缺点。在测定大物体时,由于制造光栅比较困难,照射法将难于实施,于是发展了一种投影型的方法。

图 8.9 所示为光栅投影系统和投影法的原理图,从光源发出的光线,经过聚光镜 C_1 和透镜 L_1,将基准光栅的像投影在物体 ob 上面,光栅像随着物体表面的形状而变形,即成为变形光栅;同时,在某一角度上配置一透镜系统 L_2,将变形光栅成像在 L_2 的像面上,其上放着与变形光栅像的节距相匹配的参考光栅 G_2,于是参考光栅 G_2 与变形光栅像之间形成莫尔条纹等高线。图中,从基准光栅 G_1 到透镜主点之间距离为 a,从透镜主点到物体上的基准点距离为 l,L_1 与 L_2 主点间距离为 d,光栅节距为 P。

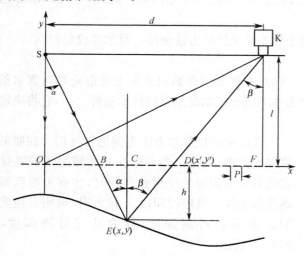

图 8.8　照射型莫尔法几何原理图

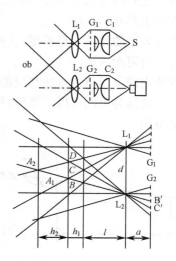

图 8.9　投影型莫尔法
光学系统及其原理图

由于 $\triangle A_1BC \backsim \triangle A_1L_1L_2$ 和 $\triangle BCL_2 \backsim \triangle B'C'L_2$，故

$$BC : d = h_1 : (h_1 + l), \quad BC = Pl/a$$

于是

$$h_1 = \frac{l}{a} \frac{Pl}{d - \dfrac{Pl}{a}} \tag{8.23}$$

又因 f 为透镜焦距，利用 $1/a + 1/l = 1/f$ 及式(8.23)可得

$$h_1 = \frac{Pl(l-f)}{fd - (l-f)P} \tag{8.24}$$

考虑 $\triangle A_2BD \backsim \triangle A_2L_2L_1$，$BD = 2BC$ 的关系，同样可求取 h_2。一般情况下，从基准面到莫尔条纹的深度为

$$h_N = \frac{l(l-f)NP}{fd - (l-f)NP} \tag{8.25}$$

投影型莫尔法有下列特点：

① 采用小面积基准光栅（通常像手掌那样大即可），透镜可以调换倍率；

② 同其他方法相比，可以测较大的三维物体；

③ 对微小物体，采用缩小投影方法，这样就不受光栅衍射现象的影响；

④ 投影的莫尔图形可在物体上直接观察；

⑤ 能取出变形光栅。

3. 莫尔条纹级次与凹凸判断

在使用照射莫尔方法与投影莫尔方法时，计算莫尔条纹所代表的高度时，要知道条纹的级数。实际测量时，条纹的绝对级数不易确定，只能定出条纹的相对级数。确定条纹的级数前，应先确定物体表面的凹凸。

被测定的物体是凹是凸，单从莫尔等高线是不能判断的，这就增加了计量中的不确定性，因此需要考虑如何进行凹凸判定问题。判定凹凸的一种方法是，当光栅离开物体时，如果条纹向内收缩，表明该处表面是凸的，反之是凹的；照射型中还可通过移动光源来确定凹凸问题，如果光源同接收器之间的距离 d 增加，条纹向外扩张，且条纹数增加，则是凸的。此外，也可采用彩色光栅的方法来判断凹与凸。

物体表面的凹凸一旦确定，就可用确定干涉条纹级次的方法来确定莫尔条纹的级次。

4. 几何可测深度

在使用照射型莫尔方法和投影型莫尔方法时，在被测试件纵向方向上可形成等高莫尔条纹的最大深度称为可测深度。显然，可测深度为该类测试技术最重要的技术指标之一，它将决定可测试的范围。

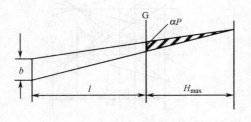

图 8.10　几何可测深度

现以照射型莫尔方法为例进行分析。在照射型莫尔方法中，只有当参考栅在光源照射下能在试件表面形成被调制的变形参考栅时，才有可能获得等高莫尔条纹。当栅线间距 P 较大时，可用几何光学的方法分析可测深度，称为几何可测深度，如图 8.10 所示。

实际光源总有一定宽度。设光源横向宽度为 b，由于光源线宽的影响，光栅透光区扩大而阴影区缩小，阴影区（图中斜线部分为阴影区）与透光区之间则为半影，这使影栅没有明确的亮暗界限，甚

至不能分辨。由图 8.10 可求出阴影区的最大深度 H_{max}，此值即为几何可测深度。

设光栅节距为 P，栅线遮光部分宽度与节距之比为 α，忽略衍射效应时，可得

$$H_{max} = \frac{\alpha P l}{b - \alpha P} \tag{8.26}$$

由此，要增加几何可测深度，可以压缩光源横向线宽，加大栅距，增加光源至参考栅的距离及加大栅线遮光部分宽度与节距之比。

8.1.3 莫尔测试技术的应用

随着科学技术的发展，莫尔技术的应用领域不断拓展，在长度计量、角度计量、运动比较、物体等高线测试、应变测试、速度测试及光学量的测试（如焦距、像差测试等）等方面获得广泛应用。下面介绍一些应用的例子。

1. 非对称双光栅测量位移

作为一种将机械位移信号转化为光电信号的手段，光栅式位移测量技术在长度与角度的数字化测量、运动比较测量、数控机床、应力分析等领域得到了广泛应用。光栅式测量装置与干涉测量仪相比，具有对环境适应能力强、结构简单、成本低等优点。为提高大量程位移测量的灵敏度，PostD 曾提出了用非对称双级闪耀参考光栅实现莫尔条纹倍增的思想。

非对称双光栅位移测量光路如图 8.11 所示。图中 G_1 为细光栅，也称参考光栅，一般用闪耀光栅，栅距为 d_r。G_2 为粗光栅，也称标尺光栅，栅距为 d_s，且有 $d_s = 2\beta d_r$，β 为大于 1 的整数。两光栅表面及其栅线互相平行，图中点划线为光栅法线。单色平行光束斜入射到光栅 G_1 上，调整光束入射角使得两束相邻的 P 和 Q 次主级衍射光对称分布于光栅法线两侧，即有衍射角 $i_P = -i_Q$。规定以光栅法线为起始边，沿逆时针方向转动所夹的锐角为正角。P 和 Q 光束一般为参考光栅的 0 级和 1 级衍射光，根据光栅方程有

$$\sin i_P = -\sin i_Q = \sin i = -\lambda/2d_r = -\beta\lambda/d_s \tag{8.27}$$

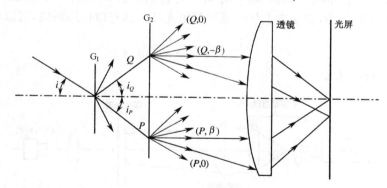

图 8.11　非对称双光栅位移测量光路图

衍射光束 P 和 Q 经光栅 G_2 再次发生衍射，衍射光束旁括号内的数字表示相应的衍射级次。可以证明，P 和 Q 光束经光栅 G_2 后的衍射光束两两平行，即有

$$\theta_{P,\beta+s} = \theta_{Q,-\beta+s}$$

式中，s 为整数，表示衍射角相等的两束光的序列。光屏放在透镜的焦平面上，衍射方向相同的光束由透镜会聚在光屏上，形成干涉莫尔条纹，且对于不同的 s 会聚于不同的点。可以证明，当标尺光栅 G_2 相对参考光栅 G_1 沿垂直于栅线方向水平移动 d_r 距离时，莫尔条纹明暗变化一次，移动距离为 d_s 时，莫尔条纹明暗变化 2β 次，则相对标尺光栅栅距 d_s 而言，实现了 2β 倍的条纹倍增，即有

$$L = Nd_r = Nd_s/2\beta \tag{8.28}$$

式中，L 为标尺光栅位移量；N 为莫尔条纹个数。莫尔条纹的灵敏度就是参考光栅的灵敏度，与标尺光栅无关。位移测量的量程约等于标尺光栅的长度，与参考光栅无关，而且莫尔条纹唯一地描述了光栅平面内的位移，对两光栅之间间隙变化不敏感。

这种方法具有分辨率高的特点，由于利用了衍射光栅的高级次衍射光，可以获得高的光学细分倍数。该方法还很好地解决了高线数光栅不能做得太长的问题，在不降低灵敏度的条件下扩大了量程，这在精密位移测量中有着重要的应用价值。

2. 直线度的测量

在直线度测量和准直操作中，都需要有一个直线的基准。传统的经纬仪、水准仪、自准直仪等非相干光仪器，在理论上都是将分划板十字丝在像空间的轨迹作为直线基准，但调焦的不确定度难以降低；普通的激光准直仪是利用扩束准直的激光束，以其能量重心的轨迹作为自然直线基准，但它的准确度受诸多因素的影响；激光双频干涉仪是用互成角度的两束光干涉的等光程位置作为直线基准，其灵敏度和准确度都较高，也是目前应用得较多的，但对激光器的稳定性要求很高，且只能做一维测量，测量时计数不能中断；波带片、相位板等衍射装置可以克服光强不均匀的缺点，但衍射十字丝的成像位置是不连续的，若调焦则必然会存在调焦残余误差，另外，当波阵面有偏差时，实际衍射十字丝也会变形和模糊，影响对准标准不确定度。

下面介绍一种利用零阶贝塞尔光束和圆环光栅重叠产生环状莫尔条纹来进行空间直线度测量的技术，该技术具有灵敏度高、操作方便、对光学元器件的精度和稳定性要求相对不高等优点，在某些方面和一定程度上对现有方法有所改进。

零阶贝塞尔光束和莫尔条纹的直线度测量系统原理图如图 8.12 所示。该测量系统工作过程如下：激光器发出的激光经扩束准直镜后照射在一个圆锥透镜上，该镜锥角为 θ（母线与底面夹角），于是出射锥光具有 $(n-1)\theta$ 的锥角（n 是透镜的折射率）。可以证明，通过圆锥透镜的衍射光束除了一个强度因子外，衍射图的横向分布是与传播位置无关的一个函数——贝塞尔函数 J_0，根据贝塞尔函数的特性，它基本上是一系列等距光环。其有效作用距离，可以表述为

$$0 < z < \frac{D}{2(n-1)\theta} \tag{8.29}$$

式中，D 是圆锥透镜的孔径。

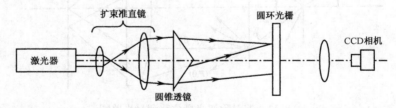

图 8.12　零阶贝塞尔光束和莫尔条纹的直线度测量系统原理图

这时在衍射光路上插入一个圆环光栅，且该光栅的栅距与衍射光斑环距略有不等，若使光栅中心与光束中心基本重合，则在光栅后面就可以看到零阶贝塞尔光束的光环和光栅环叠加所形成的环形莫尔条纹。易于推导，莫尔条纹的环距 m、光栅环距 g 与零阶贝塞尔光束的衍射光环距 b 之间的关系为

$$m = \left| \frac{g \times b}{g - b} \right|$$

如果光栅中心与光束中心发生偏离 dx，则莫尔环将相应发生移动，其形状也不再是理想的圆了，越靠近中心，变形越大。但当偏心不是太大时，莫尔环仍可看作圆，莫尔环中心与光栅中心

将偏离 Δx,与直线型莫尔条纹一样,其偏移量为

$$\Delta x = \mathrm{d}x\,\frac{m}{g}\tag{8.30}$$

可见,光栅中心的偏移量被放大了 m/g 倍,这正是莫尔条纹环技术能提高探测灵敏度的物理基础。由于光栅的 Talbot 自成像效应,在光栅之后的空间内存在一系列莫尔环的自成像,因此可以直接用 CCD 对其探测。

对 CCD 得到的偏心莫尔条纹图像进行处理,先得出光栅中心相对莫尔环中心的偏移量 $(\Delta x, \Delta y)$,然后就可以利用式(8.30)得到光栅中心相对贝塞尔衍射光环中心的二维偏移量($\mathrm{d}x$,$\mathrm{d}y$)。如果光栅是放置在被测物体(如导轨)上并随之运动的,就可以测量出沿移动方向各处的偏移,从而也就求出了光栅即被测物体移动的直线度。

8.2　图像测试技术

图像测试技术是以现代光学为基础,融合光电子学、计算机图形学、信息处理、计算机视觉等现代科学技术为一体的综合测试技术。图像测试技术把图像作为信息传递的载体,依据视觉原理和数字图像处理技术对物体所成图像进行分析研究,得到需要测量的信息,已经成功应用于医学、航空航天、冶金、气象、农业、渔业和机械工程等技术领域。

图像测试技术不仅适用于可见光,而且也适用于红外波段、X 射线、紫外波段、放射线、声波及超声波,使得光学测试的方法和应用都提高到一个更高的水平。

8.2.1　图像信息的获取

图像信息的获取是图像测试与处理的基础。所谓图像信息获取,就是采用各种手段将光学图像信息转化为电信号的过程。对图像信息的获取,一般要求图像信息均匀性好、线性度好、分辨率高、速度快、噪声小,所用设备精巧、价格低廉、便于维护。针对图像信息来源和种类的不同,有不同的图像信息获取方法。

1. 光机扫描成像方式

用一个或多个探测器作接收器,用光学系统或光学零件进行机械扫描运动,按照一定方式对目标进行顺序分解和瞬间取样,最终获取所需的目标信息,这种方式称为光机扫描成像。这种成像方式的主要特点是可获取较大的视场范围和动态范围,目前只有在某些特殊场合使用,而应用更广泛的是凝视成像方式。下面简单介绍几种常用的红外光机扫描成像方式。

（1）物扫描方式

所谓物扫描是指行扫部件与帧扫部件均在物方对平行光束进行扫描。图 8.13 是由旋转反射镜鼓对入射平行光束进行行扫,再由摆动平面反射镜对镜鼓出射平行光束进行帧扫的组合方式。决定此种结构基本尺寸大小的主要因素是光束宽度 D 和视场角 ω。

（2）伪物扫描方式

所谓伪物扫描是在物扫描机构之前加装一套前置望远镜组合而成的系统,如图 8.14 所示。对前置望远镜,有

$$D_2 = D_1\,\frac{1}{\Gamma}$$

式中,D_1 为前置望远镜入射光束口径;D_2 为前置望远镜出射光束口径;Γ 为前置望远镜视放大率。上式表明,加上前置望远镜后,使光束口径变小。若不计望远镜的透射损失,则在同样入射光束口径 D_1 的条件下,这种伪物扫描机构比前面述及的物扫描机构可以缩小扫描部件的尺寸,

有利于系统小型化及提高扫描速度。而在同样光束口径 D_2 的条件下，伪物扫描机构比物扫描机构的实际接收口径要大，这不仅增大了接收的能量，而且使衍射效应减小。

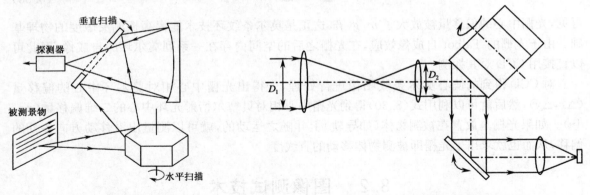

图 8.13　物扫描成像系统　　　　　　　　图 8.14　伪物扫描系统结构

（3）折射棱镜帧扫描、反射镜鼓行扫描方式

该方案的原理如图 8.15 所示，将折射棱镜置于前置望远镜中间光路进行帧扫描。图中左下角是旋转折射棱镜扫描效果示意图。由于折射棱镜的扫描效率高于摆镜的扫描效率，所以这种方案的总扫描效率比前述两种方案有所提高。但由于棱镜引入像差，则对像差修正增加了系统设计的困难。

（4）双折射棱镜扫描方式

这种系统的原理如图 8.16 所示。帧扫描与行扫描分别采用一个折射棱镜作为扫描器。光束经第一棱镜（帧扫）折射后很靠近光轴，因此第二棱镜（行扫）做得很窄，减轻了重量，这有利于高速扫描。这种方案经过精心设计，可有较高的扫描效率和扫描速度。但这种系统的像差修正难度相当大，光学部件的加工工艺要求也很高。很典型的产品如瑞典 AGA 公司的 AGA—780、AGA—782 热像仪均采用这种扫描方式。

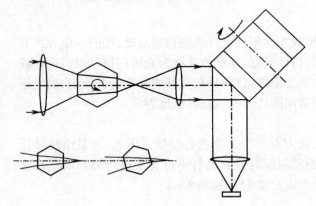
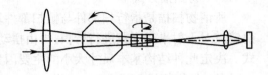

图 8.15　折射棱镜帧扫、反射镜鼓行扫方式　　　　图 8.16　双折射棱镜扫描方式

（5）推扫扫描方式

推扫扫描成像方式如图 8.17 所示，该扫描方式一般应用于遥感光学成像系统。单线阵探测器在遥感载台带动下前进，在与飞行轨道垂直方向上逐行以时序方式获取二维图像。在某一瞬时时刻，线阵探测器先在像面上形成一条线推扫影像，然后沿着预定的飞行轨道方向向前推进逐条扫描，最终获取覆盖整个区域的扫描影像。因此，一幅完整的推扫式影像是由几千甚至上万行

线推扫影像组成的,影像上每一行像元在同一时刻以行中心投影的方式成像。

2. 凝视成像方式

由于最初探测器制造工艺限制,只有单元和线阵成像器件可以在光电成像系统中使用,因此需要通过扫描方式将光学系统所成的景物像依次投射到感光器件上,经过一段时间的扫描,将每次扫描获得的电信号存储在存储器中,最后进行合成。现代光电子技术的发展极大地促进了面阵成像器件的发展,凝视成像即通过面阵成像器件一次性地将视场内的景物同时成像,然后读出。

变像管、摄像管、CCD 和 CMOS 等图像传感器是较为常见的光电成像器件。其中,前两种为真空器件,属于电子扫描成像器件,目前使用不

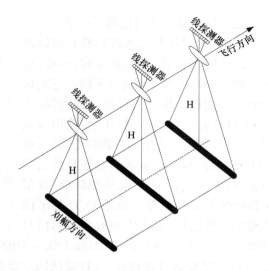

图 8.17 推扫扫描方式

多。随着大规模集成电路的发展,纳米技术日趋成熟,CCD 和 CMOS 固体成像器件也向着小像元尺寸、高帧频和多像素数的方向发展,以 CCD 和 CMOS 为光电成像器件所组成的图像信息获取系统获得广泛应用。

(1) CCD 成像器件

CCD 是由金属-氧化物-半导体(简称 MOS)构成的密排器件。这种 MOS 结构,一般是在 p 型(或 n 型)Si 单晶的衬底上生长一层 $100\sim200\text{nm}$ 的 SiO_2 层,再在 SiO_2 层上沉积具有一定形状的金属电极,一般是金属铝,如图 8.18 所示。MOS 结构实际上是一个 MOS 电容,当电极上加有适当的正偏压(或负偏压)时,该电压形成的电场穿过 SiO_2 层,并排斥 p 型(或 n 型)Si 中的多数载流子——孔穴(或电子),从而在电极下形成一个缺

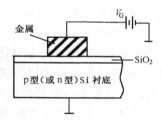

图 8.18 MOS 结构示意图

少孔穴(或电子)的耗尽层,在该区域少数载流子的浓度会相对增加。从而,在外加电场的作用条件下,在电极下的 SiO_2-Si 的界面得到一个与外加电压有关的存储少数载流子——电子(或孔穴)的势阱,所加偏压越大,势阱越深,少数载流子的存储能力越大。CCD 要完成成像过程,除了要将光学图像转变为电子图像的积分(曝光)过程外,还要具有存储电子、自扫描输出时间序列电信号的能力。

在使用 CCD 成像器件时,主要考虑分辨率、暗电流、灵敏度、动态范围、光谱响应等特性参数。

(2) CMOS 成像器件

CMOS 图像传感器芯片将图像传感部分、信号读出电路、信号处理电路和控制电路高度集成在一块芯片上,主要由感光阵列、水平(垂直)控制和时序电路、模拟信号读出处理电路、A/D 转换电路、数字图像信号处理电路和接口电路组成。CMOS 总体结构框图如图 8.19 所示,它一般由光敏像元阵列、行选通逻辑、列选通逻辑、定时和控制电路、在片模拟信号处理器和在片 A/D 转换器构成。行选通逻辑和列选通逻辑可以是移位存储器,也可以是译码器。定时电路和控制电路用于限制信号读出模式、设定积分时间、控制数据输出率等。在片模拟信号处理器完成信号积分、放大、取样和保持、相关双取样、双取样等功能。在片 A/D 转换器是在片数字成像系统所必须的,在 CMOS 图像传感器中既可以是整个成像阵列有一个 ADC 或几个 ADC(每种颜色一

个），也可以是成像阵列且每列一个。

CCD 与 CMOS 图像传感器光电转换的原理相同，但其信息读取方式、速度、电源及功耗和噪声等方面有所不同。它们最主要的差别在于信号的读出过程不同，由于 CCD 仅有一个（或少数几个）输出节点统一读出，其信号输出的一致性非常好；而 CMOS 芯片中，每个像素都有各自的信号放大器，各自进行电荷-电压的转换，其信号输出的一致性较差。但是 CCD 为了读出整幅图像信号，要求输出放大器的信号

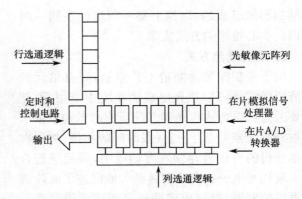

图 8.19　CMOS 图像传感器总体结构图

带宽较宽，而在 CMOS 芯片中，每个像元中的放大器的带宽要求较低，大大降低了芯片的功耗，这就是 CMOS 芯片功耗比 CCD 要低的主要原因。尽管降低了功耗，但是数以百万的放大器的不一致性却带来了更高的固定噪声。

（3）红外焦平面阵列（IRFPA）探测器

在红外领域里，人们习惯上把红外信号探测与信号读出的光学成像像面称为焦平面，把能在焦平面上完成红外信号探测，也能在焦平面上完成信号转移、多路传输、一路或多路读出的器件称为红外焦平面阵列器件。

工作于大气窗口 $3\sim5\mu m$ 和 $8\sim14\mu m$ 的红外焦平面阵列需要使用禁带宽度或激发能为 $0.1eV\sim0.25eV$ 的红外半导体材料（如 PtSi、InSb、HgCdTe 等）制作的红外光敏元阵列，而多路传输器电路仍多采用硅材料制作。因此，这将产生很复杂的探测器阵列与硅多路传输器互连问题，通常红外焦平面阵列器件就由这两个基本结构组成：红外探测器阵列部分和读出电路部分。

大多数光子型红外探测器需要在低温下工作，必须使红外焦平面阵列（主要是探测器阵列）进行低温冷却，常称这类器件为制冷型焦平面探测器。如果采用室温工作的红外探测器，则焦平面不再需要冷却，常称这类器件为非制冷焦平面探测器。

中波波段（MWIR）的红外材料主要有碲镉汞（HgCdTe，MCT）、锑化铟（InSb）和硅化铂（PtSi）等，国外投资最大、研究最多的 PtSi 肖特基势垒凝视 MWIR 焦平面是近年来已可批量生产的单片红外焦平面阵列器件，虽然量子效率很低，但均匀性极好，不需校正就可以获得良好的红外图像，NETD 为 0.1K。

20 世纪 90 年代成功发展了硅微测辐射热计和热释电探测器阵列两种非制冷焦平面器件，在国外已取得了突破性的进展。采用 320×240 元热释电焦平面器件的夜视仪的噪声等效温差（NETD）为 0.1K。近年来，非制冷硅微测辐射热计焦平面器件也取得重大突破，像元 $25\mu m$ 的高灵敏度 320×240 元微桥红外焦平面阵列，噪声等效温差（NETD）优于 35mK。同时，铁电薄膜型非制冷红外焦平面也在发展中。

衡量红外探测系统性能的重要指标为 NETD（噪声等效温差）和 MRTD（最小可分辨温差）。NETD 描述了红外探测系统温度灵敏度特性，其定义为温度为 T_A 的均匀方形黑体目标，处在温度为 T_B 的均匀黑背景中，红外探测系统对此目标进行观察，当系统输出的信噪比为 1 时，黑体目标和黑体背景的温差称为噪声等效温差。MRTD 是综合评价系统温度分辨率和空间分辨率的重要指标，它不仅包括了系统特征，也包括了观察者的主观因素。其定义是：对于具有某一空间频率的 4 个条带（高宽比为 7∶1）目标的标准黑体图案，由观察者在显示屏上作无限长时间的观察。当目标与背景之间的温差从零逐渐增大到观察者确认能分辨出 4 个条带的目标图案为止

（50％的概率），此时目标与背景之间的温差称为该空间频率的最小可分辨温差。MRTD 是空间频率 f 的函数，当目标图案的空间频率变化时，相应的可分辨温差是不同的。

MRTD 不仅是设计红外探测系统的重要依据，以 MRTD 为准，还可进行系统作用距离的估计。最小可分辨温差计算模型为

$$\mathrm{MRTD}(f) = \left[\frac{\pi^2 \mathrm{SNR}_{\mathrm{TH}}\sigma_{\mathrm{tvh}}K_z(f)}{8\mathrm{MTF}_z(f)}\right]\sqrt{E_t E_h(f)E_v(f)} \tag{8.31}$$

式中，σ_{tvh} 为随机时空噪声；$K_z(f)$ 为噪声校正函数；$\mathrm{MTF}_z(f)$ 为调制传递函数，h 和 v 分别表示为水平和垂直分量，下脚标 z 代表 h 或 v；$\mathrm{SNR}_{\mathrm{TH}}$ 为识别 4 条带目标的阈值信噪比；E_t 为人眼的时间积分函数，$E_h(f)$ 和 $E_v(f)$ 为人眼空间积分函数，其表达式分别为

$$\begin{cases} E_t = \dfrac{\alpha_t}{F_{\mathrm{R}}\tau_{\mathrm{E}}} \\[2mm] E_h(f) = \dfrac{1}{R_{\mathrm{h}}}\int \mathrm{MTF}^2(\omega)\mathrm{sinc}^2\left(\dfrac{\omega}{f}\right)\mathrm{d}\omega \\[2mm] E_v(f) = \dfrac{1}{R_{\mathrm{v}}}\int \mathrm{MTF}^2(\omega)\mathrm{sinc}^2\left(\dfrac{\omega}{f}\right)\mathrm{d}\omega \end{cases} \tag{8.32}$$

式中，α_t 为时间采用相关程度，F_{R} 为帧频，τ_{E} 为人眼积分时间，R_{h} 为水平采用率，R_v 为垂直采用率，$\mathrm{MTF}(\omega)$ 为系统噪声滤波器。

图 8.20 为美国 Raytheon 公司生产的红外探测系统在夜晚获取的红外图像，具有较高的温度分辨率和空间分辨率。由于红外图像信息的特点，其已被广泛应用于电力设备、石化设备、建筑物外墙、材料构件、电子线路及军事设备等领域的光电测试仪器中。

图 8.20　红外探测系统获取的红外图像

3. 新型成像技术

（1）自适应光学成像

在实际情况下，环境的动态干扰极大地降低了光学系统的成像分辨率，如大气湍流使大型天文光学望远镜物镜焦平面上的成像质量远远低于衍射极限的成像质量。

自适应光学成像技术是一种实时探测并校正波前相位畸变的动态校正成像技术。如图8.21所示，从被测目标发出的光波经过湍流大气进入成像光学系统，波前传感器实时探测出波前畸变，经波前控制器处理后产生的控制信号加到波前校正器上，产生与所探测到的波前畸变大小相等、符号相反的波前校正量，使光波波前由于动态干扰而产生的畸变得到实时补偿，从而获得接近衍射极限的成像质量。

波前传感器的目的是用于测量光波的振幅和相位。为满足动态测量相位的要求，一般有两种方法，一种方法是斜率法，即直接探测波前的一阶导数（即波前斜率）或二阶导数（即波前曲

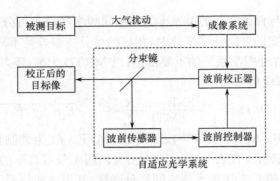

图 8.21　自适应光学成像原理框图

率),再通过波前复原算法求出波前相位。另外一种方法是间接法,即以光学系统聚焦后的成像质量来间接判断波前误差的大小,一般采用清晰度函数作为判据。波前传感器有多种,如剪切干涉波前传感器、动态哈特曼-夏克波前传感器、波前曲率传感器、像清晰化波前传感器等。

波前校正器是一种与传统光学元件不同的能动光学元件。波前校正器分为透射式和反射式两类。在透射式波前校正器中,工作介质在外部信号控制下改变局部折射率,从而为透射光束引入波前相位变化,如基于液晶技术的空间光调制器等,但是动态范围和响应速度有限。在自适应光学系统中应用较多的是反射式波前校正器,它在外界控制下,实现高速、高精度的光学镜面面形变化、平移或转角,从而改变光学系统的波前相位,具有较高的响应速度、大的动态范围,光程校正量与波长无关,并能承受较大光功率。反射式波前校正器有分离促动器连续表面变形镜、拼接子镜变形镜、薄膜变形镜、双压电片变形镜、微电子机械系统变形镜(如 DMD)等多种。

自适应光学成像系统要求畸变波面的补偿具有实时性,其补偿能力依赖于先进的波面检测技术、电子控制技术、高速计算能力、图像处理技术和高速数据通信技术等的技术水平和能力。如直径为 4m 的大型天文望远镜,当相干长度为 0.2m(此值与大气扰动相关)时,需要校正的单元数多达 400 个。由于大气扰动的速度比较快,约为毫秒量级,要求波前校正的速度大于大气扰动的时间,即动态补偿的速度也应在毫秒量级。而波前补偿的精度应优于几分之一波长才能满足光学成像质量的要求。

自适应光学成像技术具有实时克服光学系统各种动、静态误差因素的能力,使其不仅适用于光学望远镜的高分辨力成像,还在其他领域获得许多应用,如大气中的激光传输、激光加工中的光束稳定、净化和整形等。自适应光学技术最成功、最典型的应用是自适应光学望远镜,图 8.22 是一个典型应用的例子,其中自适应光学系统包括引导单元、倾斜校正单元和自适应光学校正单元 3 部分。

(2) 激光雷达

激光雷达是主动图像信息获取设备,其通过探测激光回波实现目标图像的获取,可以给出目标的三维信息(较一般的图像增加距离维信息)。图 8.23 为激光雷达典型结构框图,由激光器、发射光学系统、接收光学系统、光电探测器、A/D 转换电路、信号处理模块组成。其工作流程如下:信号发生器控制激光器发射出激光信号,激光信号经发射光学系统准直后照射到目标,再经过目标反射、散射等作用后携带着目标的距离和强度信息返回接收系统,通过接收光学系统采集到光电探测器转换成电信号,最后经过对电信号的分析获取返回信号所携带的目标信息。

发射系统主要由激光器和光束扩束系统组成。其中,激光器的种类包括二氧化碳激光器、掺钕钇铝石榴石激光器、半导体激光器及波长可调谐的固体激光器等;接收系统主要由望远系统和光电探测器构成,光电探测器如光电倍增管、半导体光电二极管、雪崩光电二极管、红外和可见光多元探测器件等。激光雷达可以采用脉冲或连续波两种工作方式,探测方法按照探测的原理不同可以分为米散射、瑞利散射、拉曼散射、布里渊散射、荧光、多普勒等多种形式。

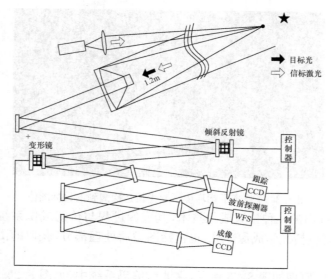

图 8.22　1.2m 焦距 61 校正单元的自适应光学望远镜原理图

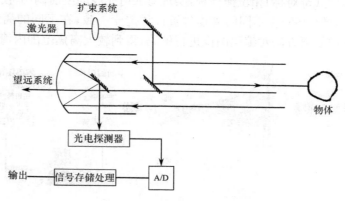

图 8.23　激光雷达原理示意图

激光雷达不仅是军事上获取三维地理信息的主要途径,而且通过激光雷达获取的数据也被广泛应用于资源勘探、城市规划、农业开发、水利工程、土地利用、环境监测、交通通信、防震减灾及国家重点建设项目等方面,为国民经济、社会发展和科学研究提供了极为重要的原始资料,并取得了显著的经济效益,展示出良好的应用前景。

在众多激光雷达中,面阵成像三维激光雷达是面阵成像光学系统与测距激光雷达相结合的产物,把成像系统中获得的二维分布换算为雷达捕获的距离信息,通过一个逆投影过程再现物空间的三维信息。面阵激光雷达的激光回波信号同样与像增强器具有固定的相位延时,在相关捕获后即在探测器上获得了与相位差相关的强度值。经过多次移相测量,可以解出相位差,求出距离信息。面阵成像三维激光雷达的测距性能有许多指标,如测距精度、作用距离、空间分辨率等,这些指标不仅仅取决于测距原理,也取决于关键器件的噪声特性。

由于激光雷达采用主动图像信息获取方式,因而具有较好的抗干扰能力。图 8.24 为采用激光雷达探测的某一场景,由图中可以看出,该场景中包含较多的强光照明装置,普通探测方式难以获取强光干扰源后的景物目标。而采用激光雷达进行探测,可观察到强光干扰源后的建筑目标,这体现了激光雷达的抗干扰能力。

(3) 波前编码

波前编码(Wavefront Coding)成像技术是 1995 年由科罗拉多大学的 Edward R. Dowski 和

图 8.24　强光干扰环境下激光雷达探测到的目标图像

W. Thomas Cathey 提出的一种计算成像技术,其成像过程与传统成像系统有着本质区别。该技术需要两步成像,既包括光学成像部分,也包括图像后处理部分,获取的图像信息量也与传统系统有着本质差别。

波前编码成像系统原理如图 8.25 所示,在波前编码系统中(见图 8.25（a）),通过在光瞳面上添加一块非旋转对称(奇对称)相位掩模板,实现对入射光波的波前调制,使系统的光学传递函数(OTF)和点扩散函数(PSF)在不同的离焦位置性质趋于一致,在不同的离焦位置均成一模糊的编码图像,通过图像复原方法对编码图像进行解码,得到较大离焦范围内清晰的图像。

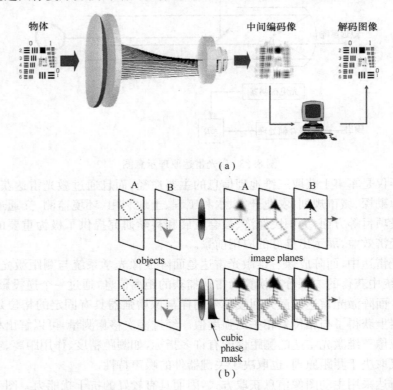

图 8.25　波前编码光学系统原理图

通过图 8.25（b）可以更为直观地了解波前编码系统的离焦不变特性。在图 8.25（b）中,传统系统对一定景深的物体成像时,仅在与物共轭的像平面内成像较为清晰(AA 和 BB 分别是两个共轭的物像平面);而在波前编码系统中,对于相同景深的空间物体,系统在各离焦位置所成图像质量一致,这一系列图像可利用同一滤波器进行图像解码,得到较大景深范围内清晰的图像。

通过在入瞳处进行不同的编码设计，进而提升光学系统的性能，这也是不同形式相位板产生的原因。基于此，University of New Mexico 的 S. Prasad 等提出了光瞳相位工程（Pupil Phase Engineering）的概念，通过在普通光学系统的出瞳处进行特定的相位或振幅编码以达到不同的光学设计效果，以突破普通光学系统无法超越的理论极限，获取更加丰富的图像信息。图 8.26 给出了传统系统和波前编码系统采集的图像信息，可以看出，波前编码系统获取了更大景深范围内的景物信息。

(a)传统系统所成图像　　　　　(b)波前编码系统所成图像

图 8.26　波前编码系统与传统光学系统成像比较

（4）光场成像

光场成像属于计算成像领域的一种新方法，其目的是获取景物的四维光场，成像过程包括光学成像和图像重构两部分。一个物体发出的连续分布的辐射，可以被全光函数完整地表达，全光函数是一个七维函数。它完整地描述了波长为 λ，时刻 t 沿着一条光线的辐射

$$P = P(x, y, z, \theta, \phi, \lambda, t) \tag{8.33}$$

x、y、z、θ、ϕ 描述了入射到点 (x, y, z)、方向为 (θ, ϕ) 的光线。式(8.33)完整地描述了一个物体的外观。一个物体的外观取决于入射照明、表面性质和几何形状。然而实际上，测量一个物体的完整连续的全光函数是不可能的，只能探测到它的离散化和缩减维度后的近似。而四维光场就是这样一种近似。假设全光函数具有时间不变性，入射光为单色光，式(8.33)可以被转变为如下的标量值公式

$$P_{\mathrm{RGB}} = P_{\mathrm{RGB}}(x, y, z, \theta, \phi) \tag{8.34}$$

假设沿着一条光线的辐射是不变的，则可以约减一维变量。当全光函数在自由空间被定义的时候，这个假设是成立的。因而式(8.34)里的冗余可以通过将光场参数化后去掉。所谓光场就是一个将自由空间光线投射到辐射的四维函数

$$L = L(u, v, s, t) \tag{8.35}$$

在上面这个函数中，输入是一个用 4 个坐标 u、v、s、t 表示的自由空间光线，而输出是通过一个三成分 RGB 矢量近似的辐射亮度。输入的坐标可以表示空间位置或方向，这取决于如何参数化。比如，两平面参数化，u、v、s、t 是光线与 UV 平面和 ST 平面的交点坐标。

结构最为简单的光场成像系统是通过在探测器前添加微透镜阵列实现的，其基本结构如图 8.27 所示。孔径分割原理的光场相机主要由主光学系统、微透镜阵列与探测器 3 部分组成。微透镜的作用是将主镜的光瞳成像在探测器上并覆盖若干个探测器单元，相当于将整个光瞳分割成若干个子孔径。成像系统内的光场分布由于微透镜的作用而转化为探测器单元的输出信号，且与微透镜位置反映的两维空间位置信息和微透镜覆盖的探测器像元位置反映的两维方向信息分别相对应，实现了四维光场的解析。在光场相机中，微透镜阵列与主光学系统、成像探测器之间有严格的位置和方位关系，为了保证这些位置关系稳定可靠，一般来说微透镜阵列与成像

探测器安装固化为一体。图 8.28 为通过光场相机采集到的图像,探测器前微透镜阵列的添加实现了光场捕捉,经光场重构后,可获得任意深度的清晰图像。

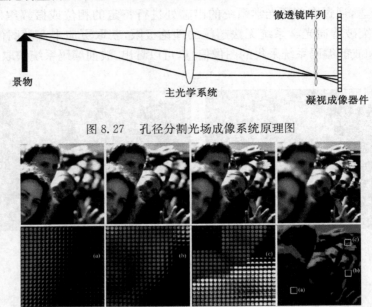

图 8.27　孔径分割光场成像系统原理图

图 8.28　光场相机采集到的图像

（5）关联成像（鬼成像）

关联成像又称为鬼成像,是一种使用无空间分辨率的单像素探测器获取物体空间信息的新型图像获取技术。关联成像技术原理上是利用光源的相关信息,通过对光源强度分布和经物体透射或反射后的光源变化信息进行对比,计算两者光场强度的互相关,进而实现物体面貌的重构。

关联成像最初使用量子纠缠的双光子作为光源,由一束激光照射非线性晶体产生双光子纠缠对,经分束后一路被探测器直接接收,另一路经物体后被探测器接收,当两探测支路满足光子复合探测时,依据晶体泵浦产生的双光子纠缠态,便可实现物体的探测成像。关联成像具有两个独特的成像特性:一是对任何一路的测量（即光子测量）均不能得到有关物体的信息;二是空间分辨探测部分是在没有物体的直接探测光路中进行的,而对有物体的信号光路只执行单元能量探测,这些性质难以由传统的光学成像理论来理解,因此称为鬼成像。然而,随着关联成像技术的发展,光源不再局限于光子纠缠源,光源类型被扩展至随机涨落的赝热光和随机编码光源,这使得关联成像是否属于量子成像范畴一直存在争议。

图 8.29 为关联成像系统的原理图,图中光源采用赝热光源。激光光束经旋转的毛玻璃后产生赝热光,经分束器后,一路被 CCD 接收以实现光源空间强度的探测,另一路经物体后被会聚于一点,由桶探测器接收记录该会聚点光强,CCD 位置与物体位置共轭,通过计算会聚点与 CCD 阵列光强之间的互相关,再经重构后便可获得物体的像。设 CCD 第 r 次探测的赝热光源强度分布为 $I_r(x,y)$,物体透过率函数为 $T(x,y)$,则桶探测器第 r 次探测到的强度 B_r 为

$$B_r = \int I_r(x,y)T(x,y)\mathrm{d}x\mathrm{d}y \tag{8.36}$$

式中,x,y 为 CCD 空间坐标。这样,互相关重构图像 $G(x,y)$ 可表示为

$$
\begin{aligned}
G(x,y) &= \frac{1}{N}\sum_{r=1}^{N}(B_r - \langle B_r \rangle)I_r(x,y) \\
&= \langle B_r I_r(x,y)\rangle - \langle B_r\rangle\langle I_r(x,y)\rangle
\end{aligned} \tag{8.37}
$$

式中，⟨•⟩为取平均。可以看出，以 B_r 作为权重，通过对 N 次 CCD 获得强度求和便可获得物体的像。B_r 的作用在于增加物体高透过率部分的强度，对 $I_r(x,y)$ 加权累加后，物体高透过率部分和低透过率部分所成图像对比度增加，进而多帧累加后可实现图像重构。此外，式中减去 $⟨B_r⟩⟨I_r(x,y)⟩$ 的作用为消除背景噪声。

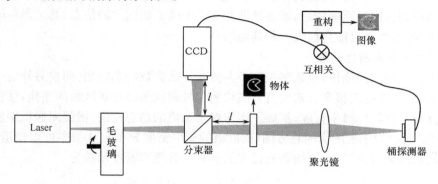

图 8.29　关联成像原理

关联成像尽管也需要对物体透射或反射的光场进行探测，但是并不要求做空间分辨探测，担任空间分辨测量任务的探测器与物体可以分离。这样，如果携带物体信息的光场受到随机扰乱，用传统焦平面成像方式难于获取的物体图像，关联成像系统仍可实现探测，随机的扰乱并不影响最终的测量结果。

8.2.2　图像的预处理技术

早期的图像测试技术多采用照相机拍照的方式，对照片进行事后的分析与处理，比如对各种条纹的判读和计算。随着数字图像测试技术的发展，越来越多地利用计算机来分析光学图像，从而达到测试目的。利用光传感器和计算机的强大数据运算能力对光学图像进行自动测量、处理和分析，可以获得被测物的各类数据，并给出测试的结果数据、分类结果或进行实时显示等。一般地，采集到计算机中的图像首先要进行预处理，本节简要地介绍一些常用预处理技术。

1. 灰度直方图

灰度直方图是灰度级的函数，描述的是一幅图像中的灰度级与出现这种灰度的概率之间关系的图形，其横坐标是灰度级，纵坐标是该灰度出现的概率（像素的个数），如图 8.30 所示为一个实际例子。

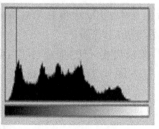

图 8.30　一幅图像及其灰度直方图

当一幅图像被压缩为直方图后，所有的空间信息都丢失了。直方图描述了每个灰度级具有的像素个数，但不能为这些像素在图像中的位置提供任何线索。因此，任一特定的图像有唯一的直方图，但反之并不成立，即不同的图像可以有着相同的直方图，如在图像中移动物体一般对直方图没有影响。

2. 图像增强处理

图像增强是指按特定的需要突出一幅图像中的某些信息,同时削弱或去除某些不需要的信息的处理方法,主要目的是使处理后的图像对某种特定应用来说,比原始图像更适用。因此,这类处理是为了某种应用目的而去改善图像的质量的,处理的结果使图像更适合于人的视觉特性或机器系统的识别。应该明确的是,增强处理并不能增强原始图像的信息,其结果只能增强对某种信息的辨识能力,而且可能会损失一些其他信息。

(1) 灰度直方图均衡化处理

对曝光不均匀的图像来说,在某些灰度级上分布的像素数特别密集,而在另外的一些灰度级上的分布却为零,动态范围很窄。灰度直方图均衡化处理就是经过灰度级的变换,使变换后的图像的灰度级分布具有均匀概率密度,扩展了图像像素取值的动态范围,增强图像识别能力。

图 8.31(a)所示为原始图像的直方图(灰度级的概率密度分布),从图中可以知道,该图像的灰度集中在较暗的区域,相当于一幅曝光过强的照片。其概率密度函数为

$$P_r(r) = \begin{cases} -2r+2 & 0 \leqslant r \leqslant 1 \\ 0 & \text{其他} \end{cases} \tag{8.38}$$

式中,r 是归一化的像素灰度级。采用累积分布函数原理可以求其变换函数为

$$s = T(r) = \int_0^r P_r(w)\,\mathrm{d}w = -r^2 + 2r \tag{8.39}$$

式中,s 为变换后的像素灰度级,其变换函数曲线如图 8.31(b)所示,可以证明,变换后的像素分布概率密度是均匀的,如图 8.31(c)所示。图 8.32 所示为直方图均衡化的例子。

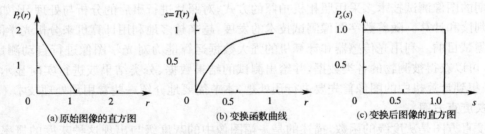

图 8.31 直方图均衡化处理的均匀密度变换

(2) 直方图规定化处理

直方图均衡化的变换函数采用的是累积分布函数,只能产生近似均匀的直方图效果。在某些应用中,并不总是需要具有均匀分布直方图的图像,而是需要具有特定直方图的图像,以便能够对图像中的某些灰度级加以增强。

设 $P_r(r)$ 是原始图像灰度分布的概率密度函数,$P_z(z)$ 是希望得到的图像的概率密度函数。首先,对原始图像进行直方图均衡化处理,即有

$$s = T(r) = \int_0^r P_r(w)\,\mathrm{d}w \tag{8.40}$$

假设对希望得到的图像也做直方图均衡化处理,有

$$u = G(z) = \int_0^z P_z(w)\,\mathrm{d}w \tag{8.41}$$

由于两幅图像同样做了均衡化处理,那么,$P_s(s)$ 和 $P_u(u)$ 具有同样的均匀密度分布。如果用从原始图像中得到的均匀灰度级 s 来代替 u,则式(8.41)的逆过程的结果,其灰度级就是所要求的概率密度函数 $P_z(z)$ 的灰度级。即

$$z = G^{-1}(u) = G^{-1}(s) \tag{8.42}$$

用这种处理方法得到的新图像的灰度级具有事先规定的概率密度函数 $P_z(z)$。这种方法在连续变量的情况下涉及求反变换函数的解析式的问题,一般比较困难,但是数字图像处理的是离散变量,一般采用近似方法绕过这个问题。

(3)图像平滑化处理

图像平滑化处理追求的目标是消除图像中的各种寄生效应又不使图像的边缘轮廓和线条模糊。图像平滑化处理方法有空域法和频域法两大类,主要有邻域平均法、低通滤波法、多图像平均法等。

邻域平均法的基本思想是用几个像素的平均值来代替每个像素的灰度。假定有一幅 $N \times N$ 个像素的图像 $f(x,y)$,平滑处理后得到一幅图像 $g(x,y)$,则

$$g(x,y) = \frac{1}{M} \sum_{(m,n) \in S} f(m,n) \tag{8.43}$$

式中,$x,y=0,1,2,\cdots,N-1$;S 是 (x,y) 点邻域中点的坐标的集合,其中可以包含也可以不包含 (x,y) 点;M 是集合内坐标点的总数。图 8.33 中,A 选取的邻域是周围的 4 个像素,而 B 的邻域是 8 个像素。邻域平均法对抑制噪声是有效的,但是随着邻域的加大,图像的模糊程度也越加严重,如图 8.34 所示。

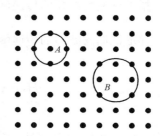

图 8.32　图 8.30 的直方图均衡化结果　　　　　　　图 8.33　邻域的选取

(a) 加有随机噪声的原图　　　　　(b) 4点邻域平均　　　　　(c) 8点邻域平均

图 8.34　邻域平均处理效果

低通滤波法是一种频域处理法。在分析图像的频率特性时,图像的边缘、跳跃部分及颗粒噪声表现为图像信号的高频分量,而大面积的背景区域则表现为图像信号的低频分量,用滤波的方法除去高频部分,就能抑制噪声,使图像平滑。由卷积定理可知

$$G(u,v) = H(u,v) \cdot F(u,v)$$

式中,$F(u,v)$ 是含有噪声的图像的傅里叶变换;$G(u,v)$ 是平滑处理后的图像的傅里叶变换;$H(u,v)$ 是传递函数。选择低通滤波特性的 $H(u,v)$,使 $F(u,v)$ 的高频分量得到衰减,得到

$G(u,v)$ 后再经反傅里叶变换就得到所希望的平滑图像 $g(x,y)$。常用的低通滤波器有以下几种，其 $H(u,v)$ 的剖面图如图 8.35 所示。

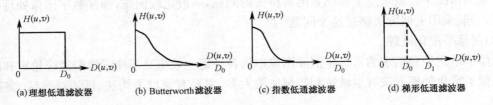

(a) 理想低通滤波器　(b) Butterworth 滤波器　(c) 指数低通滤波器　(d) 梯形低通滤波器

图 8.35　低通滤波器传递函数剖面图

理想低通滤波器的传递函数为

$$H(u,v) = \begin{cases} 1 & D(u,v) \leqslant D_0 \\ 0 & D(u,v) > D_0 \end{cases}$$

巴特沃斯(Butterworth)低通滤波器的传递函数为

$$H(u,v) = \frac{1}{1 + \left[\dfrac{D(u,v)}{D_0}\right]^{2n}}$$

指数低通滤波器的传递函数为

$$H(u,v) = \mathrm{e}^{-\left[\frac{D(u,v)}{D_0}\right]^n}$$

梯形低通滤波器的传递函数为

$$H(u,v) = \begin{cases} 1 & D(u,v) < D_0 \\ \dfrac{D(u,v) - D_1}{D_0 - D_1} & D_0 \leqslant D(u,v) \leqslant D_1 \\ 0 & D(u,v) > D_1 \end{cases}$$

式中，D_0 是截止频率，它是一个规定的非负的量；$D(u,v)$ 是从频率域的原点到 (u,v) 点的距离；D_1 是大于 D_0 的频率值。

用低通滤波器进行平滑处理，可以使噪声伪轮廓等寄生效应减低到不显眼的程度，但是由于低通滤波器对噪声等寄生成分滤除的同时，对有用的高频成分也滤除，因此，这种去噪处理是以牺牲清晰度为代价的。

如果一幅图像包含有加性噪声，这些噪声对于每个坐标点是不相关的，并且其平均值为零，就可以用多图像平均法达到抑制噪声的目的。这种方法在实际应用中的最大困难是如何把多幅图像配准起来。

(4)图像锐化处理

图像锐化处理主要用于增强图像的边缘和灰度跳跃部分。与图像平滑化处理一样，图像锐化处理方法也有空域法和频域法两大类。

梯度微分法是最常用的图像锐化方法。如果给定一个函数 $f(x,y)$，在坐标 (x,y) 上的梯度可以定义为一个矢量

$$\mathrm{grad}[f(x,y)] = \begin{bmatrix} \dfrac{\partial f}{\partial x} \\ \dfrac{\partial f}{\partial y} \end{bmatrix} \tag{8.44}$$

如果用 $G[f(x,y)]$ 来表示 $\mathrm{grad}[f(x,y)]$ 的幅度，则

$$G[f(x,y)] = \max\{\mathrm{grad}[f(x,y)]\} = \left[\left(\frac{\partial f}{\partial x}\right)^2 + \left(\frac{\partial f}{\partial y}\right)^2\right]^{\frac{1}{2}} \tag{8.45}$$

那么，$\mathrm{grad}[f(x,y)]$是指向 $f(x,y)$最大增加率的方向；$G[f(x,y)]$是在 $\mathrm{grad}[f(x,y)]$方向上每单位距离 $f(x,y)$的最大增加率。

在数字图像处理中，数据是离散型的，通常采用差分形式代替微分运算

$$G[f(x,y)] \approx \{[f(x,y)-f(x+1,y)]^2+[f(x,y)-f(x,y+1)]^2\}^{\frac{1}{2}} \tag{8.46}$$

而且在计算机计算梯度时，通常用绝对值来近似代替差分运算

$$G[f(x,y)] \approx |f(x,y)-f(x+1,y)|+|f(x,y)-f(x,y+1)| \tag{8.47}$$

由上面的公式可以知道，梯度的近似值和相邻像素的灰度成正比。在一幅图像中，边缘区梯度值较大，平缓区梯度值较小，而在灰度值为常数的区域梯度值为零。当选定了近似梯度的计算方法后，可以有多种方法产生梯度图像，例如，最简单的方法是让坐标(x,y)处的值等于该点的梯度。

在实际应用中，检测图像中灰度级跃变的边缘可以将上述算法简化为各种掩模算子，这些算子与图像的卷积，可以找出图像上存在的边缘及位置和方向。最常见的几个算子如图 8.36所示，其处理效果如图 8.37 所示。

-1	-2	-1
0	0	0
1	2	1

-1	0	1
-2	0	2
-1	0	1

(a) Sobel

-1	-1	-1
0	0	0
1	1	1

1	0	-1
1	0	-1
1	0	-1

(b) Prewitt

-1	-1	-1
0	0	0
1	1	1

1	0	-1
1	0	-1
1	0	-1

(c) Laplacian

0	1
-1	0

(d) Robert

图 8.36　基于梯度微分法的边缘算子

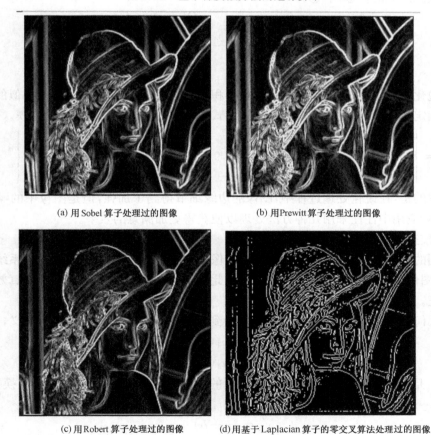

(a) 用 Sobel 算子处理过的图像　　(b) 用Prewitt 算子处理过的图像

(c) 用Robert 算子处理过的图像　　(d)用基于Laplacian 算子的零交叉算法处理过的图像

图 8.37　图像锐化处理效果

与图像平滑方法相反,采用高通滤波法可以锐化图像,常用的高通滤波器有以下几种,其 $H(u,v)$ 的剖面图如图 8.38 所示。

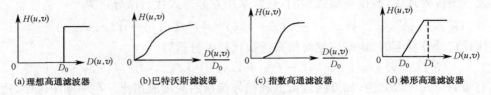

(a)理想高通滤波器　　(b)巴特沃斯滤波器　　(c)指数高通滤波器　　(d)梯形高通滤波器

图 8.38　高通滤波器传递函数剖面图

理想高通滤波器的传递函数为

$$H(u,v) = \begin{cases} 0 & D(u,v) \leqslant D_0 \\ 1 & D(u,v) > D_0 \end{cases}$$

巴特沃斯高通滤波器的传递函数为

$$H(u,v) = \frac{1}{1 + \left[\dfrac{D_0}{D(u,v)}\right]^{2n}}$$

指数高通滤波器的传递函数为

$$H(u,v) = \mathrm{e}^{-\left[\frac{D_0}{D(u,v)}\right]^n}$$

梯形高通滤波器的传递函数为

$$H(u,v) = \begin{cases} 0 & D(u,v) < D_0 \\ \dfrac{D(u,v) - D_0}{D_1 - D_0} & D_0 \leqslant D(u,v) \leqslant D_1 \\ 1 & D(u,v) > D_1 \end{cases}$$

在图像锐化处理中,也可以采用空域离散卷积的方法,该方法与高通滤波有类似的效果。这种方法是先确定掩模,然后对图像做卷积处理。式(8.48)就是几种高通形式的掩模。

$$h = \begin{vmatrix} 0 & -1 & 0 \\ -1 & 5 & -1 \\ 0 & -1 & 0 \end{vmatrix} \quad h = \begin{vmatrix} -1 & -1 & -1 \\ -1 & 9 & -1 \\ -1 & -1 & -1 \end{vmatrix} \quad h = \begin{vmatrix} 1 & -2 & 1 \\ -2 & 5 & -2 \\ 1 & -2 & 1 \end{vmatrix} \quad (8.48)$$

值得注意的是,在锐化处理过程中,图像的边缘细节得到了加强,但是图像中的噪声也同时被加重了,实际应用中往往采用几种方法处理以便获得更加满意的效果。

(5)失真校正

来源不同的图像可能会存在几何失真,如图像透视失真、光学成像失真和扫描系统产生的畸变失真等,给图像测量与判读带来重大影响。因此,图像处理前首先需要对存在失真效应的图像进行失真校正。

任意的几何失真由非失真坐标系 (x,y) 变换到失真坐标系 (x',y') 的方程来定义,即

$$\begin{cases} x' = h_1(x,y) \\ y' = h_2(x,y) \end{cases} \quad (8.49)$$

式中,h_1 和 h_2 是几何失真系数,它们随几何失真的性质而变化,例如透视失真的变换是线性的,其形式为

$$\begin{cases} x' = ax + by + c \\ y' = dx + ey + f \end{cases} \quad (8.50)$$

式中,a,b,c,d,e,f 是线性方程系数。

通常情况下，h_1 和 h_2 是未知数，这时可以通过标准网格的已知失真图形，测量失真网格中的网格点的位置来决定此失真变换中 h_1 和 h_2 的近似值。如图 8.39 所示为一个标准测试板和其在鱼眼透镜中的成像图形，变形极为严重。借助于此，可以设计一种变换方程，将透过该鱼眼透镜拍摄的图像校正到一个矩形坐标系中。

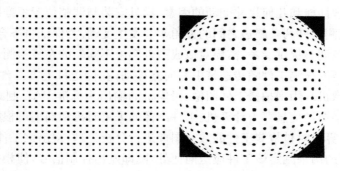

图 8.39　测试板和对应的鱼眼图像

3. 图像坐标变换

图像坐标变换是计算机绘图的基础，也是数字图像测试中控制输出图像的形状、大小、位置，以及使图像旋转、平移、分割等的基础。图像坐标变换主要通过矩阵变换来实现，把图像中相应的点看作一个位置矢量，将许多点构成的矩阵当成一个算子，用矩阵对定义点的位置进行运算，就可以完成坐标变换。下面给出二维平面的变换矩阵，三维变换可以查阅其他参考资料。

（1）平移变换

$$[x',y',H]=[x,y,1]\begin{bmatrix} 1 & 0 & 0 \\ 0 & 1 & 0 \\ m & n & 1 \end{bmatrix}=[x+m,y+n,1] \tag{8.51}$$

式中，m,n 是平移常量。于是有

$$x'=x+m,y'=y+n$$

（2）比例变换

$$[x',y',H]=[x,y,1]\begin{bmatrix} N_x & 0 & 0 \\ 0 & N_y & 0 \\ 0 & 0 & 1 \end{bmatrix}=[N_xx,N_yy,1] \tag{8.52}$$

式中，N_x,N_y 是 x,y 方向的比例因子。于是有

$$x'=N_xx,y'=N_yy \tag{8.53}$$

（3）旋转变换

$$[x',y',H]=[x,y,1]\begin{bmatrix} \cos\theta & \sin\theta & 0 \\ -\sin\theta & \cos\theta & 0 \\ 0 & 0 & 1 \end{bmatrix}$$

$$=[x\cos\theta-y\sin\theta,x\sin\theta+y\cos\theta,1] \tag{8.54}$$

式中，θ 为要求的旋转角。于是有

$$x'=x\cos\theta-y\sin\theta,y'=x\sin\theta+y\cos\theta \tag{8.55}$$

8.2.3　图像测试技术的应用

图像测试技术广泛地应用于航空航天、冶金、气象、医学、农业、渔业、机械工程和国防等各个技术领域，下面介绍几个应用实例。

1. 自动在线测量

在现代工业生产中,越来越多的企业采用了流水线生产方式,对产品实施非接触在线检测是适应客观要求的必然选择。采用合适的装置将被测工件的光学图像转换成数字图像,进一步对其分析以得出有关被测要素的数值,可明显地提高检测效率和检测适应性。

由于原材料物理性能和几何尺寸变动的因素、模具安装与调整位置不准确等因素的影响,如图 8.40 所示的被检测工件两条斜边之间的夹角常会发生变动。为保证将不合格成型件及时剔除并为工艺过程与设备调整提供参考,需要对该成型件实施不间断的在线检测。如图 8.40 所示,经模具冲压机加工成型的被测工件随传送带由右向左移动,在传送带上方工件经过位置设置工业摄像机(如 CCD 摄像机),用来拍摄工件图像。摄像机的输出为标准 PAL 制式视频信号,经过视频接口卡转换成数字图像信息存入计算机。工件图像的采集时机和周期可根据不同的情况设定。根据设计的程序,计算机对被检测工件的数字图像进行分析处理,得出该工件有关的几何尺寸的数值,然后根据所得的结果判定该工件应送向何处,随即发出控制信号,使相关执行机构动作,将检测过的工件送入相应的储件箱。

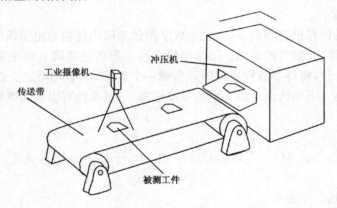

图 8.40　工件形状在线测量系统

利用线阵传感器(如光电二极管阵列、CCD 等),可以在线测定工件的几何尺寸或位置,这种测量系统完全没有机械运动,以图像传感的方式可以在现场快速而稳定地工作,如图 8.41 所示的例子。

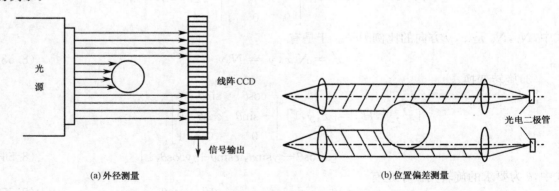

(a) 外径测量　　　　　　　　　　　　　　　(b) 位置偏差测量

图 8.41　外径和位置偏差测量系统示意图

2. 高准确度小圆孔测量

当激光束通过小圆孔后,形成圆孔夫朗和费衍射,其衍射图形是以艾里斑为中心的同心圆环,圆孔半径为

$$a = \frac{ml\lambda}{r_k}$$

式中，r_k 为衍射图样中第 k 级衍射环的半径；λ 为激光波长；l 为衍射圆孔至衍射图样的距离；m 是衍射级数。为避免衍射距离对测量结果的影响，上式还可改写成增量表达形式

$$a = \frac{m\lambda\,\Delta l}{\Delta r_k} \tag{8.56}$$

因此，只要确定衍射距离改变量和同级衍射环半径的改变量，即可求出微孔的半径。如图 8.42(a)所示，采用两个正交、共面的线阵 CCD，被测小圆孔的衍射环与其相交，则可测出衍射环与正交线阵 CCD 的 4 个交点的坐标，然后利用其中的任意 3 点可以确定一个圆，如果所测圆孔是一个标准圆形，那么所求出的 4 个圆心和半径应该完全相等，如果所测圆孔存在形状偏差，那么衍射环就不是标准圆，所求出的 4 个圆心和半径也就不同。求出它们的平均值，即为圆孔的圆心位置和半径。用两组已知光程差即 Δl 的正交线阵 CCD，可同时获得两组数据求得 Δr_k，系统结构如图 8.42(b)所示。

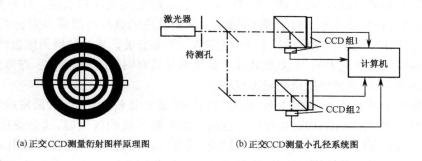

(a) 正交 CCD 测量衍射图样原理图　　　　(b) 正交 CCD 测量小孔径系统图

图 8.42　正交线阵 CCD 测量小孔径系统

该方法采用双正交线阵 CCD，不含运动部件，自动化程度高，在提高测试准确度的同时降低了成本；测量时 CCD 无须严格对准衍射环中心，容易操作；该方法不但可以精确测量小孔半径，而且对圆度偏差也可以进行定性检测。

3. 红外图像的应用

红外图像在军事和民用方面都有广泛的应用。随着热成像技术的成熟，各种低成本适用于民用的热像仪问世，它在国民经济各个部门发挥着越来越大的作用。在工业生产中，许多设备常处于高温、高压和高速运转状态，应用红外热像仪可以对这些设备进行检测和监控，既能保证设备的安全运转，又能发现异常情况以便及时排除隐患。同时，利用热像仪还可进行工业产品质量的控制和管理。例如，在钢铁工业中的高炉和转炉所用耐火材料的烧蚀磨损情况，可用热像仪进行观测，及时采取措施检修，防止事故发生。

（1）电子工业中的应用

在电子工业中，可用热像仪检查半导体器件、集成电路和印制电路板等质量情况，发现其他方法难于找出的故障。现代电子产品含有大量的电子元器件，电子元器件能耗的 90% 以上转化为热能，并表现为温度升高。电子元器件的老化速度直接与元器件工作温度有关，随着温度的升高老化加快，使得电子产品的使用寿命缩短，从而降低其可靠性。电子元器件的使用温度只有保持在一定范围之内，才能正常工作，否则元器件内发生物理化学反应，致使元器件失效。

电子元器件一般尺寸较小，结构较为复杂，采用接触式温度测量时，一方面难于获取元器件的整体温度分布，另一方面易于污染元器件。使用热像仪进行元器件监视时，最大的优势是可实

现非接触式温度分布获取，通过红外图像的分析，可得到电子元器件的工作状态。图8.43为某微电子元器件工作时获取的红外图像，从图中可以清楚地获取各部分的温度信息，若某一部分工作异常，在红外图像中将出现温度突变的情况。

图8.43　热像仪用于电子元器件检测

（2）医学中的应用

很多疾病都会引起温度改变，所以热成像检查适合体检及临床应用，检测部位覆盖头部、颈部、胃肠、乳腺、肺部、肝、胆、心血管、前列腺、脊椎、四肢血管等，特别是炎症、肿瘤、周围神经疾病的诊断提示及疗效观察。由于仪器温度灵敏度极高，人体功能性改变，便可提前发现阳性改变，这样不仅在临床阶段使用，而且可以提前到预防和保健阶段，这种无创伤检测手段会越来越受到关注和欢迎。红外热像仪引入医学领域，首先从检查乳腺开始。对于健康的妇女，两侧乳房的热红外图像是对称的，任何乳房热图的不对称性往往与疾病和细胞活性有关，更多地与肿瘤有关。恶性肿瘤周围血管丰富，其温度大多高于正常组织。研究表明，大多数乳腺癌的热图像具有明显的不对称性，患侧的乳房热图像呈明显的局域性热区，乳晕周围也明显出现高温。

急性炎症由于局部充血，皮温上升，容易被热像仪显示出来。但需与肿瘤皮肤温度升高相区别。炎症皮温高于周围皮温，而在炎症中心点的皮温更高于炎症区皮温，这是炎症热像的特征。炎症和肿瘤的鉴别可用如下方法：在热像拍照前，局部先冷却，然后观察温度回升速度。肿瘤温度回升慢而炎症温度回升较快。此外，用热像技术还可鉴别各种关节炎的类型，探测出发炎面积大小和热变化程度。

图8.44为病人膝部患有滑膜炎时的红外图像，可以看出，右膝部温度分布较腿部的其他部位有较大差别，图像颜色的加深表现为组织温度的升高。

4. 生物及医学中的应用

从图像信息中获取特定特征用于目标的识别与检验，进而达到基于图像的目标测量的目的，这种方法在生物和医学上得到了广泛应用。例如，虹膜或指纹图像生物个体的识别，蔬菜、水果和肉类等食品质量检测，以及医学诊断等。

人体固有的生理特征或行为特征统称为生物特征，常用的生物特征主要包括脸、指纹、虹膜、声音、掌纹、DNA等。虹膜（Iris）作为重要的生物特征，具有唯一性、稳定性、可采集性、非侵犯性等优点。如图8.45所示，虹膜是一种在眼睛中瞳孔内的织物状各色环状物，每一个虹膜都包含一个独一无二的基于像冠、水晶体、细丝、斑点、结构、凹点、射线、皱纹和条纹等特征的结构。虹膜识别被认为是最可靠、最有研究价值的生物特征识别技术之一。

虹膜识别过程分成图像数据获取、预处理、特征提取和选择、决策分类等几步，其最终结果通过图像分析实现。如图8.46所示为虹膜识别系统采集到的虹膜图像，经图像增强后可用于虹膜匹配。

虹膜识别系统的关键问题是虹膜图像获取系统的景深非常有限，采集一幅清晰的虹膜图像需要用户的密切配合，过程复杂而漫长，阻碍了自动虹膜识别系统在日常生活中的应用。针对这一问题，上述提及的计算成像技术在图像获取过程可发挥作用。

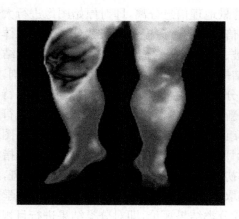

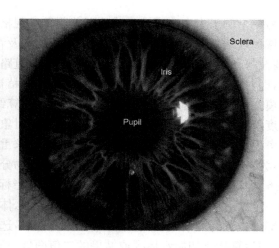

图 8.44　膝部滑膜炎的红外图像　　　　　　　　图 8.45　虹膜组织

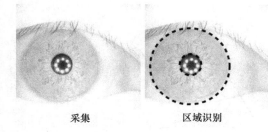

采集　　　　　　　　区域识别　　　　　　　　图像增强后的局部组织

图 8.46　虹膜图像采集与增强

5. 遥感图像的应用

遥感对地观测技术能够大范围、快速获取地表覆被信息,并且具有客观性、时效性、综合性、经济性及多时相的特点,是当前在大地理区域上动态监测的最有效技术途径。遥感图像已在军事侦察、农作物监视、林业监视、地质状态、水文监视、海洋海岸监视等方面得到了广泛的应用。使用遥感图像进行测试时,需对遥感图像进行处理,提取景物的特征信息,与待测量相关联,最后给出测试结果。下面给出两个基于遥感图像测试分析的实例。

卫星图像用于海上溢油的监视。卫星遥感监测海上溢油的研究开始于 20 世纪 70 年代初,通过卫星最终可以获得溢油监测图像。卫星遥感监测海上溢油具有覆盖面积大、多时相、连续、廉价等特点,在确定溢油位置和面积等方面能够提供整个溢油污染水域宏观的图像。然而卫星遥感的成像比例尺小,地面分辨率低,且不适用于溢油量较小的情况,在一定程度上限制了污染监测的应用效果。图 8.47 为经边缘检测后遥感图像获得的海上溢油区域,图中颜色较深区域为溢油区域。

图 8.47　遥感图像获得的海上溢油区域

另一个例子为生态环境遥感动态监测及景观格局变化分析。图8.48为基于遥感图像的衡山水域提取结果。提取过程包括：①图像预处理及背景地理信息分离，即对原始图像进行大气校正、滤波等预处理工作后依次提取出居民用地、道路信息并通过掩模运算将其分离。②水体信息粗提，即对水域执行阈值分割快速去除绝大部分植被、沙地等背景地类信息，然后将分割结果用作掩模文件对变换的图像进行求交运算，求交运算结果用于进一步细分。③面向对象分割，即设置尺度参数对上述水体信息粗提结果执行面向对象分割，根据水体对象的光谱特征、形态特征和数量考虑是否可以继续进行分类。若不符合要求重新调整上述参数再次进行分割。④执行监督分类，为各类别采集训练样本对象，同一类别地物分组采样。训练样本数量占本类别对象图斑总数的6%以上；利用J-M距离、转换分离度两项指标评价训练样本的可分离性，要求两项指标均达到一定的数值以上。⑤形态学修剪，研究区水体初始提取结果中存在少量的噪声图斑，河流水体部分位置有间断、缺失现象。辅助人工选点，选取不同尺寸的结构元素模板，组合数学形态学开、闭运算优化初始水体提取结果的二值图像。⑥分类结果评价，即对分类结果进行目视检查并选取制图精度、用户检查分类精度，分析水体信息丢失和错提现象产生的原因。

图8.48 基于遥感图像的衡山水域

6. 微应力和微结构的测试

随着微纳米技术的迅速发展，如何实现微纳米尺度物质的图像获取，进而通过图像分析测试物质微观结构的变化，已渐渐成为图像测试和图像处理领域的研究热点。

如半导体芯片工艺的极小化，已经达到深亚微米级水平，正向着高密度、微型化、高速度低功耗、高频率大功率、高灵敏度低噪声和高可靠性长寿命的理想境界发展。深亚微米通常是指0.25μm及其以下，另外把0.35～0.8μm称为亚微米，0.05μm及其以下称为纳米级。随着集成电路技术向着高密度微型化等方面的发展，加之深亚微米、超深亚微米及纳米工艺的应用，对IC制造的质量检测提出了更高的要求。现有的检测方法包括人工视觉检测、自动光学检测、X射线检测、激光检测等均是与图像测试技术相关的。

由于视觉的迟滞效应，在连续光照明下对高速运动MEMS器件的运动状态进行采集所获得的图像是模糊的，图像中产生的运动模糊带是由于器件在这个区域内的往复运动所造成的，虽然它不能正确反映MEMS器件在某一个特定运动位置的运动状态，但是却能检测出在特定驱动频率或特定驱动电压下MEMS器件平面微运动的最大运动幅度，模糊图像合成技术的基本原理正是利用这种效应，对所采集的MEMS器件的静止图像与运动图像进行数字图像处理，从而提取出MEMS器件平面微运动的运动幅度与谐振频率等动态参数。图8.49为硅微基扭转镜中静电致动梳齿谐振器平面微运动的动态测试图像，图8.49(a)所示为静止状态时谐振器的"清晰图像"及其图像特征。图8.49(b)为运动图像，图像中所示的模糊带反映了谐振器在这一特定驱动频率下的运动幅度,因此通过图像测试技术可以精确地检测出这个模糊带的宽度,这样就获得到了谐振器在这一特定驱动频率下的运动幅度。通过频率扫描测量技术,得到不同驱动频率下谐振器平面运动幅度的动态响应特性,从而可以测量出谐振器的谐振频率特性。同样通过电压扫描测量技术,还可以得到不同驱动电压下谐振器平面运动幅度的动态响应特性。

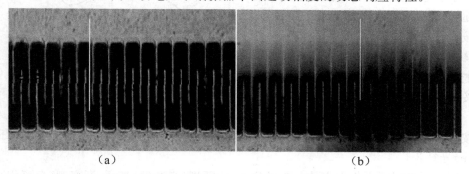

图 8.49　静电致动梳齿谐振器平面微运动的动态测试图像

再如金刚石车床车削材料过程中材料的应力释放问题,通过采集材料的微观结构图像,将微观结构的变化量换算为应力量,也是图像测试技术的一个应用方向。图 8.50 为材料车削过程中测试应力释放采集的图像,右侧上图为材料内部原始面貌,右侧下图为车削过程中材料内部的变化,经换算后将其转化为应力的释放量,波浪形分布代表着应力场的分布。

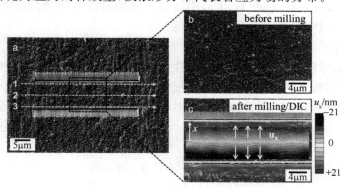

图 8.50　材料车削过程中应力释放测试图像

8.3　光纤传感技术

8.3.1　光纤传感技术基础

光纤是"光导纤维"的简称,它是一种介质圆柱光波导。所谓"光波导"是指把以光的形式存在的电磁波能量利用全反射的原理约束并引导光波在其内部或表面附近沿轴线方向传播的传输介质,通常以其截面形状分为平板波导、矩形波导、圆柱波导等。

1. 光纤结构和类型

光纤是由中心的纤芯和外围的包层同轴组成的圆柱形细丝。纤芯的折射率比包层稍高,损耗比包层更低,光能量主要在纤芯内传输。包层为光的传输提供反射面和光隔离,并起一定的机械保护作用。图 8.51 所示为光纤的外形。设纤芯和包层的折射率分别为 n_1 和 n_2,光能量在光纤中传输的必要条件是 $n_1 > n_2$。纤芯和包层的相对折射率差 $\Delta n = (n_1 - n_2)/n_1$ 的典型值,一般单模光纤为0.3%～0.6%,多模光纤为1%～2%。Δn 越大,把光能量束缚在纤芯的能力越强,但信息传输容量却越小。

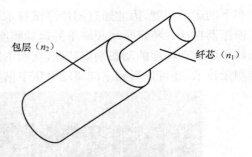

光纤的种类很多,从不同的角度出发,有不同的分类,通常有以下4种分类。

① 按光纤材料可分为:石英系光纤、多组分玻璃光纤、氟化物光纤、塑料光纤、液芯光纤、晶体光纤、红外材料光纤等。

② 按传输模式多少可分为:单模光纤、多模光纤。

图 8.51　光纤的外形

③ 按光纤工作波长可分为:短波长(0.8～0.9μm)光纤、长波长(1.0～1.7μm)光纤、超长波长(>2μm)光纤。

④ 按照光纤横截面上折射率的分布可分为:阶跃型(突变型)光纤、渐变型(自聚焦)光纤。

由此可知,光纤种类繁多,但最重要的也是最基本的有3种:突变型(SI)多模光纤;渐变型(GI)多模光纤;单模(SM)光纤。

2. 光纤传输原理

要详细描述光纤传输原理,需要求解由麦克斯韦方程组导出的波动方程。但在极限(波数 $k = 2\pi/\lambda$ 非常大,波长 $\lambda \to 0$)条件下,可以用几何光学的射线方程进行近似分析。几何光学的方法比较直观,容易理解,但并不十分严格。

(1)几何光学方法

用几何光学方法分析光纤传输原理,所关注的问题主要是光束在光纤中传播的空间分布和时间分布,并由此得到数值孔径和时间延迟的概念。下面以突变型光纤为例来分析。

突变型光纤的纤芯折射率 n_1 和包层折射率 n_2 均为常数,其折射率径向分布函数为

$$n(r) = \begin{cases} n_1 & (0 \leqslant r \leqslant a) \\ n_2 & (r > a) \end{cases} \tag{8.57}$$

式中,a 为纤芯半径;$n_1 > n_2$,其差值用相对折射率 Δn 表示为

$$\Delta n = \frac{n_1^2 - n_2^2}{2n_2^2} \approx \frac{n_1 - n_2}{n_1} \tag{8.58}$$

① 数值孔径。为简便起见,以突变型多模光纤的交轴(子午)光线为例,纤芯中心轴线与 z 轴一致,如图8.52所示。根据全反射原理,存在一个临界角 θ_c,当 $\theta < \theta_c$ 时,相应的光线将在交界面发生全反射而返回纤芯,并以折线的形状向前传播,如光线1。根据斯涅尔(Snell)定律得到

$$n_0 \sin\theta = n_1 \sin\theta_1 = n_1 \cos\varphi_1 \tag{8.59}$$

当 $\theta = \theta_c$ 时,相应的光线将以 φ_c 入射到交界面,并沿交界面向前传播(折射角为90°),如光线2。当 $\theta > \theta_c$ 时,相应的光线将在交界面折射进入包层并逐渐消失,如光线3。由此可见,只有在半锥角为 $\theta \leqslant \theta_c$ 的圆锥内入射的光束才能在光纤中传播。根据这个传播条件,定义临界角 θ_c 的正弦为数值孔径。根据定义和斯涅尔定律

$$\begin{cases} n_0 \sin\theta_c = n_1 \cos\varphi_c \\ n_1 \sin\varphi_c = n_2 \sin 90° \end{cases} \tag{8.60}$$

设入射介质为空气,即 $n_0 = 1$,由式(8.60)经简单计算得到

$$NA = \sqrt{n_1^2 - n_2^2} \approx n_1 \sqrt{2\Delta n} \tag{8.61}$$

设 $\Delta n = 0.01, n_1 = 1.5$,得到 NA = 0.21 或 $\theta_c = 12.2°$。

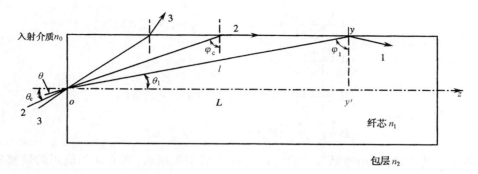

图 8.52　突变型多横光纤的光线传播原理

NA 表示光纤接收和传输光的能力,NA(或 θ_c)越大,光纤接收光的能力越强,从光源到光纤的耦合效率越高。对于无损耗光纤,在 θ_c 内的入射光都能在光纤中传输。NA 越大,纤芯对光能量的束缚越强,光纤抗弯曲性能越好。但 NA 越大,经光纤传输后产生的信号畸变越大,因而限制了信息传输容量。所以要根据实际使用场合,选择适当的 NA。

② 时间延迟。现在来观察光线在光纤中的传播时间。根据图 8.52,入射角为 θ 的光线在长度为 $L(\alpha x)$ 的光纤中传输,所经历的路程为 $l(oy)$,在 θ 不大的条件下,其传播时间即时间延迟为

$$\tau = \frac{n_1 l}{c} = \frac{n_1 L}{c}\sec\theta_1 \approx \frac{n_1 L}{c}\left(1 + \frac{\theta_1^2}{2}\right) \tag{8.62}$$

式中,c 为真空中的光速。由式(8.62)得到最大入射角($\theta = \theta_c$)和最小入射角($\theta = 0$)的光线之间时间延迟差近似为

$$\Delta\tau = \frac{L}{2n_1 c}\theta_c^2 = \frac{L}{2n_1 c}(\text{NA})^2 \approx \frac{n_1 L}{c}\Delta n \tag{8.63}$$

这种时间延迟差在时域产生脉冲展宽,或称为信号畸变。由此可见,突变型多模光纤的信号畸变是由于不同入射角的光线经光纤传输后,其时间延迟不同而产生的。设光纤 NA $= 0.20$,$n_1 = 1.5$,$L = 1\text{km}$,根据式(8.63)得到脉冲展宽 $\Delta\tau = 44\text{ns}$,相当于 $10\text{MHz}\cdot\text{km}$ 左右的带宽。

(2) 光纤传输的波动理论

设光纤没有损耗,折射率 n 变化很小,在光纤中传播的是角频率为 ω 的单色光,电磁场与时间 t 的关系为 $\exp(j\omega t)$,则标量波动方程为

$$\nabla^2 E + \left(\frac{n\omega}{c}\right)^2 E = 0 \tag{8.64a}$$

$$\nabla^2 H + \left(\frac{n\omega}{c}\right)^2 H = 0 \tag{8.64b}$$

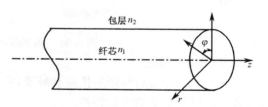

图 8.53　光纤中的圆柱坐标系

式中,E 和 H 分别为电场和磁场在直角坐标中的任一分量;c 为光速。选用圆柱坐标系 (r,φ,z) 使 z 轴与光纤中心轴线一致,如图 8.53 所示。

将式(8.53a)在圆柱坐标中展开,得到电场的 z 分量的波动方程为

$$\frac{\partial^2 E_z}{\partial r^2} + \frac{1}{r}\frac{\partial E_z}{\partial r} + \frac{1}{r^2}\frac{\partial^2 E_z}{\partial\varphi^2} + \frac{\partial^2 E_z}{\partial z^2} + \left(\frac{n\omega}{c}\right)^2 E_z = 0 \tag{8.65}$$

磁场分量 H_z 的方程与式(8.65)的形式完全相同,不再列出。设纤芯($0 \leqslant r \leqslant a$)折射率 $n(r) = n_1$,包层($r \geqslant a$)折射率 $n(r) = n_2$,实际上突变型多模光纤和常规单模光纤都满足这个条件。解方程式(8.65),则在纤芯和包层的电场 $E_z(r,\varphi,z)$ 和磁场 $H_z(r,\varphi,z)$ 表达式分别为

$$E_z(r,\varphi,z) = \begin{cases} A\,\dfrac{J_\upsilon(ur/a)}{J_\upsilon(r)}e^{j(\upsilon\varphi-\beta z)} & (0 < r \leqslant a) \\[3mm] A\,\dfrac{K_\upsilon(\omega r/a)}{K_\upsilon(\omega)}e^{j(\upsilon\varphi-\beta z)} & (r > a) \end{cases} \tag{8.66a}$$

$$H_z(r,\varphi,z) = \begin{cases} B\,\dfrac{J_\upsilon(ur/a)}{J_\upsilon(u)}e^{j(\upsilon\varphi-\beta z)} & (0 < r \leqslant a) \\[3mm] B\,\dfrac{K_\upsilon(\omega r/a)}{K_\upsilon(\omega)}e^{j(\upsilon\varphi-\beta z)} & (r > a) \end{cases} \tag{8.66b}$$

式中，A 和 B 为待定常数，由激励条件确定；$J_\upsilon(u)$ 为贝塞尔函数，$K_\upsilon(\omega)$ 为修正的贝塞尔函数；β 和 ν 分别为圆柱坐标系中沿 z 和 φ 的传输常数；而 u 和 ω 分别为

$$\begin{cases} u^2 = a^2(n_1^2 k^2 - \beta^2) & (0 < r \leqslant a) \\ \omega^2 = a^2(\beta^2 - n_2^2 k^2) & (r > a) \\ V^2 = u^2 + \omega^2 = a^2 k^2(n_1^2 - n_2^2) \end{cases} \tag{8.67}$$

$J_\upsilon(u)$ 和 $K_\upsilon(\omega)$ 如图 8.54 所示。从图示中可以看出，$J_\upsilon(u)$ 类似振幅衰减的正弦曲线，$K_\upsilon(\omega)$ 类似衰减的指数曲线。式(8.66)表明，光纤传输模式的电磁场分布和性质取决于特征参数 u、ω 和 β 的值，u 和 ω 决定纤芯和包层横向(r)电磁场的分布，称为横向传输常数；β 决定纵向(z)电磁场分布和传输性质，所以称为纵向传输常数。

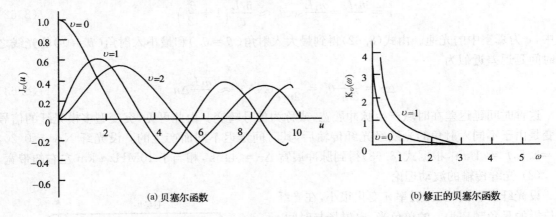

图 8.54　贝塞尔函数和修正的贝塞尔函数

3. 光纤传输特性

光波经光纤传输后要产生损耗和畸变(失真)，产生畸变的主要原因是光纤中存在色散，损耗和色散是光纤最重要的传输特性。

(1) 光纤色散

色散是在光纤中传输的光信号，由于不同成分的光的时间延迟不同而产生的一种物理效应。色散一般包括模式色散、材料色散和波导色散。

模式色散是由于不同模式的时间延迟不同而产生的，它取决于光纤的折射率分布，并和光纤材料折射率的波长特性有关。材料色散是由于光纤的折射率随波长而改变，以及模式内部不同波长成分的光(实际光源不是纯单色光)，其时间延迟不同而产生的，这种色散取决于光纤材料折射率的波长特性和光源的谱线宽度。波导色散是由于波导结构参数与波长有关而产生的，它取决于波导尺寸和纤芯与包层的相对折射率差。

色散对光纤传输系统的影响，在时域和频域的表示方法不同。如果信号是模拟调制的，色散

限制带宽；如果信号是数字脉冲，色散产生脉冲展宽。所以，色散通常用 3dB 光带宽 f_{3dB} 或脉冲展宽 $\Delta\tau$ 表示。

用脉冲展宽表示时，光纤色散可以写成

$$\Delta\tau = (\Delta\tau_n^2 + \Delta\tau_m^2 + \Delta\tau_\omega^2)^{1/2} \tag{8.68}$$

式中，$\Delta\tau_n$、$\Delta\tau_m$、$\Delta\tau_\omega$ 分别为模式色散、材料色散和波导色散所引起的脉冲展宽的均方根值。

理想单模光纤没有模式色散，只有材料色散和波导色散。材料色散和波导色散总称为色度色散，常简称为色散，它是时间延迟随波长变化产生的结果。

由于纤芯和包层的相对折射率差 $\Delta n \ll 1$，即 $n_1 \approx n_2$，可以得到基模 HE_{11} 的传输常数

$$\beta = n_2 k(1 + b\Delta n) \tag{8.69}$$

式中，参数 b 在 0 和 1 之间。由式(8.69)可以推导出单位长度光纤的时间延迟为

$$\tau = \frac{1}{c}\frac{d\beta}{dk}$$

式中，c 为光速；$k = 2\pi/\lambda$；λ 为光波长。由于参数 b 是归一化频率 V 的函数，而 V 又是波长 λ 的函数，计算非常复杂。经合理简化，得到单位长度的单模光纤色散系数为

$$C(\lambda) = \frac{d\tau}{d\lambda} = M_2(\lambda) - \frac{n_1\Delta n}{c\lambda}V\frac{d^2(bV)}{d^2 V}(1+\sigma) \tag{8.70}$$

上式右边第一项为材料色散

$$M_2(\lambda) = -\frac{\lambda}{c}\frac{d^2 n_2}{d\lambda^2} \tag{8.71}$$

其值由实验确定。SiO_2 材料的 $M_2(\lambda)$ 的近似经验公式为

$$M_2(\lambda) = \frac{1.23 \times 10^{-10}}{\lambda}(\lambda - 1273) \quad (ps/(nm \cdot km))$$

式中，λ 的单位为 nm。当 $\lambda = 1273nm$ 时，$M_2(\lambda) = 0$。式(8.70)第二项为波导色散，其中，$\sigma = (n_3 - n_2)/(n_1 - n_3)$ 是 W 型单模光纤的结构参数，当 $\sigma = 0$ 时，相应于常规单模光纤。含 V 项的近似经验公式为

$$V\frac{d^2(bV)}{dV^2} = 0.085 + 0.549(2.834 - V)^2$$

不同结构参数的 $C(\lambda)$ 如图 8.55 所示，图中曲线相应于零色散波长在 $1.31\mu m$ 的常规单模光纤，零色散波长移位到 $1.55\mu m$ 的色散移位光纤，在 $1.3 \sim 1.6\mu m$ 色散变化很小的色散平坦光纤。

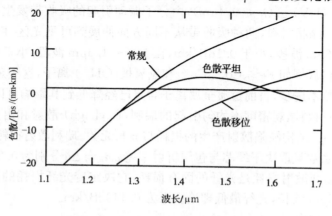

图 8.55　不同结构单模光纤的色散特性

（2）光纤损耗

由于光纤材料对光波的吸收、散射、光纤结构的缺陷、弯曲及光纤间的不完善耦合等原因，导致光功率随传输距离呈指数规律衰减，即产生传输损耗。由于损耗的存在，在光纤中传输的光波，不管是模拟信号还是数字脉冲，其幅度都要减小。光纤的损耗在很大程度上决定了系统的传输距离。

在最一般的条件下，在光纤内传输的光功率 P 随距离 z 的变化，可表示为

$$\frac{\mathrm{d}P}{\mathrm{d}z} = -\alpha P \tag{8.72}$$

式中，α 是损耗系数。设长度为 L（km）的光纤，输入光功率为 P_i，根据式（8.72），输出光功率应为

$$P_o = P_i \exp(-\alpha L) \tag{8.73}$$

习惯上 α 的单位用 dB/km，由式（8.73）得到损耗系数

$$\alpha = \frac{10}{L} \lg \frac{P_i}{P_o} \quad (\mathrm{dB/km}) \tag{8.74}$$

图 8.56 是单模光纤的损耗谱，图中示出各种机理产生的损耗与波长的关系，这些机理包括吸收损耗和散射损耗两部分。

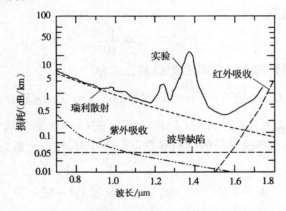

图 8.56　单模光纤损耗谱（示出各种损耗机理）

吸收损耗是由 SiO_2 材料引起的固有吸收和由杂质引起的吸收产生的。由材料电子跃迁引起的吸收带发生在紫外（UV）区（$\lambda < 0.4\mu m$），由分子振动引起的吸收带发生在红外（IR）区（$\lambda > 7\mu m$），由于 SiO_2 是非晶状材料，两种吸收带从不同方向伸展到可见光区。由此而产生的固有吸收很小，在 $0.8 \sim 1.6\mu m$ 波段，小于 0.1dB/km，在 $1.3 \sim 1.6\mu m$ 波段，小于 0.03dB/km。光纤中的杂质主要有过渡金属（例如 Fe^{2+}、Co^{2+}、Cu^{2+} 和氢氧根（OH^-）离子，这些杂质是早期实现低损耗光纤的障碍。由于技术进步，目前过渡金属离子含量已经降低到其影响可以忽略的程度。

散射损耗主要由材料微观密度不均匀引起的瑞利（Rayleigh）散射和由光纤结构缺陷（如气泡）引起的散射产生的。结构缺陷散射产生的损耗与波长无关。瑞利散射损耗 α_R 与波长 λ 的 4 次方成反比，瑞利散射系数且取决于纤芯与包层折射率差 Δn。当 Δn 分别为 0.2% 和 0.5% 时，A 分别为 0.86 和 1.02。瑞利散射损耗是光纤的固有损耗，它决定着光纤损耗的最低理论极限。如果 $\Delta n = 0.2\%$，在 $1.55\mu m$ 波长，光纤最低理论极限为 0.149dB/km。

4. 光纤连接耦合技术

光纤的连接耦合是光纤应用中的实用技术，在此简要介绍光纤与光纤的连接、光源与光纤的耦合技术。

（1）光纤的切割和连接

光纤与光源或探测器耦合时，为了提高耦合效率，光纤端面应该抛光成镜面，且垂直于纤心轴线。进行这种光线端面切割的简便方法是使用光纤切割刀具，如图8.57所示。将要切断的裸光纤顺着半径为R（一般为几厘米）的刚体放置，金刚刀垂直光纤在光纤上压一伤痕，然后对光纤施一张力（拉紧光纤），伤痕产生的裂纹在弯曲应力和张力的作用下逐渐扩大，结果光纤就能平整如镜般被切断。切记不可用一般剪钳来切光纤，因为这样会因石英的脆性而断裂成高低不平的断面，无法使用。

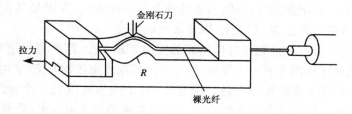

图8.57　切断裸光纤的方法

光纤间的连接分为永久性连接和活动性连接。永久连接一般分为黏结剂连接和热熔接两种方式，都需用V形槽或精密套管，将光纤中心对准后加黏结剂使之固化，或者采用二氧化碳激光器或电弧放电等熔融光纤对接，使之连接起来，如图8.58所示，这种接头损耗可低达0.1dB水平。

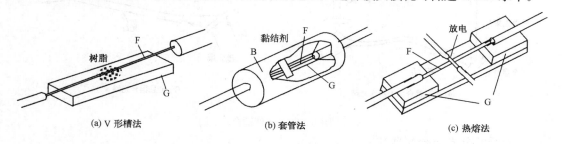

F— 裸光纤；G—V形槽；B— 密封套管

图8.58　光纤永久性连接

（2）光纤的光耦合

光纤的光耦合是指把光源发出的光功率最大限度地输送进光纤中去，涉及光源发出的光功率的空间分布、光源发光面积、光纤的收光特性和传输特性等。这里仅介绍一些耦合方法及其实用性的评价。

① 直接耦合：所谓直接耦合，就是把一根平端面的光纤直接靠近光源发光面放置，如图8.59所示。在光纤一定的情况下，耦合效率与光源种类关系密切。如果光源是半导体激光器，因其发光面积比光纤端面面积还小，只要光源与光纤面靠得足够近，激光所发出的光都能照到光纤端面上。考虑到光源光束的发散角和光纤接收角的不匹配程度，一般耦合效率大约为20%。

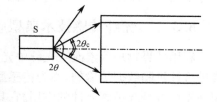

S— 光源；θ— 光源发光张角；θ_c— 光纤收角

图8.59　光纤与光源直接耦合

如果光源是发光二极管，情况更严重，因为发光二极管的发散角更大，其耦合效率基本上由光纤的收光角决定，即

$$\eta = P/P_0 = NA^2 \tag{8.75}$$

例如，$NA = 0.14$，则$\eta \approx 2\%$。

② 透镜耦合：透镜耦合方法能否提高耦合效率？回答是可能提高，也可能不提高。这里有一个耦合效率准则概念。由几何光学定理可知，对于朗伯型光源（例如发光二极管），不管中间加什么样的系统，它的耦合效率不会超过一个极大值

$$\eta_{\max} = S_f / S_e \cdot NA^2 \tag{8.76}$$

该式表明，当发光面积 S_e 大于光纤接收面积 S_f 时，加任何光学系统都没有用，最大耦合效率可以用直接耦合的办法得到。当发光面积 S_e 小于光纤接收面积 S_f 时，加上光学系统是有用的，可以提高耦合效率，而且发光面积越小，耦合效率提高越多。在这个准则下，有光纤端面球透镜耦合、柱透镜耦合、凸透镜耦合、自聚焦光纤、圆锥形透镜耦合等多种方式，在满足各自耦合条件下，圆锥形透镜耦合的耦合效率可高达 90% 以上，耦合效果最好。

③ 光纤全息耦合：由于光全息片可以将光的波前互相变换，因此可以用来作为一种光纤耦合器。全息耦合器的制法如图 8.60(a) 所示，经光纤的发散光束作物光束，直射光束为参考光束，用重铬酸明胶或乳化银照相胶片作全息记录介质。这个全息片就是一个光纤耦合器，如图 8.60(b) 所示，使用时要求与记录全息图时的参考光相共轭的激光束照射，会聚光束被再现，并耦合进光纤中去。原则上讲这种耦合方法的耦合效率是非常高的，而实际上由于全息片的衰减，这种耦合方式的实际耦合效率与透镜相比并不优越。

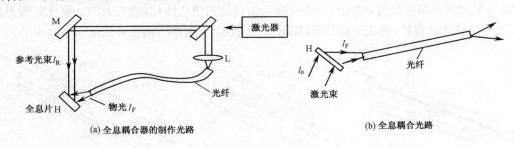

(a) 全息耦合器的制作光路　　　　　　　(b) 全息耦合光路

图 8.60　全息耦合

（3）光纤的分光与合光器

光纤干涉仪中需要将光束由一支变为两支或由两支变为一支，起这种作用的元件称为分光器或合光器。光纤分光器与合光器的实现有助于光学系统的集成化。如图 8.61 所示为近期出现的一些光纤分光器、合光器。因为这种器件是可逆的，所以图中只给出了一种光行进方向。也就是说，一个分光器反过来使用就是合光器。图 8.61(a)、(b) 是光聚焦型，合光损耗在 3dB 左右；图 8.61(c)、(d) 为半透半反型，损耗在 3.7dB 左右；图 8.61(e)、(f) 为波导耦合型，损耗在 5dB 左右；图 8.61(g) 为分布耦合型，损耗在 3.7dB 左右；图 8.61(h)、(i) 为部分反射型，损耗在 4.7dB 左右。

8.3.2　光纤传感技术典型应用

利用外界物理因素改变光纤中光的强度（振幅）、相位、偏振态或波长（频率），从而对外界因素进行计量和数据传输的，称为传感型（或功能型）光纤传感器。对这类光纤传感器来说，核心问题是光纤本身起敏感元件的作用。它具有传感合一的特点，信息的获取和传输都在光纤之中。传光型光纤传感器是指利用其他敏感元件测得的物理量，由光纤进行数据传输，关键部件是光转换敏感元件。它的特点是充分利用现有的传感器，便于推广应用。

与传统的传感器相比，光纤传感器的主要特点是：① 抗电磁干扰、电绝缘、耐腐蚀、本质安全；② 灵敏度高；③ 重量轻、体积小、外形可变；④ 测量对象广泛，如温度、压力、位移、速度、加速度、液面、流量、振动、水声、电流、磁场、电压、杂质含量、液体浓度、核辐射等；⑤ 对被测介质影响小；⑥ 便于复用、便于成网；⑦ 成本低。

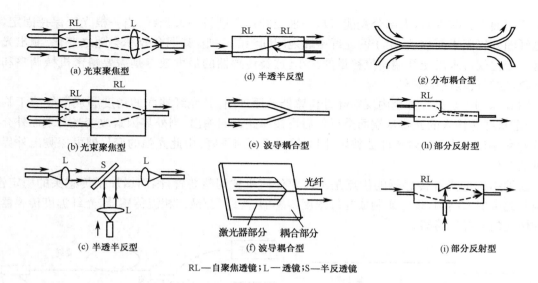

(a) 光束聚焦型

(d) 半透半反型

(g) 分布耦合型

(b) 光束聚焦型

(e) 波导耦合型

(h) 部分反射型

(c) 半透半反型

(f) 波导耦合型

激光器部分　　耦合部分

(i) 部分反射型

RL—自聚焦透镜；L—透镜；S—半反透镜

图 8.61　光纤分光器与合光器典型结构

1. 振幅调制传感型光纤传感器

利用外界因素引起的光纤中光强的变化来探测物理量的光纤传感器，称为振幅调制传感型光纤传感器。改变光纤中光强的办法目前有以下几种：改变光纤的微弯状态；改变光纤的耦合条件；改变光纤对光波的吸收特性；改变光纤中的折射率分布等。

（1）光纤微弯传感器

光纤微弯传感器是利用光纤中的微弯损耗来探测外界物理量的变化。多模光纤在受到微弯时，一部分芯模能量会转化为包层模能量，或者芯模能量发生变化。图 8.62 是其原理图，He-Ne 激光束输入多模光纤，其中的非导引模由杂模滤除器去掉，然后在变形器作用下产生位移，光纤发生微弯的程度不同时，转化为包层模式的能量也随之改变。位移的直流分量由数字毫伏表读出，其交流分量则经锁相放大器由 X-Y 记录仪记录。变形器由测微头调

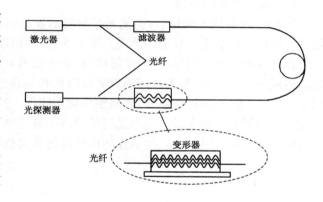

图 8.62　光纤微弯传感器原理图

整至某一恒定变形量，待测的交变位移由压电陶瓷变换给出。实验表明，该装置灵敏度达 $0.6\mu V/A$，相当于最小可测位移为 0.01nm，动态范围可望超过 110dB。这种传感器很容易推广到对压力、水声等量的测量。

光纤微弯传感器由于技术上比较简单，光纤和元器件易于获得，因此在有些情况下能比较快地投入实用。例如，我国已研制成基于这种原理的光纤报警器。其基本结构是：光纤呈弯曲状，织于地毯中，当人站立在地毯上时，光纤微弯状态加剧。这时通过光纤的光强随之变化，因而产生报警信号。研制这类传感器的关键在于确定变形器的最佳结构（齿形和齿波长）。由于目前实际的光纤的一致性较差，因此这种最佳结构一般是通过实验确定的。

（2）光纤受抑全内反射传感器

利用光波在高折射率介质内的受抑全反射现象也可构成光纤传感器。如图 8.63（a）所示，当

两光纤端面十分靠近时,大部分光能可从一根光纤耦合进另一根光纤。当一根光纤保持固定,另一光纤随外界因素而移动,由于两光纤端面之间间距的改变,其耦合效率会随之变化。测出光强的这一变化就可求出光纤端面位移量的大小。这类传感器的最大缺点是需要精密机械调整和固定装置,这对现场使用不利。

图 8.63(b)是另一种全内反射光纤传感器的原理图。其光纤端面的角度磨成恰好等于临界角,于是从纤芯输入的光将从端面全反射后再按原路返回输出。当外界因素改变光纤端面外介质的折射率 n_2 时,其全反射条件被破坏,因而输出光强将下降。由此光强的变化即可探测出外界物理量的变化。

这种结构的光纤传感器的优点是不需要任何机械调整装置,因而增加了传感头的稳定性。利用与此类似的结构,现已研制成光纤浓度传感器、光纤气/液二相流传感器、光纤温度传感器等多种用途的光纤传感器。

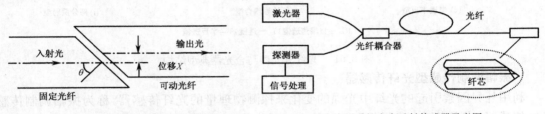

(a)透射式光纤受抑全内反射传感器简图　　　　(b)光纤受抑全内反射传感器示意图

图 8.63　全内反射光纤传感器原理图

(3)光纤辐射传感器

X 射线、γ 射线等的辐射,会使光纤材料的吸收损耗增加,从而使光纤的输出功率下降。利用这一特性可构成光纤辐射传感器。图 8.64 是其原理图。

光纤辐射传感器的特点是:灵敏度高、线性范围大,有"记忆"特性。改变光纤成分,可对不同的辐射敏感。图 8.65 是光纤用铅玻璃制成的辐射传感器的特性曲线。由曲线可知:在 10mrad 到 10^6 rad(拉德,辐射计量单位)之间响应均为线性。其灵敏度比一般玻璃辐射计要高 10^4,其原因是它使用较长的光纤。这种光纤传感器还具有结构灵活、牢固可靠的优点。它既可做成小巧的仪器,也可用于核电站、放射性物质堆放处等大范围的监测。

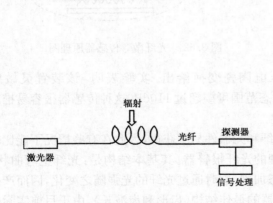

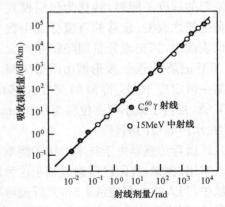

图 8.64　光纤辐射传感器原理图　　　　图 8.65　衰减随辐射量的变化关系

2. 相位调制传感型光纤传感器

利用外界因素引起的光纤中光波相位变化来探测物理量的光纤传感器,称为相位调制传感型光纤传感器。

光纤传感技术中使用的光相位调制大体有两种类型。一类为功能型调制,外界信号通过光纤的力应变效应、热应变效应、弹光效应(即热光效应)使传感光纤的几何尺寸和折射率等参数发生变化,从而导致光纤中的光相位变化,以实现对光相位的调制。第二类为萨克奈克(Sagnac)效应调制,外界信号(旋转)不改变光纤本身的参数,而是通过旋转惯性场中的环形光纤,使其中相向传播的两光束产生相应的光程差,以实现对光相位的调制。

由于目前的光探测器只能探测光的强度信号,而不能直接探测光的相位信号,因此总要采取一定的方式将光相位信号转换成相应的光强信号,这种转换方式就是干涉法。常用的干涉仪及其结构如图 8.66 所示。

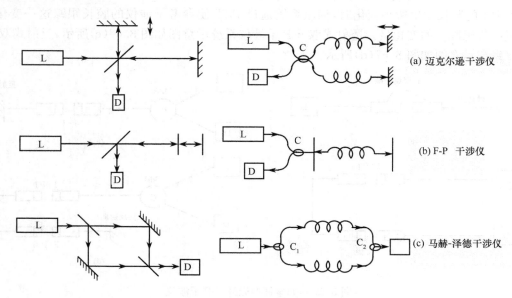

图 8.66　几种典型干涉仪及其结构

(1) 双光束光纤干涉仪

在光纤传感器中常用的双光束干涉仪有马赫-泽德(Mach-Zehnder)光纤干涉仪(简称 M-Z 光纤干涉仪)、迈克尔逊(Michlson)光纤干涉仪和 F-P(Fizeau)光纤干涉仪。前两种光纤干涉仪的结构基本相同,主要由信号臂(传感臂)光纤和参考光纤构成,信号臂光纤作为传感光纤置于被测信号的干扰场中。两者的区别在于,迈克尔逊干涉仪的两臂纤端带有反射镜。图 8.66(a)为迈克尔逊光纤干涉仪光路简图。光源 L 发出的相干光经 3dB 耦合器 C(或分束镜)分成强度为1∶1 的两束光,分别经信号臂光纤和参考臂光纤传输至纤端反射镜后再返回至 3dB 耦合器 C 汇合相干,形成干涉条纹,并送至光探测器 D 检测。当信号臂光纤受到外界信号扰动场作用时,其中传输的光相位发生变化,而参考臂光纤与外界信号无关,其中的光相位保持不变,因而产生相位差,导致干涉条纹产生相应的位移,经探测系统和信号处理后即可解调出与被测量有关的相位移。迈克尔逊干涉仪的优点是结构简单,只需要一个 3dB 耦合器,但由于采用了纤端反射镜,返回光对光源有干扰,影响测量准确度。

马赫-泽德(M-Z)干涉仪由于不带有纤端反射镜,需要增加一个 3dB 耦合器,如图 8.66(c)所示。光源 L 发出的相干光经 3dB 耦合器 C_1 分为光强 1∶1 的两束光分别进入信号臂和参考臂,两束光经第二个 3dB 耦合器 C_2 汇合相干形成干涉条纹。M-Z 干涉仪的优点是不带纤端反射镜,克服了迈克尔逊干涉仪回波干扰的缺点,因而在光纤传感技术领域得到了比迈克尔逊干涉仪更为广泛的应用。

（2）光纤 F-P 干涉仪

多光束光纤干涉仪的核心是光纤法布里-珀罗（Fabry-Perot）干涉腔。F-P 干涉腔体为空气隙的，称为非本征型光纤 F-P 干涉腔（EFPI）；腔体为传感光纤的，称为本征型 F-P 干涉腔（FFPI）。由两种 F-P 干涉腔构成的光纤 F-P 干涉仪都可分反射式和透射式两种基本类型。

透射式光纤 F-P 干涉仪如图 8.67（a）所示。F-P 干涉腔由两个一段用折射率匹配光学胶粘接的高反介质膜镜片或由两个一端镀高反介质膜自聚焦透镜组成。图 8.67（b）为反射式光纤 F-P 干涉仪的示意图。在实际应用中，常用双 F-P 干涉仪来进行测量。其中一个 F-P Ⅰ 用于传感，另一个 F-P Ⅱ 用作参考。参考用 F-P Ⅱ 干涉腔中的一个反射面受调制器 PZT 控制，当传感干涉腔 F-P Ⅰ 的腔长发生微小变化时，伺服系统通过 PZT 使参考干涉仪的腔长跟踪这一变化，由此测量出传感腔长的变化量。透射式双 F-P 干涉仪系统示意图如图 8.67（c）所示，反射式双 F-P 干涉仪系统示意图如图 8.67（d）所示。

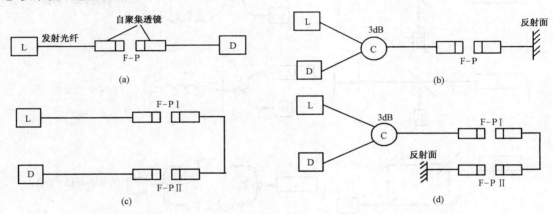

图 8.67　非本征型光纤 F-P 干涉仪

F-P 干涉腔端面反射膜的反射率 R 一般为 95%，光束在 F-P 干涉腔内往返，每次输出光束的强度按反射率 R 的平方递减，而每次输出的光束与相邻光束之间存在相同的相位差 $\Delta\varphi$，因而在 F-P 干涉腔的两端形成多光束干涉场。根据多光束干涉原理，干涉场的光强为

$$I = I_0 \left[1 + \frac{4R}{(1-R)^2} \sin^2(\Delta\varphi/2) \right]^{-1} \tag{8.77}$$

通过检测 F-P 干涉仪变化即可解调出导致光相位差的外界被测量。非本征型 F-P 干涉仪的最大特点是极为灵敏，在所有干涉方法中是最灵敏的一种。

（3）萨格奈克光纤干涉仪

萨格奈克光纤干涉仪也就是环形光纤干涉仪，其原理如图 8.68 所示。光源 L 发出的相干光经 3dB 耦合器（或分束镜）分成光强为 1∶1 的两束光，分别从光纤环的两端射入光纤中，在光纤中相向传播回到 3dB 耦合器汇合相干，干涉条纹经耦合器的另一臂输出至光探测器 D 检测，即可解调出环路的角速度。

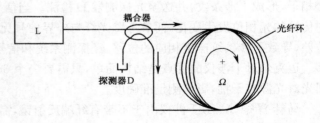

图 8.68　萨格奈克光纤干涉仪

如果采用单模光纤构成长度为 L 的环形光路，则光波渡越环路产生的相位移为

$$\varphi = \frac{2\pi fnL}{c_0} \tag{8.78}$$

式中，f 为光波频率；n 为光纤纤芯折射率；c_0 为真空中光速。将式(8.78)对 L 微分，可求出与光程差 ΔL 相应的相位差为

$$\Delta \varphi = \frac{8\pi S\Omega}{\lambda_0 c_0} \tag{8.79}$$

式中，$S = \pi R^2$，为环形光路的面积；Ω 为绕垂直于光路所在平面并通过环心的轴旋转角速度。为了提高探测灵敏度，可在环路中增绕光纤。设绕 N 匝光纤，则式(8.79)变为

$$\Delta \varphi = \frac{8\pi NS\Omega}{\beta\lambda_0 c_0} \tag{8.80}$$

此式也可以用光纤的总长度 L 来表示

$$\Delta \varphi = \frac{4\pi LR\Omega}{\beta\lambda_0 c_0} \tag{8.81}$$

式中，R 为光纤环的平均半径。

3. 偏振态调制传感型光纤传感器

外界因素使光纤中光波模式的偏振态发生变化，并对其加以检测的光纤传感器属于偏振态调制型，通过检测光偏振态的变化即可测出外界被测量。

（1）光纤电流互感器

磁致旋光效应（法拉第(Faradag)效应），是指某些物质在外磁场的作用下，能使通过它的平面偏振光的偏振方向发生旋转，存在磁致旋光效应的物质称为法拉第材料。假设法拉第材料的长度为 l，沿长度方向施加外磁场强度为 H，则线偏振光通过它后偏振方向旋转的角度为

$$\theta = V_d lH \tag{8.82}$$

式中，V_d 为维尔德常数。该式说明，偏振面旋转角 θ 与光通过法拉第材料的长度和外加磁场强度成正比。因此，改变法拉第材料的长度或外加磁场强度就能对光纤中的光偏振态进行调制。偏振面的旋转方向与外加磁场方向有关，与光的传播方向无关。法拉第效应是一种非互易光学过程，而一般的旋光物质的旋光性是一种互易光学过程（无磁场作用），如图 8.69 所示。一般旋光性的旋光，光线正反两次通过旋光材料后总的偏振面旋转角度等于 0。法拉第旋转性质相反，光线正反两次通过磁场旋光材料后总的偏振面的旋转角度是积累的，即为 2θ。这就提供了一种获得大的法拉第转角的方法，即让光线多次穿过法拉第材料。若通过 N 次，则转角为 $N\theta$。

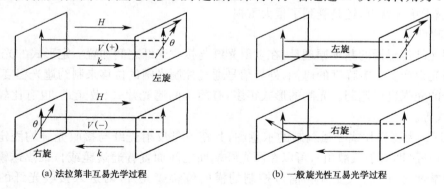

(a) 法拉第非互易光学过程　　　　　　　　(b) 一般旋光性互易光学过程

图 8.69　法拉第效应与一般旋光性的区别

利用光纤的法拉第效应进行偏振调制，测量电流的结构示意图如图 8.70 所示。在长导线上绕 N 圈光纤，设导线中通过的电流为 I，由安培环路定律可知，导线周围的磁场为

$$H = \frac{I}{2\pi R} \qquad (8.83)$$

式中，R 为光纤圈的半径。将式（8.83）代入式（8.82）得

$$\theta = \frac{V_d l}{2\pi R} \cdot I \qquad (8.84)$$

由于光纤在电流导线上绕 N 圈，则 $l = 2\pi R N$，代入上式变为

$$\theta = V_d N I \qquad (8.85)$$

通过光纤的光偏振面转角 θ 与通过导线的电流 I 成正比。

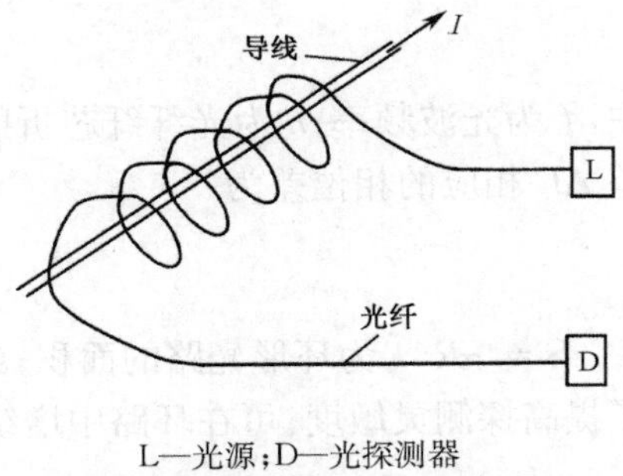

L—光源；D—光探测器

图 8.70　利用法拉第效应测量电流示意图

（2）弹光效应

弹光效应又称光弹效应，它是一种应力应变引起双折射的物理效应。当传感光纤受轴向应力作用时，由于应变引起光纤的折射率变化，从而导致光相位变化，这是一种纵向弹光效应。而在传感光纤的光轴正交方向施加应力，则在受力部分产生各向异性，引起双折射，是一种横向弹光效应。由应力引起的感应双折射正比于所施加的应力，即

$$\Delta n = \rho \sigma \qquad (8.86)$$

式中，ρ 为物质常数；σ 为施加的应力。

光纤的这种双折射将使其中的光波偏振态发生相应的变化，实质上也反映光纤中光波相位的变化。设光束通过弹光材料的长度为 l，则光程差为

$$\Delta L = \Delta n l = \rho \sigma l \qquad (8.87)$$

相应的相位差为

$$\Delta \varphi = 2\pi \rho \sigma l / \lambda \qquad (8.88)$$

4. 传光型光纤传感技术

传光型光纤传感器与传感型光纤传感器的主要差别是，传感型光纤传感器的传感部分与传输部分均为光纤，具有"传"、"感"合一的优点，而传光型光纤传感器的光纤只是传光元件，不是敏感元件，是一种广义的光纤传感器。它虽然失去了"传"、"感"合一的优点，还增加了"传"和"感"之间的接口，但由于它可以充分利用已有敏感元件和光纤传输技术，以及光纤本身具有的电绝缘、不怕电磁干扰等特点，还是受到了很大重视。

（1）光闸型

光闸型光纤传感器的基本原理是：在发射光纤与接收光纤之间加置一定形式的光闸，对进入接收光纤的光束产生一定程度的遮挡，外界信号通过控制光闸的位移来制约遮光程度，实现对进入接收光纤的光强进行调制。光闸的形式很多，有简单的遮光片式、散光式，也有比较复杂的光栅式、码盘式等。

图 8.71(a) 为遮光片式光强调制的示意图，其特点是反射光纤与接收光纤均固定。为了扩展透射光束口径（即减小束散角），可以在两光纤端面之间加置普通透镜或自聚焦透镜系统。在两光纤相向端面之间，插入受外界信号控制的横向位移遮光片，对进入接收光纤的光强进行调制。

图 8.71(b) 为用计量光栅作为光闸调制透射光强的示意图。在发射光纤的出射端加置漫光系统以形成朗伯光源，在接收光纤的入射端加聚光系统，所采用的普通计量光栅副中的指示光栅（副光栅）与光纤端部相对固定，外界信号控制主光栅相对光纤端部横向位移，透过光栅的光束在

接收光纤的入射端被调制成移动的莫尔(Moire)条纹,如图8.71(c)所示。这种调制方式的特点是范围宽、准确度高,既可以用于线位移测量(直光栅调制),也可以用于角位移测量(圆光栅调制)。目前常用光栅为50对线(栅距20μm)和100线对(栅距10μm)。

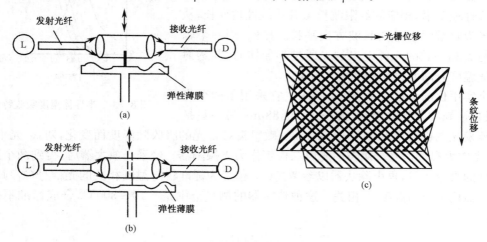

L—光源;D—光探测器

图8.71　光闸式光强调制示意图

（2）松耦合式

松耦合式光纤传感器的基本原理是:当两根光纤的全反射面靠近时,将产生模式耦合,光能从一根光纤耦合到另一根光纤中去,这种耦合称为松耦合。如果全反射面为光纤的端面,这种耦合又称为受抑全内反射。外界信号通过控制耦合区的长度或两光纤的距离(即控制光波耦合程度)来对接收光纤中的光强进行调制。图8.72为松耦合式光强调制原理结构图。发射光纤与接收光纤的松耦合区的光纤包层被剥去,使两光纤的纤芯之间的距离减小到波长量级,中间填充折射率与包层相同的匹配液,以增强光波的耦合。当两光纤的间距d和耦合长度l受外界信号控制变化时,由于局部包层剥离处光泄漏程度随之变化,导致接收光纤光强产生相应的变化。这种方法的灵敏度很高。

利用这一原理可以制成探测油水界面的光纤传感器(见图8.72(b))和测量液体折射率及其他多种用途的光纤传感器。

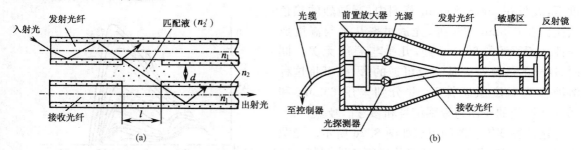

n_1—纤芯折射率;n_2—包层折射率;n_2'—匹配液折射率

图8.72　松耦合式光强调制原理结构

（3）物理效应型

目前可以应用的物理效应主要有热散效应、荧光效应、透明度效应(吸收型)和热辐射效应。应用物理效应的光纤温度传感器是研究比较多的一种传感器,其结构简单,性能稳定,已实用化。

① 半导体吸收型光纤温度传感器。许多半导体材料在比它的红限波长λ_g(即其禁带宽度对应的波长)短的一段光波长范围内的吸收有递减的特性,超过这一范围几乎不产生吸收,这一波

段范围称为半导体材料的吸收端。例如，GaAs、CdTe 材料的吸收端在 $0.9\mu m$ 附近，如图 8.73 所示。用这种半导体材料作为温度敏感头的原理是，它们的禁带宽度随温度升高几乎线性地变窄，相应的红限波长 λ_g 几乎线性地变长，从而使其光吸收端线性地向长波方向平移。显然，当一个辐射光谱与 λ_g 相一致的光源发出的光通过半导体时，其透射光强即随温度升高而线性地减小。

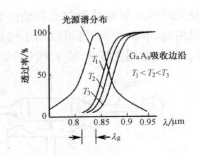

图 8.73　半导体温度吸收特性

一个实用化的设计如图 8.74 所示。它采用了两个光源，一只是铝镓砷发光二极管，波长 $\lambda_1 \approx 0.88\mu m$，另一只是铟镓磷砷发光二极管，波长 $\lambda_2 \approx 1.27\mu m$。敏感头对 λ_1 光的吸收随温度而变化，对 λ_2 光不吸收，故取 λ_2 光作为参考信号。用雪崩光电二极管作为光探测器。经采样放大器后，得到两个正比于脉冲高度的直流信号，再由除法器以参考光(λ_2)信号为标准将与温度相关的光信号(λ_1)归一化，于是除法器输出只与温度 T 相关。这种传感器的测量范围是 $-10 \sim 300℃$，合成标准不确定度可达 $1℃$。

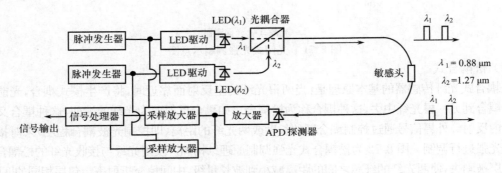

图 8.74　半导体激光器吸收型光纤温度传感器

② 热色效应光纤温度传感器。许多无机溶液的颜色随温度而变化，因而溶液的光吸收谱线也随温度而变化，称为热色效应。其中钴盐溶液表现出最强的光吸收作用，热色溶液如 $(CH_3)_3CHOH + CoCl_2$ 溶液的光吸收谱如图 8.75 所示。从图可见，在 $25 \sim 75℃$ 之间的不同温度下，波长在 $400 \sim 800nm$ 范围内，有强烈的热色效应。在 655nm 波长处，光透过率几乎与温度成线性关系，而在 800nm 处，几乎与温度无关。同时，这样的热色效应是完全可逆的，因此可将这种溶液作为温度敏感探头，并分别采用 655nm 和 800nm 波长的光作为敏感信号和参考信号。

这种温度传感器的组成如图 8.76 所示。光源采用卤素灯泡，光进入光纤之前进行斩波调制。探头外径 1.5mm，长 10mm，内充钴盐溶液，两根光纤插入探头，构成单端反射形式。从探头出来的光纤

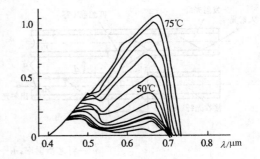

图 8.75　热色溶液的光吸收谱温度特性

经 Y 形分路器分为两路，再分别经 655nm 和 800nm 滤光器得到信号光和参考光，再经光电信息处理电路，得到温度信息。由于系统利用信号光和参考光的比值作为温度信息，消除了光源波动及其他因素影响，保证了系统测量的准确度。该光纤温度传感器的温度测量范围在 $25 \sim 50℃$ 之间，测量不确定度可达 $0.2℃$，响应时间小于 0.5s，特别适用于微波场下的人体温度测量。

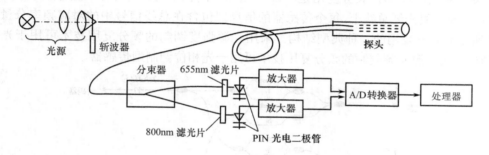

图 8.76　热色效应光纤温度传感器

5. 分布式光纤传感技术

（1）准分布式光纤传感器

准分布式光纤传感的基本原理是，将呈一定空间分布的相同调制类型的光纤传感器耦合到一根或多根光纤总线上，通过寻址、解调，检测出被测量的大小即空间分布，光纤总线仅起传光作用。准分布式光纤传感系统实质上是多个分立式光纤传感器的复用系统。

① 时分复用（TDM）。时分复用靠耦合于同一跟光纤上的传感器之间的光程差，即光纤对光波的延迟效应来寻址。当一脉宽小于光纤总线上相邻传感器间的传输时间的光脉冲自光纤总线的输入端注入时，由于光纤总线上各传感器距光脉冲发射端的距离不同，在光纤总线的终端将会接收到许多个光脉冲，其中每一个光脉冲对应光纤总线上的一个传感器，光脉冲的延时即反应传感器在光纤总线上的地址，光脉冲的幅度或波长的变化即反应该点被测量的大小。时分复用系统如图 8.77 所示。注入的光脉冲越窄，传感器在光纤总线上的允许间距越小，可耦合的传感器数目越多，对解调系统的要求也越苛刻。

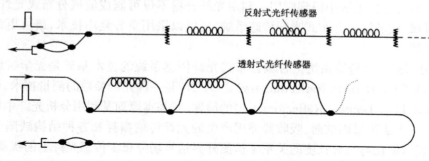

图 8.77　时分复用示意图

② 波分复用（WDM）。波分复用通过光纤总线上各传感器的调制信号的特征波长来寻址。由于光波长编码/解编码方式很多，波分复用的结构也多种多样，一种比较典型的波分复用系统如图 8.78 所示。当宽带光束注入光纤总线时，由于各传感器的特征波长 λ 不同，通过滤波/解码系统即可求出被测信号的大小和位置。但由于一些实际部件的限制，总线上允许的传感器数目不多，一般为 8～12 个。

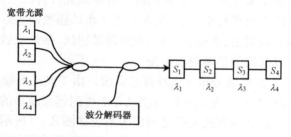

S—光纤传感器；λ—光纤传感器的特征波长
图 8.78　波分复用示意图

③ 频分复用(FDM)。频分复用是将多个光源调制在不同的频率上,经过各分立的传感器汇集在一根或多根光纤总线上,每个传感器的信息即包含在总线信号中的对应频率分量上。如图 8.79 所示为频分复用的一种典型结构。采用光源强度调制的频分复用技术可用于光强调制型传感器,采用光源光频调制的频分复用技术可用于光相位调制型传感器。

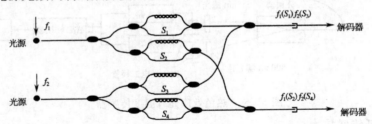

S—光纤传感器;$f(S)$—光纤传感器的特征频率

图 8.79　频分复用示意图

④ 空分复用(SDM)。空分复用是将各传感器的接收光纤的终端按空间位置编码,通过扫描机构控制选通光开关选址。开关网络应合理布置,信道间隔应选择合适,以保证在某一时刻单光源仅与一个传感器的通道相连。空分复用的优点是能够准确地进行空间选址,实际复用的传感器不能太多,以少于 10 个为佳。

(2) 分布式光纤传感器

分布式光纤传感器所有敏感点均分布于一根传感光线上。目前发展比较快的分布方式有两类:一类是以光纤的后向散射光或前向散射光损耗时域检测技术为基础的光时域分布式,另一类是以光波长检测为基础的波域分布式。时域分布式的典型代表是分布式光纤温度传感器,技术上已趋于成熟。随着光纤光栅技术的日臻成熟,分布式光纤光栅传感技术发展很快,已开始在智能材料结构诊断及告警系统中得到应用。利用光纤光栅不仅可制成波域分布式光纤传感系统,而且可制成时域/波域混合分布式光纤传感系统,还可以采用空分复用技术,组成更加复杂的光纤传感网络系统。

① 时域分布式光纤传感系统。时域分布式光纤传感系统的技术基础是光学时域反射技术 OTDR(Optical Time-Domain Reflectometry)。OTDR 是一种光纤参数的测量技术,也是光时域反射计(Optical Time-Domain Reflectometer)的简称,其基本原理是利用分析光纤中后向散射光或前向散射光的方法测量因散射、吸收等原因产生的光纤传输损耗和各种结构缺陷引起的结构性损耗,通过显示损耗与光纤长度的关系来检测外界信号场分布于传感光纤上的扰动信息。

分布式光纤传感系统正是根据上述原理,通过外界被测温度场影响传感光纤的散射(损耗)系数 α_s 来实现分布式调制的。分布式光纤传感系统能在一条长数千米甚至几十千米的传感光纤环路上获得几十、几百甚至几千个点的温度信息。可以利用的调制(敏化)方法很多,如微弯法、瑞利散射法、喇曼散射法、布里渊散射法、掺杂吸收法、荧光法等。但目前国内外研究较多、技术上较成熟的是喇曼散射法。

② 波域分布式光纤传感系统。由于光纤光栅技术的发展,波域分布式光纤传感系统得到了长足的发展,尤其在应力测试方面得到越来越多的应用。

波域分布式光纤光栅传感系统如图 8.80 所示。在一根传感光纤上制作许多个布拉格光栅,每个光栅的工作波长互相分开,经 3dB 耦合器取出反射光后,用波长探测解调系统测出每个光栅的波长或波长偏移,从而检测出相应被测量的大小和空间分布。可以采用光纤延迟技术,将许多个相同的小波域分布组合在一起,组成波域/时域分布式光纤传感系统,还可以采用空分、波分等其他复用技术,组成混合式光纤分布式传感系统。

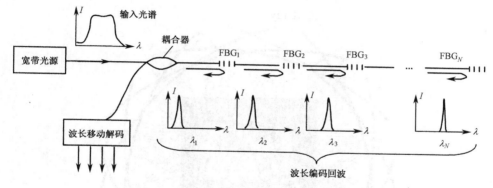

图 8.80　波域分布式光纤光栅传感系统示意图

8.4　层析探测技术

层析探测技术是采用具有穿透待测物体的光波作为光源,通过探测不同方向照射物体所产生的透射或反射信号,实现对物体三维结构重构,进而实现对待测物体切片断层成像。层析探测中,以 X-ray 计算机断层(Computed Tomography,CT)成像技术和光学相干层析(Optical Coherence Tomography,OCT)成像技术最为著名,其中,前者利用透射信号进行重构,而后者利用反射信号进行重构。CT 和 OCT 在成像原理上有较大的不同,探测物体的分辨能力和适用范围也有所不同,但图像重构过程十分相似。

CT 技术自 1957 年问世以来,其结构和性能不断完善和提高,主要应用医学诊断,可用于身体任何部位组织器官的检查,因其分辨率高,解剖结构显示清楚,已成为临床常用的影像检查方法。相比较而言,OCT 为新兴的和极具发展潜力的断层成像技术,其应用领域非常广泛,涉及医学、生物学、工业检测等很多方面,但其最主要的应用还是在医学领域。

8.4.1　层析探测技术基础

层析探测技术将影像学与计算机视觉技术相结合,成像过程与传统探测技术有所不同,探测图像不是直接获得的,需要利用探测信号进行重构。本节重点对 CT 和 OCT 两种层析探测技术的工作原理进行介绍,并对与层析探测相关的计算机图像重构技术进行简述。

1. CT 成像理论

当具有相当数量的投影光束穿过不透明物体时,便可通过投影光束重构不透明物体内部结构,这一理论是 CT 技术的早期数学描述,相应的数学理论为 Radon 变换。由于 X-ray 具有穿透人体组织的能力,通过探测不同扫描方向上 X-ray 穿透人体组织的强度信号,进而在不同扫描方向光束重叠部分来计算获得每个体素(对选定层面分成若干个体积相同的长方体,称之为体素)的 X-ray 衰减系数或吸收系数,并按一定规则投影后进行矩阵排列,即构成 CT 重构图像。其中,衰减系数是一个物理量,是 CT 影像中每个体素所对应的物质对 X-ray 线性平均衰减量大小的表示。

图 8.81 为扇形扫描光束 CT 的基本原理图示。光源向某一方向发出极细 X-ray,在其穿过物体的对面放置检测器。检测器能够测出 X-ray 经过物体衰减后到达检测器的强度 I。对于扇形扫描,将 X-ray 源以自身为中心旋转 N_t 个扫描角度,每旋转一步都做同样的检测,如此取得一组数据。然后将 X-ray 源绕待测物体中心旋转小角度 $\Delta\varphi$,在这一位置做扇形扫描,得到新角度下的另一组数据。如此重复,直至旋转 N_φ 次,取得 N_φ 组数据为止。在 X-ray 穿透物体时,由于

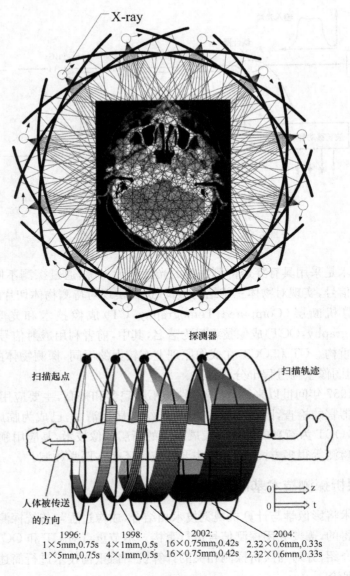

图 8.81　CT 基本原理图

物体是由多种物质成分和不同的密度构成的,所以各点对 X-ray 的吸收系数是不同的。设入射 X-ray 强度为 I_0,在物体 x 处 Δx 距离的强度衰减 ΔI 可表示为

$$\frac{\Delta I}{I_0} = -\mu(x)\Delta x \tag{8.89}$$

式中,$\mu(x)$ 是在物体中 x 位置的衰减系数。将上式改写成微分形式为

$$\frac{\mathrm{d}I}{\mathrm{d}x} = -\mu(x)I_0 \tag{8.90}$$

这样,若 X-ray 在到达检测器位置时的强度为 I_1,经过的距离为 L,衰减系数便可由上式积分得到

$$\int_L \mu(x)\mathrm{d}x = \log\left(\frac{I_0}{I_1}\right) \tag{8.91}$$

上式即为射线投影。若未指定路径,只能说明沿某一方向,即 $\int_L \mu(x)\mathrm{d}x$ 称为投影。由 X-ray

探测理论可知,图像信息为物体的衰减系数,显然,若测量得到 I_0 和 I_1,即可计算得到 $\int_L \mu(x)\mathrm{d}x$,计算得到的 $\int_L \mu(x)\mathrm{d}x$ 便为普通 X-ray 探测系统所形成的图像,路径上的所有信息被记录在图像中。而层析的目的便是评估每一体素的衰减系数,进而获得厚度为体素厚度的切片图像。若物体分段均匀,如图 8.82 所示,将沿 X-ray 线束通过的物体分割成许多体素,令每个体素的厚度分别为 $x_1, x_2, \cdots, x_{n-1}, x_n$,则上式可改写为

$$\int_L \mu(x)\mathrm{d}x = \mu_1 x_1 + \mu_2 x_2 + \cdots + \mu_{n-1} x_{n-1} + \mu_n x_n = \log\left(\frac{I_0}{I_1}\right) \tag{8.92}$$

重构 CT 图像便是求解每个体素的吸收系数 $\mu_1, \mu_2, \cdots, \mu_{n-1}, \mu_n$。直观上理解,需要对 n 个系数建立 n 个方程来求解。而通过扫描可实现不同体素的多次透射,便可实现多维参数的获得,进而从获得的衰减数据中重构路径上每个体素的衰减信息。

图 8.82　X-ray 经介质衰减传输示意图

实际上,CT 图像重构过程并非上述简单的衰减系数求解过程,简单的参数求解会产生严重的图像伪迹,这就需要建立合理的图像重构方法来获得清晰的、高分辨率的图像。Radon 变换是 CT 技术的数理基础,而中心切片定理则为 CT 图像重构的理论基础,具体的 CT 图像重构算法可查阅相关文献。

2. OCT 成像理论

OCT 技术是基于宽带光源的弱相干特性对物体内部结构进行高分辨率层析探测的技术,它依靠光源的时间相干性,对物体进行三维结构重构。OCT 技术在原理上类似于超声成像技术,与超声成像技术测量的反射声波类似,OCT 技术对反射和后向散射光波进行探测。反射和后向散射光波携带的时间信息(回波延迟时间)和强度信息可以转化为组织的微细结构信息。但是由于光传播速度太快,反射光携带的回波延迟时间不能像超声波那样通过电子仪器测量出来,因此 OCT 技术采用干涉的方法间接得到回波延迟时间信息。

典型时域 OCT 探测原理如图 8.83 所示。OCT 探测系统采用迈克尔逊干涉结构,通过参考光和样品光的相干特性来获取层析信息。部分相干光源发出的光经过分束器分成两束,一束光沿样品深度方向经透镜聚焦进入物体,另一束光由参考镜反射回光纤,反射镜反射回来的参考光与样品背向反射和后向散射的信号光,经过光纤耦合器耦合后产生干涉信号,用探测器探测这个信号,信号的强度反映样品的散(反)射强度。由于不同物体的散射和反射信号特性不同,便可通过重构信号的差异辨别不同组织结构。另一方面,探测干涉信号的范围可反映对物体的层析程度。下面通过部分相干理论来阐述 OCT 如何实现对样品的层析。

对于迈克尔逊干涉仪,参考镜和样品反射的两束光光程差小于相干长度时,可观测到干涉条纹。当使用相干光源时,由于相干长度较大,在相当宽的光程差范围内都可以检测到干涉信号,即参考镜移动较长的距离干涉信号仍存在。当使用低相干光源时,相干长度的减小使得参考镜反射光和样品反射光的光程差极小时才可探测到干涉条纹,即 OCT 使用低相干光源以减小相干长度。如图 8.83 所示,参考臂中的反射镜通过轴向移动来调节与样品反射光的相干时间,即移动参考镜实现了样品深度方向的扫描。由于相干长度较短,样品中仅非常薄的一层可与参考镜反射光发生相干,这就是利用低相干光源的短相关长度特性实现样品层析的原理。单层观测

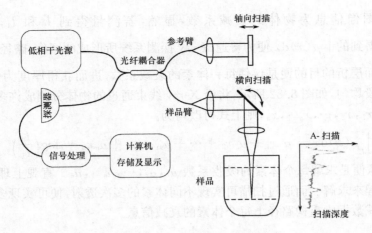

图 8.83　时域 OCT 探测原理

厚度为样品层析厚度,由此可见,光源的相干长度决定了图像的轴向分辨率。参考镜移动实现的样品深度扫描一般称为 A-扫描,而横向扫描称为 B-扫描。

对于层析探测系统,轴向分辨率是最重要的参数,在保证横向分辨率的前提下,提高轴向分辨率便可减小切片层厚度,实现高分辨率层析。由 OCT 探测原理可知,OCT 系统的横向分辨率与传统的显微镜相同,由光束聚焦点的尺寸决定,衍射限的横向分辨率可表示为

$$\Delta x = \frac{4f\lambda}{\pi d} \tag{8.93}$$

式中,f 为焦距,λ 为波长,d 为物镜直径。用一个大数值孔径透镜将光束聚焦到一个很小的点上可以获得高横向分辨率。此外横向分辨率也与聚焦深度及共焦参数 b 有关,表示为 2 倍的瑞利距离 $2Z_R$,即

$$b = 2Z_R = \pi \frac{(\Delta x)^2}{2\lambda} \tag{8.94}$$

由上式可见,聚焦深度会随着横向分辨率的提高而降低。

OCT 轴向分辨率由光源的相干长度决定,下面讨论低相干信号的特性。由 Winner-Khinchin 定理可知,自相关函数 $\Gamma(\tau)$ 与光源功率谱函数 $G(v)$ 之间是傅里叶变换关系

$$\mid \Gamma(\tau) \mid = \int_0^\infty G(v)\exp(-\mathrm{j}2\pi v\tau)\mathrm{d}v \tag{8.95}$$

根据部分相干理论,复相干度可表示为

$$\mid \gamma(\tau) \mid = \int_0^\infty G(v)\exp(-\mathrm{j}2\pi v\tau)\mathrm{d}v \Big/ \int_0^\infty G(v)\mathrm{d}v \tag{8.96}$$

定义 $\gamma(\tau)$ 的振幅的半高全宽为宽带光源的相干长度 l_c。如果使用的光源的功率谱为高斯型,即

$$G(v) = \frac{2\sqrt{\ln 2}}{\pi\Delta v}\exp\left\{-\left[\frac{2\sqrt{\ln 2}(v-v_0)}{\Delta v}\right]^2\right\} \tag{8.97}$$

其中,Δv 是宽带光源的半高全宽。将式(8.97)代入式(8.96)可以得到

$$\mid \gamma(\tau) \mid = \exp\left[-\left(\frac{\pi\Delta v t}{2\sqrt{\ln 2}}\right)^2\right] \tag{8.98}$$

式中,t 为光波传播的时间变量。这样就可以得到它的相干长度为

$$l_c = \frac{2\sqrt{\ln 2}}{\pi}\cdot\frac{\lambda_0^2}{\Delta\lambda} \tag{8.99}$$

式中，λ_0 为中心波长，$\Delta\lambda$ 为光源功率谱的波长宽度。由上式可知，光源光谱的形状和带宽直接决定了系统的相干长度，即 OCT 探测系统的轴向分辨率，因此光源中心波长和谱宽是 OCT 探测系统中最为基本的参数。中心波长 λ_0 一般是固定的几个波长，波段选择由介质的吸收决定。

对于 OCT 探测系统，如图 8.84 所示，一般选择近红外区域作为其工作波长，这是由于人体组织对这一波段的吸收率较小。显然，在中心波长不变的情况下，光源光谱宽度越大，相干长度也就越小，分辨率越高。除了切片厚度（轴向分辨率）之外，轴向能够探测的总深度也是另一个重要参数。图 8.85 给出了 OCT 技术与其他成像技术横向分辨率和探测深度的比较情况，可以看出，OCT 具有较高的分辨率，而其探测深度与其他几种探测系统相比则存在一定的局限性。

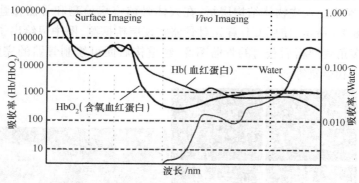

图 8.84　不同组织吸收率（生物光学窗）

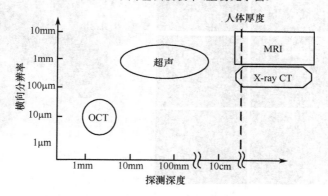

图 8.85　OCT 与其他层析系统性能比较

8.4.2　层析探测技术应用

由于层析探测技术能够在非侵入状态下探测物体内部信息，且具有高精度、高灵敏度和大动态范围等优点，使得层析探测技术应用领域由医学逐渐向其他领域发展，包括工业、农业和林业等。

1. CT 探测技术的应用

CT 技术发展相对较早，随着 CT 技术和相关技术的发展，CT 在物质探测方面所具有的巨大优势使得其在非医学领域如工业、地球物理、工程、农业、安全监测、海洋石油、天然气勘探等得到了广泛的应用，可用于检测各种金属材料、非金属材料、合成材料、混凝土和冰体结构等。

（1）CT 在医学中的应用

CT 最为人所熟知的应用当属医学领域。由于 CT 能够对人体进行非侵入性高分辨率 3D 成像，清晰显示人体内部的情况，因此在临床和科研上得到了非常广泛的应用。例如，最先进的

64 排超高速 CT,已经能够对 CT 检查的禁区——心脏进行成像。PET/CT 和 SPECT/CT 的出现,使功能成像和解剖成像实现了完美的结合,医生可以将发生功能代谢改变的部位精确定位,误差不超过几毫米。

此外,CT 血管成像和 CT 仿真内镜等临床应用已相当普及,广泛应用于肺部小结节的检测和胸部的普查、各脏器病变的动态检查、各种肿瘤的 CT 分期、复合外伤病人的综合检查等,脑 CT 血管成像已成为首选的影像学检查方法。CT 的仿真内镜技术可用于气管、支气管、胃、结肠、小肠、血管腔等各种腔道检查。多层 CT 对于肿瘤分期,特别是观察肿瘤是否累及周围组织和存在远处转移等方面、在整体解剖观察方面也具有优势。

由于 CT 可实现非侵入式物体结构层析,在人体骨骼疾病检测和骨骼重建中也发挥了相当重要的作用,如图 8.86 所示,使用 CT 首先对骨骼实现层析探测,图中只给出了某一角度下对骨骼的层析情况,经多角度层析后获得的骨骼图像,经重构后便可绘制骨骼的完整面貌,用于对骨骼疾病的诊断、治疗和康复等。

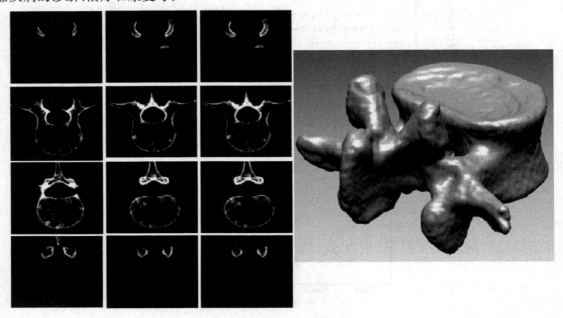

图 8.86　CT 对骨骼的层析与三维重建

（2）CT 在微结构检测中的应用

CT 作为一种无损检测方法,可以检测材料的内部结构,也可用于微小机械元件和电子元器件尺寸的测量。近年来 CT 精度大大提高,产生了用于观察生物体和材料分析的显微 CT 探测系统,观测精度已经由厘米尺寸发展到微米级。使用显微 CT 对材料微观结构内部进行观测,进而实现三维重构,获得材料内部原位微观结构,从而依据微观结构分析获得材料的宏观特性。显微 CT 也可用于生物材料检测,例如,分析体外制备仿生材料支架的孔隙率、强度等参数,进而优化支架设计。

图 8.87 为显微 CT 层析重构玻璃纤维——树脂材料的微观结构,左侧为重构的三维微观结构图,右侧为横向和纵向层析的切片图像。图中较大的暗色部分为材料复合过程中留下的气孔,如右图材料内部黑色部分所示;横向切片中,像树皮一样密集的黑色小点为树脂未完全侵入玻璃纤维中所留下的痕迹。由此可见,通过 CT 获得的层析图像可评估气孔分布和材料复合状况,通过分析便可得到材料的强度和机械特性。

图 8.87　CT 层析玻璃纤维——树脂材料的微观结构

2. OCT 探测技术的应用

OCT 成像技术自从成功应用于人类视网膜断层成像以后,其应用范围不断扩大,不但由对透明生物组织的轴向探测发展到对高散射非透明组织的成像,还从对生物组织的探测扩展到对生物材料的检测应用。随着 OCT 技术的不断完善,其应用领域也逐步向工业、农业等其他领域扩展,主要包括镀膜分层、材料缺陷分析和珠宝品质鉴别等。

（1）OCT 在医学中的应用

OCT 技术的第一个临床应用领域就是眼科学。由于利用了宽带光源的低相干性,OCT 具有出色的光学切片能力,能够实现对次表面高分辨率的层析成像,其探测深度远超过传统的共焦显微镜,尤其适合眼组织的成像研究,能够提供传统眼科无损诊断技术无法提供的视网膜断层结构图像,不仅能清晰地显示出视网膜的细微结构及病理改变,同时还可以进行观察并做出定量分析,其在眼科诊断方面的研究是 OCT 生物医学应用发展的重点方向之一,目前已成为视网膜疾病和青光眼强有力的诊断工具。目前在临床上 OCT 主要用于青光眼、黄斑病变、玻璃体视网膜疾病、视网膜下新生血管的早期诊断及术后随诊。OCT 在青光眼中的应用,主要是测量视网膜神经纤维层厚度,尤其是下部视网膜厚度变薄,可以作为早期青光眼诊断的依据。OCT 可以活体观察黄斑部解剖和病理改变、玻璃体黄斑牵引状态,清楚区分黄斑病变,判断病变的程度,应用OCT 检测视网膜黄斑区有助于深入了解视网膜黄斑异常状态,检测黄斑裂孔进展及其他黄斑病变。

在皮肤成像方面,高分辨率的 OCT 能检测到人体健康皮肤的表皮层、真皮层和血管。OCT系统用于人体皮肤探测,光源波长为 830nm,深度分辨率为 $15\mu m$,探测深度为 $0.5\sim1.5mm$。此外,OCT 在探测活动性炎症、坏死和角化过度、角化不全、真皮内空洞形成等方面也拥有着极大的优势。

OCT 在医学上非常独特而重要的另一个应用是进行潜伏期癌症的诊断。OCT 技术利用近红外光透照乳房,由于病变组织对光的散射程度不同,通过光电转换和计算机处理后的信号能够将乳腺组织的各种病变显示在屏幕上,并经图像处理诊断乳腺疾病,尤其对乳腺癌的早期发现独具慧眼。乳腺癌检测过程应用了 OCT 可实现微米级结构组织三维层析成像的特性,无须对样本进行采样,可在活体中检测癌症的进展状况。图 8.88 所示为基于 OCT 探测技术并结合血管造影术进行鼠科乳腺增长监视的情况,探测过程分别在不同的位置进行层析探测,并将层析结果投影至二维平面,用不同颜色或灰度表示三维立体结构。由图中可以看出密布的血管分布,充分展示了 OCT 在探测技术在微结构中的非侵入三维层析的能力。

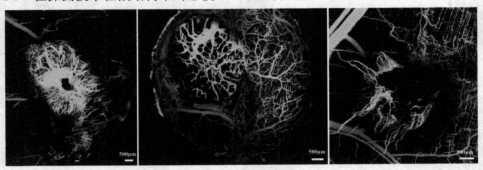

图 8.88　OCT 用于癌症检测中的血管三维成像

（2）OCT 在珠宝检测中的应用

玉石和珍珠等饰品会由于时间、环境、地热等因素,受某些环境物质的侵蚀而发生质地变化和外物沁入,造成形态和颜色改变,称作沁色和钙化。而人工的仿古玉一般是通过热处理等对沁色、钙化表面进行模仿,因此仿制品的内部结构一般与真正的古玉是不同的。在检测过程中,玉石的矿物组成、结晶颗粒大小、晶体形态及排列方式等结构特征可以引起光在玉石中传输的反射折射现象,因此基于表面下纵深结构光学散射、反射的 OCT 方法可为评估玉石的透光特性和古玉的沁色、钙化特征提供依据。OCT 光学成像方法本身的背向层析能力克服样品对镶嵌和厚度的限制,直观反映玉石内部微观结构的形态分布,近红外检测波段不受玉石吸收差异的影响,并能通过对高分辨二维深度切片数据进行处理表征其光学特性以及相应的结构特征。图 8.89 是利用 OCT 技术对不同珍珠进行品质检测的情况,测量时,对珍珠 360°×2.5mm 范围分别在横向和纵向进行层析,下边的层析图中只展示了 50°×0.5mm 的情况,图片为三维层析平铺图。由层析图可以看出,South Sea 珍珠比其他珍珠具有更厚的珍珠层,从珍珠层角度讲,OCT 检测结果证明了 South Sea 珍珠具有更为优良的品质。

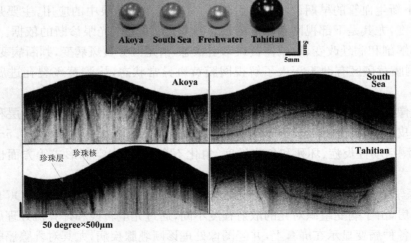

图 8.89　OCT 用于珍珠品质检测

8.5　激光共焦扫描显微技术

共焦显微技术是 M. Minsky 在 1957 年首次提出来的,随着激光技术、计算机图像处理技术的迅速发展,人们逐渐认识到其重要性,并开发出性能稳定的产品。激光共焦扫描显微镜是集共焦原理、激光扫描技术和计算机图像处理技术于一体的新型显微镜。其主要优点有:①既有高的横向分辨率,又有高的轴向分辨率,同时能有效抑制杂散光,具有高的对比度;②能通过对物体不同深度的逐层扫描,获得物体大量断层图像,既能对物体进行层析,又能建构三维立体图像;③容易实现高倍率成像。

8.5.1　激光共焦扫描显微技术原理

激光共焦扫描显微镜采用共轭焦点技术,使点源、样品及点探测器处于彼此对应的共轭位置。为了便于像差的校正及系统升级,常采用准直光路。如图 8.90 所示,由激光器输出的激光束经透镜 L_1、针孔 1 及扩束透镜 L_2 后,成为较均匀的准直光束,经物镜 L_3 后会聚于物体某一点,该点反射光(或透射光、或受激辐射的荧光)又经物镜后被分束镜反射到探测光路,由会聚透镜将其聚焦于针孔 2,被探测器接收,并将其输入计算机进行存储。通过二维扫描,得到物体某一层面的二维断层图像,再经轴向扫描,得到大量断层图像,经计算机图像重构,合成三维立体图像。其扫描装置也由计算机进行控制。

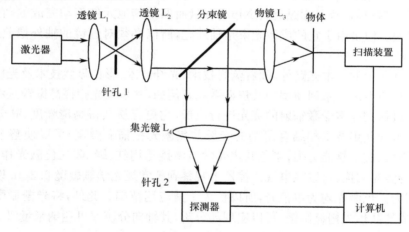

图 8.90　激光共焦扫描显微镜典型光路图

物体上处于物镜 L_3 焦点处发出的光可以全部通过针孔 2 被探测器接收,而在焦平面上下位置发出的光在针孔处会产生直径很大的弥散斑,只有极少部分的光可以透过针孔 2 被探测器接收。而且随着距离物镜焦平面的距离增大,样品所产生的杂散光在针孔处的弥散斑就越大,能透过针孔 2 的能量就越少(由 10% 到 1%,慢慢接近为 0%),因而在探测器上产生的信号就越小。正是由于共焦显微技术仅对样本焦平面成像,而把该层面前后的离焦光束阻挡掉,有效地避免了衍射光和散射光的干扰,通过改变聚焦深度可以获得样品一个个层面的光学切片图像。在利用共焦技术进行细胞或生物体的结构分析时,其主要的信息来源是收集从细胞或生物体表层进入内部所产生的散射光信息。如果被观察样品进行了荧光着色,那么就可以收集到不同激光照射截面的荧光信息。它与电子显微镜相比,无须进行超薄切片,从而可以对活体进行动态层析观察,这正是生物、医学研究所十分希望实现的新技术。

激光共焦扫描显微技术中探测针孔的大小起着关键作用,它直接影响系统的分辨率和信噪比。如针孔过大,则起不到共焦点探测作用,既降低系统的分辨率,又会引入更多杂散光,使系统失去层析能力;如果针孔太小,则降低探测效率。研究表明,当小孔直径等于艾里斑(Airy disk)的直径时,探测效率可达85%以上,且满足共焦要求。由于针孔直径等于艾里斑直径,为微米量级,如果激光束的会聚焦点与针孔位置存在偏差,将会产生信号失真,且容易引入轴外像差,影响成像质量。激光共焦显微镜一般采用自动对焦系统,当焦面保持不变时,自动对焦系统能以需要的复现性测出结构的实际宽度,以 $0.1\mu m$ 精度对样品反射表面聚焦,调节时间小于 1s。

激光共焦扫描显微镜中检测器通常采用光电倍增管(PMT)、光子计数器等,通过高速 A/D 转换器,将信号输入计算机以便进行图像重建和分析处理。如果是检测荧光,光路中还应该设置能自动切换的滤色片组,满足不同测量的需要;也可以采用光栅或棱镜分光然后进行光谱扫描。

由于激光共焦扫描显微镜是点物成点像,所以要想获得物体的二维图像,需要借助于 x、y 方向的二维扫描。不同的显微镜采用不同的扫描方式:①物体扫描,即物体本身按一定规律移动,而光束保持不变。其优点是轴线平直,光路稳定,充分发挥了光学系统中心无像差的优势。其缺点需要大幅度扫描工作台,因此扫描速度受到制约,快速扫描有一定困难。②利用反射振镜构成光束扫描系统,通过控制扫描振镜将聚焦光点有规律地反射到物体某一层面,完成二维扫描。其优点是精度较高,常用于高精度测量。扫描速度比物体扫描有所提高,但仍然不快。③使用声光偏转元件进行扫描,通过改变声波输出频率进而改变光波的传播方向来实现扫描,其突出优点是扫描速度非常快。由美国研制的利用声光偏转器产生实时视频图像,扫描一幅二维图像仅需要 1/30s,几乎做到了实时输出。这种扫描方式在激光共焦扫描显微镜中被广泛采用。④ Nipkow 盘扫描,其扫描过程是通过旋转 Nipkow 盘而保持其他元件不动完成的,它可以一次成像,速度非常之快。但是由于它的成像光束是轴外光,所以必须对透镜的轴外像差进行校正,且光能利用率很低。

除了图 8.90 所示的基本光路外,随着荧光技术、光纤技术、彩色显微技术及光栅显微技术的引入和不断完善,衍生出一系列新型的共焦显微镜。例如,共焦荧光扫描显微镜是将观察物体制成荧光样本,通过探测样本受激辐射的荧光进行成像,它更容易获得高清晰度、高分辨率的三维图像;将光纤技术和共焦技术相结合研制的光纤共焦激光扫描显微镜,可以使整个系统结构紧凑、体积小、价格低、抗干扰能力强;彩色共焦光学显微镜是用红、绿、蓝三色激光作为光源,用声光偏转元件进行激光扫描,可以在电视监控器上观察到超常规光学显微镜 $0.3\mu m$ 以下分辨率的彩色图像,又因为三色激光均为单色光,所以扩大了其应用范围。此外,将光栅显微镜与共焦技术相结合而制成的共焦光栅显微镜,可以实现超分辨,其轴向分辨率可达纳米量级。

8.5.2　激光共焦扫描显微技术的应用

激光共焦扫描显微技术除了在生物医学领域获得广泛应用外,在材料科学、电子技术等领域也获得了应用。

随着激光共焦扫描显微技术的发展,对成像方式也进行了改进,出现了一些新技术,典型的有激光外差共焦显微技术、差动共焦显微技术、同步移向共焦显微技术等。这些技术都是在基本的共焦显微技术基础上再融合新技术演化而来的,例如激光外差共焦显微技术就是利用激光外差干涉技术的高精度位移测量特点及共焦显微技术的三维层析特性演化而来的。

1. 激光共焦扫描显微技术在生物医学中的应用

激光共焦扫描显微镜系统是当今活跃在生命科学领域作为显微二维及三维空间结构观察、分析的代表性技术和主要实验方法工具,已广泛应用于细胞生物学、分子生物学、神经科学、遗传学、植物学、病毒学及临床医学等学科的科研工作中。

图 8.91 是采用 Leica TCS SP5 激光扫描共焦显微镜拍摄的植物锈病孢子高分辨率图像。图 8.92 是采用 Bio-Rad Radiance 2100 激光扫描共聚焦显微镜观测细胞核的不同时期的高分辨率图像。

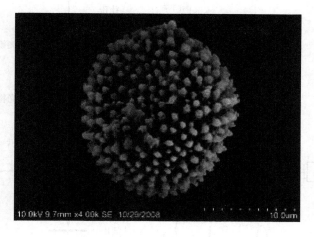

图 8.91　植物锈病孢子

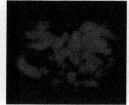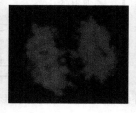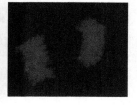

图 8.92　细胞核在细胞周期不同时相的三维重构图像

2. 外差共焦显微技术在面形检测中的应用

图 8.93 为外差共焦显微技术实现面形测量的示意图。先用共焦显微技术进行粗略测量,大致判断表面面形信息,因为共焦显微技术是利用 待测物体表面反射光强变化来测量待测物体的面形信息,共焦显微光路中的探测器所获得光强越大,对应的待测物体面形就越接近真实的面形。但是,面形误差越小,光强的分辨率要求就越高,人眼或者探测器都有分辨极限,仅用共焦显微技术实现面形检测误差还是很大。所以,再用外差干涉技术精确测量,精确得到待测表面的面形信息,因为外差干涉技术是一种高精度位移测量技术,但是它的量程小,需要在共焦显微技术的基础上进行。在共焦显微技术测量之后,虽然有一定的面形偏差,外差共焦显微技术可以测量这部分面形偏差,最终利用这两种技术实现高精度的面形检测。

3. 差动共焦显微技术进行面形测量

图 8.94 所示为差动共焦显微技术原理图。

差动共焦显微技术是在 1974 年由 N. H. Dekkers 和 H. deLang 最先提出的。差动共焦显微技术利用的是基本的共焦显微技术轴向响应特性和光聚焦探测瞄准,而不是利用位移测量方法。它是在基本的共焦显微技术基础上,在共焦光路的信息接收端处,将被测信号分成两路,用两个光电转换器以差动方式进行连接,得到聚焦信号。采用差动方式测量共焦信号,可以消除光强漂移和探测器的电子漂移引起的噪声,很大程度上提高了测量信噪比,从而提高了测量精度。它与扫描探针式共焦测量系统相比,具有误差小、测量范围大、抗干扰的优点,测量精度高,可达到纳米量级。此项技术兼具高分辨率、大量程、非接触测量的特点,满足现代光学测量的需要。

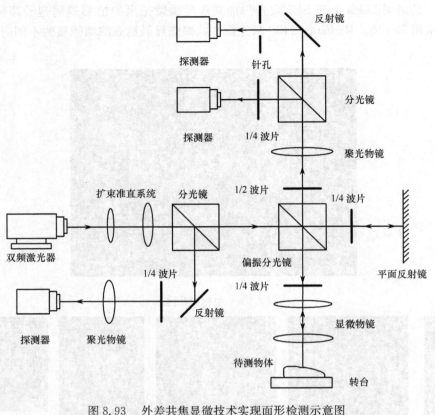

图 8.93　外差共焦显微技术实现面形检测示意图

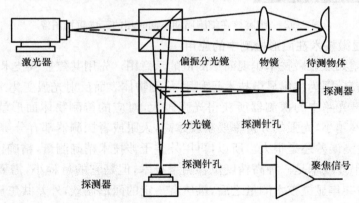

图 8.94　差动共焦显微技术原理图

4. 并行共焦显微技术在自由曲面检测中的应用

如图 8.95 所示为并行共焦显微技术的原理图。它主要由激光器、微透镜阵列、点光源产生器、探测器、图像采集系统等组成。

并行共焦显微技术是在基本的共焦显微技术基础上演变过来的。并行共焦显微技术既体现激光光学技术准直、细分的特点，又体现数字图像处理技术的高分辨率的特点，是一种将两种技术有机结合的综合性技术。它与传统扫描显微技术不同之处在于：采用微透镜阵列将半导体激光器所产生的准直光束进行分割，由单点测量变为多点测量，并行同步对待测物体表面的不同点进行扫描探测，而不必对被测面进行横向扫描，简化了仪器的结构，降低了成本，实现被测物体表面的无损检测，得到被测物体的三维图像。但是，并行共焦显微技术也有缺点，并行共焦显微技

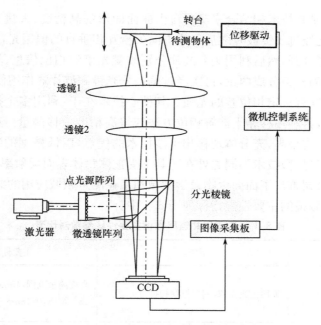

图 8.95　并行共焦显微技术原理图

术是为了实现高效率测量而提出的,测量精度不是很高;实现光束分割需要微透镜阵列和点光源阵列,微透镜阵列不容易加工,微透镜阵列的加工是否满足要求直接影响测量精度;点光源阵列孔隙大小及孔隙之间距离对加工工艺提出很高的要求,所以此项技术实现起来还是需要有一定的加工技术保障。

5. 同步移相共焦显微技术在自由曲面检测中的应用

图 8.96 所示为同步移相共焦显微技术的原理图。同步移相共焦显微技术是将激光移相干

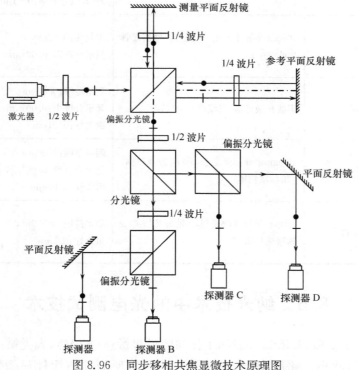

图 8.96　同步移相共焦显微技术原理图

涉技术和基本的共焦显微技术相结合来实现自由曲面面形的高精度、大量程测量。它的基本原理是：激光器发出的光经过 1/2 波片之后形成方向矢量互相垂直的偏振光，在偏振分光镜的作用下，两种偏振方向的光分开，然后利用 1/4 波片分别改变光束的相位信息，然后再利用普通分光镜将已改变相位信息的光束分成两束，再次经过偏振分光镜和波片的作用使其相位再次改变，最终 4 个探测器将得到互有一定相位差的光强。其核心技术在于：利用多个探测器获得具有一定相位差的干涉光强值，再利用移相干涉解相位方法获得高精度位移测量。这种方法测量结果受外界因素影响较小、分辨率高，充分体现移相干涉技术的优点，以低精度的装置获得较高精度的测量结果。与其他共焦显微技术不同之处在于其不受被测物体表面反射率的影响。

目前，已有多家公司推出了面向生物医学领域和工业测量领域应用的共焦显微镜产品，应用于工业检测的共焦显微镜的主要性能指标列于 8.1 中。

表 8.1　工业用共焦显微镜主要性能参数对比表

型号	特点	主要性能指标
Zeiss Axiom CSM 700	采用白光光源，利用振镜扫描	高度测量范围：15mm 线分辨率：$0.16\mu m$
Zeiss LSM 700	光源为半导体激光器，利用振镜扫描，双通道光电倍增管接收	轴向分辨率：$0.01\mu m$ 扫描分辨率：$4\times1\sim2048\times2048$ 像素 扫描视场：对角线 18mm
Micro—Epsilon NCDT2401	LED 光源，光电倍增管接收	测量范围：$120\mu m$ 轴向分辨率：$0.005\mu m$
Nanofocus μsurf	采用白光光源（氙灯），多针孔接收	测量范围：$160\mu m\times160\mu m$ 轴向分辨率：$0.001\mu m$ xy 方向分辨率：$0.31\mu m$
Olympus OLS4000	405nm 半导体激光，双通道光电倍增管接收	重复性：$0.02\mu m$ 显示分辨率：$0.001\mu m$
Lasertec H1200	多波长激光器，三线阵 CCD 接收	测量范围：$8000\mu m$ 显示分辨率：$0.001\mu m$ 重复性：$0.01\mu m$
Keyence VK—9700	408nm 半导体激光器，xy 向振镜扫描，z 轴移动物镜	测量范围：$7000\mu m$ 显示分辨率：$0.001\mu m$ 重复性：$0.014\mu m$
Keyence LT—9011	670nm 半导体激光器，z 轴音叉扫描，x 轴振镜扫描	测量范围：$\pm300\mu m$ 重复性：$0.3\mu m$

8.6　纳米技术中的光电测试技术

1986 年 G. Binnig 和 H. Rohrer 发明了扫描隧道显微镜（STM），人类第一次观察到了物质表面的单原子排列状态。此后，相继出现了一系列新型的扫描探针显微镜：原子力显微镜

（AFM）、激光力显微镜（LFM）、磁力显微镜（MFM）、弹道电子发射显微镜（BEEM）、扫描离子电导显微镜（SICM）、扫描热显微镜（STP）、扫描近场光学显微镜（SNOM）、光子扫描隧道显微镜（PSTM）、远远超出了光学方法已经取得的成就。

除了 SNOM 和 PSTM 直接使用光学原理工作外，其他扫描显微镜常常用光学方法作为位移传感器，干涉方法是主要的手段。这类干涉仪不同于一般的位移干涉仪，其量程很小，远远不到半个波长，但是分辨率要求很高（<1nm），这种情况下噪声成为影响性能的根本原因。

8.6.1 扫描隧道显微镜(STM)

扫描隧道显微镜（Scanning Tunneling Microscope，STM）的基本原理是利用量子理论中的隧道效应，将原子尺度的极细探针和被研究物质的表面作为两个电极，当样品与探针的距离非常接近时（通常小于 1nm），在外加电场的作用下，电子会穿过两个电极之间的势垒流向另一个电极，这种现象即隧道效应，如图 8.97 所示。隧道电流 I 是电子波函数重叠的量度，与针尖和样品之间距离 L 和平均功函数 Φ 有关，即

$$I \propto V_b \exp(-A\sqrt{\Phi}L) \tag{8.100}$$

式中，V_b 为加在针尖和样品之间的偏置电压；平均功函数 $\Phi \approx (\Phi_1 + \Phi_2)/2$，$\Phi_1$ 和 Φ_2 分别为针尖和样品的功函数；A 为常数，在真空条件下约等于 1。扫描探针一般采用直径小于 1mm 的细金属丝，如钨丝、铂-铱丝等，被测样品应具有一定导电性才可以产生隧道电流。

由式（8.100）可知，隧道电流强度对针尖与样品表面之间的距离非常敏感，如果距离 L 减小 0.1nm，隧道电流 I 将增加一个数量级，因此，利用电子反馈线路控制隧道电流的恒定，并用压电陶瓷材料控制针尖在样品表面扫描，则探针在垂直于样品方向上高低的变化就反映出了样品表面的起伏，如图 8.98(a) 所示。将针尖在样品表面扫描时运动的轨迹直接记录并显示出来，就得到了样品表面态密度的分布或原子排列的图像。这种扫描方式可用于观察表面形貌起伏较大的样品，且可以通过加在 z 向驱动器上的电压值推算表面起伏高度的数值，这是一种常用的扫描方式。对于表面起伏不大的样品，可以控制针尖高度守恒扫描，通过记录隧道电流的变化，也可以得到表面态密度的分布，如图 8.98(b) 所示。这种扫描方式的特点是扫描速度快，能够减小噪声和热漂移对信号的影响，但一般不能用于观察表面起伏大于 1nm 的样品。

由式（8.100）还可知，在 V_b 和 I 保持不变的扫描过程中，如果功函数随样品表面的位置而变，也同样会引起探针和样品表面间距 L 的变化，因而也会引起控制针尖高度的电压的变化。若样品表面原子种类不同，或样品表面吸附有原子、分子时，由于不同种类的原子或分子团等具有不同的电子态密度的功函数，此时 STM 给出的等电子态密度轮廓不再对应于样品表面原子的起伏，而是表面原子起伏与不同原子和各自态密度组合后的综合效果。

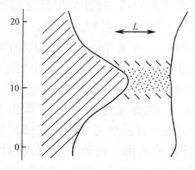

图 8.97　隧道效应示意图

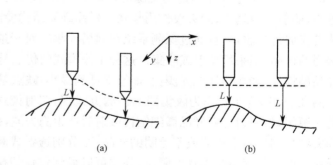

图 8.98　扫描模式示意图

8.6.2 扫描近场光学显微镜(SNOM)

电磁场的辐射是物体受激发后,内部电偶极跃迁引起的。电磁波从物体表面向自由空间传播时,场分布可划分为两个区域:一个是距物体表面仅一个波长内区域,这一区域称为近场区域;另一区域为近场以外到无穷远称之为远场区。远场区域只存在辐射波,而近场区域还存在非辐射波,又称隐失波(Evanescent Wave),其强度随离开表面距离近似指数衰减。近场波体现了光在传播过程中遇到空间光学性质不连续时光波的空间瞬态变化,这种变化很快在空间衰减,它反映了空间光学性质的不连续性。近场光能够携带高频空间结构信息,它对应于物体表面的精细结构。扫描近场光学显微镜就是通过采集近场信息而发展的光学显微技术。

如图 8.99 为扫描近场光学显微镜(Scanning Near-field Optical Microscope,SNOM)原理示意图。为实现近场探测,用一个小于波长尺寸的带有小孔的光学探针作为光源或探测器,把探针置于物体的近场区域,通过探测从样品透射或散射的光,可得到物体亚波长尺寸的结构信息,通过扫描从而实现超高分辨率的近场成像。将把含有超衍射分辨信息的隐失场转变为携带该信息的可进行能量输送的传播场,使放在远处的探测器可以接受到隐含在隐失场中的超分辨率信息,由此可以看出探针尖端的尺寸大小直接影响成像分辨率。

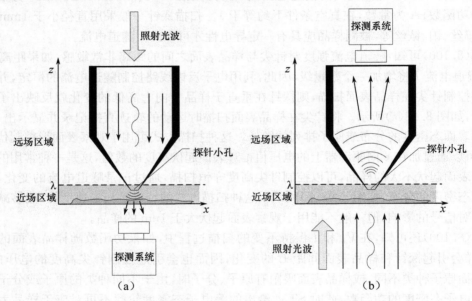

图 8.99　SNOM 原理示意图

图 8.99(a)为小孔作为近场光源的探测方式在隐失波局域照射样品,探针与样品之间的距离越小,照射区域越小,隐失波作用越强。样品细微结构使照射光散射,在散射过程中,一部分隐失波转换成传播波,并且通过探测系统在远场收集。对于透明样品,可采用透射式收集,而对于不透明的样品,则采用反射式收集。这种工作模式的优点是成像时只照射到样品中很小的区域,对样品的损坏(如热损坏或光漂白)能够降低到最小,缺点是探测信号一般都比较弱。

图 8.99(b)为小孔作为收集器的探测方式,与照射模式相反,收集模式 SNOM 中样品由远场的光源照射,照射光经样品微细结构散射后产生隐失波,探针处于样品的近场中收集样品局域的隐失波。同样对于透明或不透明的样品,可分别透射式和反射式收集。这种工作模式的优点是样品的照射强度不受探针的限制,往往可以得到较强的探测信号,缺点是背景的杂散光较强,带来较大的背景噪声。

8.6.3　光子扫描隧道显微镜(PSTM)

光子扫描隧道显微镜(Photo Scanning Tunneling Microscope, PSTM),是用光探针探测样品表面附近被内全反射光所激励的消逝场,从而获得表面结构信息。其分辨率远小于入射光的半波长,突破了光学显微镜半波长极限的限制。PSTM 的原理和工作方式在许多方面与 STM 非常相似。STM 是利用电子的隧道效应,而 PSTM 则是利用光子的隧道效应,其原理如图 8.100 所示。

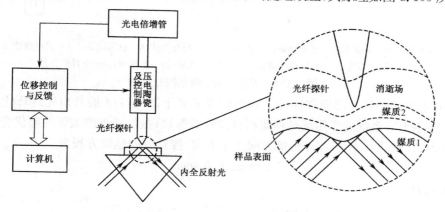

图 8.100　PSTM 原理示意图

当一束光从光密介质 1 入射到光疏介质 2 时,若入射角大于临界角,一束内全反射光会在光疏介质一侧产生一个消逝场,该消逝场的场强随离开界面距离的增大而成指数衰减,即

$$I \propto \exp[-2kz\sqrt{\sin^2\theta_i - n^2}]　\qquad\qquad (8.101)$$

式中,I 为消逝场的场强;k 为光在光密介质 1 中的波数;z 为消逝场离开界面的距离;θ_i 为入射角;n 为光疏介质与光密介质折射率的比值。

当光疏介质 2 中不存在扰动影响的情况下,消逝波全部返回光密介质。但若有其他介质 3 存在,例如,折射率大于 n_2 的光纤探针,从介质 2 一侧逐渐靠近前两种介质分界面,且靠近的距离在光波长范围时,全反射条件受到明显的破坏,光能量不能全部返回介质 1。入射光的一些光子会穿过界面和探针之间的势垒,即产生光子隧道效应。穿过势垒的光子经过光导纤维传到光电倍增管并转换成电信号。如同 STM 一样,PSTM 也是用一个管状压电陶瓷扫描器控制针尖在样品表面扫描的,可以采用恒高或恒流两种模式。在恒高模式中,测量耦合光的强度;在恒流模式中,测量加在控制光探针高度的压电陶瓷管上的电压。

全反射测量形貌的准确度比较高,且区域形貌的信息量大,可以几乎不接触被测表面,测量装置及数据处理简捷。与其他类型的光学显微镜相比,PSTM 提供了在亚波长级分辨水平上的三维表面形貌,且其切线方向的分辨率可达到十分之一波长,垂直于样品方向的分辨率主要是受到电子线路的限制,得到纳米级或更高的分辨率是容易实现的。

8.6.4　亚纳米零差检测干涉系统

1. 零差检测的基本原理

零差干涉系统如图 8.101 所示,其中,图 8.101(a)为零差检测的基型,图 8.101(b)为差动式零差干涉系统,图 8.101(c)为采用光纤的零差干涉系统。

零差干涉系统的基本光路是由平板玻璃和探针上表面构成的 F-P 干涉仪,其平均间隔为 z_0,由光电探测器检测出干涉光强,差动式零差干涉系统取出部分光束构成参考光强,以克服光

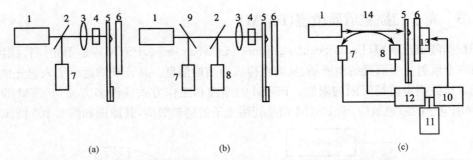

1—激光器；2,9—分光器；3—显微物镜；4—平板玻璃；5—扫描探针；6—被测样品；7,8—光电探测器；

10—伺服系统；11—探针位移输出；12—差动放大器；13—工作台；14—光纤耦合器

图 8.101　零差检测干涉系统光路图

强漂移；也可用单模光纤的端面和探针上表面构成 F-P 干涉仪，1/4 波片由光纤环代替，使系统更加紧凑。零差干涉系统的作用就是检测扫描探针的振幅（振幅随被测表面的起伏变化）。当探针臂的振幅为 A，振动频率为 ω，光传播方向为 z 方向，探针臂的运动方程为

$$z = z_0 + A\sin\omega t \tag{8.102}$$

干涉光强为

$$I = \frac{1}{2}FI_0\left\{1 - \cos\left[\frac{4\pi}{\lambda}(z_0 + A\sin\omega t)\right]\right\} \tag{8.103}$$

其中

$$F = \frac{4R}{(1-R)^2}$$

式中，R 为反射系数。由于被测振幅远小于波长，即 $4A\pi/\lambda \ll 1$，展开式(8.103)，分别写出其直流分量、一次谐波和二次谐波分量为

$$\begin{cases} I_{dc} = \frac{1}{2}FI_0\left[1 - \cos\frac{4\pi z_0}{\lambda} + \frac{1}{4}\left(\frac{4\pi z_0}{\lambda}\right)^2\cos\left(\frac{4\pi z_0}{\lambda}\right)\right] \\ I_{1\omega} = \frac{1}{2}FI_0\frac{4\pi}{\lambda}A\sin\left(\frac{4\pi z_0}{\lambda}\right)\sin\omega t \\ I_{2\omega} = -\frac{1}{8}FI_0\left(\frac{4\pi A}{\lambda}\right)^2\cos\left(\frac{4\pi z_0}{\lambda}\right)\cos 2\omega t \end{cases} \tag{8.104}$$

调节 F-P 干涉仪，使 $\cos(4\pi z_0/\lambda)=0$，则二次谐波分量为零，如果探测器的量子效率为 η，则一次谐波分量光电流为

$$i_{1\omega} = \frac{1}{2}\eta FI_0\frac{4\pi}{\lambda}A\sin\omega t \tag{8.105}$$

调节 F-P 干涉仪，使 $\cos(4\pi z_0/\lambda)=\pm 1$，这时 $\sin(4\pi z_0/\lambda)=0$，一次谐波分量为零，剩下直流分量和二次谐波分量，二次谐波分量光电流为

$$i_{2\omega} = \frac{1}{8}\eta FI_0\left(\frac{4\pi}{\lambda}A\right)^2\cos 2\omega t \tag{8.106}$$

比较一次谐波和二次谐波的振幅，有

$$A = \frac{\lambda}{\pi}\frac{i_{2\omega}}{i_{1\omega}} \tag{8.107}$$

利用锁相放大器很容易测出正交状态的一次和二次谐波分量。

零差干涉方法的缺点是测量信号与 z_0 有关，因为热和机械的原因都会改变它，从而影响与式(8.107)和式(8.106)的符合程度。为了克服这个缺点，有人采用两个锁相放大器，一个用于测

量一次谐波分量,另一个用于测量二次谐波分量,并保持二次谐波分量为零,一次谐波分量的振幅和探针臂的振幅成比例关系。

2. 噪声分析

以基型零差检测干涉系统分析为例进行噪声分析如下。

（1）光程长度漂移噪声

z_0 的漂移是零差检测中的重要误差来源。为了降低光程长度漂移噪声,取尽量小的 z_0,以减小温度膨胀的影响。

（2）Johnson 噪声

Johnson 噪声发生在所有的电阻中,而且是在没有偏置的情况下出现的。由光电探测器前置放大器负载电阻造成的噪声电流为

$$i_J^2 = 4kTB/R \tag{8.108}$$

式中,k 为玻耳兹曼常数;T 为热力学温度;B 为电子系统带宽;R 为负载电阻。在低频段,该噪声和其他噪声相比很小,可以忽略,当工作频率大于 1MHz 时,该噪声成为重要的噪声源。

（3）激光强度噪声

半导体激光器如同一个热源,而且是一个噪声放大器,此处只是为了应用的目的给出相对强度噪声的典型值

$$\text{RIN}_{\text{int}} = 10^{-13} B/\text{Hz}$$

噪声电流为

$$i_L^2 = \frac{1}{4}\eta^2 F^2 I_0^2 \text{RIN} \tag{8.109}$$

（4）探针臂的热噪声

将探针臂看作振荡器,根据对应光程变化引起的噪声电流为

谐振时
$$i^2(\omega_0) = \frac{1}{4}\eta^2 F^2 I_0^2 \frac{16\pi^2}{\lambda^2} \frac{4KTBQ}{\omega_0 k} \tag{8.110}$$

非谐振时
$$i^2(\omega < \omega_0) = \frac{1}{4}\eta^2 F^2 I_0^2 \frac{16\pi^2}{\lambda^2} \frac{4KTB}{Q\omega_0 k} \tag{8.111}$$

式中,Q 是弹簧的阻尼因子,也称品质因子;ω_0 为谐振频率;$k = |P/z|$ 为弹簧常数,即单位变形所用的力。

（5）散粒噪声

光电探测器的散粒噪声电流为

$$i_s^2 = e\eta I_0 B \tag{8.112}$$

（6）信噪比

谐振方式

$$\text{SNR}_{\text{on}} = \frac{4\pi}{\lambda} \frac{A}{\sqrt{\text{RIN} + \frac{16\pi^2}{\lambda^2}\frac{4KTBQ}{\omega_0 k} + \frac{4eB}{\eta F I_0}}} \tag{8.113}$$

非谐振方式

$$\text{SNR}_{\text{off}} = \frac{4\pi}{\lambda} \frac{A}{\sqrt{\text{RIN} + \frac{16\pi^2}{\lambda^2}\frac{4KTB}{Q\omega_0 k} + \frac{4eB}{\eta F I_0}}} \tag{8.114}$$

8.6.5 亚纳米外差检测干涉系统

采用声光调制产生频移的外差检测干涉系统光路图如图 8.102 所示。激光束被分束器分为

两束,其中一束经过声光调制器,得到频移量 ω_m,作为测量光束;另一未经过频移的光束作为参考光束。测量光束透过偏振分光镜和 1/4 波片,入射到扫描探针上,反射光再次经过 1/4 波片,偏振方向转过 90° 而被偏振分光镜反射并与参考光汇合,经检偏器发生干涉在光电探测器上形成光电流。设测量光束与参考光束的平均光程差为 z_0,探针臂的振幅为 A,频率为 Ω,则探针的运动方程为

$$z = z_0 + A\sin\Omega t \qquad (8.115)$$

令

$$\theta_0 = \frac{4\pi}{\lambda}z_0 \qquad \theta = \frac{4\pi}{\lambda}A$$

则测量光束矢量可以写为

$$\boldsymbol{E}_s = \boldsymbol{E}_{s0}\sin[\omega t + \omega_m t + \theta_0 + \theta\sin\Omega t] \qquad (8.116)$$

参考光束矢量为

$$\boldsymbol{E}_r = \boldsymbol{E}_{r0}\sin\omega t \qquad (8.117)$$

可以和长距离测量时的双频干涉仪一样,形成参考信号和测量信号,通过比相测量探针的运动。这里可以用另外一种信号处理方法,不用相位测量

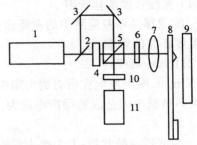

1—激光器;2—分光器;3—反射镜;
4—声光调制器;5—偏振分光镜;
6—1/4 波片;7—显微物镜;8—扫描探针;
9—被测样品;10—检偏器;11—光电探测器
图 8.102　外差检测干涉系统光路图

也可以得到探针的运动参数。将式(8.116)展开,且只保留含有 $\sin\omega t$ 因子的项,得

$$\boldsymbol{E}_s = \boldsymbol{E}_{s0}\sin\omega t[\cos(\omega_m t + \theta_0)\cos(\theta\sin\Omega t) - \sin(\omega_m t + \theta_0)\sin(\theta\sin\Omega t)] \qquad (8.118)$$

在外差探测中采用交流放大,只需取交流分量,而且考虑到被测振幅非常小的条件,探测器上的光电流为

$$i = 2\eta\sqrt{I_r I_s}\left\{\cos(\omega_m t + \theta)\left[1 - \frac{\theta^2}{2}\sin^2\Omega t\right] - \theta\sin(\omega_m t + \theta_0)\sin\Omega t\right\} \qquad (8.119)$$

式中,I_r 和 I_s 分别为参考光强和测量光强。将式(8.104)展开并整理出含有 ω_m,$(\omega_m \pm \Omega)$,$(\omega_m \pm 2\Omega)$ 的分量为

$$\begin{cases} i_{\omega_m} = 2\eta\sqrt{I_r I_s}\left[1 - \frac{\theta^2}{4}\right]\cos(\omega_m t + \theta_0) \\[2mm] i_{(\omega_m \pm \Omega)} = \pm 2\eta\sqrt{I_r I_s}\,\frac{\theta}{2}\cos[(\omega_m \pm \Omega)t + \theta_0] \\[2mm] i_{(\omega_m \pm 2\Omega)} = \pm 2\eta\sqrt{I_r I_s}\,\frac{\theta^2}{8}\cos[(\omega_m \pm 2\Omega)t + \theta_0] \end{cases} \qquad (8.120)$$

在电路中实现 i_{ω_m} 和 $i_{(\omega_m + \Omega)}$ 的混频并滤除 $(\omega_m + 2\Omega)$ 和 $(2\omega_m + \Omega)$ 分量,得到的光电流为

$$i = \alpha\eta^2 I_r I_s \frac{2\pi}{\lambda}A\cos\Omega t \qquad (8.121)$$

式中,α 为一常数,和探针的运动完全成比例。因为参加混频的两个分量均含有 $\theta_0 = 4\pi z_0/\lambda$ 而相抵消,和零差检测相比,外差检测具有消除零漂移的优点。

8.6.6　亚纳米 X 射线干涉测试技术

X 射线干涉测试技术是利用非常稳定的单晶硅的原子晶格作为标尺实现微位移测量,因而具有亚纳米分辨率。X 射线干涉测试技术原理如图 8.103 所示,当完善的晶体被单色 X 射线以布拉格(Bragg)角照射时,根据 X 射线的动态理论,将出现如图 8.103(a)所示的三束光。沿入射方向的衰减光束当作背景噪声。如果采取适当的几何关系,衍射和向前衍射光束对称出现,并知

道两光束在晶格中传播的空间相位。X 射线干涉测试理论就是依据这种光束的分裂性质而建立的。如图 8.103(b)所示，基本的 X 射线干涉测试仪由 3 个平行且晶格方向完全一致的单晶硅晶片等间距排列组成，分别为分束器 S、镜体 M 和分析器 A。X 射线以 Bragg 角 θ 入射单晶硅，$n\lambda = 2d\sin\theta$，d 为晶格间距，λ 为射线波长，当晶体 A 相对于其他两块晶体移动时，输出光的强度会按周期性正弦规律变化，且晶体每移动一个晶格间距，输出光强变化一个周期。将晶格在分析器后形成宏观的干涉条纹，当分析器 A 沿垂直于衍射晶面方向移动时，每移动一个晶格，干涉条纹就变化一个周期。通过计算移动的干涉条纹，乘以晶面间距，即可得到分析器移动的位移。利用晶格间距 0.192nm 为长度基准单位，很容易实现纳米精度测量。

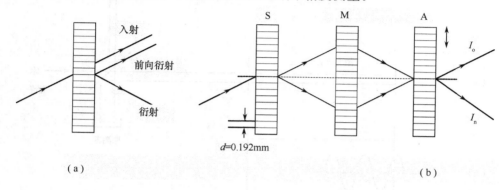

图 8.103　X 射线干涉测试技术原理

由 X 射线干涉测试技术原理可见，单晶硅晶格尺寸稳定性决定着测量精度。美国 NIST 和德国 PTB 分别对硅(220)晶体的晶面间距进行了测量，两个机构的测试结果偏差在飞米(fm)量级，充分说明了晶格间距的稳定性。此外，日本 NRLM 在 0.02℃恒温下对单晶硅(220)晶格间距温度性进行了 18 天监测，结果发现该晶面间距的变化为 0.1fm。实验结果充分说明单晶硅晶面间距作为长度测量基准具有较好的稳定性。一般情况下，X 射线干涉测试技术测量标准偏差达到 5pm，测量位移范围在 $100\sim200\mu m$。

X 射线干涉仪的优点是测量分辨率高，主要缺点是仪器使用时调整操作较复杂，对环境要求高，测量范围较小。由于 X 射线干涉仪在纳米(亚纳米)测量领域的特殊优越性，所以它越来越显示出其重要的研究及应用价值，其应用范围包括：①建立亚纳米量级长度尺寸的基准；②实现物理常数的精确测定；③点阵应变的精确测量及晶体缺陷的观察；④进行纳米尺度上各种物理现象的研究；⑤在医学方面，利用 X 射线干涉仪进行病理切片的 CT 分析；⑥准确测量纳弧度量级的小角度及介质折射率。在长度量值传递方面，X 射线干涉仪的主要应用是对高精度纳米位移传感器及仪器进行标定(包括 SPM、电感电容传感器等)及纳米尺度上各种物理现象的研究。

此外，针对于 X 射线干涉仪测量范围小的缺点，将 X 射线干涉测试技术与其它测试技术相结合也成为亚纳米测试手段之一。如图 8.104 所示为将 X 射线干涉仪和激光干涉仪结合起来的测试系统原理示意图，图中的光学部分是典型的平面镜干涉仪。一般地，平面干涉仪在正弦条纹的零点(最小值)处测量结果较为准确，一旦出现分数条纹读取的情况，将引入较大的测量误差。因此，可使用 X 射线干涉仪产生一定的微位移，将初始位置条纹和测量位置条纹均移动到零点处，便可准确测量位移量。显然，平面干涉仪测量范围较大，但精度相对较低；而 X 射线干涉仪测量范围较小，精度较高，两者互补，可实现大范围高精度的位移量测量。如图 8.104 (a)所示，被测单元放于激光干涉仪支路，与 T 反射镜相关联。初始状态下，平面干涉仪反射镜处于 T_0 位置，如图 8.104 (b)所示，产生的干涉条纹并不位于条纹零位处，通过 X 射线干涉仪进行微调，可将初始条纹首先调至零点，这一过程相对于测试仪器归零，如图 8.104 (c)所示。当被测单元发生位移后,平面干涉仪反射镜处于 T_1 位置,此时的条纹也没有位于零点,再次使用 X 射线干涉仪进行调节,使条纹处于零点,这样便可测得 T_0 和 T_1 之间的位移为 $n\lambda+f$,f 恰好为 X 射线干涉仪的细分量,这样便实现了高精度大范围测量。平面干涉仪其条纹移动当量约为四分之一波长,相当于 X 射线干涉仪中 824 个干涉条纹。实验结果证实,该系统在 100 倍条纹细分的情况下,在 $10\mu m$ 测量范围内达到 10pm 的测量精度;在 1mm 范围内达到 100pm 的测量精度。

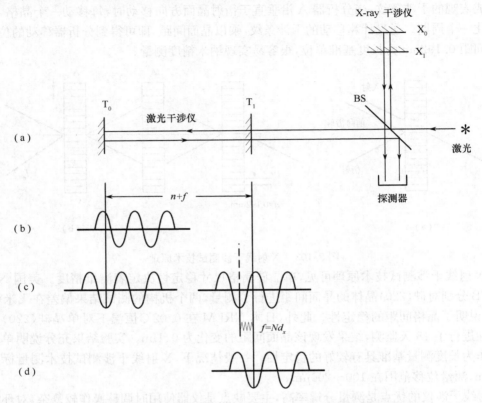

图 8.104　X射线干涉仪和激光干涉仪组合光学测试系统原理图

8.6.7　亚纳米表面增强拉曼散射测试技术

拉曼效应本质上是分子对入射光子的非弹性散射过程。其物理过程可以简单解释为光子与分子的声子(振动模)发生非弹性碰撞,入射光子传递能量于分子或者从分子得到能量,同时分子的声子模被激发或者退激发,发出能量发生改变的拉曼光子。

散射光中除了大量的与入射光频率相同的谱线外,还有与入射频率发生偏移且强度极其微弱的谱线。前者是瑞利散射光,是一种弹性散射,光子能量不变。而后者则是拉曼散射光,其过程称为拉曼效应。拉曼散射光中,能量低于瑞利线的谱线称为斯托克斯(Stokes)线,而能量高于瑞利线的谱线被规定为反斯托克斯(Anti-Stokes)线。拉曼散射强度十分微弱,是瑞利散射的千分之一甚至百万分之一,信号强度远远弱于常见的其他光学跃迁过程,如荧光与红外。造成这种现象的原因为光子与分子相互作用时,发生拉曼散射的概率很低,非共振分子的拉曼散射截面通常为 $10^{-29} cm^2 sr^{-1}$(甚至更小),远远小于荧光吸收截面($\sim 10^{-16} cm^2 sr^{-1}$)和红外吸收截面($\sim 10^{-20} cm^2 sr^{-1}$)。入射约一百亿个激发光子,才能产生一个拉曼光子,因此,在激光器出现之前,采集一副较完整的光谱,需要大量时间,拉曼光谱的应用与发展遭遇困难。研究吸附于银电极表面的分子拉曼光谱时发现,通过粗糙化银电极表面的方法使得拉曼光谱信号得到增强,认为其中存在着某种直接作用于分子拉曼强度的物理效应。这种效应就被称为表面增强拉曼散射（Surface Enhanced Raman Scattering，SERS）效应。百万倍的信号增益使得位于表面或界面处的单分子层，甚至亚单层分子层的拉曼光谱轻而易举地被探测到，有效地避免了溶液中其他物种信号的干扰。

目前，SERS 机制还无明确定论，一般认同的 SERS 机制主要有物理增强机制与化学增强机制两类。物理增强主要是由金属表面处等离激元共振产生的局域电场增强效应造成的；而化学增强源自于金属与分子间发生化学相互作用而导致的分子极化率变化。目前已有许多实验结果表明，物理增强或者化学增强都不能独自地解释所有的 SERS 现象，两者往往同时存在于所研究的体系中。然而，在通常纳米尺度研究体系中，分子与纳米金属结构表面的吸附作用属于物理吸附，分子与金属衬底不发生直接的成键作用，化学增强效应较弱，可以不予考虑。而且基于目前 SERS 的实验与理论研究来看，人们普遍认同电磁场增强机制，并认为，对于绝大多数研究体系而言，通常只需考虑最主要的电磁场增强效应。

当一个球形的金属纳米颗粒被光照射时，振荡的电场会引起金属颗粒表面处的导带电子同步振荡，如图 8.105 所示。当该表面电子云对于金属界面处质心产生相对位移时，由于库仑吸引而产生的回复力将会导致表面电子以质心为中心产生来回的振荡效应。其振荡频率与 4 个因素相关：电子密度、有效电子质量以及电荷分布的形状与尺寸。这种表面电子的集体振荡就是人们所说的局域表面等离激元共振。当金属纳米颗粒发生等离激元共振时，金属表面附近的局域电场强度将会获得很大的增益，最强可以达到上万倍。当分子位于其周围时，电场对分子的极化效应也将会得到极大的增强，实现分子的激发增强，同时，这种强局域电场对分子的远场辐射产生增益，实现最终的散射光放大。等离激元共振产生的局域电场束缚在金属表面，远离表面呈现指数衰减，作用范围为 1～10nm。然而，并非所有的金属都能在可见光频谱区产生 LSP 共振，目前主要有 Au、Ag、Cu 等极少数金属可以在可见光区产生共振增强效应，其主要原因来自于金属本身不同的光学响应（介电函数虚部及色散关系）。

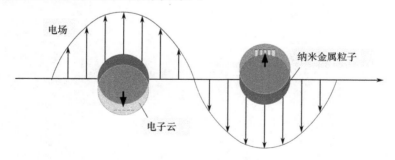

图 8.105　局域表面等离激元共振效应示意图

SERS 的发现迅速被广泛应用于表面科学、分析科学及生物科学等领域研究中，尤其在原位研究分子在表面的吸附与脱吸附、吸附构型与取向以及材料的表面结构等方面具有独特的优势。SERS 被广泛地应用于表面吸附、电化学和催化反应、化学和生物传感器、生物医学检测及痕量检测与分析等领域。在发现 SERS 效应之后，人们发现表面增强效应也普遍存在于其他光谱学中，通过对各种表面增强光谱的系统研究发现，它们都具有强烈依赖于特定的金属纳米结构的共性。由此，陆续发展了表面增强红外光谱、表面增强荧光、表面增强二次谐波、表面增强合频光谱等各种谱学技术，构成了一簇系的谱学技术，进而开辟了一个重要的学科领域——表面增强光谱学（Surface-Enhanced Spectroscopy，SES）。

思考题与习题 8

8.1 何谓莫尔条纹？应用几何光学原理解释，为什么说莫尔条纹测试技术具有光学放大作用？

8.2 莫尔条纹与光栅付的节距、夹角有什么关系？

8.3 图像信息的获取一般有哪些方法？各自的适用条件是什么？对图像信息的获取一般有什么要求？

8.4 什么是光机扫描成像？有哪些方式？其主要特点是什么？

8.5 在选择使用 CCD 成像器件时，主要考虑哪些因素？

8.6 在图像预处理中，灰度直方图均衡化处理和灰度直方图规定化处理有什么不同？二者有什么用途？

8.7 图像平滑化处理的主要目的是什么？常用的方法有哪些？

8.8 图像锐化处理的主要目的是什么？常用的方法有哪些？

8.9 数字干涉仪中，对采集到的干涉条纹图像一般需要进行哪些处理？

8.10 举例说明图像测试技术在位移、线径、位置、外观等方面的应用。

8.11 用作光纤传感器的光纤有什么特殊要求？光纤传感器与传统传感器相比有什么特点？

8.12 光纤的结构参数有哪些？这些参数如何影响光纤的传光特性？

8.13 何为分布式光纤传感器？有何特点？

8.14 试比较 CT 和 OCT 的异同。

8.15 试总结激光共焦扫描显微技术的特点及适用性。

8.16 简述光子扫描隧道显微镜（PSTM）工作原理。

8.17 分析亚纳米零差干涉的特点，与其他干涉系统有何异同。

参 考 文 献

[1] 张敬贤,李玉丹,金伟其. 微光与红外成像技术. 北京:北京理工大学出版社,1995.

[2] 江月松. 光电技术与实验. 北京:北京理工大学出版社,2000.

[3] 金伟其,胡威捷,辐射度、光度与色度及其测量. 北京:北京理工大学出版社,2006.

[4] 吴宗凡,柳美琳,张绍举等. 红外与微光技术. 北京:国防工业出版社,1998.

[5] 浦昭邦. 光电测试技术. 北京:机械工业出版社,2005.

[6] 苏大图. 光学测试技术. 北京:北京理工大学出版社,1996.

[7] 杨志文. 光学测量. 北京:北京理工大学出版社,1995.

[8] 苏大图,沈海龙,陈进榜,曹根瑞. 光学测量与像质鉴定. 北京:北京工业学院出版社,1988.

[9] 孙杰,袁跃辉,王传永. 数字图像处理自动图像聚焦算法的分析和比较. 光学学报,2007,27(1):35～39.

[10] 鲍歌堂,赵辉,陶卫. 图像测量技术中几种自动调焦算法的对比分析. 上海交通大学学报,2005,39(1):121～124,128.

[11] 钟兴,贾继强. 空间相机消杂光设计及仿真. 光学 精密工程,2009,17(3):621～625.

[12] 沈海龙. 光学测量. 上海:华东工程学院出版社,1982.

[13] 王连发. 光学玻璃工艺学. 北京:兵器工业出版社,1995.

[14] 郑克哲. 光学计量. 北京:原子能出版社,2002.

[15] 杨照金. 现代光学计量与测试. 北京:北京航天航空大学出版社,2010.

[16] 王月珠,田义,李洪玉,鞠有伦. 环形子孔径拼接干涉检测非球面的建模与实验. 光学学报,2009,29(11):3082～3087.

[17] 黎发志,郑立功,闫锋等. 自由曲面的 CGH 光学检测方法与实验. 红外与激光工程,2012,41(4):1052～1056.

[18] 李林,安连生. 计算机辅助光学设计的理论与应用. 北京:国防工业出版社,2002.

[19] 汤顺青. 色度学. 北京:北京理工大学出版社,1991.

[20] 张以谟. 应用光学. 北京:机械工业出版社,1990.

[21] 周炳琨. 激光原理. 北京:国防工业出版社,1980.

[22] 马养武,陈钰清. 激光器件. 杭州:浙江大学出版社,1994.

[23] 孙长库,叶声华. 激光测量技术. 天津:天津大学出版社,2001.

[24] 罗先和,张广军. 光电检测技术. 北京:北京航空航天大学出版社,1995.

[25] 吕海宝. 激光光电检测. 长沙:国防科技大学出版社,2000.

[26] 杨国光. 近代光学测试技术. 杭州:浙江大学出版社,1997.

[27] 艾勇. 最新光学应用测量技术. 武汉:武汉测绘科技大学出版社,1994.

[28] (墨)D. 马拉卡拉. 白国强译. 光学车间检验. 北京:机械工业出版社,1983.

[29] 吕捷,王维民. 径向剪切干涉测量中基于 Zernike 多项式的波前重建. 南京师大学报(自然科学版),1998,29(3):40～4.

[30] 张琢. 激光干涉测试技术及应用. 北京:机械工业出版社,1998.

[31] 吴东楼,贺安之. 干涉波前的恢复技术. 中国激光,1999,A26(7):645～8.

[32] 杨甫英. 可用于瞬态激光波前畸变实时检测技术的研究. 浙江大学博士学位论文,2002.

[33] 殷纯永. 现代干涉测量技术. 天津:天津大学出版社,1999.

[34] 李鹏生. 新技术在几何量计量中的应用. 哈尔滨:哈尔滨工业大学出版社,1989.

[35] 杨晓红,杨圣. 纳米级位移测量技术综述. 盐城工学院学报,2000,13(3):5～10,20.

[36] D Rugar, H J Mamin, P Guethner. Improved fiber~optic interferometer for atomic force microscopy. Applied Physics Letters, 1989, 55(25):2590~2599.

[37] Wenmei Hou, Xianbin Zhao. Drift of nonlinearity in the heterodyne interferometer. Precision Engineering, 1994, 16(1):25~35.

[38] 石顺祥,张海兴,刘劲松. 物理光学与应用光学. 西安:西安电子科技大学出版社,2000.

[39] M. C. 哈特雷. 衍射光栅. 贵阳:贵州人民出版社,1990.

[40] 赵凯华,钟锡华. 光学. 北京:北京大学出版社,1984.

[41] 张三慧. 波动与光学(《大学物理学》第四册,2版). 北京:清华大学出版社,2000.

[42] 刘增基,周洋溢,胡辽林,周绮丽. 光纤通信. 西安:西安电子科技大学出版社,2001.

[43] 刘德明,向清,黄德修. 光纤光学. 北京:国防工业出版社,1995.

[44] 廖延彪. 光纤光学. 北京:清华大学出版社,2000.

[45] 孙圣和,王廷云,徐颖. 光纤测量与传感技术. 哈尔滨:哈尔滨工业大学出版社,2000.

[46] 安毓英,曾小东. 光学传感与测量. 北京:电子工业出版社,2001.

[47] 王惠文,江先进,赵长明. 光纤传感技术与应用. 北京:国防工业出版社,2001.

[48] 郭凤珍,于长泰. 光纤传感技术与应用. 杭州:浙江大学出版社,1992.

[49] 吕海宝,曹聚亮,苏绍景. 非对称双光栅位移测量研究. 兵工学报,2000,21(4):331~333.

[50] 姚久胜,王鲁川,黄恩令. 同心环形光栅环状莫尔条纹在光学系统焦距测量上的应用. 光学技术,1996(5):24~27.

[51] 赵斌. 无衍射光莫尔条纹空间直线度测量的原理与实验. 计量学报,2002,23(2):81~87.

[52] 解则晓,张宏君,张国雄. 影响激光三角测头测量精度的因素及其补偿措施. 现代计量测试,1999(1):23~26.

[53] 李晶,卢伟. 激光等距非接触测量车身曲面装置的研究. 激光与红外,2000,30(6):340~342.

[54] 宋丰华. 现代光电器件技术及应用. 北京:国防工业出版社,2004.

[55] 杨宜禾,岳敏,周维真. 红外系统. 2版. 北京:国防工业出版社,1995.

[56] 陈伯良. 红外焦平面成像器件发展现状. 红外与激光下程,2005,34(1):1~7.

[57] 阮秋琦. 数字图像处理. 2版. 北京:电子工业出版社,2001.

[58] 王琼,张仁杰. 流水线传送件几何要素在线检测技术研究. 上海理工大学学报,2000,22(3):269~273.

[59] 雷志勇,姜寿山. 线阵CCD技术及其在靶场测试中的应用. 西安工业学院学报,2002,22(3):220~224.

[60] 王青,陈进榜,陈磊. 动态微位移量的自动干涉测量系统. 南京理工大学学报,1998,22(2):145~148.

[61] 严承华,周德仿,程尔升. 图像处理技术在桨叶表面应力分布试验中的应用. 海军工程大学学报,2001,13(6):52~54,62.

[62] B. J. Vakoc, D. Fukumura, R. K. Jain and B. E. Bouma. Cancer imaging by optical coherence tomography: preclinical progress and clinical potential[J]. Nature reviews, 2012, 12:363~368.

[63] 曾楠, 何永红, 马辉. 用于玉石结构分析的光学相干层析技术[J]. 光学精密工程, 2008, 16(7):1335~1342.

[64] M. J. Ju et al. Multimodal analysis of pearls and pearl treatments by using optical coherence tomography and fluorescence spectroscopy[J]. Optics Express, 2011, 19(7):6420~6432.

[65] R. A. Ketcham and W. D. Carlson, Acquisition optimization and interpretation of X-ray computed to mographicimagery: applications to the geosciences[J]. Computers & Geosciences, 2001, 27:381~400.

[66] F. Abtahianand I. Jang. Optical coherence tomography: basics, current application andfuture potential[J]. Current Opinion in Pharmacology, 2012, 12:583~591.

[67] M. Adhiand. ay S. Duker. Optical coherence tomography-current and future applications[J]. CurrOpinOphthalmol. 2013, 24(3): 213~221.